实验室认可技术丛书

ISO/IEC 17025:2017
《检测和校准实验室能力的通用要求》理解与实施

陆渭林　著

机械工业出版社

本书总结回顾了全球实验室认可工作的发展历程与现状,详细阐述了实验室认可国际标准发展过程与 ISO/IEC 17025:2017《检测和校准实验室能力的通用要求》的修订过程、实施要求和主要变化;结合实验室认可工作和实验室活动的全过程,从认证认可和计量学等多学科、多维度逐一对 ISO/IEC 17025:2017 的全部条款,分"要点理解""评审重点"两个层面进行了深入阐述和详细解读。作者结合多年实验室认可和计量学专家工作实践,系统讲解了实验室管理体系策划建立、量值溯源、计量确认、内部审核、管理评审、期间核查、质量监控、风险应对等核心内容。本书内容系统权威、科学翔实,理论联系实际,可操作性强,可帮助实验室从业人员和技术机构快速提升专业水平和技术能力。

本书可以作为实验室、认证认可、计量测试、质检、标准化等行业的从业人员的学习和培训教材,也可作为高等院校相关专业的教学参考书,还可作为从事实验室认可研究与实践、计量科学和工程测试研究工作人员的重要参考书。

图书在版编目 (CIP) 数据

ISO/IEC 17025:2017《检测和校准实验室能力的通用要求》理解与实施/陆渭林著. —北京:机械工业出版社,2020.4 (2023.3 重印)
(实验室认可技术丛书)
ISBN 978-7-111-64309-8

Ⅰ.①I… Ⅱ.①陆… Ⅲ.①实验室 – 质量管理体系 – 国际标准 Ⅳ.①N33-65

中国版本图书馆 CIP 数据核字 (2020) 第 054339 号

机械工业出版社(北京市百万庄大街 22 号 邮政编码 100037)
策划编辑:吕德齐 责任编辑:吕德齐
责任校对:樊钟英 封面设计:鞠 杨
责任印制:单爱军
北京虎彩文化传播有限公司印刷
2023 年 3 月第 1 版第 4 次印刷
184mm×260mm·20.5 印张·509 千字
标准书号:ISBN 978-7-111-64309-8
定价:98.00 元

电话服务 网络服务
客服电话:010-88361066 机 工 官 网:www.cmpbook.com
010-88379833 机 工 官 博:weibo.com/cmp1952
010-68326294 金 书 网:www.golden-book.com
封底无防伪标均为盗版 机工教育服务网:www.cmpedu.com

前　言

认证认可作为国家三大质量基础之一，是构成国家核心竞争力的重要因素，是科学技术水平、企业规模和生产能力、产业集聚发展程度、国际经济交往、国家质量安全以及国家军事力量等的重要技术基础和保障。在经济全球化的大趋势下，持续加大我国全球认证认可工作力度，全面推进认证认可强国建设已经成为我国重要的国家战略。充分发挥 IEC 合格评定体系、国际认证机构和实验室认可互认体系等国际多边互认体系作用，不断扩大国际多边互认范围，强化双边和多边互动；通过实验室认可签署多边或双边互认协议，促进测量结果的国际互认，对消除国际贸易壁垒，推进全球认可机构间的"互鉴互信、合作共赢"至关重要。同时，强化我国认证认可工作，深化国际认证认可合作，已经成为成功推进"一带一路"建设和经济全球化的制胜法宝和重要载体。

从 20 世纪 80 年代开始，伴随着我国改革开放的步伐，我国认可工作从萌芽到起步、从分散到集中、从跟随发展到大国影响持续快速发展壮大。截至 2021 年 10 月 31 日，中国合格评定国家认可委员会（英文缩写为 CNAS）认可各类认证机构、实验室及检验机构三大门类共计十五个领域的 13607 家机构，累计认可实验室 12696 家，其中检测和校准实验室是获CNAS 认可数量最多的合格评定机构，我国已经成为国际互认成员认可实验室数量最多的国家。认可对服务国家治理、提升质量安全、推动结果互认、建立互信共赢的巨大作用已经得到全社会的广泛认同。同时，认可对促进我国产品顺利进入国际市场，以及提升我国实验室在与国际同行交流中的话语权起到了非常积极的促进作用。

本书总结回顾了全球实验室认可工作的发展历程与现状，详细阐述了实验室认可国际标准发展过程与 ISO/IEC 17025:2017《检测和校准实验室能力的通用要求》的修订过程、实施要求和主要变化；结合实验室认可工作和实验室活动的全过程，从认证认可和计量学等多学科、多维度逐一对 ISO/IEC 17025:2017 的全部条款，分"要点理解""评审重点"两个层面进行了深入阐述和详细解读。作者结合多年实验室认可和计量学专家工作实践，系统讲解了实验室管理体系策划建立、量值溯源、计量确认、内部审核、管理评审、期间核查、质量监控、风险应对等核心内容。内容系统权威、科学翔实，理论联系实际，可操作性强，可帮助实验室从业人员和技术机构快速提升专业水平和技术能力。

ISO/IEC 17025:2017 虽然全文不到 2 万字，但是内涵和要求极其丰富。随着国际计量学、国际认可领域的不断发展和技术持续进步，其涵盖的领域、支持的标准、关注的技术以及适用的要求也在不断发展提升。为全面适应国际认可合作组织和亚太实验室认可合作组织的最新要求，本书在撰写过程中力求准确把握国际计量学、国际认可领域的最新发展方向，确保客观正确地反映国内外最新认可技术要求。

本书内容既有全新的理论知识，又有权威的经验总结，指导性、操作性、实用性强，阅后定会有所收获。本书可以作为实验室、认证认可、计量测试、质检、标准化等行业从业人员的专业学习和培训教材，也可作为高等院校相关专业的教学参考书，还可作为科研院所从事实验室认可研究与实践、计量科学和工程测试研究工作人员的重要参考书。

本书的出版，要感谢中国合格评定国家认可委员会、中央军委装备发展部综合计划局、国家市场监督管理总局计量司、国家国防科技工业局科技与质量司、国家认证认可监督管理委员会认证认可技术研究所、浙江省市场监督管理局、中国船舶集团有限公司科技部、国防科技工业实验室认可委员会秘书处相关领导和专家的悉心指导与帮助！感谢中国合格评定国家认可委员会张明霞处长、曹实处长、周烈处长、陈延青处长、张庆波高级主管、刘畅高级主管、李宏高级主管、安平高级主管、林志国高级主管、王阳高级主管、张龙高级主管、王忠高级主管、李彦军高级主管、朱仕禄高级主管；中央军委装备发展部综合计划局季启明处长、高永辉参谋、王宝龙参谋；海军计量测试研究所才滢所长；军事科学院系统工程研究院军用标准研究中心古兆兵主任、王庆民助理研究员、王寅助理研究员、郭力仁助理研究员；国防科技工业第一计量测试研究中心李文斌副所长、陈敏思主任；国防科技工业计量考核办公室朱振宇常务副主任、郭林副主任、康伟高级工程师、邢馨婷高级工程师、袁俊先高级工程师、周海浩高级工程师；中国航天科工集团有限公司第二研究院技术基础总工程师冯克明研究员；中国航天科工集团有限公司第二研究院第二〇三研究所（国防科技工业第二计量测试中心）所长葛军研究员、赵显峰副所长、科技委副主任杨春涛研究员、蒋小勇处长、孙建凤研究员；国防军工计量科研项目管理办公室胡毅飞主任、冯英强副主任、杜晓爽高级工程师、邓墨涵高级工程师；中国航天科技集团有限公司第五研究院第五一四研究所（国防科技工业电学一级计量站）所长徐思伟研究员、副所长路润喜研究员、朱建华处长；国防科技工业实验室认可委员会秘书处焦昶主任、冉茂华高级工程师、姜玲玲高级工程师、赵茜高级工程师；浙江省市场监督管理局顾文海处长；中国船舶集团有限公司常文君主任、张仁茹主任、王俊利主任、符道处长、马兰处长、李明处长、王世建高级主管；中国船舶集团有限公司第七一四研究所杨振主任；计量论坛李跃总工程师；国防科技工业应用化学一级计量站站长孙敏研究员，副站长、总工程师冯典英研究员；东华计量测试研究院（国防科技工业3611二级计量站）院长芦志成研究员；国防科技工业1511二级计量站宗亚娟研究员；国防科技工业3214二级计量站张娟主任；山东省计量科学研究院、国家衡器产品质检中心主任鲁新光研究员；浙江方圆检测集团副总经理陆品研究员；甘肃省计量科学研究院鲁光军研究员以及军事计量专家组、国防计量专家组的相关专家同仁！他们提供了宝贵的资料，百忙中审阅了本书的相关内容并提出了许多宝贵的修改意见。感谢中国兵器工业标准化研究所靳京民总工程师，中国船舶集团有限公司第七二六研究所所长马晓民研究员，中国船舶集团有限公司第七一五研究所所长周利生研究员、书记饶起研究员、副所长杜栓平研究员、副所长夏铁坚研究员、程千流研究员、余长江主任。国防科技工业水声一级计量站赵涵研究员、费腾研究员、黄勇军研究员、方玲高级工程师以及顾昌灵、焦海波、张玉燕等同事的全力支持！没有大家的付出，就没有本书的出版。本书编写过程参阅了《实验室认可与管理工作指南》等56部著作和论文，在此谨向相关文献作者表示衷心的感谢！

　　由于国际计量学、国际认可领域相关技术的不断研究发展以及作者水平所限，加之本书涵盖的内容较广，难免存在错误和不足，恳请广大读者提出批评和建议。

特别说明：

　　随着国家和国际相关标准和要求的变化，以及为适应最新的认可工作需要，国家、国防和军队相关业务主管部门以及 CNAS 会适时修订相关文件，烦请读者在引用或使用本书所述内容时，请确保使用本书所引用文件的现行有效版本。

目 录

第一章

实验室认可概论

第一节　合格评定与实验室认可

一、合格评定与实验室认可的关系

合格评定（Conformity Assessment）是对与产品、过程、体系、人员或机构有关的规定要求得到满足的证实。其中，产品可以是有形的（如实物产品），也可以是无形的（如知识或概念），或是两者的结合，产品的定义包含服务。过程是将输入转化为输出的一组相关联的资源和活动，资源可包括人员、装置、设备、技术和方法。由于"合格评定"源于"认证活动"的深化和推广，因此习惯上仍称为"认证"活动，我国现阶段称为"认证、认可"活动。

从 20 世纪初到 20 世纪 70 年代，各国开展的认证活动均以产品认证为主。1982 年国际标准化组织出版了《认证的原则和实践》，总结了这 70 年来各国开展产品认证所使用的八种形式：①型式试验；②型式试验+工厂抽样检验；③型式试验+市场抽查；④型式试验+工厂抽样检验+市场抽查；⑤型式试验+工厂抽样检验+市场抽查+企业质量体系检查+发证后跟踪监督；⑥企业质量体系检查；⑦批量检验；⑧100% 检验。

从以上内容可以看出，各国开展产品认证活动的做法差异很大。为了实现国与国的相互承认，进而走向国际相互承认，国际标准化组织和国际电工委员会向各国正式提出建议，以上述第⑤种形式为基础，建立各国的国家认证制度。

在开展产品认证中需要大量使用具备公正地位的第三方实验室从事产品检测工作，因此实验室检测在产品认证过程中扮演了十分重要的角色。此外，在市场经济和国际贸易中，买卖双方也十分需要检测数据来判定合同中的质量要求。因此对实验室的资格和技术能力的评价显得尤其重要。它不仅是为了验证实验室的资格和能力是否符合规定的要求，满足检测任务的需要，同时也是实行合格评定制度的基础，是实现合格评定程序的重要手段。为此各国和各地区纷纷建立自己的实验室认可制度和体系。我国也于 1983 年建立了实验室国家认可体系。

二、实验室认可的意义

在市场经济中，实验室是为贸易双方提供检测、校准服务的技术组织，实验室需要依靠其完善的组织结构、高效的质量管理和可靠的技术能力为社会与客户提供检测、校准服务。

认可是"正式表明合格评定机构具备实施特定合格评定工作的能力的第三方证明"

（ISO/IEC 17011:2017）。实验室认可是由经过授权的认可机构对实验室的管理能力和技术能力按照约定的标准进行评价，并将评价结果向社会公告以正式承认其能力的活动。

认可组织通常是经国家政府授权从事认可活动的，因此经实验室认可组织认可后公告的实验室，其认可领域范围内的检测、校准能力不但为政府所承认，其检测、校准结果也被社会和贸易双方所使用。

围绕检测、校准结果的可靠性这个核心，实验室认可对客户、实验室的自我发展和商品的流通具有重要意义，归纳起来有以下五个方面。

1. 贸易发展的需要

实验室认可体系在全球范围内得到了重视和发展，其原因主要有两方面：一是由于检测和校准服务质量的重要性在世界贸易和各国经济中的作用日益突出，产品类型与品种迅速增长，技术含量越来越高，相应的产品规范和法规日趋繁杂，因而对实验室的专业技术能力、对检测与校准结果正确性和有效性的要求也日益迫切。因此如何向社会提供对这种要求的保证就成为重要课题。二是国际贸易随着二战后经济的复苏和其后的迅速发展形成了日趋激烈的竞争形势。在经济全球化的趋势下，竞争者均力图开发支持其竞争的新策略，其中重要的一环就是通过检测显示其产品的高技术和高质量，以加大进入其他国家市场的力度，并借用检测形成某种技术性贸易壁垒，阻挡外来商品进入本国/本地区的市场。这就对实验室检测服务的客观保证提出了更高的要求。正是由于以上两方面需求的推动，实验室认可工作才得以很快发展。

各国通过签署多边或双边互认协议，促进检测结果的国际互认，避免重复性检测，降低成本，简化程序，保证国际贸易的有序发展。

2. 政府管理部门的需要

政府管理部门在履行宏观调控、规范市场行为和保护消费者的健康和安全的职责中，也需要客观、准确的检测数据来支持其管理行为，通过实验室认可，保证各类实验室能按照一个统一的标准进行能力评价。

3. 社会公正和社会公证活动的需要

众所周知，司法鉴定结果数据的正确性和有效性，事关社会法律体系的权威性和公正性。同时，现在有关产品质量责任的诉讼不断增加，产品检测结果已经成为责任划分的重要依据。因此有效强化对检测结果数据正确性和有效性的保障，全面提升实验室的公正性和独立性已经成为全社会关注的焦点。实验室认可作为重要的载体和手段，越来越多地得到社会各界的认可。

4. 产品认证发展的需要

近些年产品认证在国内外迅速发展，已成为政府管理市场的重要手段，产品认证需要准确的实验室检测结果的支持，通过实验室认可，保证检测数据的准确性，从而保证产品认证的有效性。

5. 实验室自我改进和参与校准/检测市场竞争的需要

实验室按特定准则要求建立质量管理体系，不仅可以向社会、向客户证明自己的技术能力，而且还可以实现实验室的自我改进和自我完善，不断提高技术能力，不断适应校准、检测市场提出的新要求。

第二节　实验室认可的国际发展概况

一、世界主要国家实验室认可机构

1. 澳大利亚实验室认可组织

世界上第一个实验室认可组织是澳大利亚在 1947 年成立的国家检测机构协会（National Association of Testing Authorities，NATA），NATA 的建立得到了澳大利亚联邦政府、专业研究所和工业界的支持。

NATA 认为，对实验室检测结果的信任应建立在实验室对其工作质量和技术能力进行管理控制的基础上。于是 NATA 着手找出可能影响检测结果可靠性的各种因素，并把它们进一步转化为可实施、可评价的实验室质量管理体系；与此同时，在按有关准则对实验室评审的实践中不断研究和发展评审技巧，重视评审员培训与能力的提高。这形成了最初的实验室认可体系。目前 NATA 已认可了 3000 多家实验室，为其服务的有资格的评审员约 3000 人。

2. 英国实验室认可组织

英国的实验室认可已有近 50 年的历史，1966 年英国贸工部组建了英国校准服务局（BCS），它被认为是世界上第二个实验室认可机构，20 世纪 60 年代还没有从事实质上的认可工作，BCS 只负责对工业界建立的校准网络进行国家承认。之后，BCS 开展了检测实验室的认可工作，1981 年获授权建立了国家检测实验室认可体系（NATLAS），1985 年 BCS 与 NATLAS 合并为英国实验室国家认可机构（NAMAS），1995 年 NAMAS 又与英国从事认证机构认可活动的 NACCB 合并，并私营化变成英国认可服务机构 UKAS。UKAS 虽然私营化了，但仍属非营利机构。目前已有 3000 多个实验室、200 多个检查机构和 130 多个认证机构获得其认可。

3. 其他国家的实验室认可组织

进入 20 世纪 70 年代以后，随着科学技术的进步和交通的发展，国际贸易有了长足发展，对实验室提供检测和校准服务的需求也大大增加。因此不少国家的实验室认可体系都有了较快发展。欧洲的丹麦、法国、瑞典、德国和亚太地区的中国、加拿大、美国、墨西哥、日本、韩国、新加坡、新西兰等国家以及香港地区都建立起了各自的实验室认可机构，实验室认可活动进入了快速发展和增进相互交流与合作的新时期。

二、国际与区域实验室认可合作组织

（一）国际实验室认可合作组织（ILAC）

1977 年，主要由欧洲和澳大利亚的一些实验室认可组织和致力于认可活动的技术专家在丹麦的哥本哈根召开了第一次国际实验室认可大会，成立了非官方非正式的国际实验室认可论坛（International Laboratory Accreditation Conference，简称 ILAC）。

1995 年，随着世界贸易组织（WTO）的成立和"技术性贸易壁垒协议"（TBT）条款的要求，世界上从事合格评定的相关组织和人士急需考虑建立以促进贸易便利化为主要目的的高效、透明、公正和协调的合作体系。实验室、实验室认可机构和实验室认可合作组织必须发挥积极作用，与各国政府和科技、质量、标准、经济领域国际组织加强联系，共同合

作，才能在经济与贸易全球化的进程中起到促进作用。在这种形势下，ILAC 各成员组织认为实验室认可合作组织有必要以一种更加密切的形式进行合作。

1996 年 9 月，在荷兰阿姆斯特丹举行的第十四届国际实验室认可会议上，经过对政策、章程和机构的调整，ILAC 以正式和永久性国际组织的新面貌出现，其名称变更为"国际实验室认可合作组织"（International Laboratory Accreditation Cooperation，简称仍为 ILAC）。ILAC 向所有国家开放，并专门设立了"联络委员会"，以负责与其他国际组织、认可机构和对认可感兴趣的组织的联络合作。ILAC 设立常设秘书处（由澳大利亚的 NATA 承担秘书处日常工作），包括原中国实验室国家认可委员会（CNACL）和原中国国家进出口商品检验实验室认可委员会（CCIBLAC）在内的 44 个实验室认可机构签署了正式成立"国际实验室认可合作组织"的谅解备忘录（MOU），这些机构成为 ILAC 的第一批正式全权成员。ILAC 的经费来源于其成员交纳的年金。

ILAC 的成员分为正式成员、联系成员、区域合作组织和相关组织四类。目前直接从事实验室认可工作且签署了 ILAC/MOU 的全权成员有 65 个实验室认可组织，合作成员 25 个，联系成员 20 个；区域合作组织成员是亚太地区的 APLAC、欧洲的 EA、中美洲的 IAAC 和南部非洲的 SADCA 共 4 个；世界贸易组织（WTO）、国际电工委员会（IEC）、国际认可论坛（IAF）等 36 个组织是 ILAC 的相关组织成员。目前中国合格评定国家认可委员会（CNAS）、香港认可处（HKAS）和中国台湾财团法人基金会（TAF）均为 ILAC 的正式成员。

（二）区域实验室认可合作组织

由于地域的原因，在国际贸易中相邻的国家/地区之间和区域内的双边贸易占了很大份额。为了达到减少重复检测、促进贸易的共同目的，在经济区域范围内建立的实验室认可机构合作组织更为各国政府和实验室认可机构所关注，这些组织开展的活动也更活跃、更实际。

1. 亚太实验室认可合作组织（APLAC）

亚太实验室认可合作组织（APLAC）于 1992 年在加拿大成立，原中国实验室国家认可委员会（CNACL）和原中国国家进出口商品检验实验室认可委员会（CCIBLAC）作为发起人之一参加了 APLAC 的第一次会议，并于 1995 年 4 月作为 16 个成员之一首批签署了 APLAC 的认可合作谅解备忘录（MOU）。MOU 的签约组织承诺加强合作，并向进一步签署多边承认协议方向迈进。APLAC 的秘书处设在澳大利亚的 NATA。

APLAC 每年召开一次全体成员大会。APLAC 设有管理委员会、多边相互承认协议（MRA）委员会、培训委员会、技术委员会、能力验证委员会、公共信息委员会和提名委员会。各委员会分别开展同行评审管理、认可评审员培训、认可标准教学研究、量值溯源与测量不确定度研究、能力验证项目的组织实施、网站建设与刊物发布，以及 APLAC 主席、管理委员会成员和其他 APLAC 常务委员会主席的提名等活动。

APLAC 现有亚太地区 37 个实验室认可机构为其成员。

APLAC 还积极与由亚太地区各国政府首脑参加的亚太经济合作组织（APEC）加强联系，以发挥更大作用。APEC 中的"标准与符合性评定分委员会"（SCSC）已决定加快贸易自由化的步伐，特别是要在电信、信息技术（IT）等产品的贸易中优先消除技术性的贸易壁垒。但为了保证贸易商品满足顾客要求，无障碍贸易的前提条件一是贸易商品必须经过实验室按公认的标准或相关法规检测合格，二是承担该检测工作的实验室必须经过实验室认可机构按照国际相关标准对其管理和技术能力的认可，三是该实验室认可机构必须是 APLAC/MRA 的成员。上述 APEC/SCSC 的政策体现了 APEC 各成员国政府的要求，这将大幅推动实验室认可和认可机构之间相互承认活动的发展。

APLAC 正式成立以来，一直把主要的精力放在发展多边承认协议（MRA）方面。因为 APLAC 的最终目的是通过 MRA 来实现各经济体互相承认对方实验室的数据和检测报告，从而推动自由贸易和实现 WTO/TBT 中减少重复检测的目标。在 APLAC/MOU 中列举的 12 项目标中就有 5 项直接关系到 MRA。近年来，MRA 的工作进展很快，为此，专门发布了 APLAC MR001 文件《在认可机构间建立和保持相互承认协议的程序》。

2. 欧洲认可合作组织（EA）

欧洲实验室认可合作组织（EAL）是 1994 年成立的，其前身是 1975 年成立的西欧校准合作组织（WECC）和 1989 年成立的西欧实验室认可合作组织（WELAC）。1997 年 EAL 又与欧洲认证机构认可合作组织（EAC）合并组成欧洲认可合作组织（EA），参加者有欧洲共同体（欧洲联盟的前身）各国的 20 多个实验室认可机构。

（三）实验室认可的相互承认协议（MRA）

为了消除区域内成员国间的非关税技术性贸易壁垒，减少不必要的重复检测和重复认可，EA 和 APLAC 都在致力于发展实验室认可的相互承认协议。即促进一个国家或地区经认可的实验室所出具的检测或校准的数据与报告可被其他签约机构所在国家或地区承认和接受。要做到这一点，签署 MRA 协议的各认可机构应遵循以下原则：

1）认可机构完全按照有关国际标准（ISO/IEC 17011）运作并保持其符合性。

2）认可机构保证其认可的实验室持续符合有关实验室能力通用要求的国际标准（ISO/IEC 17025）。

3）被认可的校准或检测服务完全由可溯源到国际基准的计量器具所支持。

4）认可机构成功地组织开展了实验室间的能力验证活动。

第三节　我国的实验室认可活动

一、我国实验室认可活动的产生和发展

1983 年，原中国国家进出口商品检验局会同原机械工业部实施机床工具出口产品质量许可制度，对承担该类产品检测任务的 5 个检测实验室进行了能力评定。此时政府部门既是出口产品质量许可制度的组织实施者，也是实验室检测结果的用户。对实验室检测能力的评价考核，不仅使通过评价的实验室具备了承担国家指令性检测任务的资格，还促进了实验室的管理工作，提高了其检测结果的可信度。

1986 年，通过原国家经济管理委员会授权，原国家标准局开展对检测实验室的审查认可工作，同时原国家计量局依据《计量法》对全国的产品质检机构开展计量认证工作。1994 年，原国家技术监督局成立了"中国实验室国家认可委员会"（CNACL），并依据 ISO/IEC 指南 58 运作。

1989 年，原中国国家进出口商品检验局成立了"中国进出口商品检验实验室认证管理委员会"，形成了以原中国国家进出口商品检验局为核心，由东北、华北、华东、中南、西

南和西北 6 个行政大区实验室考核领导小组组成了进出口领域实验室认可工作体系。1996 年，依据 ISO/IEC 指南 58，改组成立了"中国国家进出口商品检验实验室认可委员会"，2000 年 8 月将名称变更为"中国国家出入境检验检疫实验室认可委员会"（CCIBLAC）。

我国的实验室认可工作从起初的行政管理为主导，逐步向市场经济下的自愿、开放的认可体系过渡。CNACL 于 1999 年、CCIBLAC 于 2001 年分别顺利通过 APLAC 同行评审，签署了《亚太实验室认可合作相互承认协议》。

随着改革开放的深入与经济实力的增强，我国的进出口贸易总额有了快速增长，实验室认可工作也需要有进一步的提高，其发展方向要与国际同步。2002 年 7 月 4 日，CNACL 和 CCIBLAC 合并成立了"中国实验室国家认可委员会"（CNAL），实现了我国统一的实验室认可体系。2006 年 3 月 31 日为了进一步整合资源，发挥整体优势，国家认证认可监督管理委员会决定将 CNAL 和中国认证机构国家认可委员会（CNAB）合并，成立了中国合格评定国家认可委员会（CNAS）。

二、中国合格评定国家认可委员会（CNAS）

中国合格评定国家认可委员会（以下简称认可委员会），英文名称为 China National Accreditation Service for Conformity Assessment（英文缩写为 CNAS），是根据《中华人民共和国认证认可条例》的规定，由国家认证认可监督管理委员会批准设立并授权的国家认可机构，统一负责对认证机构、实验室和检查机构等相关机构（以下简称合格评定机构）的认可工作。认可委员会的宗旨是：推进合格评定机构按照相关的标准和规范等要求加强建设，促进合格评定机构以公正的行为、科学的手段、准确的结果有效地为社会提供服务。

CNAS 的组织机构包括：全体委员会、执行委员会、秘书处以及六个专门委员会（认证机构专门委员会、实验室专门委员会、检验机构专门委员会、评定专门委员会、申诉专门委员会、最终用户专门委员会）。

全体委员会由与认可工作有关的政府部门、合格评定机构、合格评定服务对象、合格评定使用方和相关的专业机构与技术专家等方面代表组成。执行委员会由全体委员会主任、常务副主任、副主任及秘书长组成。认证机构专门委员会、实验室专门委员会、检验机构专门委员会这三个专门委员会下设若干专业委员会，承担相应的专业技术工作。秘书处是 CNAS 的常设执行机构，设在中国合格评定国家认可中心（简称认可中心）。认可中心是 CNAS 的法律实体，承担开展认可活动所引发的法律责任。

三、我国认可工作的类别和依据

（一）CNAS 认可的类别

通常情况下，按照认可对象的分类，认可分为认证机构认可、实验室及相关机构认可和检验机构认可等。

1. 认证机构认可

认证机构认可是指认可机构依据法律法规，基于 GB/T 27011 的要求，并分别以如下标准为准则进行评审并证实能力。

1）以国家标准 GB/T 27021《合格评定 管理体系审核认证机构要求》（等同采用国际标准 ISO/IEC 17021）系列标准为准则，对管理体系认证机构进行评审，证实其是否具备开展管理体系认证活动的能力。

2）以国家标准 GB/T 27065《合格评定 产品、过程和服务认证机构要求》（等同采用国际标准 ISO/IEC 17065）为准则，对产品认证机构进行评审，证实其是否具备开展产品认证活动的能力。

3）以国家标准 GB/T 27024《合格评定 人员认证机构通用要求》（等同采用国际标准 ISO/IEC 17024）为准则，对人员认证机构进行评审，证实其是否具备开展人员认证活动的能力。

认可机构对于满足要求的认证机构予以正式承认，并颁发认可证书，以证明该认证机构具备实施特定认证活动的技术和管理能力。

2. 实验室及相关机构认可

实验室认可是指认可机构依据法律法规，基于 GB/T 27011 的要求，并分别以如下标准为准则进行评审并证实能力。

1）以国家标准 GB/T 27025《检测和校准实验室能力的通用要求》（等同采用国际标准 ISO/IEC 17025）为准则，对检测或校准实验室进行评审，证实其是否具备开展检测或校准活动的能力。

2）以国家标准 GB/T 22576《医学实验室 质量和能力的要求》（等同采用国际标准 ISO 15189）为准则，对医学实验室进行评审，证实其是否具备开展医学检测活动的能力。

3）以国家标准 GB 19489《实验室 生物安全通用要求》（参照采用世界卫生组织《实验室生物安全手册》和国际标准 ISO 15190）为准则，对病原微生物实验室进行评审，证实该实验室的生物安全防护水平达到了相应等级。

4）以国家标准 GB/T 27043《合格评定 能力验证的通用要求》（等同采用国际标准 ISO/IEC 17043）为准则，对能力验证计划提供者进行评审，证实其是否具备提供能力验证的能力。

5）以 CNAS-CL04:2017《标准物质/标准样品生产者能力认可准则》（等同采用国际标准 ISO 17034）为准则，对标准物质生产者进行评审，证实其是否具备标准物质生产能力。

认可机构对于满足要求的合格评定机构予以正式承认，并颁发认可证书，以证明该机构具备实施特定合格评定活动的技术和管理能力。

3. 检验机构认可

检验机构认可是指认可机构依据法律法规，基于 GB/T 27011 的要求，并以国家标准 GB/T 27020《合格评定 各类检验机构的运作要求》（等同采用国际标准 ISO/IEC 17020）为准则，对检验机构进行评审，证实其是否具备开展检验活动的能力。

认可机构对于满足要求的检验机构予以正式承认，并颁发认可证书，以证明该检验机构具备实施特定检验活动的技术和管理能力。

（二）CNAS 认可的依据

CNAS 依据 ISO/IEC、IAF、ILAC 和 APAC 等国际组织发布的标准、指南和其他规范性文件，以及 CNAS 发布的认可规则、认可准则等认可规范文件，实施认可活动。

（1）认可规范 认可规范是 CNAS 认可相关文件的统称，它主要包括：认可规则、认可准则、认可指南、认可方案、认可说明、技术报告等，其中认可规则、认可准则、认可说明和部分的认可方案属于强制性要求文件；认可指南、技术报告则属于非强制性要求文件，通常供实验室参考。

（2）认可规则　认可规则是 CNAS 根据法律、法规及国际组织等要求制定的实施认可活动的政策和程序，包括通用规则（R）和专用规则（RL）两类文件。比如：CNAS-R01《认可标识和认可状态声明管理规则》、CNAS-RL01《实验室认可规则》都属于认可规则，但是 CNAS-R01 是 R 系列的属于通用认可规则，CNAS-RL01 是 RL 系列的属于专用认可规则。

（3）认可准则　认可准则是 CNAS 认可评审的基本依据，规定了对认证机构、实验室和检验机构等合格评定机构应满足的基本要求，包括基本准则和专用准则。专用准则是 CNAS 针对某些行业或技术领域的特定情况，在基本认可准则的基础上制定的专门应用要求，文件名称可以用"准则"，也可以用"要求"或"应用说明"作为后缀，文件代号字母一般是 CL 系列。比如：CNAS-CL01-G003《测量不确定度的要求》、CNAS-CL01-A025《检测和校准实验室能力认可准则在校准领域的应用说明》。

（4）认可指南　认可指南是 CNAS 对认可规则、认可准则或认可过程的建议或指导性文件。文件代号一般是 GL 系列，比如：CNAS-GL008《实验室认可评审不符合项分级指南》。

（5）认可方案　认可方案是 CNAS 根据法律法规或制度制定者等的要求，对特定认可制度适用认可规则、认可准则和认可指南的补充。文件代号一般是 S 系列，比如：CNAS-CL01-S01《中国计量科学研究院认可方案》。

（6）认可说明　认可说明是 CNAS 在认可规范实施过程中，对特定要求理解或对特定工作实施的进一步明确要求。文件代号一般是 EL 系列。比如：CNAS-EL-03《检测和校准实验室认可能力范围表述说明》。

（7）技术报告　技术报告是 CNAS 发布的对有关合格评定机构运作具有指导性的技术说明文件。文件代号一般是 TRL 系列。比如：CNAS-TRL-010《测量不确定度在符合性判定中的应用》。

第二章

ISO/IEC 17025：2017修订过程及主要变化

第一节 实验室认可国际标准的发展过程

实验室认可国际标准从 1978 年诞生至今已有 40 余年的历史，期间经历了六个版本的修订、换版、改版等发展过程。目前实验室认可国际标准最新版本是 2017 年 11 月 30 日发布的 ISO/IEC 17025：2017《检测和校准实验室能力的通用要求》。ISO17025 标准是由国际标准化组织 ISO/CASCO（国际标准化组织/合格评定委员会）制定的实验室认可标准，该标准的前身是 ISO 导则 25。

1. ISO 导则 25：1978《实验室技术能力评审指南》

为满足世界各国实验室认可工作的评价需求，以及实验室声明满足检测能力要求的需要，1978 年 ILAC 组织编制了《检测实验室基本技术要求》，并作为对检测实验室进行认可的技术准则推荐给国际标准化组织（ISO），希望作为国际标准予以发布实施。同年，ISO 采用并批准了此文件，命名为 ISO 导则 25：1978《实验室技术能力评审指南》。这就是第一份用于实验室认可的国际指南（导则）。

2. ISO/IEC 导则 25：1982《检测实验室基本技术要求》

各国实验室认可机构在使用 1978 年版 ISO 导则 25 时，感到导则相关要求还不够明确，可操作性还不强，于是便提出相应的修改意见。据此，ILAC 在 1980 年的全体会议上做出了修订该标准的建议，ISO 认证委员会（ISO/CERTICO）承担了修订任务。修订后的文件于 1982 年经 ISO 和国际电工委员会（IEC）共同批准、联合发布，这就是 ISO/IEC 导则 25：1982《检测实验室基本技术要求》。1982 年版的 ISO/IEC 导则 25 在世界范围内得到较广泛认同和应用。

3. ISO/IEC 导则 25：1990《校准和检测实验室能力的通用要求》

20 世纪 80 年代，随着欧洲经济一体化进程的加快，由欧洲电工标准化委员会（CENELEC）联合认证工作组起草，并经欧洲共同体批准于 1989 年 9 月发布了 EN45001《检测实验室运作的一般准则》。同时，人们也开始关注与检测实验室数据准确性密切相关的校准实验室量值溯源工作的质量。与此同时，ISO 于 1987 年发布了《质量管理与质量保证》系列标准（即 ISO 9000 系列标准），在全世界掀起了采用 ISO 9000 系列标准建立质量保证体系的热潮，国际贸易中也强调了采用 ISO 9000 系列标准建立质量保证体系的需求。1988 年 ILAC 全体会议提出了进一步修订 ISO/IEC 导则 25 的要求，ISO 合格评定委员会（ISO/CASCO）经过征求各方意见，吸收了 ISO 9000 系列标准中有关管理要求的部分内容，提出了具体修改意见，ISO 在 1990 年 10 月，IEC 在 1990 年 12 月批准并联合发布了 ISO/IEC 导则

25：1990《校准和检测实验室能力的基本要求》。新版导则名称的变化，反映了对校准和检测实验室的认可已成为全世界实验室和认可组织的共同要求。

4. ISO/IEC 17025：1999《检测和校准实验室能力的通用要求》

随着实验室工作实践和评审实践的不断深入，对实验室管理工作要求和技术能力要求的认识不断提高，1990年版ISO/IEC导则25经过了近3年的应用后，1993年欧洲标准化委员会（CEN）提出修改建议。1994年1月ISO合格评定委员会组成了修改工作组（WG 10），开始研究对1990年版ISO/IEC导则25的修订，经过几年的努力并吸收ISO 9000、EN45001的成功经验与ISO/IEC导则25运作经验，于1999年12月15日ISO和IEC对导则25文件改名并正式批准发布了ISO/IEC 17025：1999《检测和校准实验室能力的通用要求》国际标准。ISO/IEC 17025：1999正式替代ISO/IEC导则25和EN45001标准，在世界范围内得到更加广泛的认同和应用，进一步推动和规范世界各国实验室运作和实验室认可。

5. ISO/IEC 17025：2005《检测和校准实验室能力的通用要求》

ISO在2000年发布新版ISO 9000族标准，与1994年发布的标准相比较，不论在内容还是在结构方面均有较大变化；ISO和IEC从2004年开始组织依据ISO 9000：2000对ISO/IEC 17025：1999的修订工作，2005年5月15日正式发布ISO/IEC 17025：2005《检测和校准实验室能力的通用要求》。2005年版的标准在管理要素方面增加了沟通、改进、服务客户、数据分析、质量控制等新的要求，同时调整一些名词表述，并明确了"实验室质量管理体系符合ISO 9001的要求，不证明实验室具有出具技术上有效数据和结果的能力；实验室质量管理体系符合本标准，也不意味其运作符合ISO 9001的所有要求"，更加突出了对实验室检测、校准能力的要求。同时，作为标准内容的重要基石和组成，ISO和IEC在ISO/IEC 17000：2004《合格评定　词汇和通用原则》中详细规定了实验室认可有关的定义和术语，包括17025标准的定义。

6. ISO/IEC 17025：2017《检测和校准实验室能力的通用要求》

到2014年，ISO/IEC 17025：2005自发布实施已达9年，为此ISO和IEC分别由ISO/CASCO的P成员和IEC成员，于2014年6月19日至9月26日对该标准是否需要修订分别进行投票表决。通过后ISO和IEC开始针对新工作项目提案（NWIP），于2015年2月正式启动ISO/IEC 17025：2005的修订工作，历时近3年由150名专家参与ISO/CASCO工作组的修订工作，历经了工作组草案（WD）、委员会草案1（CD1）、委员会草案2（CD2）、国际标准草案（DIS）、国际标准最终草案（FDIS）五个阶段。ISO/IEC 17025：2017于2017年11月30日通过ISO和IEC的投票表决，正式发布实施。

ISO/IEC 17025：2017与ISO/IEC 17025：2005相比，在标准的整体架构、风险的识别、分析和管控以及标准的灵活性和自由度等方面有较大变化。

第二节　ISO/IEC 17025：2017修订过程

一、工作组草案（WD）

WG44工作组由分别代表ILAC、标准机构和IEC的3名成员担任共同组长。ISO/CASCO/WG44工作组第一次会议于2015年2月10日至12日在瑞士日内瓦举行。会议介绍了 ISO 标准编写的主要规则，明确了 ISO/IEC 17025：2005 修订工作计划（表 2-1），强调了 ISO/IEC 17025 的修订原则和修订思路。

表 2-1　ISO/IEC 17025：2005 修订计划表

计 划 时 间	工 作 任 务
2015 年 6 月	ISO/IEC WD 17025 稿
2015 年 8 月	ISO/IEC CD 17025 稿并提交表决
2016 年 2 月	ISO/IEC DIS 17025 稿并提交表决
2016 年 10 月	ISO/IEC FDIS 17025 稿并提交表决
2017 年底	正式发布

（1）修订原则　按照 ISO/CASCO 对所辖标准的统一要求，ISO/IEC 17025 的总体框架结果必须满足 CASCO 决议 12/2002 中给出的框架。对公正性、保密性和管理要求等各项合格评定标准都可能涉及的公共要素，所用措辞必须采用 CASCO 内部文件 QS-CAS-PROC/33《ISO/CASCO 标准中的公共要素》中所给出的表述方式。在管理体系的要求方面，应与新版 ISO 9001 相协调。

（2）修订思路　工作组首先按 CASCO 的要求建立文件框架，然后将 ISO/IEC 17025：2005 中的条款全部纳入新的框架，然后再识别具体内容的适宜性，做必要的更新和调整。对各项要素的描述需要考虑在本次修订立项过程中各成员和相关国际组织提出的意见和建议。尽量删除 2005 版中的注和解释性的内容，把构成要求的注移入正文中。

在 ISO/CASCO/WG44 第一次会议后形成了工作组草案第一稿 ISO/IEC WD1 17025。此文件主要是按 CASCO 政策要求，建立了主体框架，并将 ISO/IEC 17025：2005 相关内容纳入此框架下。

二、委员会草案 1（CD1）

ISO/CASCO/WG44 工作组第二次会议于 2015 年 6 月 2 日至 4 日在瑞士日内瓦举行。WG44 第二次会议对第一次会议后整理出的议题进行了有针对性的研究。会议对"抽样"进行了讨论；术语"申诉"由于不适用于实验室，决定删除；明确在标准中增加风险分析的内容。第二次会议后，工作组提出了工作组草案第二稿 ISO/IEC WD2 17025，收集了 1098 条意见，这些意见计划在 WG44 工作组第三次会议上重点讨论。在第三次会议前的一个星期，工作组又提交了工作组草案第三稿 ISO/IEC WD3 17025，主要是根据收集的意见以及 ISO 9001 修订的进展，对部分章节进行了调整。

ISO/CASCO/WG44 工作组第三次会议于 2015 年 8 月 18 日至 20 日在瑞士日内瓦举行。此次会议主要对意见比较集中的几个问题进行了讨论，基本达成一致意见，如优先使用《国际计量学词汇——基础和通用概念及术语》（VIM）中的定义，确定增加资料性附录解释如何实现计量溯源性，增加"实验室间比对"和"能力验证"术语，和"投诉"有关的要求放在第 7 部分，"公正性"和"保密性"要求使用 CASCO 规定语言，"内部审核"要求采用新版 ISO 9001 的内容等。会议最终同意由工作组草案（WD）进入委员会草案（CD）阶段。工作组根据此次会议的主要输出，形成 ISO/IEC CD1 17025，并征求所有 CASCO 成员的意见。CD1 稿的投票截止日期为 2015 年 9 月 18 日，同时向成员调查是否认为 ISO/IEC

17025 适用于只从事抽样的机构，然后根据成员的意见，再次修订草案。

三、委员会草案 2（CD2）

ISO/CASCO/WG44 工作组第四次会议于 2016 年 2 月 16 日至 19 日在南非比利陀尼亚举行。此次会议针对 CASCO 成员及联络成员对 ISO/IEC CD1 17025 提出的 2606 条意见进行分析，并对主要问题进行协商，给出处理意见。在这一阶段的意见处理中发现，CASCO 成员对于 ISO/IEC 17025:2005 中的 4.5"检测和校准的分包"与 4.6"服务和供应品的采购"合并成一个条款，即"外部提供的产品和服务"没有很大争议（因此在后续版本中继续对此合并予以保留），进而形成 ISO/IEC CD2 17025，再次征求 CASCO 成员和联络成员的意见。CD2 稿于 2016 年 2 月发布，投票截止日期为 2016 年 5 月 24 日。对 ISO/IEC CD2 17025 的投票表决以 96% 的赞成票通过，同时也收到了 1880 条的意见和建议。

四、国际标准草案（DIS）

ISO/CASCO/WG44 工作组第五次会议于 2016 年 9 月 20 日至 23 日在瑞士日内瓦召开，重点讨论对收集到意见的处理，并输出 ISO/IEC DIS 17025。DIS 稿于 2016 年 12 月 29 日发布，投票截止日期为 2017 年 3 月 22 日。国际标准草案 ISO/IEC DIS 17025 投票表决结果：ISO 成员国（P 成员）有 91% 投了赞成票，IEC 的 P 成员有 85% 投了赞成票，这意味着 ISO/IEC DIS 17025 通过投票表决进入下一个阶段。在投票过程中，ISO 也收集到 1700 多条意见，标准起草小组进行了充分的讨论和研究，逐条给出了处理意见，并对 ISO/IEC DIS 17025 进行了修改和完善。考虑到有些修改涉及技术要求的变化，按照 ISO 规则，应进入 FDIS 阶段，需再次提请 ISO 成员投票表决才能成为正式标准。

五、国际标准最终草案（FDIS）

ISO/CASCO/WG44 工作组第六次会议于 2017 年 7 月 10 日至 12 日在瑞士日内瓦召开。FDIS 稿于 2017 年 8 月 14 日发布，投票截止日期为 2017 年 10 月 9 日。ISO 有 91 个正式成员参与了投票，赞成票为 90 票，赞成率达到 99%。IEC 有 34 个正式成员参与投票，赞成率为 100%。在投票过程中，ISO 和 IEC 也收到一些编辑性修改意见，ISO 秘书处根据这些意见对 ISO/IEC FDIS 17025:2017 进行编辑性修改。按照 ISO 规则，在 FDIS 投票表决后，只能进行编辑性修改，技术要求不允许有调整。据此，2017 年 11 月 30 日 ISO 正式发布最终标准 ISO/IEC 17025:2017，ISO 与 ILAC 也同时就新标准过渡转换期发布了联合声明，明确新版标准过渡转换期为发布之日起 3 年（即到 2020 年 11 月 30 日截止），在此期间新旧版本同时有效。从 2020 年 12 月起，ILAC 互认协议将不接受以 ISO/IEC 17025:2005 认可的实验室。

第三节　ISO/IEC 17025:2017 实施要求

2018 年 3 月 1 日中国合格评定国家认可委员会（CNAS）正式发布 CNAS-CL01:2018《检测和校准实验室能力认可准则》（等同采用 ISO/IEC 17025:2017，以下简称《认可准则》）及相关应用说明文件，用以取代 CNAS-CL01:2006《检测和校准实验室能力认可准则》（等同采用 ISO/IEC 17025:2005）及相关文件。CNAS 并于 2018 年 3 月 16 日专门发布了

"关于 CNAS-CL01：2018《检测和校准实验室能力认可准则》及相关应用说明文件转换工作安排的通知"〔认可委（秘）〔2018〕32号〕，明确要求：

1）所有获得认可的实验室应在 2020 年 11 月 30 日前完成认可准则的换版转换工作。实验室换版转换工作的完成以取得依据 ISO/IEC 17025：2017 颁发的认可证书为准。

2）换版评审原则上结合定期评审进行，实验室也可以单独申请换版评审。换版评审采用现场评审方式，评审范围为新版《认可准则》要求的全部要素。

3）对于初次申请认可的实验室，自 2018 年 9 月 1 日起，CNAS 只接受 CNAS-CL01：2018 认可申请，不再接受 CNAS-CL01：2006 的认可申请；9 月 1 日后按照 CNAS-CL01：2006 获得认可的实验室，获得认可后的定期监督评审应按新版《认可准则》进行。

4）对于已获认可的实验室，自 2018 年 9 月 1 日起，所有复评审（包含复评审+扩项）均按新版《认可准则》进行；2018 年 9 月 1 日前按 CNAS-CL01：2006 获得认可的实验室，9 月 1 日后进行的定期监督，实验室可以自行选择是否按照新版《认可准则》进行评审；9 月 1 日后接收到的单独扩项申请或其他评审，评审依据的准则与该实验室认可的准则版本应保持一致。

5）所有依据新版《认可准则》评审的实验室，应于现场评审前 20 个工作日提交新版管理体系文件和核查表。

6）获得认可的实验室如未在 2020 年 11 月 30 日前完成换版转换，CNAS 将暂停其实验室认可资格。

综上所述，虽然新版标准过渡转换期是三年，但是每个实验室的实际换版过渡时间取决于该实验室 2018 年 9 月 1 日后第一次定期复评审的时间。

第四节 ISO/IEC 17025：2017 主要变化

按照 ISO/CASCO 对所辖标准的统一要求，ISO/IEC 17025 的总体框架结果必须满足 CASCO 决议 12/2002 中给出的框架。对各项合格评定标准都可能涉及的公共要素，如公正性、保密性和投诉等管理要求，所用措辞必须采用 CASCO 内部文件 QS-CAS-PROC/33《ISO/CASCO 标准中的公共要素》中所给出的表述方式。在管理体系的要求方面，需要与新版 ISO 9001 相协调。ISO/IEC 17025：2017 的框架和条款分布见表 2-2。

纵观 ISO/IEC 17025：2017 的框架和条款分布，与 ISO/IEC 17025：2005 相比主要变化集中在以下几个方面：首先，根据 ISO/CASCO 对所辖标准的统一要求，按照 CASCO 决议 12/2002 中给出的框架要求对 ISO/IEC 17025 的总体框架进行了调整。对合格评定标准涉及的公共要素，如公正性、保密性和投诉等管理要求，所用措辞一律采用 CASCO 内部文件 QS-CAS-PROC/33《ISO/CASCO 标准中的公共要素》中所给出的表述方式。在管理体系的要求方面，与新版 ISO 9001 相协调。其次，基于风险思维的考虑，将 ISO/IEC 17025：2005 中关于风险的分散描述予以归并，并通过引入 ISO 9001：2015 的理念予以加强，强调风险的识别、分析和管控。为适应实验室信息化管理的大趋势，增加了实验室信息管理的控制要求。再其次，简化了内容，删除了不必要的注和解释，ISO/IEC 17025：2017 共有 231 条强制性要求，与 ISO/IEC 17025：2005 的 261 条强制性要求相比，删除或减少了约 40 项强制性要求，使 ISO/IEC 17025：2017 的要求具有更大的灵活性和自由度。

表 2-2　ISO/IEC 17025:2017 的框架和条款分布

ISO/IEC 17025:2017《检测和校准实验室能力的通用要求》		
1　范围	6.6　外部提供的产品和服务	8　管理要求
2　规范性引用文件	7　过程要求	8.1　方式
3　术语和定义	7.1　要求、标书和合同评审	8.2　管理体系文件（方式 A）
4　通用要求	7.2　方法的选择、验证和确认	8.3　管理体系文件的控制（方式 A）
4.1　公正性	7.3　抽样	8.4　记录控制（方式 A）
4.2　保密性	7.4　检测或校准物品的处置	8.5　应对风险和机会的措施
5　结构要求	7.5　技术记录	8.6　改进（方式 A）
6　资源要求	7.6　测量不确定度的评定	8.7　纠正措施（方式 A）
6.1　总则	7.7　确保结果有效性	8.8　内部审核（方式 A）
6.2　人员	7.8　结果的报告	8.9　管理评审（方式 A）
6.3　设施和环境条件	7.9　投诉	附录 A（资料性附录）计量溯源性
6.4　设备	7.10　不符合工作	附录 B（资料性附录）管理体系方式
6.5　计量溯源性	7.11　数据控制和信息管理	参考文献

ISO/IEC 17025:2017 主要变化如下：

一、与 ISO 9001 关系的声明

将 ISO/IEC 17025:2005 的 1.6 条款中有关 ISO 9001 的声明，放入引言和附录 A 中。

1）在引言中保留了"符合本文件的实验室通常也是按 ISO 9001 的原则运作"。考虑到 ISO 9001 已进行了修改，因此 CASCO 与 ISO/TC 176 再次进行了协商，此表述得到了 ISO/TC 176 的确认。

2）在附录 A 中保留了"实验室在符合 ISO 9001 要求的管理体系下运作，并不代表实验室能够产生技术有效的数据和结果。这可以通过符合 ISO/IEC 17025 第 4 章至第 7 章的要求来实现。"

二、引入风险管理的要求

如何将风险管理的理念和模式纳入 ISO/IEC 17025，是标准起草组重点考虑的因素。ISO/IEC 17025:2017 通过以下方式来明确风险管理要求：

1）在引言中声明："本文件要求实验室策划和实施相应措施来应对识别出的风险和机会。识别风险和机会将提升质量管理体系的有效性、改进结果和防止负面效应。实验室负责决策对哪些风险和机会应采取措施"。

2）参照 ISO 9001:2015，在第 8 章增加一新的条款——"8.5 应对风险和机遇的措施"，将 ISO 9001:2015 第 6.1 条款的相关要求纳入。

3）ISO/IEC 17025 本身在起草过程中已充分纳入了风险管理的模式，比如设备校准、质量控制、人员培训和监督等均需要实验室根据自身的检测或校准活动范围、客户需求和测

试技术的复杂性等进行风险分析，实施相应的管理。

4）对于实验室是否有必要单独建立风险管理体系，由实验室自己决定，ISO/IEC 17025：2017标准本身并未硬性要求，实验室只需要满足本标准即可。为此，标准起草小组决定在8.5条款中加入注，以表明此立场。

三、实验室的活动范围及通用要求部分

ISO/IEC 17025：2017明确要求实验室应以文件的形式明确界定其检测或校准活动范围，范围中不应包括持续从外部机构获得的检测或校准项目。提出这个要求的最根本原因是实验室所有管理活动均以其活动范围为基础，包括人员、设施和设备等，这是最基本的要求。

（一）ISO/IEC 17025适用范围部分

1）删除ISO/IEC 17025：2005中有关ISO/IEC 17025不是认证用的标准的陈述。CASCO的政策是标准的用途应由市场来决定，而不是由标准来规定。在ISO/IEC 17025：1999首次引入此条款的目的是因为当时对实验室能力的评价是认可还是认证，很多标准使用者和市场有明显的混淆，因此在标准中做了特别说明。随着实验室认可近20年的发展，实验室认可的概念已被广泛认知，也不需要在标准中予以明示。

2）删除了ISO/IEC 17025：2005中1.3条款中有关"注"的说明，即取消了"本标准中的注是对正文的说明、举例和指导。它们即不包含要求，也不构成本标准的主体部分"。这是ISO制订标准的通用规则，无须在标准中进一步明示。

3）删除ISO/IEC 17025：2005第1.5条款"本标准不包含实验室运作中应符合的法规和安全要求"的陈述。因为本标准是针对实验室能力的通用要求，起草过程中不会考虑不同国家的法规和有关安全的特定要求，因此无须对此做出特殊声明。

4）删除了标准中"第一方实验室""第二方实验室"和"第三方实验室"提法，因标准的适用对象是任何实验室，没有必要提及第一方、第二方或第三方，而且对于第一方、第二方和第三方本身的定义是有争议的。检验机构标准ISO/IEC 17020中规定了A、B和C三种类型，在实施过程中经常产生争议，并容易让市场误解A类检验机构好于C类检验机构。对于检测和校准实验室，更关注的是其公正性的问题，因此不再纳入独立性相关的内容。

5）取消"当实验室不从事本标准所包括的一种或多种活动，例如抽样和新方法的设计（制定）时，可不采用本标准中相关条款的要求"，因为这是多余的陈述。

（二）通用要求部分

第4章中的通用要求泛指合格评定活动的通用要求，因此只包含了"公正性"和"保密性"要求。语言措辞全部来自QS-CAS-PROC/33《ISO/CASCO标准中的公共要素》中规定的强制要求，因此有些要求可能更适用于认证机构，不是实验室经常遇到的情况，比如委员会成员，因此在解读时，实验室只需分析自己的特定情况，相应制订要求，对于不适用的条款，可以不予规定。ISO/IEC 17025：2017明确要求：

1）要求实验室管理层应做出公正性的承诺。

2）强调实验室对保密做出有法律效力的承诺。

3）在合同评审的条款中，首次明确客户要求的偏离不应影响实验室的诚信或结果的有效性。

四、资源要求部分

（一）人员控制要求

ISO/IEC 17025：2017 对人员要求进行了适度的简化。

1）删除了对人员培训的具体要求，即取消了"实验室应有确定培训需求和提供人员培训的政策和程序。培训计划应与实验室当前和预期的任务相适应。应对这些培训活动的有效性进行评价。"只在每个岗位的能力和人员的通用要求中明确包含培训。

2）不再区别在培员工、长期雇佣人员或签约人员，全部纳入"人员"这一用词中。

3）删除了对特定领域人员资格以及"意见或解释"人员的注释；统一纳入"实验室应将每个影响实验室活动的岗位所需能力形成文件"，至于能力要求，实验室应根据人员所承担的工作来确定。如果相应的法律法规有特定要求，实验室应满足。但不需要在标准中为此做出说明。对做出"意见和解释"的人员要求，实验室应根据该活动所需要的经验、知识等做出相应规定。

4）在表述方式上，对人员不再区分技术管理层和质量主管，只明确职能要求，至于这个岗位的名称，实验室可以自己确定，并以管理层取代"最高管理层"，因何为"最高管理层"在实施过程中理解是不一致的。

5）取消"指定关键管理人员的代理人"。

6）删除了对工作描述中应包含内容的注释。

（二）设备控制要求

1. 设备的校准

如何确定哪些设备需要校准，ISO/IEC 17025：2017 有明确要求。

1）设备的准确度和（或）测量不确定度影响结果的有效性。

2）为建立结果的计量溯源性而需要进行校准。

第 1）条与 ISO/IEC 17025：2005 要求基本相同。对于第 2）条要求，因为对任何测量活动，计量溯源性是基本要求。对有些检测或校准活动，设备对结果的影响非常小，按第一条的规定，应该是不需要校准的，但考虑到最终结果是溯源至该设备的特性值，为确保结果的计量溯源性，必须对该设备的特性值进行校准。

因此实验室应根据设备的用途，判断设备应用于不同的测量方法时对结果的影响程度，当校准带来的贡献对测量结果总的不确定度有显著影响时应进行校准。实验室应确定显著影响的定量判定规则，例如对结果不确定度贡献值≥10%的设备应进行校准。

实验室活动中，影响报告结果有效性、需要校准的设备类型通常包括：

1）用于直接测量被测量的设备，如测量质量所用的天平。

2）用于修正测量值的设备，如温度测量设备。

3）用于从多个量计算获得测量结果的设备，如校准扭矩扳子检定仪杠杆力臂长度和砝码力值的设备。

2. 设备的期间核查

ISO/IEC 17025：2017 将期间核查扩展至所有设备，实验室可能不仅对需要校准的设备进行期间核查，对其他设备也需要根据其稳定性进行定期核查。

对于需要校准的设备，实验室应根据其稳定性和使用状况等因素来决定是否有必要进行期间核查。

对于不需要校准的设备，ISO/IEC 17025：2017 要求在使用前验证其功能是否能够满足检测或校准方法的要求。

除投入使用前需要核查外，在后续的使用过程中，实验室也需要根据使用情况和其稳定性确定是否有必要进行核查。

实验室经过分析，确认需要进行期间核查的设备，应建立核查的方法并保留相关记录。需要强调的是，并不是所有设备都需要期间核查，应根据检测或校准方法的要求、设备稳定性和使用状况等因素来确定。

3. 设备校准方案要求

ISO/IEC 17025：2017 要求实验室应制定设备校准方案，校准方案要求包括设备的准确度要求、校准参量、校准点/校准范围、校准周期、校准方式（送校或现场校准）等信息。制定校准方案时，实验室应参考检测/校准方法对设备的要求、实际使用需求、成本和风险、历次校准结果的趋势、期间核查结果等因素。实验室应对已制定的校准方案进行复核和评审，必要时应做出调整。

4. 对溯源服务机构要求

实验室应对选择的溯源服务机构应按 ISO/IEC 17025 中 6.6 "外部提供的产品和服务" 的要求进行统一控制和管理。

实验室在选择校准服务机构时，应满足 CNAS-CL01-G002《测量结果的计量溯源性要求》中溯源途径的具体控制要求，实验室应将校准方案的详细内容及时传递给校准服务机构，并对校准服务机构进行评价和监控。

5. 设备说明书控制要求

取消保留设备说明书的要求，因其作为外来文件应按 "文件控制" 要求进行管理。

（三）计量溯源性

ISO/IEC 17025：2017 采用了 ISO/IEC 指南99 中规定的 "计量溯源性" 以取代 "测量溯源性"。在 ISO/IEC 17025：2005 中，有较长的篇幅提出对测量溯源性的要求，并附有大量注释。

考虑标准本身定位于对实验室能力的通用要求，因此起草小组决定删除大量的注解，在正文中只规定要求，解释内容尽量不出现。但在工作组草案征集意见的过程中，很多成员建议保留 ISO/IEC 17025：2005 中针对测量溯源性的注解，认为其对实验室理解和实施计量溯源性要求是很有帮助的。

为此，起草小组决定增加资料性附录，纳入实验室如何实现计量溯源性的指南。从文字表述上来看，ISO/IEC 17025：2017 对计量溯源性的要求从 ISO/IEC 17025：2005 侧重于强调设备的校准，转为从结果的计量溯源性的角度提出要求，此描述方式的变化更为科学和严谨。并且，对计量溯源性的要求不再区分检测和校准活动，而是提出统一的要求，因此文本大量简化。

从本质上看，对计量溯源性的要求，ISO/IEC 17025：2017 与 ISO/IEC 17025：2005 没有显著差异。

（四）分包的法律责任

ISO/IEC 17025：2017 删除了 "实验室应就分包方的工作对客户负责，由客户或法定管理机构指定的分包方除外。"

这是由于让实验室承担非自身活动的法律责任与有些国家的法律冲突，而且标准本身应尽量避免涉及合同法律责任的问题，因为不同的国家法律法规可能有不同的规定。

（五）将"服务和供应品的采购"与"分包"合并

参考 ISO 9001：2015 的模式，将 ISO/IEC 17025：2005 中的 4.5 "检测和校准的分包"与 4.6 "服务和供应品的采购"合并成一个条款，即"外部提供的产品和服务"。

此条款合并在讨论过程中争议很大，因实验室分包的事项可能很多，但在 ISO/IEC 17025：2005 中 4.5 条款重点突出对检测或校准活动分包的管理，4.6 中服务和供应品的采购重点是实验室获得检测或校准活动所需的资源，界限相对较清楚，而且在 ISO/IEC 17025：2005 实施过程中，也没有很大的争议。如果将两个条款合并，是否能将要求表述清楚，有不确定性，而且标准的起草还是需要考虑实验室的习惯。

另一种观点认为，不论是实验室自己使用的产品或服务，还是将检测或校准活动分包给另一个实验室，都是外部获得的产品或服务，可以合并成一个条款。因此起草小组暂时决定合并，然后征求 CASCO 成员的意见，看多数成员是否支持此条款合并。但在 CD1 稿的意见中，对此并没有很大的争议，因此在后续版本中继续保留此合并。

因此在理解 ISO/IEC 17025：2017 时，应注意"从外部获得的实验室活动"就是特指"检测、校准或抽样活动的分包"。

五、过程要求部分

（一）判定规则

ISO/IEC 17025：2017 增加了对"判定规则"的要求，也就是实验室在做与规范的符合性判断时，如何考虑测量不确定度，特别是结果的区间跨越了规定的限值，实验室如何做出"合格"或"不合格"的判断。

在合同评审阶段，实验室应将使用的判定规则与客户沟通，并在合同中予以明确。在结果的报告中应指明所使用的判定规则，以便报告的任何使用方了解实验室做出符合性结论时是如何考虑测量不确定度的，使结果更加科学和透明。

此条款对于实验室做出符合性声明提出了更严格的要求，可以料想这也是实验室在实施新版标准时遇到的难题，需要更多的研究和准备。

（二）对方法的偏离

在标准征求意见的过程中，有的成员认为"与方法的偏离"和"对方法的改进"是同一概念，都需要进行方法确认，因此建议删除与方法偏离的有关条款。

起草小组经过长时间的讨论确认，方法偏离是处理不能满足相关要求的一种特殊情况，是不得已而为之的，是负面的，因此此时需要做技术判断，获得批准才可发生。而方法改进是为使方法更有效而进行的一项积极的、正面的技术活动，为确保方法有效性而必须事先做好方法确认，这不是一种意外的情况。因此对两者的要求是不同的，应保留方法偏离的相关条款。

（三）对抽样活动的讨论

ISO/IEC 17025 是否适用于只进行抽样，而不从事任何检测或校准活动的机构，一直是标准修订过程中争论最大的问题，这里的抽样不仅仅是为检测或校准活动所进行的抽样，还包括为其他目的，如认证、检验或确认活动而进行的抽样。就 ISO/IEC 17025 本身来讲，其预定的标准适用范围是从事检测或校准活动的实验室，抽样往往是检测或校准过程的一部分。一个机构即使不进行后续的检测或校准活动，其适用性没有争议。但是我国 CNAS-CL01-G001：2018 的 7.3.1 a）规定：如果实验室仅进行抽样，而不从事后续的检测或校准活动，CNAS 将不认可该抽样项目。而目前欧洲的认可机构已用 ISO/IEC 17025 对单独从事抽样活动的机构进行认可，而且抽样并不局限于为检测或校准的目的，那么对于 ISO/IEC 17025 能否适用于这类机构，争议很大。

标准起草小组成员很多来自欧洲，他们大都支持可以适用，但也有很多其他成员认为 ISO/IEC 17025 是针对实验室的标准，其适用范围应仅限于检测或校准的相关活动。为此，标准起草小组决定在把 CD1 稿向 CASCO 成员征求意见时，同时向成员调查是否认为 ISO/IEC 17025 适用于只从事抽样的机构，然后根据成员的意见，再决定修订版 ISO/IEC 17025 的适用范围和修订方向。但最终投票的结果是 42 票赞成，38 票反对。此结果也没有给出如何处理"抽样"这一争议的明确方向。经讨论，工作组决定将抽样限制为"与随后的检测或校准相关的抽样"。

此外，为避免全文不断重复"检测、校准和抽样"的描述，在术语和定义条款中给出了实验室的定义，并在全文用"实验室活动"来取代"检测、校准和抽样"。在修订 ISO/IEC 17025 过程的各个版本征求意见和表决中，对"抽样"是否是独立的活动的争议从未中止过。

（四）免责声明

在 ISO/IEC 17025：2017 中明确要求在以下情况下实验室应做出免责声明。

（1）样品处置　当已知检测或校准物品偏离了规定的条件，客户依然要求进行检测或校准时，实验室应在报告中做出免责声明，指出结果可能受偏离的影响。

（2）报告结果　当证书包含客户提供的数据时，应予以明确标识。当客户提供的数据可能影响结果的有效性时，实验室应在报告中做出免责声明。当实验室不负责抽样阶段（如样品由客户提供），实验室应在报告或证书中声明结果仅适用于收到的样品。

（五）文件与记录

1）ISO/IEC 17025：2017 仍然采用"文件"与"记录"这两个词，而不采用 ISO 9001：2015 中的"成文信息"。

2）考虑实验室大量采用电子记录，因此简化对更改记录的要求，明确只要确保"更改记录"的可追溯性。ISO17025：2017 的 7.5.2 条款规定"实验室应确保技术记录的修改可以追溯到前一个版本或原始观察结果。应保存原始的以及修改后的数据和文档，包括更改的日期、标识更改的内容和负责更改的人员。"即记录的修改必须满足以下条件：

① 修改的记录可以追溯到修改前的一个版本。

② 修改的记录可以追溯到修改前的原始观察结果。

③ 保存原始的文档以及修改后的数据和文档。

④ 保存更改的日期、标识更改的内容和负责更改的人员。

（六）测量不确定度评定

测量不确定度评定要求的变化主要体现在以下几个方面。

1）首次提出在测量不确定度评定中应考虑"抽样"所引入的不确定度。

2）不再强调实验室应有测量不确定度评定的程序，直接要求实验室应评定测量不确定度，因每项检测或校准结果测量不确定度评定过程本身就是一个程序，没有程序实验室是无法评定测量不确定度的，因此删除了"程序"用词。

3）以"注"的形式说明如果对某一检测方法，实验室已经评定了测量不确定度，只要实验室能够证明对所有关键影响因素进行了控制，就没有必要再重新评定测量不确定度。

（七）确保结果有效性

ISO/IEC 17025：2017 将质量监控划分为内部质量监控与外部质量监控，要求应分别策划并实施。常见内部质量监控方法在 ISO/IEC 17025：2017 的 7.7.1 中列举了 11 种，外部质量监控方法在 7.7.2 中列举了两种。实验室无论采用外部监控活动还是内部监控活动，其目的均是为及时发现实验室活动（含各检测/校准系统等）出现的不良趋势，全面保证检测/校准结果的有效性。

结果质量监控和日常质量监督是不能混淆的两类质量活动，质量监控的目的在于使检测/校准结果质量能得到保证，而日常质量监督与人员能力监控的目的是督促从事检测/校准的相关人员按管理体系要求开展各项工作，二者之间不能相互替代。

为了使质量监控活动可操作性和有效性不断提高，实验室应对质量监控方案和计划的执行情况定期进行评审，并将其执行情况和结果作为实验室年度管理评审的一项重要输入。

（八）报告和证书

对报告和证书的要求有如下变化。

1）报告中不需要报告客户的地址，只需要报告客户的联络信息。

2）报告批准人只要可以识别即可，不再要求职务、签字等。

3）报告中不但要有样品接收日期、检测或校准的日期，还应有报告的签发日期。

4）实验室应对报告中的所有信息负责，如果数据是由客户提供的必须明确标识。

5）明确要求校准证书必须给出测量不确定度，而不能仅仅是给出与计量规范的符合性。

6）对"意见和解释"明确要求应基于检测或校准结果。

7）对报告的修改必须标识修改的内容。

8）做出符合性声明时，应明确符合性结论适用于哪些结果。

9）抽样信息还应包含"评定后续检测或校准测量不确定度的信息"。

10）删除了 ISO/IEC 17025：2005 中的以下条款：

① 5.10.6 从分包方获得的检测和校准结果。

② 5.10.7 结果的电子传送。

③ 5.10.8 报告和证书的格式。

（九）投诉

对投诉的处理要求变化较大，增加了很多要求，其内容等同采纳 QS-CAS-PROC/33《ISO/CASCO 标准中的公共要素》。对于投诉处理的独立性，ISO/IEC 17025：2017 给出了明确的要求。对规模较小的实验室，可能很难满足独立性的要求，特别是针对检测或校准活动技术内容相关的投诉，此时可以请外部人员予以帮助。

（十）信息管理系统

对信息管理系统的要求主要来自 ISO/IEC 17025：2005，同时参考了 ISO 15189：2012，并强调实验室的信息管理系统应有记录系统故障以及应急纠正措施的功能。

六、管理体系要求部分

（一）管理要求的满足方式

1. ISO/CASCO 的要求

按照 ISO/CASCO 的要求，管理要求的内容必须等同采用 QS-CAS-PROC/33《ISO/CASCO 标准中的公共要素》给出的方式 A 与方式 B 的模式，如果不采用，必须向 ISO 合格评定委员会主席政策协调工作组（ISO/CASCO/CPC）报告，并得到批准。

ISO/IEC 17020：2012《合格评定　各类检验机构的运作要求》采用 CASCO 规定的方式 A 和方式 B，但在执行过程中引发了很大的争议。如果检验机构已建立了 ISO 9001 体系，并获得了认证，那么认可机构对管理要求是否还需要进行评审。为避免此问题，工作组在起草第 8 章"管理要求"内容时极为谨慎。为此工作组决定起草附录 B，重点解释方式 A 和方式 B 的关系。对于实验室已有 ISO 9001 的管理体系，认可机构如何评审，标准并不涉及，各认可机构可自己规定。

2. ISO/IEC 17025：2017 方式 A 与方式 B 的关系

方式 A 列出实验室管理体系实施的最低要求，其已纳入 ISO 9001 中与实验室活动范围相关的管理体系所有要求。因此符合 ISO/IEC 17025 第 4~第 7 章，并实施第 8 章方式 A 的实验室，其运作也基本符合 ISO 9001 的原则。

方式 B 允许实验室按照 ISO 9001 的要求建立和保持管理体系，并能支持和证明持续符合第 4~第 7 章的要求。因此实验室实施第 8 章的方式 B，也是按照 ISO 9001 运作的。实验室管理体系符合 ISO 9001 的要求，并不证明实验室具有出具技术上有效的数据和结果的能力，实验室还应符合第 4~第 7 章。

综上所述，实验室无论是以方式 A，还是以方式 B 来实施管理体系，都需要满足 ISO/IEC 17025 第 4~第 7 章的要求。

（二）内部审核

对内部审核的要求等同采用 ISO 9001：2015 第 9.2 条款，删除了以下内容：

1）内部审核应覆盖管理体系的全部要求，包括检测和（或）校准活动。

2）质量主管负责按照日程表的要求和管理层的需要策划和组织内部审核。

3）审核应由经过培训和具备资格的人员来执行，只要资源允许，审核人员应独立于被审核的活动。

4）内部审核的周期通常应当为一年。

对内审员的资格要求，已被 6.2 条款覆盖，不再做明文细节要求。

（三）管理评审

对管理评审的要求等同采用 ISO 9001：2015 第 9.3 条款，删除了对管理评审周期的建议，要求实验室管理层应按照策划的时间间隔对实验室的管理体系进行评审；把最高管理者改为管理层，更具有广泛性和适应性，更强调团队的集体领导；增加了管理评审输出应记录的内容。

第三章

ISO/IEC 17025:2017《检测和校准实验室能力的通用要求》要点理解与评审重点

第一节 概 述

根据国际实验室认可合作组织（ILAC）的决议要求，中国合格评定国家认可委员会（CNAS）等同采用 ISO/IEC 17025:2017《检测和校准实验室能力的通用要求》制定并发布了 CNAS-CL01:2018《检测和校准实验室能力认可准则》及相关应用说明文件，并于 2018 年 3 月 16 日以"关于 CNAS-CL01:2018《检测和校准实验室能力认可准则》及相关应用说明文件转换工作安排的通知"〔认可委（秘）〔2018〕32 号〕文件的形式明确了 CNAS-CL01:2018《检测和校准实验室能力认可准则》（等同采用 ISO/IEC 17025:2017，以下简称《认可准则》）及相关应用说明文件全面取代 CNAS-CL01:2006《检测和校准实验室能力认可准则》（等同采用 ISO/IEC 17025:2005）及相关文件的转换时间节点及具体技术要求。同时，为了开展各个特定领域的认可活动，CNAS 根据各技术领域的具体特点，依据 ISO/IEC 17025:2017 的要求制定了一系列《认可准则》在特定领域的应用说明，对《认可准则》的通用要求进行必要的补充说明和解释，但并不增加或减少准则的要求，并且认可准则的应用说明应与认可准则同时使用。由于《认可准则》是完全等同采用 ISO/IEC 17025:2017 且我国完全依据《认可准则》开展相关实验室认可工作，因此本书通过《认可准则》来全面解读 ISO/IEC 17025:2017 的条款内涵、理解要点、实施要求与评审重点。

《认可准则》是实验室建立、编制、实施和保持管理体系，以及认可机构评审实验室能力的依据和准则。在应用中，应特别关注《认可准则》本身的"系统"特性，即系统的集合性、相关性、目的性和动态性。

1）集合性是指《认可准则》是由所有要素组成的整体。

2）相关性是指《认可准则》中的各要素都为完成其特定任务而存在，而且任一要素的变化也会影响其他要素完成任务。

3）目的性是就《认可准则》整体而言，实验室应有出具科学、准确、可重现、可比数据的能力、资源。

4）动态性是指《认可准则》所描述体系在实际实验室不是个固定的状态，而是有时间阶段性的，评审中还应考虑其动态性。

以系统的观念理解《认可准则》原文要点，是应用《认可准则》的前提。为了全面系统地掌握《认可准则》的精髓和要义，本章按"《认可准则》原文""要点理解""评审重点"三大部分逐条解读评审要求和查证要点。这里的"要点理解"是实验室活动实施应当侧重理解的《认可准则》条款要点；"评审重点"是在理解《认可准则》原文要点的基础上，进行实验室现场评审时的关注重点，也是评审员在现场根据特定的评审对象进行查验、考察、取证、评价的要点。当然，对现场提问、验证、取证以及评价方法、方式，评审员应根据实际情况科学策划、系统实施。对于《认可准则》中某些要求显而易见或特别明确的条款，本章会从简或从略说明。

第二节 《认可准则》应用的关注要点

一、《认可准则》适用范围

《认可准则》规定了实验室能力、公正性以及一致运作的通用要求，适用范围很广泛，从其应用范围领域分，可适用于下列实验室建立、编制、实施和保持管理体系。

适用对象：实验室，即从事下列一种或多种活动的机构：①检测；②校准；③与后续检测或校准相关的抽样。因此《认可准则》中的"实验室活动"即指上述三种活动。

1）实验室类型：检测实验室和校准实验室。

2）实验室服务对象类型：所有从事实验室活动的组织，不论其人员数量多少。《认可准则》不刻意强调区分第一方、第二方和第三方实验室。

由于《认可准则》含有实验室保证其结果准确、可重现、可比对所应具备的实验室能力、公正性以及一致运作的通用要求，因而也适用于实验室的客户、法定管理机构、使用同行评审的组织和方案、认可机构及其他机构作为评价、确认或承认实验室能力的依据和准则。

《认可准则》规定了实验室能力、公正性以及一致运作的通用要求，《认可准则》是认可机构（CNAS）、实验室的客户、法定管理机构、使用同行评审的组织及其他机构对实验室活动的能力进行认可（确认或承认）的依据，《认可准则》可作为实验室建立质量、行政和技术运作管理体系的重要依据。因此《认可准则》中的"管理体系"是指控制实验室运作的质量、行政和技术体系。

二、《认可准则》应用原则

《认可准则》是保证实验室具备出具报告结果准确、可重现性、可比性和科学性的完整管理体系，保证实验室具备服务客户、社会的责任属性。显然，由于实验室服务于商品经济社会，一个充满竞争的社会。它要服务客户、社会，还必须具备良好的社会行为属性——公平、公正、保护客户秘密（包括技术、商业乃至客户身心健康信息等所有秘密资料、数据）。实验室的责任属性和社会行为属性即是其管理体系的总的方针、目标。对《认可准则》中每个要素要求偏离都会影响总方针、目标的实现，都会影响报告数据的准确性、可重现性、可比性和科学性或实验室的公平、公正性。因此在《认可准则》的应用上，不能根据实验室的专业特点和经验片面强调某些要素或轻视某些要素，而应按实验室专业属性、责任属性和行为属性的要求，科学系统地合理应用《认可准则》每一要素。

《认可准则》明确实验室有责任确定要应对哪些风险和机遇，实验室应策划并采取措施应对风险和机遇，并强调应对风险和机遇是提升管理体系有效性，取得改进效果以及预防负面影响的基础。

三、《认可准则》要素的裁剪

当实验室不从事《认可准则》所包括的一种或多种活动，例如不从事抽样和新方法的设计开发时，可以不采用《认可准则》中相关条款的要求，但需强调指出，这绝不意味着《认可准则》可以随意剪裁，必须依据科学的理由和专业的评判。

四、实验室的安全、环保和卫生要求

实验室运作必须符合国家规定的安全、卫生和环保等法律法规的要求，这是实验室管理层的责任，虽然这些法律法规的要求未在《认可准则》中明确叙述，但这是法人应遵守的基本责任属性和行为属性，故实验室建立其质量管理体系和技术体系时应将这方面的要求补充到体系文件或其他相关的质量文件中去。

五、《认可准则》在特殊领域的应用说明

《认可准则》规定了实验室能力的通用要求（一般性公共要求），对于一些特殊领域的实验室，除了须满足通用要求外，还需要满足一些特殊领域的补充细则的要求。但这些特殊领域应用说明都是依据《认可准则》通用要求加以专业性细化或展开，不能提出超出《认可准则》要求以外的额外要求。这些特殊领域应用细则应便于不同知识背景的人统一理解和应用《认可准则》。

《认可准则》的注示、示例和附录不属于要求，旨在帮助理解和实施《认可准则》，不构成《认可准则》的主体。

六、《认可准则》与 ISO 9001 的关系

《认可准则》与 ISO 9001 同属合格评定体系，但在应用中应注意相互之间的区别与联系。

（一）质量体系认证不能代替实验室认可

1. 实验室管理体系的运行方式

ISO/IEC 17025：2017《检测和校准实验室能力的通用要求》是依据 ISO 9001：2015 进行的换版修订，所以符合《认可准则》的实验室通常也是依据 GB/T 19001（ISO 9001，IDT）的原则运作的。但是若实验室管理体系符合 GB/T 19001 的要求，并不证明实验室具有出具技术上有效数据和结果的能力。

随着管理体系的广泛应用，日益需要实验室运行的管理体系既符合 GB/T 19001，又符合《认可准则》。因此《认可准则》提供了实施管理体系相关要求的两种方式。

方式 A（见《认可准则》8.1.2）给出了实施实验室管理体系的最低要求，其已纳入 GB/T 19001 中与实验室活动范围相关的管理体系所有要求。因此符合《认可准则》第 4~第 7 章，并实施第 8 章方式 A 的实验室，其运作也基本符合 GB/T 19001 的原则。

方式 B（见《认可准则》8.1.3）允许实验室按照 GB/T 19001 的要求建立和保持管理

体系，并能支持和证明持续符合第 4～第 7 章的要求。因此实验室实施第 8 章的方式 B，也是按照 GB/T 19001 运作的。实验室管理体系符合 GB/T 19001 的要求，并不证明实验室在技术上具备出具有效的数据和结果的能力，实验室还应符合第 4～第 7 章。

两种方式的目的都是为了在管理体系的运行，以及符合第 4～第 7 章的要求方面达到同样的结果。

2. 实验室认可与质量体系认证主要区别

（1）适用范围不同

1）ISO/IEC 17025 标准规定了实验室能力、公正性以及一致运作的通用要求，适用于所有从事实验室活动的组织，不论其人员数量多少，也适用于实验室的客户、法定管理机构、使用同行评审的组织和方案、认可机构及其他机构作为评价、确认或承认实验室能力的依据和准则。

2）ISO 9001 标准是质量管理体系认证的主要标准，适用于所有行业或经济领域，任何组织都可以自愿建立并执行和维护该质量管理体系。因此 ISO/IEC 17025 的认可是承认实验室的能力、公正性，而 ISO 9001 的认证只是确认质量管理体系的符合性。

（2）实施主体不同

1）实验室认可活动的主体是权威机构，而认可机构的权威常来自于政府，因此认可机构一般是由政府授权的。中国合格评定国家认可委员会（CNAS）是我国唯一的实验室认可机构，由国务院授权建立的中国国家认证认可监督管理委员（CNCA）正式授权。

2）ISO 9001 认证活动的主体可以是民间的、私有的，也可以是官方的。认证机构以公正的身份依靠自身服务质量来树立在行业中的威信，以此吸引顾客，一般不具有法律上的权威性。

（3）实施客体不同

1）实验室认可活动的对象是合格评定机构，即提供下列合格评定服务的组织：校准、检测、检查、管理体系认证、人员注册和产品认证，其目的是承认某机构或组织完成特定任务的能力或资格。认可机构评审的是某个机构从事特定检测/校准、检查、认证或人员注册等活动的能力。这里的能力既包含了质量要求，又包括了技术要求。

2）认证活动的对象是产品或体系，其目的是证明某产品或体系符合特定标准规定的要求。认证机构审核的则是某个机构生产/提供的产品、过程、服务或质量管理体系对标准规定要求的符合性。

（二）ISO 9001 系列认证成果的利用

综上所述，实验室本身不应寻求单独的 ISO 9001 质量管理体系认证，但在许多情况下实验室的母体组织若已获得或通过 9001 系列质量管理体系的认证，则实验室可以利用母体组织体系认证的部分成果。但需要说明的是，某些方面也不能完全搬用。因为实验室更强调具体技术，而管理只是保证与支持；某些时候更要强调官方或官方授权而负有更重要的社会责任，而不可忽视国家、社会的基本法规的要求；它的服务更强调超前、潜在需要服务，过程中服务，而不是售后服务，否则可能会造成严重的或灾难性的后果。因而实验室的"管理要求"不能一味地搬用质量管理体系的认证成果。

第三节 《认可准则》的范围

一、条文讲解

（一）"范围"原文

> 1 范围
>
> 本准则规定了实验室能力、公正性以及一致运作的通用要求。
>
> 本准则适用于所有从事实验室活动的组织，不论其人员数量多少。
>
> 实验室的客户、法定管理机构、使用同行评审的组织和方案、认可机构及其他机构采用本准则确认或承认实验室能力。

（二）要点理解

与 CNAS-CL01：2006（以下简称 2006 版）相比，通用要求描述范围有所扩大。2006 版描述为：本准则规定了实验室进行检测和/或校准的能力（包括抽样能力）的通用要求。这些检测和校准包括应用标准方法、非标准方法和实验室制定的方法进行的检测和校准。《认可准则》增加了对公正性和一致运作的要求。

《认可准则》的适用范围删除了 2006 版中"第一方、第二方和第三方实验室"提法，因标准的适用对象是任何实验室，所有从事实验室活动的组织，不论其人员数量多少。没有必要提及第一方、第二方或第三方，而且对于第一方、第二方和第三方本身的定义是有争议，并容易让市场误解 A 类检验机构好于 C 类检验机构。对于检测和校准实验室，更关注的是其公正性的问题。

《认可准则》取消"当实验室不从事本准则所包括的一种或多种活动，例如抽样和新方法的设计（制定）时，可不采用本准则中相关条款的要求"，因为这是多余的陈述。

《认可准则》增加了：实验室的客户、法定管理机构、使用同行评审的组织和方案、认可机构及其他机构采用本准则确认或承认实验室能力。"使用同行评审的组织和方案"主要是泛指下述评审机构和所采用的互认方案：国际实验室认可合作组织（ILAC）、亚太实验室认可合作组织（APLAC）等对各国认可机构的评审；国际计量委员会（Comite International des Poids et Mesures，CIPM）对世界各国的国家计量院《国家计量基准标准和国家计量院颁发的校准和测量证书互认协议》（简称"互认协议"，MRA）的评审，认可其校准和测量能力（CMCs）；还有比如世界反兴奋剂机构（World Anti-Doping Agency，简称 WADA）对专业机构的评审等。上述评审机构组织的评审及所采用的互认方案均依据 ISO/IEC 17025。

《认可准则》删除了 2006 版第 1.3 条款中有关"注"的说明，即取消了"本准则中的注是对正文的说明、举例和指导。它们即不包含要求，也不构成本准则的主体部分"。这是 ISO 制订标准的通用规则，无须在标准中进一步明示。《认可准则》删除了 2006 版第 1.4 条款中有关"本准则并不意图用作实验室认证的基础"的说明。

《认可准则》删除了 2006 版第 1.5 条款"本准则不包含实验室运作中应符合的法规和安全要求"的陈述。因为《认可准则》等同采用 ISO/IEC 17025：2017，该标准是针对实验室能力的通用要求，起草过程中不会考虑不同国家的法规和有关安全的特定要求，因此无须对此做出特殊声明。

二、实验室能力、公正性和一致运作的关系

《认可准则》规定了实验室能力、公正性以及一致运作的通用要求，并将这三方面的要求贯穿全文始终。

实验室能力是指实验室依据技术法规（如：技术规程、规范、标准、方法等）和认可规范文件（如：认可规则、认可准则、认可指南、应用说明等）的要求实施实验室活动并在技术上出具正确有效的数据和结果的能力。实验室能力是实验室认可的灵魂和精髓，是实验室核心价值体现，是实验室强化服务客户与社会的责任属性的前提与保证。

公正性是客观性的基本保证，是实验室行为准则的基础，是对合格评定机构的强制要求。实验室的公正性概括地说主要有三个原则，即公开原则、公平原则和无歧视性原则。实验室活动具有公正性，是指实验室活动对有关的利益各方都是客观的、独立的、无利益冲突的、没有成见的、没有偏见的、中立的、公平的、不偏不倚的、不受他人影响的。为确保实验室的公正性，实验室的组织结构和管理要保证公正性；实验室的管理层要承诺实验室活动的公正性；实验室要排除压力和干扰并对公正性负责；实验室要从源头持续识别公正性的风险，并证明能够有效消除或最大程度减小这种风险。

一致运作是对实验室的基本要求，主要包含如下三方面的含义。

1）实验室活动应与所依据技术法规认可规范文件规定的要求一致，确保所实施的实验室活动能出具正确有效的数据和结果。

2）针对可重复实施的实验室活动，应确保由同一实验室内不同的授权人员、不同时段或由不同实验室依据相同的技术法规都能得到准确一致的实验室活动数据和结果。

3）实验室管理层应采取有效的措施，确保实验室活动数据和结果的一致性。这些措施主要包括：制订的方针和目标应能体现实验室的能力、公正性和一致运作的要求；必要时，所依据的技术法规应补充方法使用的细则以确保应用的一致性；强化人员监督和能力监控，确保实验室活动实施的正确性和一致性；按照《认可准则》6.5 "计量溯源性"的要求，采取有效的量值溯源方式和适宜的能力验证活动等，通过不间断的校准链将测量结果与适当的参考对象相关联，建立并保持测量结果的计量溯源性等。

第四节 《认可准则》的"规范性引用文件"

一、条文讲解

（一）"规范性引用文件"原文

> 2 规范性引用文件
>
> 本准则引用了下列文件，这些文件的部分或全部内容构成了本准则的要求。对注明了日期的引用文件，只采用引用的版本；对没有注明日期的引用文件，采用最新版本（包括任何的修订）。
>
> ISO/IEC 指南 99 国际计量学词汇—基本和通用概念及相关术语（VIM）。[1]
>
> GB/T 27000 合格评定—词汇和通用原则（ISO/IEC 17000，IDT）。
>
> [1] ISO/IEC 指南 99 也称为 JCGM 200。

（二）要点理解

2006 版引用文件为 ISO/IEC 17000《合格评定　词汇和通用规则》及 VIM《国际通用计量学基本术语》。《认可准则》引用文件为 GB/T 27000《合格评定　词汇和通用原则》及 ISO/IEC 指南 99《国际计量学词汇　基本和通用概念相关术语》（VIM）。

二、合格评定相关的规范和标准

在实验室的体系运行、日常管理和认可评审中，除严格按照现行有效的法律法规、技术法规（如：技术规程、规范、标准、方法等）和认可规范文件（如：认可规则、认可准则、认可指南、应用说明等）的要求规范开展实验室活动外，还应认真关注与合格评定有关的规范和标准的要求，如：GB/T 27000—2006《合格评定　词汇和通用原则》；GB/T 27001—2011《合格评定　公正性　原则和要求》；GB/T 27002—2011《合格评定　保密性　原则和要求》；GB/T 27003—2011《合格评定　投诉和申诉　原则和要求》；GB/T 27004—2011《合格评定　信息公开　原则和要求》；GB/T 27005—2011《合格评定　管理体系的使用　原则和要求》等。

第五节　《认可准则》的"术语和定义"

一、条文讲解

（一）"术语和定义"原文

> 3　术语和定义
>
> ISO/IEC 指南 99 和 GB/T 27000 中界定的以及下述术语和定义适用于本准则。
>
> ISO 和 IEC 维护的用于标准化的术语数据库地址如下：
>
> ——ISO 在线浏览平台：http://www.iso.org/obp
>
> ——IEC 电子开放平台：http://www.electropedia.org/
>
> 3.1
>
> 公正性 impartiality
>
> 客观性有存在。
>
> 注1：客观性意味着利益冲突不存在或已解决，不会对后续的实验室（3.6）活动产生不利影响。
>
> 注2：其他可用于表示公正性要求的术语有：无利益冲突、没有成见、没有偏见、中立、公平、思想开明、不偏不倚、不受他人的影响、平衡。
>
> ［源自：GB/T 27021.1—2017（ISO/IEC 17201-1:2005，IDT），3.2，修改-在注1中以"实验室"代替"认证机构"并在注2中删除了"独立性"。］
>
> 3.2
>
> 投诉 complaint
>
> 任何人员或组织向实验室（3.6）就其活动或结果表达不满意，并期望得到回复的行为。

［源自：GB/T 27000—2006（ISO/IEC 170000:2004，IDT），6.5，修改-删除了"除申诉外"以"实验室就其活动或结果"代替"合格评定机构或认可机构就其活动"。］

3.3

实验室间比对 interlaboratory comparison

按照预先规定的条件，由两个或多个实验室对相同或类似的物品进行测量或检测的组织、实施和评价。

［源自：GB/T 27043—2012（ISO/IEC 17043:2010，IDT），3.4］

3.4

实验室内比对 intralaboratory comparison

按照预先规定的条件，在同一实验室（3.6）内部对相同或类似的物品进行测量或检测的组织、实施和评价。

3.5

能力验证 proficiency testing

利用实验室比对，按照预先制定的准则评价参加者的能力。

［源自：GB/T 27043—2012，3.7，修改-删除了注。］

3.6

实验室 laboratory

从事下列一种或多种活动的机构：

——检测；

——校准；

——与后续检测或校准相关的抽样。

注1：在本准则中，"实验室活动"指上述三种活动。

3.7

判定规则 decision rule

当声明与规定要求的符合性时，描述如何考虑测量不确定度的规则。

3.8

验证 verification

提供客观证据，证明给定项目满足规定要求。

例1：证实在测量取样质量小至10mg时，对于相关量值和测量程序，给定标准物质的均匀性与其声称的一致。

例2：证实已达到测量系统的性能特性或法定要求。

例3：证实可满足目标测量不确定度。

注1：适用时，宜考虑测量不确定度。

注2：满足可以是，例如一个过程、测量程序、物质、化合物或测量系统。

注3：满足规定要求，如制造商的规范。

注4：在国际法制计量术语（VIML）中定义的验证，以及通常在合格评定中的验证，是指对测量系统的检查并加标记和（或）出具验证证书。在我国的法制计量领域，"验证"也称为"检定"。

注5：验证不宜与校准混淆。不是每个验证都是确认（3.9）。

注6：在化学中，验证实体身份或活性时，需要描述该实体或活性的结构或特性。

［源自：ISO/IEC 指南 99:2007，2.44］

3.9

确认 validation

对规定要求满足预期用途的验证（3.8）。

例：一个通常用于测量水中氮的质量浓度的测量程序，也可被确认为可用于测量人体血清中氮的质量浓度。

［源自：ISO/IEC 指南 99:2007，2.45］

（二）要点理解

2006 版中，只说明了"本准则使用 ISO/IEC 17000 和 VIM 中给出的相关术语和定义。"而《认可准则》给出了 9 个关键术语的定义。

1. 公正性

"3.1 公正性"定义中的客观性意味着不存在利益冲突或利益冲突已解决。实验室客观、公正也意味着不会对后续的实验室活动产生不利影响。公正性的表述还有：无利益冲突、没有成见、没有偏见、中立、公平、思想开明、不偏不倚、不受他人影响、平衡等。

在《认可准则》中涉及"公正性"术语的条款有：1、4.1.1、4.1.2、4.1.3、4.1.4、4.1.5、8.2.2。

2. 投诉

"3.2 投诉"是指实验室的相关方对实验室活动或结果或投诉处理过程本身表达不满，并期望实验室对投诉内容给予答复的行为。任何人员或组织均可以向实验室投诉，投诉既是客户维护自己权益的权利，也是实验室保证其工作规范、公正，对客户意见进行反馈处理的重要承诺。投诉分为有效投诉和无效投诉。

在《认可准则》中涉及"投诉"术语的条款有：4.2.1、4.2.3、7.9.1、7.9.2、7.9.3、7.9.4、7.9.5、7.9.6、7.9.7、8.9.2。

3. 实验室间比对

"3.3 实验室间比对"是指由两个或多个实验室，按照预先规定的条件对相同或类似的物品进行测量或检测的组织、实施和评价的全部活动。实验室间比对是实验室进行方法验证确认、能力监控和能力验证的重要方法。

CNAS 要求当采用实验室间比对的方式来提供测量的可信度时，应保证定期与 3 家以上（含 3 家）实验室比对。可行时，应是获得 CNAS 认可或 APLAC（2019 年之后为 APAC）、ILAC 多边承认协议成员认可的实验室。

在《认可准则》中涉及"实验室间比对"术语的条款有：7.2.2.1 的注 2、7.7.2 的 b）。

4. 实验室内比对

"3.4 实验室内比对"是指按照预先规定的条件，在同一实验室内部对相同或类似的物品进行测量或检测的组织、实施和评价的全部活动。实验室内比对是实验室内部质量控制的重要手段，通常包括实验室内设备比对、人员比对和方法比对等方法。

在《认可准则》中涉及"实验室内比对"术语的条款有：7.7.1 的 j)。

5. 能力验证

"3.5 能力验证"是指利用实验室间比对活动，按照预先制定的准则评价参加者的能力。能力验证是评价实验室活动能力的重要手段。GB/T 27043—2012 是对能力验证提供者的通用要求，符合该标准要求的能力验证提供者组织的能力验证项目才是有效的。同时，为了确保 CNAS 认可活动的有效性，CNAS 制定了 CNAS-RL02：2018《能力验证规则》，该规则阐述了 CNAS 能力验证的政策和要求，包括 CNAS 对能力验证的组织、承认和结果利用的政策，以及合格评定机构参加能力验证的要求。在附录 B《能力验证领域和频次表》中详细规定了能力验证子领域的划分及参加频次的要求。

能力验证是《认可准则》6.6.1 的 c) 规定的"用于支持实验室运作"的外部服务之一，实验室应根据 CNAS-RL02：2018《能力验证规则》的要求及实验室活动质量监控的需要，选择适宜的能力验证活动。

在《认可准则》中涉及"能力验证"术语的条款有：6.6.1 的 c)、7.7.2 的 a)、8.6.1。

6. 实验室

"3.6 实验室"定义了实验室的活动，其中扩充了"与后续检测或校准活动相关的抽样"。ISO/IEC 17025 是否适用于只进行抽样，而不从事任何检测或校准活动的机构，一直是标准修订过程中争论最大的问题，这里的抽样不仅仅是检测或校准活动所进行的抽样，还包括为其他目的，如认证、检验或确认活动而进行的抽样。就 ISO/IEC 17025 本身来讲，其预定的标准适用范围是从事检测或校准，一个机构即使不进行后续的检测或校准活动，其条款适用性也没有争议。但是 CNAS-CL01-G001：2018 的 7.3.1 的 a) 规定：如果实验室仅进行抽样，而不从事后续的检测或校准活动，CNAS 将不认可该抽样项目。

此外，为避免全文不断重复"检测、校准和抽样"的描述，在术语和定义条款中给出了实验室的定义，并在全文用"实验室活动"来取代"检测、校准和抽样"。

7. 判定规则

"3.7 判定规则"是本准则的新增要求，是指实验室检测或校准结果用于符合性判定时，如何考虑测量不确定度的影响，特别是结果的区间跨越了规定的限值，实验室如何做出"合格"或"不合格"的判断。

《认可准则》要求：当客户要求针对检测或校准结果做出与规范或标准符合性的声明（如通过/未通过，在允许限内/超出允许限）时，应明确规定规范或标准以及判定规则。实验室应就所选择的判定规则与客户沟通并得到同意，除非规范或标准本身已包含判定规则。当做出与规范或标准符合性声明时，实验室应考虑与所用判定规则相关的风险水平（如错误接受、错误拒绝以及统计假设），将所使用的判定规则制定成文件，并应用判定规则。

在《认可准则》中涉及"判定规则"术语的条款有：7.1.3、7.8.6.1、7.8.6.2 的 c)。

8. 验证

"3.8 验证"和"3.9 确认"，作为两个容易被混淆的概念，《认可准则》也给出了明确的定义和举例。"3.8 验证"和"3.9 确认"定义中的"规定要求"是经明示的要求，通常是指过程、测量程序、物质、化合物或测量系统达到规定特性或法定要求时的条件要求。验证工作是实验室的一项重要工作，实验室应明确规定验证人员的岗位职责、能力要求和工作权限，验证人员需要经实验室正式授权后方能从事验证工作。实验室应按要求保存验证的相关记录。

在《认可准则》中涉及"验证"术语的条款有：5.5 的 b）、6.2.6 的 a）、6.4.4、6.4.9、6.4.13 的 c）、7.1.7 的 b）、7.2.1.5、7.6.3 的注 2、7.9.4。

9. 确认

"3.9 确认"是指通过提供客观证据对特定的预期用途或应用要求已得到满足的认定。确定预期用途是确认的关键环节。《认可准则》要求：实验室应对非标准方法、实验室开发的方法、超出预定范围使用的标准方法或其他修改的标准方法，基于方法的预期用途进行确认。《认可准则》7.2.2.1 规定了确认的多种方法，《认可准则》7.2.2.3 说明了方法性能特性包含的内容。实验室应按要求保存确认的相关记录。

在《认可准则》中涉及"确认"术语的条款有：7.2.2.1、7.2.2.2、7.2.2.3、7.2.2.4 的 a）、7.9.3 的 a）、7.11.2。

二、《认可准则》与校准相关的术语定义

实验室还应特别关注《认可准则》及 CNAS-CL01-A025:2018《检测和校准实验室能力认可准则在校准领域的应用说明》中的相关重要概念。

（一）现场校准

CNAS-CL01-A025:2018《检测和校准实验室能力认可准则在校准领域的应用说明》中的现场校准是校准实验室的校准人员携带测量标准及必要的辅助设备到实验室固定场所之外的场所实施的校准，在有些国家称为出差校准。

可开展现场校准的项目，通常具有以下特点：

1）测量标准可携带、运输，并可在较短时间内安装使用。

2）实验室的校准人员需要出差到客户现场实施校准。

3）实施现场校准场所的环境和设施满足校准要求，并具备校准所需的工作条件。

现场校准一般应由客户提供满足校准条件的场所。现场校准使用的测量标准，应在完成现场校准工作后返回实验室固定场所。

当实验室在客户所在地设立固定的工作场所，配置和使用测量标准，开展校准活动时，应按多地点实验室管理和申请认可。

（二）在线校准

在线校准是对处于使用状态下的被校准的测量仪器进行的校准。如石油输送管道上安装的流量计、工作状态下的电能表等。

通常，在线校准的校准条件与被校设备的使用（工作）条件相同。

校准时不处于使用状态的测量仪器，因为无法拆卸等原因而在现场实施的校准，属于现场校准。

在线校准时应注意测量标准对测量回路的影响，比如信号回馈对仪器的影响。

（三）远程校准

远程校准（Tele-Calibration，或 e-Calibration）是指被校准仪器不需运送到提供校准服务的校准实验室，客户只要通过校准实验室提供的方法，与校准实验室进行被校准仪器的信息交换，实现对被校准仪器的校准。

远程校准，首先不需要标准设备和被校设备的运输，其分别放置在固定的工作地点，一

般情况下，校准人员也不需要到客户现场。在客户人员协助下，借助网络或其他通信手段控制被校设备、传输标准信号和校准数据。某些情况下，需要在客户现场配置必要的控制或信号采集、记录、传输设备或其他辅助校准装置。

远程校准是校准过程的特殊实现方式，其仍然包括传统校准的要素，比如计量标准设备、被校设备、校准方法或程序、数据采集和处理、测量不确定度、结果报告等。

（四）移动校准实验室

移动校准实验室是试验设备固定安装于移动设施中，由实验室人员在该移动设施内完成校准并出具报告的实验室。通常外部仅需提供水、电等能源。

移动校准实验室一般用于必须在现场进行校准，但标准设备（或测量系统）的安装、使用或工作条件有特殊要求，无法按常规的现场校准实施。

移动校准实验室实施的校准属于现场校准的一种特殊类型，其管理可参考 CNAS-CL01-A025：2018 附录 A 对现场校准的相关说明。

（五）校准项目相关定义

1. 校准项目

CNAS-CL01-A025：2018《检测和校准实验室能力认可准则在校准领域的应用说明》7.2.1.3 注 1）规定：一般情况下，校准项目应限于被校准仪器的"计量（测量）特性"相关的项目。

"计量特性"是与仪器测量功能相关的特性，根据 JJF 1001—2011 中的定义，"计量"是实现单位统一、量值准确可靠的活动。因此计量特性是与单位统一和测量准确可靠相关的特性。

在 JJF 1001—2011 中，术语"计量确认"的定义也有助于更好地理解计量特性的范围。

计量确认——为确保测量设备处于满足预期使用要求的状态所需要的一组操作。

1）计量确认通常包括：校准和验证、各种必要的调整或维修及随后的再校准、与设备预期使用的计量要求相比较以及所要求的封印和标签。

2）只有测量设备已被证实适合于预期使用并形成文件，计量确认才算完成。

3）预期使用要求包括：测量范围、分辨力、最大允许误差等。

4）计量要求通常与产品要求不同，并不在产品要求中规定。

对于校准项目，校准实验室应按校准方法规定的项目和方法进行校准，不应删减项目或测量点，除非已与客户达成书面协议。

2. 对工作正常性的检查项目

对工作正常性的检查项目是校准实验室在样品接收或开始校准时对被校设备实施的必要的检查，尤其是校准方法中明确规定了的检查项目，该检查结果应予以记录，当存在异常时，应在校准证书中说明。

工作正常性的检查项目一般包括外观检查、通电检查等，也可包含附件的齐全性和正常性。

3. 对影响量的检查项目

对影响量的检查项目，是校准实验室在进行校准时对被校参量的影响量实施的必要的检查，尤其是校准方法中明确规定的影响量的检查项目，该检查结果应予以记录并在校准证书中体现。

4. 非校准项目

与被校设备的计量特性或预期使用要求无关的项目，属于非校准项目，一般情况下，不应包含在校准证书中。除非已与客户达成书面协议或相关法规另有规定。

依据"检定规程"进行校准时，应注意识别非校准项目。一般情况下，下列项目应属于非校准项目：

1）测量设备的电气安全性能检验项目，如绝缘电阻、耐压试验、电磁兼容等。

2）包装和运输试验。

3）环境试验。

4）测量设备型式评价所要求的其他试验。

5）测量设备的材料特性检测（通常与测量设备的可靠性、寿命、生产工艺质量相关，与计量特性不直接相关）。

第六节 《认可准则》的"通用要求"

一、《认可准则》"公正性"

（一）"公正性"原文

> 4 通用要求
>
> 4.1 公正性
>
> 4.1.1 实验室应公正地实施实验室活动，并从组织结构和管理上保证公正性。
>
> 4.1.2 实验室管理层应做出公正性承诺。
>
> 4.1.3 实验室应对实验室活动的公正性负责，不允许商业、财务或其他方面的压力损害公正性。
>
> 4.1.4 实验室应持续识别影响公正性的风险。这些风险应包括实验室活动、实验室的各种关系，或者实验室人员的关系而引发的风险。然而，这些关系并非一定会对实验室的公正性产生风险。
>
> 注：危及实验室公正性的关系可能基于所有权、控制权、管理、人员、共享资源、财务、合同、市场营销（包括品牌推广）、给介绍新客户的人销售佣金或其他好处等。
>
> 4.1.5 如果识别出公正性风险，实验室应能够证明如何消除或最大程度降低这种风险。

（二）要点理解

实验室活动应以公正性为基石。公正性是实验室各项行为的重要准则，是其社会价值的重要体现，是质量保证的基础。实验室的公正性是其法制性（例如法定计量检定机构）的必然要求，也是其社会存在的价值基础。其公正性地位的确立，是由其自身的性质所决定的，更需要依靠自身的管理和行为规范来保证。为确保实验室的公正性，实验室的组织结构和管理要保证公正性；实验室的管理层要承诺实验室活动的公正性；实验室要排除多种压力和干扰并对公正性负责；同时，实验室还应从实验室活动"人、机、料、法、环、测"各个环节和全过程中持续识别公正性的风险，并能确保消除或最大程度减小这种风险。与2006 版相比，《认可准则》的"4 通用要求"这一章根据 CASCO 结构的要求，进行了结构调整，条款描述内容变化大。

1. 《认可准则》4.1.1 条款要点

《认可准则》4.1.1 与 2006 版相比，增加了组织结构和管理上保证公正性的要求。实验室的组织结构是指实验室为实施其职能按一定格局设置的组织单元，实验室组织结构应明确各组织单元的职责范围、隶属关系和相互联系方法构成实验室活动组织体系。从结构上保证公正性，是指建立组织架构层级时要考虑如何满足公正性的要求，在制定实验室岗位职责、权力时应充分考虑公正性的影响，如实验室设置部门和岗位时，从抽样到样品接收、合同评审、检测校准活动、结果审核、报告签发建立逐级审核制度就是从结构上对公正性的一种保证。管理上保证公正性是指实验室应制定政策、程序对如何控制公正性做出规定。例如从抽样到样品接收、合同评审、检测/校准、结果审核、报告签发建立分段负责的检测/校准过程管理制度就是确保结果公正性所做出的一项具体规定。

实验室及其人员应公正地实施实验室活动，确保遵守两方面的要求：一个是法律层面上的，实验室及其人员应遵守国家相关法律法规的规定；另一个是道德层面上的，实验室及其人员应遵循客观独立、公平公正、诚实守信三个原则。实验室应做到客观独立、公平公正。所谓公平是指实验室为客户提供平等的服务；所谓公正，是指站在第三方立场，不徇私不偏袒，客观独立地出具数据结果。实验室还应遵守基本职业道德，倡导爱岗敬业、诚实守信、奉献社会为主要内容的职业道德。

2. 《认可准则》4.1.2 条款要点

《认可准则》4.1.2 与 2006 版相比，描述上有变化，强调管理层做出承诺的要求。实验室管理层是实验室各级管理者的总称。公正性的承诺应在公开场合通过发布视频、签署文件等方式做出，公正性承诺的内容可包括：建立对检测结果有影响的各种控制制度，如服务和供应品的采购制度；建立投诉处理机制；承诺出现不符合工作时采取纠正措施；承诺开展质量活动，确保持续改进等。

3. 《认可准则》4.1.3 条款要点

《认可准则》4.1.3 与 2006 版 4.1.5b）条款基本等同。《认可准则》强调了实验室的责任。实验室应有措施确保管理层和员工不受任何来自内外部的商业（如商业贿赂）、财务和其他方面（如行政方面）的不恰当的干预、不正当的压力和对工作质量的不良影响。实验室要在分析内外压力影响的基础上做出明文规定，制定排除或抑制来自各方面的干扰和不正当压力影响的具体的措施：如母体组织及其法人代表、实验室管理层的书面承诺（不干预声明）、公正性声明、员工守则、职业道德规范等，确保所有工作人员顶压力、拒影响，使检测/校准工作质量和公正性得以保证。

4. 《认可准则》4.1.4 条款要点

《认可准则》4.1.4 是新增要求，描述更明确。依据此要求，实验室应通过建立公正性体系，使用实验室风险管理的方法和要求对公正性方面的风险进行持续识别，以确保实验室活动的公正性。同时，说明了危及实验室公正性的各种可能关系或情况，通常包括所有权、控制权、管理、人员、共享资源、财务、合同、市场营销、给介绍新客户的人销售佣金或其他好处等。这些关系或情况不一定必然产生公正性风险，但需要实验室进行科学的识别和管理。本条款与"8.5 应对风险和机遇的措施"条款相关联，应联系 8.5 条款进行系统理解。

《认可准则》4.1.3 和 4.1.4 条款要求，实验室应有明文规定的措施确保管理层（各级管理者）和员工，不受任何对实验室活动（检测、校准与后续检测或校准相关的抽样）质量有不良（不利）影响的、来自实验室内部或外部的不正当的商业、财务和其他方面（例如行政方面等）的压力和影响。为此实验室要对可能存在内部或外部不正当压力和影响进行分析，一般危及实验室公正性的关系可能基于所有权、控制权、管理、人员、共享资源、财务、合同、市场营销（包括品牌）、支付销售佣金或其他引荐新客户的奖酬等。若实验室不具独立法人资格，而是某个组织的一部分，则其母体组织的法定代表人应授权实验室公正地开展检测或校准相关活动，声明为其提供财务、人力等资源，并对其一切行为承担法律责任；母体组织或其法人代表应书面承诺不干预实验室公正独立做出判断，发布公正性声明不进行有损于实验室活动公正性的干预；母体组织或其法人代表应规定维护实验室公正性及防止利益冲突的措施，譬如实验室受实验室管理层直接领导，其负责人不得由营销部门负责人兼任等。在此基础上制订有针对性的措施，保证所有的工作人员的工作质量不受来自商业、财务和其他方面的压力或利诱等不良影响。因为公正性的影响因素在动态变化，因此应特别强调需要持续分析查找公正性的影响因素，持续识别公正性风险，及时采取适宜措施规避风险或降低风险。

现场评审中通常通过如下途径查证：

1）实验室的外部结构网络，评价其独立性，注意分析各种现实和潜在影响的可能性。

2）实验室的财政来源是否会影响其公正性、判断独立性和工作质量（实验室应是非盈利单位）。

3）管理体系文件（方针、制度、程序，如组织人员管理制度、财务政策及员工守则等）的适应性，包括风险识别与管理、预防性措施等确保公正性，确保不受干预和影响。

5.《认可准则》4.1.5 条款要点

《认可准则》4.1.5 与 2006 版的 4.1.5 的 d）有关联。实验室应能够证明如何消除或最大程度降低这种识别出的公正性风险。在实验室进行的各项活动中，应有政策和程序来规范员工的自身行为，避免卷入影响公正性的活动。在实验室管理体系实际运作中，各级人员能否按其相关政策和程序来规范实验室人员的自身行为，避免涉及任何可能会降低其能力、公正性、判断力或诚实性的活动是十分关键的。现场评审中通常通过如下途径查证：实验室是否进行了有效的公正性风险识别，并是否采取了有效的措施消除或最大程度降低识别出的公正性风险，例如检测/校准人员不得涉及被测或被校样品的研究、开发、设计和制造工作，不得参与客户产品的营销、推荐、监制等活动；检测/校准人员应能为客户保守机密信息，尊重客户的知识产权，秉公进行检测/校准，以数据说话，如实、客观地报告检测/校准结果，独立、公正地做出判断，不出具虚假证书/报告；确保所进行的检测/校准工作客观公正、诚实可信等。

（三）评审重点

"公正性"要求通常由组长为主直接组织评审，为此组长要制定评审计划。计划的制订与实施要与全组成员进行充分沟通，以保证整个评审组在各项评审活动中系统查证并识别实验室的公正性风险，并严格确认"公正性"要求的实施情况及实际符合性。基于"公正性"要求涉及实验室部门较广、内容较多，因此应按条款讲述的评审要求和查证方法综合取证、系统核查。现场评审时应特别关注以下内容：

1）实验室的政策程序、过程控制、组织结构、部门布局和人员职责的设计是否体现公正性要求，是否有保证公正性的措施。

2）实验室管理层是否做出有效的公正性承诺，公正性承诺的内容是否齐全，是否与实验室活动相适应。实验室成员和客户是否知晓和理解公正性承诺的内容。

3）实验室管理体系文件是否从法律、管理、技术和责任等方面明确公正性承诺，是否有科学有效的措施确保履行公正性承诺。实验室采取了哪些措施来避免降低实验室能力、公正性、判断力或诚实性，采取了哪些措施来保证实验室活动结果的真实性、客观性、准确性和可追溯性。

4）实验室是否在持续科学识别影响公正性风险基础上建立了公正性体系和公正性控制程序，是否采取了有效措施消除或最大程度降低公正性风险；管理职责是否落实，控制措施是否有效。

5）对于非独立法人的实验室，实验室所在组织还从事校准或检测以外的活动时，该实验室是否做到独立运作，与其他部门或岗位的关系是否会影响其判断的公正性、独立性和诚实性。

二、《认可准则》"保密性"

（一）"保密性"原文

> 4.2　保密性
>
> 4.2.1　实验室应通过做出具有法律效力的承诺，对在实验室活动中获得或产生的所有信息承担管理责任。实验室应将其准备公开的信息事先通知客户。除非客户公开的信息，或实验室与客户有约定（例如：为回应投诉的目的），其他所有信息都被视为专有信息，应予以保密。
>
> 4.2.2　实验室依据法律要求或合同授权透露保密信息时，应将所提供的信息通知到相关客户或个人，除非法律禁止。
>
> 4.2.3　实验室从客户以外渠道（如投诉人、监管机构）获取有关客户的信息时，应在客户和实验室间保密。除非信息的提供方同意，实验室应为信息提供方（来源）保密，且不应告知客户。
>
> 4.2.4　人员，包括委员会委员、签约人员、外部机构人员或代表实验室的个人，应对在实施实验室活动过程中获得或产生的所有信息保密，法律要求除外。

（二）要点理解

所谓的秘密是指依据法定程序确定，在一定时间内只限一定范围的人员知悉的事项。实验室的保密义务是基于数据和结果的性质和作用决定的，这些数据和结果在贸易出证、质量评价和结果鉴定方面具有证明的作用，作为公正数据将产生法律后果；某些实验室在实验室活动中，掌握了被检样品的有关参数，了解其组分、结构、性能、用途、范围以及被检测方的相关情况，有的数据和结果涉及科技发展水平和国家技术秘密。实验室在检测/校准工作中出现的任何泄密将给客户带来不可估量的损失。实验室应在遵守法律法规的前提下，采取保护国家秘密和客户机密以及所有权的有关措施，如明确保密的事项及保密的范围、规则和制度，指定部门和人员负责保密工作，设置必要的保密技术手段，进行保密教育和保密检查等措施，这是实验室应尽的法律义务。

《认可准则》4.2"保密性"要素与2006版的4.1.5的c)条款有关联。

1.《认可准则》4.2.1条款要点

《认可准则》4.2.1与2006版的4.1.5的c)条款有关联。实验室对于从客户获得的信息、通过实验室活动获得或产生的信息以及与实验室相关的外部获得的信息，都需要保密，目的是保护客户和实验室活动的利益相关方的权利不受损害。本条款从保密的信息范围、涉密人员、保密责任、信息提供等方面入手，提出了实验室的保密性要求。实验室应识别所涉及的秘密的种类，确保涉及国家安全、国家利益、国家荣誉的信息及资产按照《中华人民共和国保守国家秘密法》及其《实施办法》规定的要求得到保护。实验室并应将其要求纳入相关的体系文件中，应对涉密的管理人员和技术人员规定其保密职责，进行保密教育，明确保密范围和保密要求，配置保密设施并采取相应的技术手段。

本条款要求实验室要对所有"专有信息"（即实验室活动中获得或产生的除客户自行公开或实验室与客户约定需要公开的信息以外的信息）承诺保密，该承诺必须要具有法律效力。通常，所谓"具有法律效力的承诺"包含两方面的方式和含义，一是实验室管理层和其他员工以与法人单位签署保密承诺书的方式做出保密性承诺；二是实验室与客户签订实验室活动专项保密协议。这些都是具有法律约束力和法律效力的承诺。实验室活动中客户的秘密包括客户的商业秘密和技术秘密。样品实物及其技术指标、技术状态、技术评价、在同行业的技术排位以及校准检测得到的数据和结果等，均涉及保密。客户的知识产权，是客户的智力劳动创造的成果，实验室也必须采取措施予以保密。应清醒地认识到，诸如客户的资料、结果以及实验室为客户以证书/报告形式出具的结果等都是所有权属于客户的专有信息，应按要求予以保密。实验室人员和客户均应理解和掌握保密性要求和承诺的内容，实验室人员要在相关实验室活动场所、计算机管理系统、实验室活动过程中制定并实施保密措施，落实保密责任。

对于实验室活动中获得或产生的除客户自行公开或实验室与客户约定需要公开的信息以外的信息，实验室在准备公开前应事先通知客户。

2.《认可准则》4.2.2条款要点

《认可准则》4.2.2与2006版的4.1.5的c)条款有关联。实验室可以依据法律要求或合同授权透露保密信息，但实验室需要将提供并透露的保密信息事先通知有关客户或个人，法律禁止的除外。本条款应该从两个方面理解：一方面，只允许客户知道的信息（客户委托的检测/校准数据和结果），不能通知客户以外的任何人。这还包括法律不允许（含禁止）外传的信息，如公安、司法、国安部门的保密信息。另一方面，当法律要求必须将相关信息（客户委托的检测/校准数据和结果）通知政府监管部门，实验室应该严格按照相关法律要求操作。例如《中华人民共和国食品安全法》及相关规范规定"发现不符合食品安全标准的，应当要求销售者立即停止销售，并向食品安全监督管理部门报告。"

3.《认可准则》4.2.3条款要点

《认可准则》4.2.3与2006版的4.1.5的c)条款有关联。实验室应有保护客户机密信息和所有权的具体规定，实验室从客户以外渠道（例如投诉人、政府或行业监管机构等）获得客户的相关信息时，应确保在客户和实验室间实施保密。除非该信息的提供方（即信息的来源方）同意，否则实验室就应为信息提供方实施保密，并且不应告知客户。

4.《认可准则》4.2.4 条款要点

《认可准则》4.2.4 与 2006 版的 4.1.5 的 c）条款有关联。保密要求所控制的人员（即涉密人员），应包含本款中所指出的委员会委员、签约人员、外部机构人员或代表实验室的个人。"委员会委员"即实验室所设立的专门委员会的人员，一般指认可组织，可延伸至实验室的技术委员会、投诉委员会；"签约人员、外部机构人员"一般是指实验室聘请的评审专家和内审人员、现场校准人员、设备设施安装调试修理人员、为实验室提供软件安装维护的人员（例如实验室 LIMS 系统开发方），认可组织聘请的审核人员或专家等；"代表实验室的个人"一般是指实验室的法律顾问、律师和外聘的财务人员等。

实验室应有严格有效的措施（如签订保密协议等），要求上述人员对在实施实验室活动过程中获得或产生的所有信息（法律要求的除外）承担保密职责，以确保实验室活动的保密性要求。

（三）评审重点

"保密性"要求的评审除了严格按照《认可准则》4.2.1～4.2.4 的要求外，还应特别注意结合《认可准则》其他条款（如：8.4.2 实验室应对记录的标识、存储、保护、备份、归档、检索、保存期和处置实施所需的控制；实验室记录保存期限应符合合同义务；记录的调阅应符合保密承诺，记录应易于获得）的要求，评审实验室涉密人员在实际工作中运作和执行的有效性。"保密性"要求的现场评审应重点关注并查证以下内容：

1）实验室是否从保密的信息范围、涉密人员、保密责任、信息提供等方面策划并提出实验室的保密性要求，实验室是否落实保密性的实施要求、管理责任和保密措施。

2）实验室管理层是否通过签署保密承诺书、与实验室员工签署保密协议等具有法律约束力的方式做出保密性承诺。实验室是否明确了签约人员、外部机构人员或代表实验室的个人的保密义务，是否与他们签订保密协议。

3）实验室是否正确识别所涉及的秘密的种类，是否按照《中华人民共和国保守国家秘密法》及其《实施办法》规定的要求对专有信息实施保护。实验室是否对涉密人员规定其保密职责，是否进行保密教育，是否明确保密范围和保密要求，是否配置保密设施并采取相应的技术手段。

4）实验室是否建立了保密性控制程序，是否有保护电子存储和传输结果信息或其他存储方式和传输结果信息保密性的控制要求，是否有公布信息的具体规定和相关记录，是否有从客户以外渠道获取客户信息的保密规定和执行要求。查证实验室保密性控制程序、员工工作守则和相关保密管理制度（如人员、资料档案等）与《认可准则》保密性控制要求的适应性与完整性。

5）实验室成员是否知晓其在实验室活动中所知悉的国家秘密、商业秘密和技术秘密的种类和范围，是否知晓承担的保密职责和义务，实验室是否制定和实施了相应的保密措施，评审查证保密要求实际运行的有效性。

第七节 《认可准则》的"结构要求"

一、条文讲解

（一）"结构要求"原文

> 5 结构要求
>
> 5.1 实验室应为法律实体，或法律实体中被明确界定的一部分，该实体对实验室活动承担法律责任。
>
> 注：在本准则中，政府实验室基于其政府地位被视为法律实体。
>
> 5.2 实验室应确定对实验室全权负责的管理层。
>
> 5.3 实验室应规定符合本准则的实验室活动范围，并形成文件。实验室应仅声明符合本准则的实验室活动范围，不应包括持续从外部获得的实验室活动。
>
> 5.4 实验室应以满足本准则，实验室客户、法定管理机构和提供承认的组织的要求的方式开展实验室活动，包括在固定设施、固定设施以外的场所、临时或移动设施、客户的设施中实施的实验室活动。
>
> 5.5 实验室应：
>
> a）确定实验室的组织和管理结构、其在母体组织中的位置，以及管理、技术运作和支持服务间的关系；
>
> b）规定对实验室活动结果有影响的所有管理、操作或验证人员的职责、权力和相互关系；
>
> c）将程序形成文件，其详略程度需确保实验室活动实施的一致性和结果有效性。
>
> 5.6 实验室应有人员具有所需的权力和资源履行以下职责（不论其是否被赋予其他职责）：
>
> a）实施、保持和改进管理体系；
>
> b）识别与管理体系或实验室活动程序的偏离；
>
> c）采取措施以预防或最大程度减少这类偏离；
>
> d）向实验室管理层报告管理体系运行状况和改进需求；
>
> e）确保实验室活动的有效性。
>
> 5.7 实验室管理层应确保：
>
> a）针对管理体系有效性、满足客户和其他要求的重要性进行沟通；
>
> b）当策划和实施管理体系变更时，保持管理体系的完整性。

（二）要点理解

《认可准则》"5 结构要求"明确界定实验室应具备的社会责任属性和行为属性的基本要求。其中《认可准则》5.1~5.4 条款是作为法制社会重要成员应具备的社会责任属性，包括法律地位，应遵循的社会要求，实验室活动的范围、场所、人员岗位与职责等的控制要求，应识别并最大限度地减少与管理体系或实验室活动程序的偏离。

1.《认可准则》5.1 条款要点

《认可准则》5.1 对应 2006 版 4.1.1，与 2006 版相比，描述发生变化，增加了对政府实验室进行说明的注释。

法律责任包括民事责任和刑事责任。根据《中华人民共和国民法通则》（简称《民法通则》）第三十七条规定，社会组织要成为独立法人须具备以下四个条件：①依法成立；②有必要的财产与经费；③有自己的名称、组织机构和场所；④能独立承担民事责任。由此可见，独立承担法律责任是构成独立法人的基本条件，只有独立法人才能承担法律责任。法人制度是民事主体制度中十分重要的部分，《民法通则》将法人分为企业法人、机关法人、事业单位法人与社会团体法人四类。《民法通则》第三十六条规定："法人是具有民事权利能力和民事行为能力，依法独立享有民事权利和承担民事义务的组织。"实验室或者其所在的组织必须在登记机关进行合法登记，由登记机关审核签发营业执照或注册文件，方能取得法人资格和具有相应的权利能力和行为能力，方能承担相应的法律责任。

从法律层面上讲，实验室有两种情况必须注意区分：一种是实验室本身就是一个独立法人。它在国家有关的政府管理部门依法设立，依法登记注册（企业法人、机关法人、事业单位法人与社会团体法人），依法获得政府批准，具有明确的法律身份，因此其法律地位是明确的，能够独立地承担相应的法律责任。另一种情况是，实验室本身不是独立法人，而是某个母体组织（其所在的组织）的一部分。这时母体组织必须是一个独立法人单位，这样才有可能为实验室承担应有的法律责任，而且母体组织或法定代表人必须正式书面授权实验室进行与实验室活动相关的活动；能满足以上两种情况之一，并能提供书面有效的法律证据者，则可认为本条款要求得到满足。

在《认可准则》中，本条新增的注释指出，如果一个实验室本不是独立法人单位，而是基于政府部门下的一个所属部门，可视为满足此要求。政府实验室的母体往往是行政机关。

2006 版强调母体组织必须是一个独立法人，才有可能为实验室承担应有的法律责任，而且作为独立法人的母体组织，其法定代表人必须正式书面授权实验室独立进行与检测/校准相关的活动。

CNAS-CL01-G001：2018《CNAS-CL01〈检测和校准实验室能力认可准则〉应用要求》中 5.1：实验室或其母体机构应是法定机构登记注册的法人机构，一般为企业法人、机关法人、事业单位法人或社会团体法人。

1）实验室为独立注册法人机构时，认可的实验室名称应为其法人注册证明文件上所载明的名称；实验室为注册法人机构的一部分时，其认可的实验室名称中应包含注册的法人机构名称。政府或其他部门授予实验室的名称如果不是法人注册名称，则不能作为认可的实验室名称。

2）实验室为独立法人机构时，检测或校准业务应为其主要业务，检测或校准活动应在法人注册核准的经营范围内开展。

3）实验室是某个组织的一部分时，申请的检测或校准能力应与法人机构核准注册的业务范围密切相关。

2.《认可准则》5.2 条款要点

《认可准则》5.2 与 2006 版 4.1.5 的 a）~k）条款有关联。

实验室应确定对实验室全权负责的管理层,这是对实验室管理(指挥、控制、计划)人员配备及其权责的总体要求。实验室应明确对实验室活动全面负责的管理层人员,管理层人员的数量和资格应满足实验室活动的工作类型、工作范围和工作量的需要。管理层要有职、有权、有资源,因为权力和资源是支持其履行职责的根本保证。

实验室应有技术管理层全面负责技术工作和所需资源供应,以保证实验室活动的工作质量。对于规模较大、学科门类众多的实验室来说,仅有一名技术管理者全面负责技术工作是不切合实际、不科学的,而应由一个技术管理层团队(特别强调可以是多个人)来全面负责技术工作;此外技术管理者要全面负责所需资源(物资资源、人力资源、信息资源等)的提供。现场评审中应特别关注技术管理层个人的职责能力和经历适应性,实验室运作中所需资源调动控制权力。

同时,实验室管理层还明确全面负责质量管理工作的人员,无论如何称谓,也不管有何其他职务和责任,其必须有明确的责任和权力保证实验室质量相关的管理体系在任何方面都应有效实施和完整遵循。现场评审中除关注其个人的职责能力、经历的适应性外,还应特别注意:实验室负责质量工作的管理层的地位不能太低,必须能与最高管理层(负责实验室的方针、政策和资源的最终决策者)直接接触和顺畅沟通。

CNAS-CL01-G001:2018《CNAS-CL01〈检测和校准实验室能力认可准则〉应用要求》中5.2:实验室应明确对实验室活动全面负责的人员,可以是一个人,也可以是由负责不同技术领域的多名技术人员组成的团队,其技术能力应覆盖实验室所从事的检测或校准活动的全部技术领域。

3.《认可准则》5.3 条款要点

《认可准则》5.3 部分对应 2006 版 4.2.1,与 2006 版相比,描述发生了变化。5.3 中"实验室应规定符合本准则的实验室活动范围并制定文件",措辞上更简练。实验室的管理体系要结合自身特点,与其活动范围(即实验室的工作类型、工作范围、专业领域、工作量)相适应。描述实验室的活动范围的文件不一定是实验室活动的详细列表一种形式,也可以采取宏观、总体、概括的方式进行总体综合描述,但实验室的活动范围务必要描述界定清晰。只有在确定了实验室的活动范围之后,实验室才能依据这个活动范围进行人员、设备、设施等资源的配备。

实验室既要将《认可准则》的通用要求转化为自身的要求,满足《认可准则》的要求,覆盖《认可准则》(包括应用说明)的所有适用要素和条款,又要根据自己的实际,充分应用自身的各项资源。切忌生搬照抄其他实验室的管理体系,一定要做到量体裁衣。实验室必须将管理体系文件化,即将政策、制度、程序和作业指导书制定成文件(不能口头规定,不要求人手一册,其详细程度与人员的培训教育程度有关),最重要是以达到确保检测/校准结果质量和客户满意为目的。只有这样,才能确保质量活动受控,体系运行有效。

符合《认可准则》的实验室活动不应包括持续从外部获得的实验室活动,例如某实验室就一个自身不具备检测能力的项目长期从外部购买服务,此类长期从外部购买服务的活动不属于实验室自身具备能力的检测活动,不应包含在《认可准则》所规定的实验室活动中。

CNAS-CL01-A025:2018《检测和校准实验室能力认可准则在校准领域的应用说明》中5.3:实验室应以文件的形式对依据《认可准则》运作的实验室活动的范围予以界定。

4. 《认可准则》5.4 条款要点

《认可准则》5.4 与 2006 版的 4.1.2 和 4.1.3 条款基本等同，增加了"在客户设施中"进行的实验室活动。

实验室行为责任的总要求主要有 4 个方面：①确保实验室的工作符合本准则的要求；②确保满足实验室客户的要求；③确保满足法定管理机构的要求；④满足对其提供承认的组织的要求。

因此实验室应通过多种渠道、多种方式持续分析识别实验室客户的需求，即包括法定管理机构（如行业主管部门、市场监管部门）和提供承认的组织（CNAS）的需求（如法律、行政、技术和能力要求等），通过人、机、料、法、环、测（人是指人员，包括各类人员；机是指仪器设备，包括测量仪器、软件、测量标准、标准物质、参考数据、试剂、消耗品或辅助装置；料是指样品；法是指方法，包括标准方法、非标准方法、实验室制定的方法等；环是指检测/校准环境；测是指原始记录的校核、分报告的审核、最终结果的批准等）各个层面的资源配置和规范管理，全面确保实验室活动、技术运作和技术能力等满足上述需求，按照《认可准则》要求编制管理体系文件并有序开展这些实验室活动。

实验室的管理体系应覆盖其固定设施、固定设施以外的场所、临时或移动设施、客户的设施中所实施的所有活动，即指包含检测、校准及与后续检测或校准相关的抽样所涉及的实验室管理、技术运作和支持服务的全部活动。

1）固定设施是指用于实验室活动的设备的安放和使用的场所相对永久、固定。

2）固定设施以外的场所，是指在实验室实施实验室活动的地点是在固定设施（场所）以外的现场，如环保部门对公共场所和作业场所环境的噪声检测监控点等。

3）临时设施，是指该设施在时间上是临时的，过后将被撤除或更换，如为高速公路施工阶段和桥梁通车前的检测所配置建立的设施等。

4）移动设施，是指该设施在空间上是移动的，可以是车载、船载和机载，如检衡车、环境监测车，医学实验室、通信实验室的现场检测车等。

5）客户的设施，是指设施所有权是客户的，实验室在实施实验室活动的过程中需要利用或使用的场地和设施。例如：使用客户的汽车试验场对汽车的综合性能进行现场检测；去食品加工厂生产车间现场检测室内空气微生物和物体表面微生物是否满足标准要求；校准实验室去另一个检测实验室对其大型仪器设备进行现场校准等。

CNAS-CL01-A025：2018《检测和校准实验室能力认可准则在校准领域的应用说明》中 5.4：实验室的管理体系应覆盖其开展的特殊类型的校准活动，比如现场校准、在线校准、远程校准等，以及在临时或移动设施内进行的校准。必要时，应对特殊类型的校准活动制定专门的文件。

5. 《认可准则》5.5 条款要点

《认可准则》5.5a）与 2006 版的 4.1.5 的 e）基本等同。

实验室应确定自己的组织和管理结构，描述清楚实验室在母体组织中的地位，并确定质量管理、技术运作和支持服务之间的关系。组织是指职责、权限和相互关系得到安排的一组人员及设施。它是一个有机的整体，因此这种安排通常是有序的。组织结构是指人员的职责、权限和相互关系的安排。组织结构的正式表述通常在质量手册或项目的质量计划中提供。组织结构的范围可包括有关与外部组织的接口。

实验室的组织和管理机构一般用组织机构图（包括内部组织机构图和外部隶属关系图）并结合质量职能分配表/岗位职责的文字描述来表达。组织结构图是组织结构的直观反映，是最常见的表现部门、岗位和层级关系的一种图表，它形象地反映了组织内各部门、岗位上下左右相互之间的关系。组织结构图从上至下可表达垂直方向的管理层次和组织单元，从左至右可直观表达横向的组织单元之间的相互关联，并可通过组织结构图直接查看组织单元的详细信息，还可以查看与组织结构相关联的部门、岗位的信息。绘制内部组织机构图时，用方框表示各种管理职务或相应的部门，箭头表示权力指向。该图应标明各种管理职务或部门在组织机构中的地位及它们间的相互关系。外部隶属关系图是用来描述实验室在母体组织中的地位，重点描述实验室与外部组织之间的接口。内部组织机构图和外部隶属关系图也可合二为一。在绘制组织机构图的过程中，应把组织机构的质量管理部门、技术工作部门和支持服务部门之间的相互关系尽量表示出来，必要时可用文字补充说明。

实验室通常用管理体系职能分配表将管理体系要素或过程的相关职责分配到部门或岗位，明确其管理体系责任。从而能比较清晰地说明质量管理、技术管理和行政管理之间的关系。管理体系职能分配表中的管理职责应与体系文件中的管理职责表达一致。当需要时，可编制质量职能分配表，应明确决策领导职能、执行职能、协同配合职能等，按照准则的要求逐条逐款地将质量职能分解到有关的领导、部门和岗位上。要分工清晰、职责明确，防止职能交叉重叠甚至错位。部门/岗位职责的文字描述要求简单明确地指出该管理部门/岗位的工作内容、职责和权力、与其他部门的关系以及任职条件。

要确定质量管理、技术运作和支持服务之间的关系，首先要明确三者的内涵。

"质量管理"是指实验室的各级管理者所进行的指挥和控制与检测/校准工作质量有关的相互协调的活动，它包括质量策划、质量控制、质量保证和质量改进。

"技术运作"是实验室检测/校准服务实现的主过程。它包括从识别客户需求开始作为过程的输入，利用资源（含人力、物力、资金、信息等），通过人、机、料、法、环、测的有效控制，开展检测/校准活动，输出数据和结果作为过程的输出，最后出具检测报告或校准证书的整个运作的全过程。

"支持服务"是指支持检测/校准工作的所需的服务（起保障作用），如：文件资料的保管清理；供应品和消耗性材料的采购；样品的储存、运输和保管；仪器的送检、送校；设备的维护保养等。

质量管理、技术运作、支持服务三者的关系如下：

"技术运作"是实验室工作的主过程，即产品实现的过程——数据和结果形成的过程。实验室就是通过技术运作证明其具有出具技术上有效数据和结果的能力。

"质量管理"包括技术管理和服务管理，它是技术运作的根本保证。质量管理是通过管理体系的运作来实现的，主要起策划、组织、领导（协调）、控制（监管、检查）、创新、持续改进的作用，确保高效地实现预期的目标，包括出具技术上有效、准确、可靠的结果。

"支持服务"是技术运作的有效支撑，作为技术运作的保障，为技术运作做好一切资源上的准备，起后勤和保障作用，使技术运作正常进行。

这三者的关系是相辅相成的，可从以实验室活动的全过程为主干线（为基础/导向）的管理体系运作过程中得以清晰地理解。同时，只有用管理的系统方法进行系统整合，形成协调一致的有机整体才能实现实验室的质量方针和目标。

CNAS-CL01-G001：2018《CNAS-CL01〈检测和校准实验室能力认可准则〉应用要求》中5.5的a）：当实验室所在的母体机构还从事检测或校准以外的活动时，实验室管理体系文件中不仅应明确实验室自身的组织结构，还应明确母体机构的组织结构图，显示实验室在母体机构中的位置，并说明母体机构所从事的其他活动。

《认可准则》5.5的b）对应2006版4.1.5的f）。要求实验室明确规定对实验室活动工作质量有影响的三类人员（管理、操作、验证人员）的职责、权力和相互关系。管理人员是指从事计划职能、组织职能、领导职能（高层、中层、基层领导职能）、控制职能的人员；操作人员是指直接从事实验室活动的操作人员，设备和试剂耗材采购人员、资料、设备和样品管理员等；验证人员（又称核查人员）是指数据和结果的校核人员、设备的自校人员、监督人员和审核人员。在规定岗位和职责权力以外，还必须规定同其他部门或其他岗位协同配合的要求，这就是相互关系。

《认可准则》5.5的c）对应2006版4.2.1。《认可准则》5.5的c）条款是对实验室管理体系提出总体要求，可联系《认可准则》5.3条款的要点释义一并理解掌握。实验室应按自身活动范围（包括实验类型、专业范围、工作量、专业人员的水平以及相关行业的特殊法规要求和国家相关法规的要求）和特点建立、实施和保持符合《认可准则》及相关应用说明要求的管理体系。

实验室应将管理体系文件化，应明确对影响检测/校准结果质量的相关过程控制的要求，最终确保检测/校准结果质量和达到客户满意的目的。同时，管理体系文件应传达或宣贯至有关人员，并使之容易被有关人员获取，以及保证它们得以正确的理解和实施。

6.《认可准则》5.6条款要点

《认可准则》5.6与2006版的4.1.5对应。

实验室应配备足够的管理人员和技术人员，其数量和质量应满足实验室工作类型、工作范围和工作量的需要。即数量应与其规模相适应，能力资格与承担的工作相适应。不论这些管理人员和技术人员的其他责任是什么，他们应该有职、有权、有资源，因为权力和资源是支持其履行职责的根本保证。他们应该履行保持和改进管理体系的职责，识别对质量管理体系的偏离和对检测/校准工作程序的偏离，并且采取措施预防或减小这些偏离。为此实验室应对管理人员和技术人员责权及资源使用做出合理界定。

管理人员和技术人员的岗位职责应明确，其共同的职责如下。

1）实施、保持和改进管理体系，这是对实验室管理人员和技术人员最基本的要求。只有全体管理人员和技术人员切实履行实施、保持和改进管理体系的职责、严格按照管理体系的要求工作，实验室管理体系的总体目标才能得以实现。

2）识别对管理体系的偏离和实验室活动的各项程序的偏离，并采取措施预防或减少这些偏离。管理人员和技术人员不仅要能识别例外情况下的允许偏离，更重要的是当管理体系的运作可能偏离方针、程序和出现不符合检测/校准工作时，要能识别并采取措施预防或减少这些偏离。

3）实验室应在管理层人员中指定1名或多名人员，无论如何称谓，也不管有何其他职务和责任，赋予其明确的责任和权力，全面负责质量管理工作和管理体系的日常运行，确保管理体系在任何时候都能有效运行和完整遵循，并及时向实验室管理层报告管理体系运行状况和改进的需求。

4）确保实验室活动的有效性。实验室管理层应有技术管理者全面负责技术工作和所需资源供应，以保证实验室工作质量。对于规模较大、学科门类众多的实验室来说，仅有一名技术管理者全面负责技术工作是不实际的，而由一个技术管理层（特别强调可以是多个人）来全面负责技术工作；此外技术管理者要全面负责所需资源（物资资源、人力资源、信息资源等）的提供。实验室管理层要确保在实验室所开展的检测/校准/抽样的过程符合《认可准则》的要求，保证实验室活动的结果准确、可靠。

7. 《认可准则》5.7 条款要点

《认可准则》5.7 与 2006 版的 4.1.6 和 4.2.7 对应，用"实验室管理层"取代"最高管理者"。

实验室管理层应在实验室内建立适当沟通的方法、程序，并能保证在事关管理有效性时进行沟通。实验室管理层在管理体系有效运行中具有协调组织的独特作用，是其他人无法取代的角色。沟通是指组织内若干层次之间以及职能之间的信息交流。良好的组织结构应能做到上情下达、下情上报、侧向沟通、信息传递畅通无阻。沟通的目的：促进各职能、各层次间的信息交流，取得共识。通过沟通意图、统一行动，提高管理体系的有效性。沟通的内容：可以是客户要求、法定要求、管理体系要求、技术能力要求等。沟通的时机：可以在行动前（明确目的、要求）、行动中（怎么做——交流程序、方法、途径）、行动后（总结业绩、提出改进措施），也可以每天、每月或定期进行。沟通的方式：可多种多样，丰富多彩，如班务会、宣贯会、碰头会、面谈、网站交流、简报、宣传栏、内部刊物等。沟通应不图形式，不摆花架子，关键是有效性。实验室应能提供有关沟通的相关规定以及相关活动（包括评价沟通方式有效性）的记录。同时，实验室管理层应将满足客户要求和法定要求的重要性传递到组织。显然，实验室管理层在理解了客户、法定主管部门及社会整体要求的基础上，结合实验室自身属性（社会性、管理性）来传递这些重要性会更加深刻、更具权威性，也更易理解。

当策划和实施管理体系的变更时，保持管理体系的完整性。比如当实施体系的换版时，实验室的管理层就应策划如何实施管理体系文件的更改，在策划时就应考虑管理体系文件的完整性，不能零打碎敲，而应从总体结构考虑，以保证整个管理体系文件的充分性、协调性、一致性。实验室管理层保证文件体系完整性的评审可以通过文件形成的关键阶段记录（如文件变更申请，文件的审批）来评价。

（三）评审重点

基于"结构要求"要素内容涉及广泛，是实验室实现其总方针、目标的组织保证，众多条款都是纲领性要求。评审中通常以组长为主直接组织评审，其中许多内容评审组长还要按评审计划组织评审员结合管理体系实际运作进行评审取证。为此组长要制订详细评审计划，计划的制订与实施要与全组成员进行充分沟通，以保证整个评审组在各项评审活动中充分贯彻《认可准则》总要求。

现场评审中应重点查验取证以下重点内容。

1）实验室的法人登记、注册证书（营业执照）文件是否由相关行政主管部门核发，是否处于有效期内；实验室证书所用名称和地址信息是否与法人登记、注册文件一致；法人有效的法律地位文件（对事业法人常是法定主管部门的批建文件，对企业法人常是工商主管部门颁发营业执照）。登记、注册文件中的经营范围是否包含检测、校准或者相关表述，是否有影响其实验室活动公正性的经营项目（诸如生产、销售等）。

2）非独立法人实验室，其所在的法人单位是否是依法成立并能承担法律责任；该实验室在其法人单位内是否有相对独立的运行机制；是否能提供所在法人单位对实验室独立运作和承担法律责任的法人授权文件；如果所在法人单位的法定代表人不担任实验室管理层的，是否由法定代表人对实验室管理层进行有效授权。实验室是否具备承担法律责任的能力，在发生检测校准结果出现错误和其他后果时，能否承担起经济赔偿责任。

3）实验室是否具备有效的且与实验室活动范围（即实验室的工作类型、工作范围、专业领域、工作量）相适应并满足充分性、协调性、一致性要求的实验室管理体系。实验室是否具备准确描述实验室的活动范围（即实验室的工作类型、工作范围、专业领域、工作量）的文件。质量管理要求是否融入技术运作中，是否能控制技术运作有效运行，行政管理是否能为技术运作提供支持和服务。管理体系文件是否覆盖了《认可准则》和相关应用说明中质量管理、技术管理和行政管理的要求。实验室管理体系职责是否落实，质量管理、行政管理和技术管理之间关系是否明确，过程接口是否清晰，是否形成相互协调的、系统的管理体系。"结构要求"评审时，应在整体评审基础上对实验室管理体系适应性、可操作性、有效性及可持续性做出综合的评价。

查证实验室活动及管理体系文件是否满足四项总要求，即：《认可准则》的要求、客户的要求、法定管理机构的要求、提供承认的组织（CNAS）的要求。通常在按认可机构评审程序进行全面评审中，要结合实验室的工作类型、工作范围、专业领域、工作量评价体系实际运作中满足四项总要求的程度。四项总要求是认可工作的总要求，评审中应全面系统关注。

4）《认可准则》5.4 要求实验室的管理体系应覆盖实验室各类场所进行的实验室活动。评审中，要依据实验室的服务范围、项目，审验相应的工作场所，而后进行全面评审取证。

① 管理体系文件：建立、实施、保持、改进实验室管理体系首先要建立文件化的管理体系，根据通常的经验，实验室所建立的管理体系（特别是在文件化上）往往容易"遗漏"覆盖离开固定设施的场所、临时设施（指设施运行寿命一般不超过六个月）和移动设施中所进行工作管理、控制的适应性。

② 实施的符合性：在确认相关检测/校准活动的工作场所在管理体系文件受控后，再按程序评审并记录相关场所的实施的符合性。这里需要说明的是，某些大型组织将具有独立运作特性和功能的实验室视为某联合体的"离开固定设施场所"进行管理。要求认可机构进行"打包评审"是不可接受的，通常认可机构还是按以有独立运作的特征和特定功能的实体为基础进行评审认可。

③ 在客户现场进行的实验室活动：有些实验室的检测/校准活动需到客户现场进行，这里设施不属实验室所有，实验室管理体系文件非常容易出现无法覆盖的情况。这时，实验室应利用"现场检测/校准程序"来控制现场检测活动。这时应评审程序的适应性和实施中的符合性。在上述状况下所形成的项目能力不应列入推荐能力范围。

5）实验室应确定自己的组织和管理结构，清楚描述实验室在母体组织中的地位，并确定质量管理、技术工作和支持服务之间的关系。这是质量管理体系设计的重要活动。实验室的组织结构图是否清楚表明了其管理体系的职责和相互关系，非独立法人的实验室是否通过组织结构图表明了与其他部门的关系，说明其独立运作。实验室是否配备包括人员、设施、设备、系统及支持服务等与其实验室活动相适应的资源。实验室是否设置质量管理、技术管理和行政管理的部门或岗位，是否清楚表达了三者之间的关系。评审中应特别关注以下内容。

① 实验室的组织和管理结构的适应性。一般组织和管理结构常用组织结构图并结合岗位职责的文字描述来表述，组织结构图最好用两张图表述：一张是描述实验室内部组织结构的图，用方框表示各种管理职务或相应的部门，箭头表示权力的指向，通过箭头线将各方框连接，标明了各种管理职务或部门在组织结构中的地位以及它们之间的关系，下级（箭头指向）必须服从上级（箭头发出）指示，下级必须向上级报告工作。岗位职责的文字描述要求简单明确地指出该管理岗位（职务）的工作内容、职责和权力、组织中其他部门和职务的关系以及担任某项职务者所必须具备的基本素质、技术知识、工作经验、处理问题的能力等任职条件；另一张图主要是用来描述实验室在母体组织中的地位，重点是描述实验室与外部组织之间的接口。当然以上两张图也可以合二为一。

在组织结构图绘制过程中，应把组织结构的质量管理部门、技术工作部门和支持服务部门之间的相互关系尽量表示出来，必要时可用文字补充说明。

评审实验室的组织结构图以及岗位职责描述要求中应紧紧抓住以下三点。

a. 清晰的过程、流程。从业务洽谈（从识别客户需求开始），合同评审，取样，样品进入实验室，样品的制备，检测/校准环境条件的监控和记录，设备的校准与监控，消耗性材料采购的控制，人员技术水平的监督与控制，校准/检测方法的选择与确认，检测/校准过程的控制，原始记录以及数据处理，直到报告的编制、校核和审批等工作全过程是否进行了岗位职责分配。

b. 职责分配的总原则是"不失控、不冲突""经济而有效"，按准则要素进行，逐条逐款将质量职能分解到有关领导、部门和岗位上，并要尽量做到分工清晰、职责明确。职责界限清楚，职责内容应具体并要做出明文规定。

c. 职责中还包括横向联系的内容，在评定某个岗位工作职责的同时，必须评定同其他部门、其他岗位协同配合的要求，只有这样才能提高整个体系的功效。

② 实验室各项工作间的关系。评审实验室质量管理、技术工作和支持服务工作之间的关系，特别应明确如下要点原则。

a. 质量管理工作是指领导和控制实验室进行与检测/校准工作质量有关的相互协调的活动，它是各级管理层所进行的活动。一般应有质量策划、质量控制、质量保证和质量改进四个方面的活动，并结合实验室实际的相关程序来进行评价。

b. 技术工作在实验室中构成周密的技术体系，它应从识别客户需求作为过程开始和输入，利用资源（人力、物力、资金和信息），将过程输入转化为一系列的检测/校准的输出，即测试数据，最后出具检测报告或校准证书，这就是实验室的检测/校准工作的全过程。在这个检测/校准服务的全过程中，需要有足够专业技术水平的专家投入，要控制检测/校准工作的环境条件，要选择利用适当的检测/校准仪器设备，要有一套科学的检测/校准方法，以便得出正确的检测/校准结果，通过记录和数据处理最终向客户报告检测/校准的结果，这就是实验室的技术工作内容，是整个管理体系的主干线、主体。

　　c. 在实验室中，消耗性材料的采购、设备的维修保养、样品的储存保管与运输、文件资料的清理与保管及仪器设备的周期送校等均可认为是支持服务体系。

　　总之实验室质量管理技术工作和支持服务工作均应纳入管理体系中，以管理系统方法对其进行系统整合成为相互协调的有机整体，为实现方针目标服务。

　　6）实验室是否配备足够的管理人员和技术人员，其数量和质量应满足实验室工作类型、工作范围和工作量的需要。评审中可依据这些管理人员和技术人员的岗位职责描述和实施实际进行评审，以确保实验室能组织有效运作为目的，本条款要结合管理体系的实际运作进行评审。

　　实验室应有技术管理者全面负责技术工作和所需资源供应，以保证实验室工作质量。评审中应特别关注技术管理者个人的职责能力和经历适应性，组织运作中所需资源调动控制权力。

　　实验室管理层还应明确全面负责质量管理工作的人员，评审中除关注个人的职责能力、经历的适应性外，还应特别注意：质量主管的职位不能太低，必须能与负责实验室方针、政策和资源决策的实验室最高管理层直接接触和沟通。

　　7）实验室管理层应将满足客户要求和法定要求的重要性传递到组织。因为实验室管理层在理解了客户、法定主管部门及社会整体要求后，再结合实验室自身属性（社会性、管理性）来传递这些重要性会更加深刻、更具权威性，也更易理解。评审中，要了解实验室是否建立相关机制或制度以确保相关法定要求和客户要求（含变化）能及时全面地在组织内传递，查证该机制或制度执行的相关记录，并可调查询问实验室相关人员加以证实。

　　实验室管理层应在实验室内部建立适宜的沟通方法、程序，并能保证在事关管理有效性时进行及时沟通。通常按沟通方式和内容，核查相关记录以评价并确认实验室管理层沟通情况的符合程度。

　　通常实验室管理层保证文件体系完整性的评审，可以通过文件形成的关键阶段（如文件变更申请、文件的审批）记录来查证评价。

二、实验室的社会责任属性和行为属性

　　《认可准则》规定了实验室能力、公正性以及一致运作的通用要求，同时在全文中也明确阐述了实验室应具备的社会责任属性和行为属性的相关要求。实验室作为法制社会重要成员，《认可准则》应具备所要求的社会责任属性，主要包括实验室法律地位应遵循的社会要求，实验室活动的范围、场所、设备、人员岗位与职责等的控制要求，实验室具备报告准确有效并具有可重现性、可比性和科学性的数据和结果所要求的完整管理体系（包括实验室运作的质量、行政和技术体系），实验室应有效识别并最大限度地减少与管理体系或实验室活动程序的偏离，并最终确保实验室具备有效服务客户、社会的责任属性。实验室要服务客户、社会，还必须具备良好的社会行为属性——公平、公正、保护客户秘密（包括技术、商业乃至客户身心健康信息等所有秘密资料、数据）。实验室管理体系的总方针、目标应充分体现实验室的社会责任属性和社会行为属性的相关要求。

第八节 《认可准则》的"资源要求"

《认可准则》的"资源要求"部分与 CNAS-CL01：2006 相比是新增内容，系统规定了对实验室资源的基本要求，将 2006 版技术要素中："5.2 人员""5.3 设施和环境条件""5.5 设备""5.6 测量溯源性"和管理要素中"4.5 检测和校准的分包""4.6 服务和供应品的采购"整合为资源要求，其中"测量溯源性"改为"计量溯源性"，"检测和校准的分包"和"服务和供应品的采购"合并为"外部提供的产品和服务"。

一、《认可准则》"总则"

（一）"总则"原文

> 6.1 总则
> 实验室应获得管理和实施实验室活动所需的人员、设施、设备、系统及支持服务。

（二）要点理解

总则是对实验室资源的总体要求，实验室资源包括人员、设施和环境条件、设备、计量溯源性、外部提供的产品和服务等，实验室管理者应根据实验室活动范围，即实验室的工作类型、工作范围、专业领域、工作量等统筹合理配置所需的人员、设施、设备、系统及支持服务等资源，为实施实验室活动提供有效的资源保障。

实验室为了保证其检测/校准结果（数据）的正确、可靠、有效、一致（可比），最终实现结果（数据）的互认，均需按系统科学原理，建立一整套技术系统、技术体系，形成成熟的系统误差分析理论。最早（1978 年）国际实验室认可会议（ILAC）发布的《检测实验室基本技术要求》，就是实验室的技术系统要求。后来逐步加入质量管理要求，形成了技术与管理要求融为一体的《检测和校准实验室能力的通用要求》。从某种角度讲，技术系统要求是实现实验室方针、目标的关键、核心要素，也是实验室认可机构认可其能力的核心要素。

二、《认可准则》"人员"

（一）"人员"原文

> 6.2 人员
> 6.2.1 所有可能影响实验室活动的人员，无论是内部人员还是外部人员，应行为公正、有能力并按照实验室管理体系要求工作。
> 6.2.2 实验室应将影响实验室活动结果的各职能的能力要求形成文件，包括对教育、资格、培训、技术知识、技能和经验的要求。
> 6.2.3 实验室应确保人员具备其负责的实验室活动的能力，以及评估偏离影响程度的能力。
> 6.2.4 实验室管理层应向实验室人员传达其职责和权限。
> 6.2.5 实验室应有以下活动的程序，并保存相关记录：
> a）确定能力要求；

b）人员选择；

c）人员培训；

d）人员监督；

e）人员授权；

f）人员能力监控；

6.2.6　实验室应授权人员从事特定的实验室活动，包括但不限于下列活动：

a）开发、修改、验证和确认方法；

b）分析结果，包括符合性声明或意见和解释；

c）报告、审查和批准结果。

（二）要点理解

实验室管理体系中，影响其工作结果的诸多因素中，人员是最重要的因素。人员素质，合理的结构配备，适时培训，严格的考核、管理、监督，形成一个完整的人员管理体系，保证发挥全员的能力和创造性，为实现其质量方针提供最强有力的保证。它是诸多因素中最具活力，最富有创造力的要素，也是认可机构对其能力评审最关键的要素。该要素是管理体系中不可缺少的要素。这是社会学、管理学、系统学的共识。某些实验室的设施设备条件在同类实验室中并无明显的优势，但却在国际比对或能力验证中表现出了很高水平，其根本原因就在于该实验室的人员能力和人员管理水平较高。

《认可准则》的6.2对应2006版5.2，与CNAS-CL01：2006相比，有较大变化。人力资源是第一资源，人员是实验室资源中最重要和最活跃的要素，是决定实验室活动结果的关键要素。本要素共有6个条款要求。

1.《认可准则》6.2.1条款要点

《认可准则》6.2.1部分对应2006版5.2.1、5.2.3。

本条款是对实验室人员的总体要求。要求只要是有可能影响实验室活动结果的人员，无论是内部人员还是外部人员，都应：

1）做到行为公正。

2）满足所在工作岗位对相应能力的要求。

3）按照实验室管理体系的要求开展工作（此要求在2006版5.2.3中也有）。

本条款的"人员"，不再区分在培人员、长期雇佣人员或签约人员，只要是在实验室工作的、有可能影响实验室活动结果的人员均应按本准则要求管理。实验室内部人员通常包括：从事检测/校准、结果审核评价、授权签字、质量监督、内部审核和管理评审、合同评审、抽样（采样、取样）、样品管理、资料管理、各类设备操作与设备管理等工作的人员以及实验室管理层（如实验室负责人、技术负责人、质量负责人）等。外部人员通常包括CNAS外聘的评审员，设备设施安装、维护人员，设备现场检定/校准人员，以及现场检测/校准所在单位人员等。外部人员虽然不属于实验室的内部人员，但是在进入实验室开展相关工作时，也应遵守实验室管理体系的要求。

2.《认可准则》6.2.2条款要点

《认可准则》6.2.2整合了2006版5.2.1、5.2.2和5.2.4的内容，扩大了授权人员范围，更简洁，要求更明确。2006版只对操作专门设备、从事检测和/或校准、评价结果、签署检测报告和校准证书的四类岗位人员进行资格确认，其实实验室样品接收、加工、合同评审等其他相关人员也会影响到实验室活动结果，因此《认可准则》将岗位要求的范围扩大至每个可能影响实验室活动结果的人员。实验室应在体系文件中规定对实验室活动结果有影响的所有人员的职责、权力和相互关系，对人员岗位的职能要求做出规定，明确专业、学历、职称、经历、技能等条件。《认可准则》删除了对特定领域人员资格以及"意见或解释"人员的注释，统一纳入"实验室应将每个影响实验室活动结果的岗位所需能力形成文件"的要求，实验室应根据人员所承担的不同工作来科学确定每个岗位的具体能力要求，明确不同岗位人员对教育、资格、培训、技术、技能、经历和经验等的任职要求。《认可准则》简化了培训要求的表述，删除了对培训的政策和程序、培训计划与任务适应、培训有效性评价等细节要求，但每个岗位的能力和人员的通用要求中明确包含培训要求。

（1）人员能力　所谓人员能力是其从事某项工作时应用知识和技能实现预期结果的本领。能力是由知识、技能和经验构成的，因此对人员能力的确认，不仅要根据学历、经历、培训等获得资质，还应有实际操作能力和工作经验。实验室每个影响实验室活动结果的岗位人员，对于确保实验室出具技术上有效数据和结果以及识别偏离影响程度均至关重要，但不同岗位对人员的能力要求是不一样的，因此要确保他们的能力，就要分别明确他们的任职条件，经考核确认后上岗。确保人员能力不仅是重要的管理问题，还应是实验室管理层最重要的工作任务之一，因为唯有当所有岗位人员均能胜任自己工作的时候，管理体系的运行才是最有效的。同时，实验室管理层还应该为所有岗位人员提供进一步拓展、提升必要能力的机会。

（2）任职条件　任职条件是指某岗位人员至少应具备的能力要求，主要包括教育背景、培训要求、专业技能、技术要求、工作经历等。教育背景是指所从事的实验室工作所需的相关专业学历要求（应注意尽量满足专业对口的要求）；培训要求是指与工作有关的专业培训要求；专业技能是指从事岗位相关的必备技能；技术要求是指现任岗位的任职技术条件和资格要求；工作经历是指与所从事的实验室工作相关或相近经历（经验）。能力是经证实应用知识和技能的本领。

为确保实验室人员从事实验室活动的能力，实验室应根据各个岗位的专业、学历、职称、工作经历、技能等任职条件和职能要求，对实验室人员的能力要求进行文件明确、系统审核和正式授权。实验室可通过岗位说明书等文件形式明确所有可能影响实验室活动结果的人员（包括内、外部人员）的岗位职责、任职要求和工作关系，使实验室每个岗位都清楚各自的职责和授权，并确保持续胜任所在岗位工作。实验室可通过发布授权文件或持证上岗等不同形式规定各个岗位的能力范围。随着实验室所从事的活动范围（即实验室的工作类型、工作范围、专业领域、工作量）的变化，实验室应对人员管理的各项政策和程序进行系统策划，并对实验室人员进行科学动态管理。

CNAS-CL01-G001:2018《CNAS-CL01〈检测和校准实验室能力认可准则〉应用要求》中规定，6.2.2 除非法律法规或 CNAS 对特定领域的应用要求有其他规定，实验室人员应满足以下要求。

1）从事实验室活动的人员不得在其他同类型实验室从事同类的实验室活动。

2）从事检测或校准活动的人员应具备相关专业大专以上学历。如果学历或专业不满足要求，应有 10 年以上相关检测或校准经历。关键技术人员，如进行检测或校准结果复核、检测或校准方法验证或确认的人员，除满足上述要求外，还应有 3 年以上本专业领域的检测或校准经历。注：关键技术人员还应包括签发证书或报告的人员（包括授权签字人），但 CNAS 对授权签字人的要求更为严格。

3）授权签字人除满足 2）要求外，还应熟悉 CNAS 所有相关的认可要求，并具有本专业中级以上（含中级）技术职称或同等能力。这里的"同等能力"指需满足以下条件：

a）大专毕业后，从事专业技术工作 8 年及以上；

b）大学本科毕业，从事相关专业 5 年及以上；

c）硕士学位以上（含），从事相关专业 3 年及以上；

d）博士学位以上（含），从事相关专业 1 年及以上。

CNAS-CL01-A001：2018《检测和校准实验室能力认可准则在微生物检测领域的应用说明》6.2.2.3 规定"实验室从事微生物检测的关键检测人员应至少具有微生物或相关专业专科以上的学历，或者具有 10 年以上微生物检测工作经历。授权签字人应具有相关专业本科以上学历，并具有 3 年以上相关技术工作经历，如果不具备上述条件，应具有相关专业专科以上的学历和至少 10 年的微生物相关领域检测工作经历。"

CNAS-CL01-A002：2020《检测和校准实验室能力认可准则在化学检测领域的应用说明》6.2.3 规定"从事化学检测的人员应至少具有化学或相关专业专科以上学历，或者至少 5 年的化学检测工作经历并能就所从事的检测工作阐明原理。实验室授权签字人应具有化学及相关专业本科以上学历，并具有 3 年以上相关技术工作经历，如果没有化学及相关专业的本科以上学历，应具有至少 10 年的化学检测经验。"

CNAS-CL01-A010：2018《检测和校准实验室能力认可准则在纺织检测领域的应用说明》6.2.2 的 a）规定"当实验室检测工作涉及感官检验、物理检测、化学检测、染色牢度、微生物检测等多项子领域时，实验室负责技术的管理人员宜由若干名成员组成，应能够覆盖认可的子领域。负责技术的管理人员应有相关专业本科及以上学历，并有 3 年以上相关领域实验室工作经验，或相关专业大专学历，5 年以上工作经验。学历不满足要求时，需有 10 年以上相关专业工作经验。"

CNAS-CL01-A025：2018《检测和校准实验室能力认可准则在校准领域的应用说明》6.2.2 条款中要求，实验室在制定影响实验室活动结果的各岗位能力要求时，应考虑以下要求。

1）校准人员、校核人员、授权签字人等关键技术人员应具备所从事校准项目或与专业相关的技术知识和技能，包括但不限于以下方面：

① 了解测量标准以及被校设备的工作原理；

② 熟悉测量标准和被校设备的使用方法；

③ 掌握校准方法涉及的测量原理；

④ 掌握测量结果相关的数据处理方法，能够正确应用和报告测量不确定度；

⑤ 能够正确使用规范的计量学名词术语和计量单位。

2）校准人员的培训应至少包含计量基础知识、专业技术知识、操作技能培训三部分。培训应由具备资质或能力的机构或人员实施。

除了需要根据认可准则和各领域应用确认人员相应的教育背景、工作经验是否符合基本要求，还应对人员进行对应的岗位培训并确认其技能是否满足岗位要求。在日常检测/校准工作中，检测/校准人员也就是操作人员，是实验室能力和水平的基础，他们的能力决定了检测/校准结果的质量。为了清楚实验室人员究竟应满足哪些能力要求，实验室应按岗位提出人员应满足的能力要求。表 3-1 为某综合实验室不同岗位的检测/校准人员能力要求。

表 3-1　实验室检测/校准人员能力要求表

人员岗位		人员能力要求
水声校准	水声标准器校准	1）需具备水声学计量相关理论基础和水声标准器校准相关技术基础 2）应熟知标准水听器校准的相关规程：JJG（军工）12—2011《0.01Hz~1Hz 标准水听器检定规程》、JJG 1018—2007《1Hz~2kHz 标准水听器检定规程》、JJG 1017—2007《1kHz~1MHz 标准水听器检定规程》、JJG 1056—2010《高静水压下 20Hz~3.15kHz 标准水听器（耦合腔互易法）检定规程》、JJG 340—2017《1Hz~2kHz 标准水听器（密闭腔比较法）检定规程》、JJG 185—2017《500Hz~1MHz 标准水听器（自由场比较法）检定规程》等的具体要求 3）应熟练掌握各水声声压标准装置的构成及信号源、滤波器、放大器、数据采集器等主要仪器设备的操作步骤和使用要点，能熟练完成水声标准器校准所包含的声场布置、参数设置、信号采集等多个关键校准步骤 4）熟练掌握测量结果数据处理、报告出具的全部过程和要求
水声校准	水下电声参数测量	1）需具备水声学计量相关理论基础和水声换能器水下电声参数相关技术基础 2）应熟知水声换能器测量的相关标准和规范：GB/T 7965—2002《声学　水声换能器测量》、GB/T 7967—2002《声学　水声发射器的大功率特性和测量》、JJG（军工）31—2012《高静水压下（2~60）kHz 大功率水声换能器校准规范》、GB/T 16165—1996《水听器相位一致性测量方法》等的具体要求 3）应熟练掌握各水声换能器电声参数测量系统的构成及发射分系统、接收分系统和定位分系统等主要仪器设备的操作步骤和使用要点，能熟练完成水声换能器水下电声参数测量所包含的阻抗、发送响应、指向性、灵敏度等多个关键参数校准步骤 4）熟练掌握测量结果数据处理、报告出具的全部过程和要求
水声校准	超声水听器校准	1）需具备水声学计量相关理论基础和超声水听器校准相关技术基础 2）应熟知超声标准水听器校准的相关规程：JJG 1070—2011《0.5MHz~5MHz 标准水听器（二换能器互易法）检定规程》和 GJB/J 5349—2004《0.5MHz~15MHz 标准水听器（激光干涉法）检定规程》等的具体要求 3）应熟练掌握超声发射器、标准反射板、光学透声膜、高频示波器等主要仪器设备的操作步骤和使用要点，能熟练完成超声水听器校准所包含的用水制备、安装调节、信号分析等多个关键校准步骤 4）熟练掌握测量结果数据处理、报告出具的全部过程和要求
电学校准	电磁学数字多用表校准	1）需具备电学计量相关理论基础和数字仪表相关技术基础 2）应熟知 JJF 1587—2016《数字多用表校准规范》，JJG（军工）72—2015《交流数字电压表检定规程》和 JJG（军工）68—2019《交流数字电流表检定规程》等的具体要求 3）应熟练掌握多功能校准源或交直流电压电流源和电阻箱等主要仪器设备的操作步骤和使用要点，能熟练完成数字多用表校准所包含的交直流电压、交直流电流、电阻等多个关键校准步骤 4）熟练掌握测量结果数据处理、报告出具的全部过程和要求

（续）

人员岗位		人员能力要求
电学校准	交直流电桥校准	1）需具备电学、无线电计量相关理论基础和直流电桥、（交流）阻抗相关技术基础 2）应熟知 JJG 125—2004《直流电桥检定规程》、JJG 441—2008《交流电桥检定规程》、GJB 8817—2015《宽量程数字 RLC 测量仪检定规程》等的具体要求 3）应熟练掌握电感标准器具、电容标准器具、电阻标准器具、标准 LCR 测量仪、损耗标准器具等主要仪器设备的操作步骤和使用要点，能熟练完成交直流电桥校准所包含的电感、电容、电阻、损耗等多个关键校准步骤 4）熟练掌握测量结果数据处理、报告出具的全部过程和要求
无线电校准	脉冲参数校准	1）需具备无线电计量相关理论基础和脉冲参数相关技术基础 2）应熟知 JJG 262—1996《模拟示波器检定规程》、JJF 1057—1998《数字存储示波器校准规范》、GJB 7691—2012《数字示波器检定规程》、JJF（军工）28—2012《取样示波器校准规范》、JJG 278—2002《示波器校准仪检定规程》、JJG 957—2015《逻辑分析仪检定规程》、JJG 490—2002《脉冲信号发生器检定规程》等的具体要求 3）应熟练掌握示波器校准仪、稳幅信号发生器、通用计数器、数字多用表等主要仪器设备的操作步骤和使用要点，能熟练完成脉冲参数测量设备校准所包含的垂直偏转系数、扫描时间、频带宽度、脉冲快沿、脉冲群等多个关键校准步骤 4）熟练掌握测量结果数据处理、报告出具的全部过程和要求
无线电校准	超低频参数校准	1）需具备无线电计量相关理论基础和超低频参数相关技术基础 2）应熟知 JJG（航天）62—1991《频率响应分析仪检定规程》、JJG 602—2014《低频信号发生器检定规程》、JJG 840—2015《函数发生器检定规程》、JJG 834—2006《动态信号分析仪检定规程》等的具体要求 3）应熟练掌握频率计数器、超低频电压表、失真测量仪、标准相角发生器、函数发生器等主要仪器设备的操作步骤和使用要点，能熟练完成超低频参数校准所包含的频率、电压、失真、相位等多个关键校准步骤 4）熟练掌握测量结果数据处理、报告出具的全部过程和要求
时间频率校准	时间频率校准	1）需具备时间频率计量相关理论基础和时间频率测量的相关技术基础 2）应熟知 JJG 492—2009《铯原子频率标准检定规程》、JJG 292—2009《铷原子频率标准检定规程》、JJG 180—2002《电子测量仪器内石英晶体振荡器检定规程》、JJG 181—2005《石英晶体频率标准检定规程》、JJG 349—2014《通用计数器检定规程》、JJG 841—2012《微波频率计数器检定规程》、JJG 238—2018《时间间隔测量仪检定规程》等的具体要求 3）应熟练掌握原子标准频率源、标准时间源、频标比对系统、时间间隔测量设备、通用计数器等主要仪器设备的操作步骤和使用要点，能熟练完成时间频率测量设备校准所包含的开机特性、日频率波动、日老化率、频率准确度、频率稳定度等多个关键校准步骤 4）熟练掌握用最小二乘法对数据进行线性拟合计算、数据处理、报告出具的全部过程和要求

3. 《认可准则》6.2.3 条款要点

《认可准则》6.2.3 整合了 2006 版 5.2.1、4.1.5 的 a）的内容。

本条款要求实验室应确保人员具备其从事的实验室活动所必须具备的基本能力，同时具备识别偏离影响程度的能力。负责某项检测或校准活动的人员，对于某种特定偏离的影响应具备较强识别和评估能力。例如 GB/T 2423.10—2019《环境试验　第 2 部分：试验方法　试验 Fc：振动（正弦）》给出了振动（正弦）试验方法，实验室依据客户要求按照 GB/T 2423.10—2019 的 8.3.1 实施扫频耐久试验，选择的扫频频率范围为（10~5000）Hz，扫频循环数为 10 次，这样依据"附录 A 试验 Fc 导则"的"A.4.3 扫频"中表 A.1 要求，在每一轴线上的扫频耐久试验持续时间应该是 3h。当客户要求扫频耐久试验持续时间压缩至 2h 就出具结果时，实验室技术主管和该项试验项目的负责人员应该有能力评估扫频耐久试验持续时间缩短对试验结果的影响程度。

4. 《认可准则》6.2.4 条款要点

《认可准则》6.2.4 整合了 2006 版 5.2.4、4.1.6 的内容，用"实验室管理层"代替了"最高管理者"。

本条款要求实验室管理层应与实验室人员就其岗位相应的职责、责任和权限进行交流与沟通，使每个影响实验室活动结果的人员明确其上岗要求、权限和职责范围，应按照要求开展工作，共同保证实验室活动结果的有效性。实验室可根据具体情况，制定不同岗位的工作职责，根据工作职责，实验室即可制定各岗位的人员任职要求，明确了任职要求才能有针对性地对人员进行能力评价及相关培训，从而达到人岗匹配。实施实验室活动中的任何一个环节，任何一个成员的工作质量都会不同程度地、直接或间接地影响实验室活动结果的质量。实验室管理层应通过充分有效的交流与沟通，让每一个人清楚他们的职能、责任和授权。交流与沟通涉及内容、时机、方式等。交流与沟通内容通常包括：对实验室活动有影响的所有人员的职责、权力及相互关系要求；履职及实施实验室活动所需的权力和资源要求；实施、保持和改进管理体系的要求；管理体系或实验室活动的偏离；管理体系或实验室活动的风险和机遇；内部审核、外部审核和管理评审的结果；实验室管理体系运行状况和改进需求；确保实验室活动结果有效性的情况等。交流与沟通的时机通常可以安排在活动实施前、实施中、实施后，可以每天、每周、每月，定期或不定期。交流与沟通的方式可多种多样，如会议、电话、短信、微信、邮件、面谈、网络、内部通信、公告栏、电子媒体等。

5. 《认可准则》6.2.5 条款要点

《认可准则》6.2.5 条款整合了 2006 版 5.2.1、5.2.2、5.2.3 和 5.2.5 的内容。

本条款要求实验室应有包括如何确定人员能力要求、人员选择、人员培训、人员监督、人员授权、人员能力监控等内容的程序并保存记录。

对人员能力应按要求根据相应的教育、培训、经验和/或可证明的技能进行资格确认。资格确认是人员选择的基础，实验室对人员所需的知识技能进行培训后，进行的考核或考证是资格确认的常用方法。对实验室人员考核可参考以下几种方式。

（1）实验能力的考核　对已知结果的样品、盲样或质控样品进行实验操作。考核与评估实验操作（包括检测/校准实施过程、数据处理、结果分析及报告出具、仪器操作与维护等）是否符合标准、规程、规范或作业指导书的要求。

（2）理论水平的考核　考核与评估实验室人员对相关标准、规程、规范的掌握情况，对相关专业知识和技能的理解与掌握情况。

（3）解决问题能力的考核　考查实验室人员对主考人员口头提出问题的分析和解决能力等。

（4）人员监督和能力监控　由实验室授权人员直接或间接监督和监控、考察被考核人员检测/检测过程的正确性和规范性、对标准、规程、规范和管理体系的实际理解能力和执行能力等。

（5）数据处理和报告出具能力考核   由主考人员对被考核人员原始数据记录、数据处理、报告出具的正确性、及时性和规范性进行考核。

对人员进行考核不能拘泥于某种单一形式，比如单纯的理论或书面考试，因为单一形式并不能全面证明人员掌握了所需的相关技能，尤其是操作技能。对于操作岗位的人员，考核要偏重实际操作，应涵盖样品处理、方法选择、实验原理、操作流程、原始记录、数据处理、报告出具、安全事项等考核内容，目的是使其尽快掌握检测/校准全过程的要求。

对于实验操作的评估，实验室可制定具体的考核要点和考核标准，对关键步骤加以重点关注，从而判断被考核人员是否在每一个被要求的要点上都达到了相应的操作考核标准要求。考核细则制定得越完善，对关键步骤涵盖得越全面，越可以保障实验人员在正式上岗后检测结果的准确可靠性。

实验室也可制定通用的人员上岗前的实验考核表（培训记录），针对所培训的特定检测/校准方法逐一进行填写。培训记录制定得越细致，越有利于培训的落实，实验室应有相关程序文件对培训有效性进行规定，如培训考核的所有实验数据都必须在可接受范围内，如果未达到，则被培训人员必须重新接受培训。

利用实验操作进行人员的资格确认时，实验室通常应规定考核的次数，即以多少次实验考核的结果来考察和证实人员已满足操作要求，如实验室要求对检测/校准人员进行5次留样再测的考核，并用所培训的方法进行5次相关质控样品的检测/校准，只有5次考核结果都在可接受范围内，才能最终认定被考核人员通过了资格确认。实验室还应对考核的规定进行量化并严格执行，保证实验室每个岗位的上岗标准一致，从而确保实验室人员的整体水平和能力。

实验室应确保人员培训程序的完整性、适应性与可操作性。通过建立人员培训程序对培训进行策划、实施、检查和改进，明确培训过程要求、培训流程和管理职责。实验室应根据质量方针和发展目标确定人员的教育、培训和技能目标，及时识别人员的培训需求并科学制定培训计划。通常实验室人员培训程序可按图 3-1 所示的培训工作流程运作。培训计划应详细规定培训的目的、内容、形式、时间安排等，并与当前工作和预期任务需要相适应。培训计划一般应包括法律法规、技术、管理、安全、客户要求等多方面的内容。培训计划实施后应结合培训的目的对培训的有效性进行评价，评价可以是定量的，也可以是定性的，例如通过参加内部审核、质量控制活动、人员监督等评价培训的有效性并实施改进。

一个被培训的检测/校准人员必须达到以下标准，才能认为培训到位，能够确认其资格。

1）能够正确和准确地执行特定的检测/校准方法。

2）能够对实验的每一步骤进行完整记录，数据处理和结果报告正确规范。

3）针对测试样品和质控样品的检测/校准结果均在可接受范围内。

某些技术领域可能要求从事某些特定工作的人员必须持有个人资格证书才能上岗，人员持证上岗的要求可能是法定的、特定技术领域标准包含的，或是客户要求的。《认可准则》5.4 就明确指出满足客户、法定管理机构或对其提供承认的组织的需求是实验室的责任。例

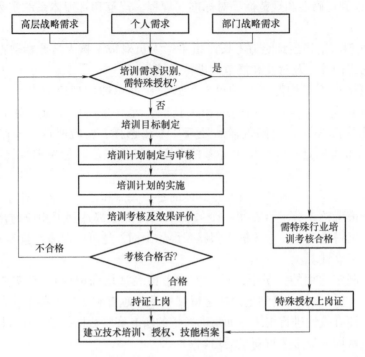

图 3-1　培训工作流程图

如，在 CNAS-CL01-A006：2008《检测和校准实验室能力准则在无损检测领域的应用说明》中就明确规定，无损检测领域的检测人员应具有无损检测Ⅱ级人员的资格，具有进行无损检测的经验，具有应用有关标准的经验和与具体的要求相适应的能力，应具有处理分析无损检测数据和结果的经验和能力、应具有保持工作记录和编制常规报告的能力；当授权签字人涉及对射线检测的检测项目负责时，其资格应满足射线探伤Ⅲ级人员的资格；当授权签字人涉及对超声检测的检测项目负责时，其资格应满足超声探伤Ⅲ级人员的资格；当授权签字人仅对其他无损检测中某一项目（如磁粉、渗透、涡流、声发射等）负责时，其资格应满足该项无损检测Ⅱ级人员的资格。当授权签字人对多项无损检测总报告负责时，该授权签字人必须同时满足上述人员资格要求。

本条款要求实验室应有"d）人员监督"和"f）人员能力监控"活动的程序，并保存相关记录，实验室应认真关注。

人员监督主要是指对人员"初始能力"的监督，只要是对新员工、新授权之前和新项目运行的人员监督。监督的方法有口试、笔试、演示、现场见证、全程监控、样品考核、结果评估等。实验室应结合其专业类型和工作特点制定程序，规定人员监督方法、监督结果评估方法，保留记录要求等。

人员能力监控主要是指对人员持续保持已被确认能力的情况，实验室应基于风险分析，依据技术复杂性、方法稳定性、人员经验、专业教育、客户现场、工作量、各种可能的变动内容等，建立监控方案，依据但不限于现场见证、调阅记录、审核/批准报告、结合盲样、内部质控结果、外部比对/能力验证等质控结果等对实施人员能力进行监控。

因此《认可准则》对人员监督和人员能力监控要求有较大的不同，两者区别见表3-2。

表 3-2　人员监督和人员能力监控对比表

实施内容	人员监督	人员能力监控
实施对象	针对人员初始能力：新员工、新授权之前、开展新项目运行的人员，对象是人	针对已获授权人员的能力持续保持，对象是人员的能力
实施重点	实验室活动过程中的技术行为	实验室活动过程中技术能力的保持和维持情况
实施方法	口试、笔试、演示、现场见证、全程监控、样品考核、结果评估等	现场见证、调阅记录、审核/批准报告、盲样考核、内部质量控制结果、实验室间比对/能力验证结果等
实施方案	依据专业类型、实验室活动特点，规定监督方式、监督结果评估方法、记录保留要求等编制人员监督计划	基于风险分析、根据技术复杂性、方法稳定性、人员经验、专业教育、客户现场、工作量、各种可能的变动内容等编制人员监控方案

实验室应保留每个有可能影响实验室活动结果人员的相关资格、能力确认、授权、教育、培训、监督和能力监控的完整记录，并包含授权和/或能力确认（适用时）的日期。保留人员监督和能力监控记录的目的是为及时识别人员培训需求，有针对性地进行人员培训。所有可能影响实验室活动结果的人员的记录中包括授权和能力确认的日期，这主要是因为：授权不是一劳永逸的，随着实验室检测/校准领域的增加、新设备、新方法的使用，检测/校准人员的能力也应与此相适应；实验室应动态地根据检测/校准工作的最新需求，随时确认相关人员的能力，在能力胜任的前提下进行授权，唯有这样才能保证实验室的技术能力。这些信息应易于获取，尤其是作为某个较大组织的一部分的实验室，其本身也应保留每个有可能影响实验室活动结果的人员的技术档案。

人员技术档案是实验室技术性档案资料的重要组成部分，也是实验室人力资源整体情况的综合体现。实验室建立有效的人员技术档案，是对认可规则、认可准则及相关认可应用说明等规定的遵守，是实验室现场评审和权威机构对实验室能力的认可中不可或缺的证明材料；同时，对提高实验室质量管理工作的效率，确保实验室管理体系的有效运行发挥着重要的作用。

人员技术档案的保存和实验室其他文件、记录一样，也应以便于存取的方式保存在具有防止损坏、变质、丢失的适宜环境的设施中，做好防尘、防水、防潮、防盗、防虫蛀等措施。CNAS-CL01-G001:2018《CNAS-CL01〈检测和校准实验室能力认可准则〉应用要求》8.4.2 规定，"人员或设备记录应随同人员工作期间或设备使用时限全程保留，在人员调离或设备停止使用后，人员或设备技术记录应再保存 6 年。"因此对于长期在实验室工作的人员，人员技术档案应不断更新并做好保存工作。对于离职的实验室人员，实验室对其人员档案应至少保存 6 年后再做销毁处理。

CNAS-CL01-G001:2018《CNAS-CL01〈检测和校准实验室能力认可准则〉应用要求》中 6.2.5 还规定：

1）实验室应制订程序对新进技术人员和现有技术人员新的技术活动进行培训。实验室应识别对实验室人员的持续培训需求，对培训活动进行适当安排，并保留培训记录。

2）实验室应关注对人员能力的监督模式，确定可以独立承担实验室活动的人员，以及需要在指导和监督下工作的人员。负责监督的人员应有相应的检测或校准能力。

3）实验室可以通过质量控制结果（见《认可准则》7.7 条款），包括盲样测试、实验室内比对、能力验证和实验室间比对结果、现场监督实际操作过程、核查记录等方式对人员能力实施监控，做好监控记录并进行评价。

6.《认可准则》6.2.6条款要点

《认可准则》6.2.6对应2006版5.2.5，明确授权人员有变化。

通过对满足一定任职条件的人员进行授权，赋予其相应的组织资源是实验室管理的一种手段。人员的资格条件是其拥有和使用资源的前提，满足一定资格条件的人员才能享有和合理利用资源，包括权力资源。本条款要求实验室应对从事特定实验室活动的人员授权，包括但不限于下列活动：

1）开发、修改、验证和确认方法。

2）分析结果，包括符合性声明或意见和解释。

3）报告、审查和批准结果。

实验室还可以根据需要对其他从事特定实验室活动的人员授权。

授权形式可以是任命书、授权书、任命文件、上岗证、操作证、公告等。授权书可由实验室管理层签署，也可由法人代表或实验室负责人签署。针对不同性质和范围的工作，实验室授权人员的范围也是不相同的。

授权应是一个动态的过程，不能一劳永逸；因为随着实验室活动内容变化，如使用新设备、新方法等，人员的能力要求应随之改变，因此应根据实验室活动的需要，随时确认相关人员能力，在能力胜任前提下进行授权。对已获授权人员，若中途离开岗位较长一段时间，则需通过培训或者经过一定考核，确认其能力满足要求后，再重新授权上岗，这样才能持续地保证实验室人员的能力。

对"开发、修改、验证和确认方法"的人员和"对分析结果，包括符合性声明或意见和解释负责"的人员，除了具备相应的资格、培训、经验以及所进行的检测方面的充分知识外，还需具有：

1）开发和改进分析方法，对所得结果进行可接受性评价的能力。

2）被检测物品、材料、产品等相关技术知识，已使用或拟使用方法的知识，以及在使用过程中可能出现的缺陷或降级等方面的知识。

3）有关法规和标准中阐明的通用要求的知识。

4）对物品、材料和产品等正常使用中发现的偏离所产生影响程度的了解等多方面的相关积累和能力。

对"报告、审查和批准结果"的人员，也就是报告结果、审查结果和批准结果的人员。其中审查和批准的人员主要是指实验室授权签字人。实验室授权签字人是经CNAS考核认可，有能力签发带认可标识的实验室报告或证书的技术人员。实验室申请认可的授权签字人应由实验室明确其职权，对其签发的报告/证书具有最终技术审查职责，对于不符合认可要求的结果和报告/证书具有否决权。因此授权签字人需要对实验室的检测/校准报告进行审批、把关，并对检测/校准结果的完整性和准确性负责。授权签字人需要经过CNAS的认可，且CNAS只授权其对认可范围内的项目行使授权签字的权力。

实验室授权签字人应掌握国家、行业的相关法律法规，掌握认可规则、认可政策、认可指南、认可准则及相关应用说明的要求，并具备相应技术工作能力和经历。如果实验室基于行业管理的规定，报告或证书必须由实验室负责人签发（行政签发），而该负责人没有获得 CNAS 相应范围内的授权签字人资格，则报告或证书必须由获得 CNAS 认可的实验室授权签字人签字（技术签发），该人员可以作为报告或证书复核人（或其他称谓）的形式出现。

CNAS 在对实验室进行评审时，会对授权签字人进行专门考核。评审组对授权签字人进行考核时会重点考核其技术能力是否满足要求，是否熟悉 CNAS 的相关要求。授权签字人的考核通常是单独进行，一般不采取集中考核的方式。对授权签字人的技术能力评审，一般在现场试验或调阅技术记录的过程中同时进行。

对于综合性实验室通常会特别注意考核其授权领域（范围）为全部检测/校准项目（包含各个不同领域）的授权签字人，重点确认其技术能力是否符合 CNAS 相关要求。对于没有技术工作背景或不满足 CNAS 相关要求的领域不能予以推荐。例如：没有化学领域工作背景，不满足 CNAS-CL01-A002 相关要求时，则不能推荐包含化学检测项目的签字范围。

现场实验室评审报告附表 2 中"场所"是指授权签字人签发报告的场所/证书地址。对于申请/已获多场所认可的实验室，授权签字人应列出其实际签发报告的地点。CNAS 允许某个场所只做检测/校准，在另外的场所签发报告/证书。

以化学检测/校准领域为例，授权签字人对检测/校准结果进行审核时，应重点注意以下细节的审核：

1）检测/校准所用标准应通过认可，应使用正确，如检测标准的年代号是否为最新，检测/校准标准如果包含多种方法，结果报告中应明确所使用的方法。

2）检测/校准原始记录应完整，如化学检测记录应包括仪器条件和前处理步骤概述、计算公式和计算过程。

3）报告数据的有效位数与标准要求应一致，计量单位应准确。

4）依据判定规则对数据进行审查，结合测量结果的不确定度能判断临界数据的可靠性，对可疑或阳性结果有判断能力。

5）原始记录中可追溯性的相关信息，包含样品的情况。如果样品检测时涉及拆分，在检测记录中应体现样品的拆分详情。

6）更正数据的规则和更正原因、有无更改人的签字。

7）原始记录与证书报告的信息一致性，原始记录信息量应该大于等于报告的信息量并且具有一一对应关系。

8）检测/校准报告的正确表达，比如限量检测的检测报告中不能仅仅标明"未检出"，而应标明检测低限。

9）原始记录与证书报告的整体要求和质量应符合《认可准则》的要求。

实验室应对上述"开发、修改、验证和确认方法""方法结果，包括符合性声明或意见和解释"和"报告、审查和批准结果"这 3 类人员以及其他从事特定实验室活动的人员（如抽样人员、操作设备人员、检测/校准人员等）进行明确、具体授权。

（三）评审重点

在实验室管理体系"人、机、料、法、环、测"众多核心要素中，以及在直接影响或决定实验室活动质量的诸多因素中，人员均是最重要的因素。鉴于人员要素的突出重要性，以及本要素专业性强、领域区别大、涉及范围广的特点，组长应要求相关专业评审员及专家详细制订评审计划。在现场评审时除严格按照本条款要求逐条评审外，还需要结合《认可准则》中其他相关条款对实验室人员行为公正性、素质高低、能力强弱、胜任程度及人员管理、评价机制等做出正确评价，并重点关注以下内容。

1）实验室中所有可能影响实验室活动的人员，无论是内部人员还是外部人员，是否行为公正，受到监督，胜任工作，并按照管理体系要求履行职责。

2）实验室是否建立了人员管理程序，是否对人员的资格确认、任用、培训、授权和能力保持等进行了规范管理，要求是否明确，执行是否到位。实验室是否根据人员所承担的工作来确定每个岗位的能力要求（包括对教育、资格、培训、技术知识、技能和经验等）并制订成文件。

3）实验室人员的数量和能力是否满足管理体系的有效运行以及出具正确检测/校准数据和结果的需要，技术人员（检测/校准的操作人员、结果验证或核查人员）和管理人员（对质量、技术负有管理职责的人员，包括管理层、技术负责人、质量负责人等）的结构和数量、受教育程度、理论基础、技术背景和经历、实际操作能力、职业素养等是否满足工作类型、工作范围和工作量的需要，是否能够识别对检测/校准方法、程序和管理体系政策和程序的偏离，是否能够采取措施预防或减少这些偏离。

4）实验室技术管理层（技术负责人）的专业能力是否能覆盖实验室所涉及的各个专业技术领域，资格（学历或职称）是否符合要求，是否具备相应的能力和权限，是否能胜任全面负责技术运作的职责；是否对实验室活动的主过程（数据和结果的形成过程）全面负责［包括策划、实施、检查到处置（PDCA）的全过程控制］，是否能保证出具准确可靠的检测/校准数据、结果。

5）实验室质量管理层（质量负责人）对自身的职责权限以及管理体系的要求是否理解和掌握。实验室是否赋予质量管理层（质量负责人）明确的职责和权力，使其能够确保管理体系得到实施和保持，其是否能确保文件化的管理体系要求得到实施和遵循。

6）实验室管理层是否了解在管理体系中应承担的责任和做出的承诺，是否理解管理体系的目的以及批准发布的质量方针和目标。是否清楚管理层在管理体系的策划、实施、保持和持续改进过程中应承担哪些职责，是否能提供相关客观证据。实验室管理层是否与实验室人员就其岗位相应的职责、责任和权限进行交流与沟通，使每个影响实验室活动结果的人员明确其上岗要求、权限和职责范围，是否共同保证实验室活动结果的有效性。

7）实验室是否保留每个有可能影响实验室活动结果的人员相关资格、能力确认、授权、教育、培训、监督和能力监控的档案和完整记录，并包含授权和/或能力确认（适用时）的日期。实验室是否根据检测/校准工作的最新需求动态地确认相关人员的能力。技术人员、管理人员和关键支持人员的资质和能力是否经过能力确认后持证上岗，是否胜任本岗位工作。在管理体系中的兼职人员，如设备管理员、文档管理员、样品管理员等，其岗位职责是否有明确规定，是否具备履行其职责所需的权力和资源，对管理体系文件中的要求是否掌握并执行。

8）实验室是否设置覆盖其检测/校准能力范围的监督员。监督员是否熟悉检测/校准目的、程序、方法；是否能够评价本专业领域范围内检测/校准结果的准确性；是否按计划对检测/校准人员进行监督和能力监控。实验室是否根据监督结果对人员能力进行评价并识别其培训需求，监督记录是否按要求存档，监督报告是否作为管理评审的一项输入。

9）实验室是否根据质量目标提出对人员教育和培训要求，并制定满足培训需求和提供培训的政策和程序。培训计划是否识别人员的培训需求，是否详细规定了培训的目的、内容、形式、时间安排等，培训计划是否适宜于当前工作和预期任务的需要，是否包括法律法规、技术、管理、安全、客户要求等多方面的内容。是否通过实际操作考核、内外部质量控制结果、内外部审核、不符合工作的识别、利益相关方的投诉、人员监督评价和管理评审等多种方式对培训活动的有效性进行评价。

10）实验室是否对"开发、修改、验证和确认方法""方法结果，包括符合性声明或意见和解释"和"报告、审查和批准结果"这3类人员以及其他从事特定实验室活动的人员（如抽样人员、操作设备人员、检测/校准人员等）进行明确、具体授权。

11）授权签字人是否具备授权范围的技术能力，个人履历、专业能力和工作经历是否满足授权签字人的要求；是否具备相应职责权限签发检测/校准报告或证书；对检测/校准方法的理解是否准确，对检测/校准设备和量值溯源是否了解、对检测/校准结果正确与否是否具备判断能力等。抽查发出的报告或证书，检查是否均由授权签字人在其授权的技术领域内签发，标识和专用章的使用是否合规，是否存在非授权签字人签发报告。是否满足 CNAS 规定的要求。

12）如果实验室还有提供意见和解释的人员，应按照其任职要求，评审其是否具备资格，是否具备提供意见和解释的能力，是否了解提供意见和解释的要求。

13）现场评审中应特别关注实验室对人员授权、人员监督与能力监控要求的理解和控制，主要包括以下几个方面。

①为确保检测/校准人员的技术能力，实验室应根据学历、工作经历、操作技能和培训等对抽样、操作专门设备、检验检测、签发报告和证书的人员以及提供意见和解释的人员进行能力确认和授权。可通过发布文件和/或持证上岗等形式规定每个岗位的能力范围，包括授权操作的设备名称、检测/校准的项目和依据的方法，授权签字的领域、提供意见和解释的具体项目等。如果需要扩大授权的领域和范围，应再次经过资格确认、能力考核后方可授权，所以授权和持证上岗是一个动态、持续的过程，随着设备和检测/校准项目及方法的变化而变化。

②实验室应设置覆盖其检测/校准能力全范围的监督员。监督员通常应由熟悉检测/校准目的、程序、方法并能够准确评价检测/校准结果且经验丰富的资深检测/校准人员担任。实验室应建立健全人员监督和能力监控过程，通常每年由技术负责人组织监督员识别本专业领域需要监督的人员，如实习员工、转岗人员、操作新设备或采用新方法的人员等；同时，针对已获授权人员的能力持续保持情况应进行能力监控。应科学编制人员监督和能力监控计划，说明人员监督和能力监控的对象、内容和形式等。人员监督和能力监控方式应根据专业特点科学选用。通常有效的监督方式有口试、笔试、演示、现场见证、全程监控、样品考核、结果评估等；通常能力监控的有效实施方式有现场见证、调阅记录、审核/批准报告、盲样考核、内部质量控制结果、实验室间比对/能力验证结果等。人员监督和能力监控应有记录，监督人员应对被监督和能力监控人员进行评价。人员监督和能力监控记录应存档，并可用于识别人员培训需求和能力评价，以进行必要的培训和再监督。人员监督和能力监控分

别是保证实习员工、转岗人员、操作新设备或采用新方法人员的初始工作能力和检测/校准人员的持续工作能力的有效方法。实验室应定期评审人员监督和能力监控工作的有效性，人员监督和能力监控报告应作为管理评审的有效输入。

三、《认可准则》"设施和环境条件"

（一）"设施和环境条件"原文

6.3　设施和环境条件

6.3.1　设施和环境条件应适合实验室活动，不应对结果有效性产生不得影响。

注：对结果有效性有不利影响的因素可能包括但不限于：微生物污染、灰尘、电磁干扰、辐射、湿度、供电、温度、声音和振动。

6.3.2　实验室应将从事实验室活动所必需的设施及环境条件的要求形成文件。

6.3.3　当相关规范、方法或程序对环境条件有要求时，或环境条件影响结果的有效性时，实验室应监测、控制和记录环境条件。

6.3.4　实验室应实施、监控并定期评审控制设施的措施，这些措施应包括但不限于：

a）进入和使用影响实验室活动区域；

b）预防对实验室活动的污染、干扰或不利影响；

c）有效隔离不相容的实验室活动区域。

6.3.5　当实验室在永久控制之外的场所或设施中实施实验室活动时，应满足本准则中有关设施和环境条件的要求。

（二）要点理解

设施和环境条件是开展实验室活动的必要条件，是正确开展实验室活动的重要保障，是实验室为保证检测/校准结果（数据）正确、可靠、一致（可比）所建设的相应环境和设施。主要要求包括：标准/规范所规定的环境要求，其中包括所配设备仪器规定的工作条件，以及在其中工作的人员所需环境条件，即所谓人机工程需求。这是非常重要的，必须有专门设计、营造、维护、监控管理规定，以形成一个适于检测/校准的设施与环境。

《认可准则》除了对实验室合理布局和实验室的环境及监控环境提出要求外，实验室还应保持良好内务，营造安全、舒适、规范、有序的工作环境。

虽然在《认可准则》中没有单独条款要求实验室应符合有关健康、安全和环保的要求，认为其不属于能力要求范畴。但是严格地说，一般实验室通常会存在不同程度的安全问题，因此各国政府的法定主管部门均有相应法律、法规规定，实验室应结合自身的特点与要求建立一个安全环境，这是保证实验室安全运作的最基本条件。实验室的安全要求包括三方面：一是实验室及员工生命财产安全防护要求；二是实验室废弃物，如有害物质、病毒、病菌等的处理要求，保证不致危及社会和环境安全卫生要求；三是对有害有毒物质的保管和使用的规定。因此实验室必须具备基本安全环境设施条件，再加上相关程序和作业指导书中的安全运作指南，这些构成实验室的安全体系。

本条款对应 2006 版 5.3，与 2006 版相比，变化不大。本要素共有 5 个条款要求。

1. 《认可准则》6.3.1 条款要点

《认可准则》6.3.1 对应 2006 版 5.3.1 和 5.3.2，描述简化，增加了注。

本条款要求实验室设施和环境条件应适合于实验室活动，不应对结果有效性产生不良影响。应全面关注实验室所涉及的全部场所（固定设施、固定设施以外的地点、临时设施、移动设施、客户的设施）是否满足相关法律法规、标准或者技术规范的要求。对实验室活动结果有效性可能会产生不良影响的因素包括但不限于：微生物污染、灰尘、电磁干扰、辐射、湿度、供电、温度、声音和振动等。用于实验室活动的实验室设施和环境条件，应有利于实验室活动的正确实施。实验室应确保设施和环境条件满足实施实验室活动的要求。是否有利于实验室活动的正确实施，判断标准有二：其一是不会使结果无效；其二是不会对所要求的测量质量产生不良影响。试验区域应进行合理划分。试验区域与办公区域应严格隔离，在设计时还应考虑数据处理和资料保存区域。

实验室不同的专业领域，对设施和环境条件的需求或要求也不尽相同。即使同领域不同技术标准或规范也可能会有不同的要求。实验室应根据实际开展检测或校准活动的范围和需求，提供满足要求的设施，并对检测或校准结果有效性有不利影响的因素加以控制。例如开展辐射骚扰、抗扰度、骚扰功率等电磁兼容检测项目时，应具备满足相应指标要求的开阔试验场和/或电波暗室和/或屏蔽室等。在无损检测领域，射线检测应具备满足放射线卫生防护要求的曝光室。在电气检测领域，实验室的检测操作区域应提供充分照明，一般实验室照明度应不低于 250lux。高压下检测设备，应按电压等级提供有充分的安全保护的房间或封闭区域和安全距离，在进行升压操作时应有两人操作。对于食品检测机构，在实验室设计和建设阶段就应该充分考虑专业要求，应满足 CNAS-CL01-A001：2008《检测和校准实验室能力认可准则在微生物检测领域的应用说明》、CNAS-CL02-A002：2020《检测和校准实验室能力认可准则在化学检测领域的应用说明》、CNAS-CL01-A016：2018《检测和校准实验室能力认可准则在感官检测领域的应用说明》等应用说明的要求。

以食品检测机构为例，食品微生物检测区域和化学检测区域应隔离，其中，微生物检测区域一般分为下列区域：接样室、样品保存室、培养基配制室、洁净室、培养室、仪器室、鉴定室、洗刷消毒室（各区域应配备紫外线消毒等空气消毒装置），应按照从低污染到高污染的顺序设立，按照"单方向工作流程"原则设计，防止潜在的交叉污染；洗刷消毒室应远离实验室操作区。以上建设和布局应符合 GB 19489《实验室　生物安全通用要求》中的要求。如果从事食品致病菌的检测，应限定在致病菌检测区域内进行相关操作，使用的物品如防护服、移液器、离心管等最好限定在该区域使用。实验室应正确使用与检测活体生物安全等级相对应的生物危害标识。不同的功能区域应有清楚的标识。实验室应对授权进入的人员采取严格控制措施。

在食品化学检测区域内，一般分为下列区域：接样室、样品保存室、样品前处理区、无机和有机前提取区域、天平室、标准物质保存和配置区、常规化学检测区、无机光谱仪器室、有机色谱仪器室（气相色谱和液相色谱最好再进行分区）等。在无机和有机前提取区域及仪器室，应有与检测范围相适应并便于使用的安全防护装备及设施，如个人防护装备、烟雾报警器、毒气报警器、洗眼及紧急喷淋装置、灭火器等，并定期检查其功能的有效性，对于天平室、标准物质保存和配置区，一般要求具有调节和保持一定湿度和温度的功能。

对于从事食品感官检测的实验室，包括酒类和茶叶感官检测等，还应设立感官检测区域并符合 CNAS-CL01-A016：2018《检测和校准实验室能力认可准则在感官检测领域的应用说明》具体要求。

CNAS-CL01-G001：2018《CNAS-CL01〈检测和校准实验室能力认可准则〉应用要求》中 6.3.1 实验室的设施应为自有设施，并拥有设施的全部使用权和支配权；应有充足的设施和场地实施检测或校准活动，包括样品储存空间；对相互干扰的设备必须进行有效的隔离。

1）自有设施是指购买或长期租赁（至少 2 年）并拥有完全使用权和支配权的设施。如果实验室通过签订合同，在有检测或校准任务时临时使用其他机构的设施，不能视为自有设施，将不予认可。

2）如果实验室仅租借场地，不涉及仪器设备，如汽车试验场或类似情况则允许租借。

CNAS-CL01-A025：2018《〈检测和校准实验室能力认可准则〉在校准领域的应用说明》中 6.3.1 校准实验室的设施和环境条件应满足相关校准方法和程序的要求。

2.《认可准则》6.3.2 条款要点

《认可准则》6.3.2 部分对应 2006 版 5.3.1。

本条款要求应将从事实验室活动所必需的及影响实验室活动结果的设施及环境条件的要求制定成文件，应明确控制场所、控制因素（参量）和具体控制要求（定性或定量的）。对设施和环境条件的技术要求一般来自相关法律法规、规范、方法/测量程序对测量条件所规定的要求，仪器设备正常运行对设施和环境条件的要求，特殊样品流转和保存对设施和环境条件的要求，以及为保障实施实验室活动的人员健康对设施和环境条件的要求，这些技术要求是否得到满足应有相关材料予以证实。例如：在微生物检测区域，对影响检测结果或涉及生物安全的设施和环境条件的技术要求应制定成文件，这包括对于洁净室、超净工作台、生物安全柜等区域应制定洁净度监控的作业指导书以监控洁净度是否满足要求；对天平、标准物质保存和配置区、恒温恒湿区域应制定如何进行温度、湿度监控的指导书并实施监控；对化学检测领域，实验室应制定并实施有关实验室安全和保证人员健康的程序，应有与检测或校准范围相适应并便于使用的安全防护装备及设施，如个人防护装备、烟雾报警器、毒气报警器、洗眼及紧急喷淋装置、灭火器等，定期检查其功能的有效性并保存实施活动的相关记录。

3.《认可准则》6.3.3 条款要点

《认可准则》6.3.3 对应 2006 版 5.3.2，描述简化。

本条款要求当相关规范、方法或程序对环境条件有要求时，或环境条件影响结果的有效性时，实验室应监测、控制和记录环境条件。设施和环境条件配置、评价的依据是实验室活动所执行的规范性文件和对测量质量的影响程度。当相关的规范、方法和程序有要求，或对结果的质量有影响时，实验室应监测、控制和记录环境条件；否则，环境条件的监控和记录就无须进行。也就是说，"相关的规范、方法或程序有要求"或"影响结果的有效性"是实验室判断是否需要监控和记录环境条件的重要依据。实验室在从事实验室活动前应进行识别，根据识别结果采取相应的措施。对诸如微生物污染、灰尘、电磁干扰、辐射、湿度、供电、温度、声音和振动等，实验室应予重视，使其适应于相关的技术活动。例如，在纺织检测领域，如果检测方法中规定检测工作需要在规定的温度和湿度条件下进行或样品需要在规定的温度和湿度条件下调湿平衡时，应使用温湿度记录仪或类似设备连续监控此实验室或设备中的温度和湿度，以确保与规定的温湿度条件一致；在此类实验室中不同位置的温度和湿度应定期核查；对于纺织品色牢度、起毛起球和外观评级等项目，应使用一个专用的空间，以确保评级结果不受临近区域中其他光源的影响。

对环境条件比较敏感的检测/校准项目，实验室环境条件必须满足相关要求并进行监测、控制和记录。如时间频率专业的 JJG 180—2002《电子测量仪器内石英晶体振荡器检定规程》、JJG 349—2014《通用计数器检定规程》、JJG 292—2009《铷原子频率标准检定规程》，几何量专业的 JJG 146—2011《量块检定规程》、力学专业的 JJG 391—2009《力传感器检定规程》等对检定环境和检定过程中环境温度的变化都做出明确规定。另外，在纺织品检测实验室中，物理指标（如强力、伸长、细度等）检测时环境条件必须符合标准规定，检测区域内必须配置温度、湿度自动记录仪（或温度、湿度自动监控装置），并且保留工作期间的连续监控记录。如何实施实验室环境条件的有效监控：实验室应首先根据所使用的检测/校准方法，针对如温度、湿度、尘埃、噪声、照度、振动、室内气压、换气率、电压稳定度、谐波失真度、电磁干扰、接地电阻等各项环境因素，明确并编制文件化的环境控制技术要求。然后配置符合所使用的检测/校准方法监控参数和监控准确度要求的环境监控设备。环境监控设备应增设环境条件超差预警或报警功能，并且该环境监控设备必须经过有效且充分的溯源后方能投入使用。

当环境条件危及实验室活动的结果，使结果不准确或不可信时，应停止实验室活动，已获得的检测校准数据应宣布无效。必要时，实验室应有应急预案。这与《认可准则》7.10.1b)"基于实验室建立的风险水平采取措施（包括必要时暂停或重复工作以及扣发报告）"和 7.10.1e)"必要时，通知客户并召回"相对应。

CNAS-CL01-A025：2018《检测和校准实验室能力认可准则在校准领域的应用说明》中6.3.3 规定，当相关校准规范、方法或程序对环境条件有要求时，或环境条件影响结果的有效性时，实验室应监测、控制和记录环境条件。尤其是温度、湿度、振动、供电、电磁干扰、噪声、灰尘等影响因素。对于准确度要求较高的校准活动，或相关校准方法或程序有要求时，实验室应采取以下措施。

1）对于灵敏度较高的仪器，应该隔离可能影响校准结果的机械振动和冲击来源，比如升降机、机械车间、建筑工地、繁忙的公路等。

2）墙壁、天花板、地面使用光滑、抗静电的材料处理，必要时，使用空气过滤装置，以提高对灰尘的控制。

3）防止阳光直射的措施，如遮光布、附加的墙壁。

4）按照相关规范、校准方法和程序等规定的温度和湿度范围进行控制，如 20℃±1℃，35%RH～70%RH。

5）对废气予以适当的控制，如强制排风或回收装置，防止其对设备的不利影响，如对开关触点的腐蚀。

6）电磁干扰的隔离。对于无线电测量以及一些精密电子仪器的校准，对电磁干扰进行适当的屏蔽是必要的。

7）对电源附加稳压或滤波装置，确保提供波形纯净、电压稳定的电源供应。

8）为保证灰尘、温度、通风等环境条件满足要求，可能需要制定专门的内务要求。

实验室制定的校准方法，应根据需要对上述（但不限于）环境条件对校准结果质量的影响进行评估。

4. 《认可准则》6.3.4 条款要点

6.3.4 对应 2006 版 5.3.4，条款内容增加，有较大变化。

本条款要求应有实施、监控并定期评审控制设施的措施，这些措施应包括但不限于：①进入和使用影响实验室活动的区域；②预防对实验室活动的污染、干扰或不良影响；③有效隔离不相容实验室活动的区域。

实验室应对人员进入进行有效控制，以保护客户和实验室的机密与所有权，确保实验室活动的数据和结果正确可靠，保证检测或校准人员及进入人员的人身健康与安全。实验室对人员进入/使用影响实验室活动质量的区域应加以控制，实验室应根据自身的特点和具体情况（包括特定区域的设计能力和技术要求、标准规范的规定以及对实验室活动结果的影响等）确定控制的范围，做出明文规定。需要强调的是，在确保不会对实验室活动质量产生不利影响的情况下，同时还应注意保护客户和实验室的机密与所有权。由于涉及保密要求，外来客户、合作者、学习和交流人员在进入实验室之前应经过批准，最好有本实验室人员陪同进入。为了防止无关人员的进入，实验室受控区应有明显标识，标明与实验无关的人员和物品不得进入实验室。如果条件允许，实验室应安装门禁系统，只有授权人员才能进入，防止外来人员或无关人员未授权进入。

应特别注意同一房间内设备间的相互干扰、相互影响，不相容的设备不应置于同一房间内。当相邻区域的工作或活动不相容或相互影响时，实验室对相关区域应进行有效隔离，包括空间隔离、[电磁]场的隔离和生物安全等的隔离，采取措施消除影响，防止交叉污染。在《认可准则》6.3.1 中介绍的微生物检测区域，洁净区和污染区必须有效隔离，食品化学检测区域的划分等也是基于此款要求；此外，在同一检测区域内，也会发生不相容或相互影响的情况，例如 pH 计校准时，其周围不得有强的机械振动和电磁干扰等。有些实验室将离心机放在分光光度计旁，同时使用两台设备时会对分光光度计检测结果产生不良影响。对于使用电感耦合等离子体质谱（Inductively coupled plasma mass spectrometry，ICP-MS）进行痕量分析测试时，应将 ICP-MS 放置在专门建立的洁净室中，以避免对检测结果产生影响。

微生物检测实验室布局设计宜遵循"单方向工作流程"原则，防止潜在的交叉污染，办公室与实验室、洁净区和污染区等应有效隔离并对区域进行明确标识。以分子生物学 CR 检测区域为例，应严格按照不同功能划分检测区域，以避免产生气溶胶污染导致对检测结果的负面影响。图 3-2 是常规聚合酶链式反应（PCR）检测区域分区示意图，强调了相邻区域的工作或活动在不相容或相互影响时应进行有效分区的重要性。

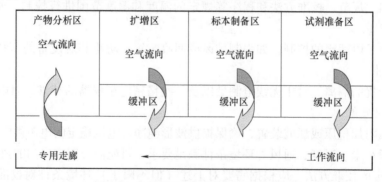

图 3-2　常规 PCR 检测区域分区示意图

各区域都必须有明确的标记，以避免设备物品如加样器或试剂等从各自的区域内移出，从而造成不同的工作区域间设备物品发生混淆。进入各个工作区域必须严格遵循单一方向顺序，即只能从试剂储存和准备区、标本制备区、扩增反应混合物配制和扩增区（简称扩增区）至产物分析区，避免发生交叉污染。在不同的工作区域应使用不同颜色或有明显区别的工作服，以便于鉴别。不同的工作区域应使用专用的离心机、冰箱、微量加样器等设备，此外，当工作者离开工作区时，不得将各区特定的工作服带出。

执行本条款时应关注各领域应用说明要求。例如，微生物实验室应有妥善处理废弃样品和废弃物（包括废弃培养物）的设施和制度；化学检测实验室应制定并实施有关实验室安全和保证人员健康的程序以及安全处理、处置有毒有害物质和废弃物的措施及程序。在电气检测领域，实验室应建立并实施安全保护措施；对于高压试验区域、有潜在爆炸或高能射线泄漏等危险的区域应有安全隔离措施，并给出明显、醒目的警示标志。对于从事激光光学测量的实验室，应配备专用的光学暗室，应为测量人员配备激光防护眼镜，并对相关人员进行激光安全防护的培训。火焰燃烧试验用的气体应与试验区隔离。试验中高速旋转的试验样品应施加防护罩。如果检测项目产生对工作人员有害的气体，试验区域应有强制排风措施，如高温下检测材料，应在提供充分排风的测试箱内进行。如果检测项目产生过高的噪声，试验区域应有消音措施或给工作人员提供保护措施；实验室的模拟故障项目试验区应设置安全隔离区和配备足够的灭火设施。实验室应具备应急照明和紧急出口并有明确的标识。检测涉及化学品类的物品时，应有妥善的保管和存放措施，使用时还应有有效的人员防护措施。

5.《认可准则》6.3.5 条款要点

《认可准则》6.3.5 条款对应 2006 版的 5.3.1。

本条款要求当实验室在永久控制之外的地点或设施中从事实验室活动时，应确保满足《认可准则》中有关设施及环境条件的要求。"永久控制之外的地点或设施"一般指客户场地、现场检测、临时或移动的设施等，其条件及其影响因素可能与在实验室固定设施中不尽相同，但实验室对这些在永久控制之外的场所或设施中实施的实验室活动的环境条件仍应按要求进行管控，不能降低要求。要针对这些设施或场所特点，应制定相应环境条件控制附加要求，必要时做出相应验证，并做好记录。

《认可准则》的 6.3 条款与 2006 版相比，删除了 2006 版 5.3.5 要求的"应采取措施确保实验室的良好内务，必要时应制定专门的程序。"该条虽然不再强制要求，但保持良好的内务依然是实验室维护设施和环境有效性的重要方式，不应理解为可以不再对内务有任何要求，反而可根据需要保留原来的内务程序。

（三）评审重点

基于本要素专业性强、领域区别大、涉及范围广，组长应要求相关专业评审员及专家提前制订评审计划，并根据实验室申请认可的场所和设施的布局与特点，按照申请认可领域的专业技术要求进行全面评审，重点应包括以下内容：

1）应全面关注实验室所涉及的全部场所（固定设施、固定设施以外的地点、临时设施、移动设施、客户的设施）是否满足相关法律法规、标准或者技术规范的要求，是否与实验室所申请认可的场所一致。实验室是否对全部场所具有完全的使用权。实验室申请认可的场所（地点）是否能覆盖实验室所有检测/校准项目，能否满足全部实验室活动的要求。

2）实验室是否对影响实验室活动结果的设施和环境条件以及为保障实施实验室活动的人员健康的安全防护等的技术要求进行识别并编制成文件，这些技术要求是否得到满足应有相关材料予以证实。

3）当相关规范、方法或程序对环境条件有要求时，或环境条件影响结果的有效性时，实验室是否及时有效地监测、控制和记录环境条件。实验室是否根据实验室活动对设施和环境要求的识别结果，对诸如生物消毒、灰尘、电磁干扰、辐射、湿度、供电、温度、声级和振级等予以科学控制。当环境条件危及实验室活动的结果时是否停止实验室活动，所采取的措施是否满足《认可准则》7.10.1 的要求。

4）实验室是否保持良好的内务以确保实验室设施和环境的有效。实验室工作区域的布局是否合理，标识是否明确清晰。实验室是否对进入和使用影响实验室活动的区域进行了控制，是否确保不对实验室活动质量产生不利影响的同时，保护进入和使用相关区域的人员安全。实验室是否对实验室活动的污染、干扰或不良影响以及有效隔离不相容实验室活动的区域等采取控制措施，能否消除影响，防止干扰或者交叉污染。实验室是否全面监控并定期评审所采取的上述控制要求与措施。

5）实验室是否对在客户场地、现场、临时或移动的设施等永久控制之外的地点或设施中实施的实验室活动提出控制要求并形成文件和予以记录，其设施和环境条件是否满足相关法律法规、标准或者技术规范的要求。

四、《认可准则》"设备"

（一）"设备"原文

6.4 设备

6.4.1 实验室应获得正确开展实验室活动所需的并影响结果的设备，包括但不限于：测量仪器、软件、测量标准、标准物质、参考数据、试剂、消耗品或辅助装置。

注1：标准物质和有证标准物质有多种名称，包括标准样品、参考标准、校准标准、标准参考物质和质量控制物质。ISO 17034 给出了标准物质生产者的更多信息。满足 ISO 17034 要求的标准物质生产者被视为是有能力的。满足 ISO 17034 要求的标准物质生产者提供的标准物质会提供产品信息单/证书，除其他特性外至少包含规定特性的均匀性和稳定性，对于有证标准物质，信息中包含规定特性的标准值、相关的测量不确定度和计量溯源性。

注2：ISO 指南 33 给出了标准物质选择和使用指南。ISO 指南 80 给出了内部制备质量控制物质的指南。

6.4.2 实验室使用永久控制以外的设备时，应确保满足本准则对设备的要求。

6.4.3 实验室应有处理、运输、储存、使用和按计划维护设备的程序，以确保其功能正常并防止污染或性能退化。

6.4.4 当设备投入使用或重新投入使用前，实验室应验证其是否符合规定要求。

6.4.5 用于测量的设备应能达到所需的测量准确度和（或）测量不确定度，以提供有效结果。

6.4.6 在下列情况下，测量设备应进行校准：

————当测量准确度或测量不确定影响报告结果的有效性；和（或）

————为建立报告结果的计量溯源性，要求对设备进行校准。

注：影响报告结果有效性的设备类型可包括：

————用于直接测量被测量的设备，例如使用天平测量质量；

————用于修正测量值的设备，例如温度测量

————用于从多个量计算获得测量结果的设备。

6.4.7　实验室应制定校准方案，并应进行复核和必要的调整，以保持对校准状态的信心。

6.4.8　所有需要校准或具有规定有效期的设备应使用标签、编码或以其他方式标识，使设备使用人方便地识别校准状态或有效期。

6.4.9　如果设备有过载或处置不当、给出可疑结果、已显示有缺陷或超出规定要求时，应停止使用。这些设备应予以隔离以防误用，或加贴标签/标记以清晰表明该设备已停用，直至经过验证表明能正常工作。实验室应检查设备缺陷或偏离规定要求的影响，并应启动不符合工作管理程序（见7.10）。

6.4.10　当需要利用期间核查以保持对设备性能的信心时，应按程序进行核查。

6.4.11　如果校准和标准物质数据中包含参考值或修正因子，实验室应确保该参考值和修正因子得到适当的更新和应用，以满足规定要求。

6.4.12　实验室应有切实可行的措施，防止设备被意外调整而导致结果无效。

6.4.13　实验室应保存对实验室活动有影响的设备记录。适用时，记录应包括以下内容：

a）设备的识别，包括软件和固件版本；

b）制造商名称、型号、序列号或其他唯一性标识；

c）设备符合规定要求的验证证据；

d）当前的位置；

e）校准日期、校准结果、设备调整、验收准则、下次校准的预定日期和校准周期；

f）标准物质的文件、结果、验收准则、相关日期和有效期；

g）与设备性能相关的维护计划和已进行的维护；

h）设备的损坏、故障、改装或维修的详细信息。

（二）要点理解

设备是实验室的重要资源之一，是实施实验室活动的重要技术手段和保障，是正确完成实验室活动的必要条件。设备是测量仪器、软件、测量标准、标准物质、参考数据、试剂、消耗品、辅助设备或相应组合装置的总称。实验室应获得正确开展实验室活动所需的并能影响结果的设备，它的正确选择、配备、使用与维护，不仅直接影响到实验室的运行成本，而且直接关系到其输出——检测/校准数据的质量（可靠性、准确性），关系到检测/校准数据的互认。《认可准则》6.4对设备的正确选择、配备、使用、维护、管理提出了详细要求。实验室应建立相应的制度/程序，实验室管理层应在相应岗位上确保相应程序的有效实施。特别是使用永久控制外及非固定场所设备时，对确保符合《认可准则》的要求应做出相应的规定。

《认可准则》6.4 对应 2006 版的 5.5，共有 13 个条款要求。与 2006 版相比，删除了 5.5.3、5.5.4 和 5.5.9 条款，总体要求基本一致，但相关条款的具体控制要求有相应的变化，主要变化情况见表 3-3。

表 3-3 《认可准则》设备要素要求变化表

条款类别	对应条款	具体内容
新增条款	6.4.1	扩充了设备的概念与内涵。设备包括但不限于：测量仪器、软件、测量标准、标准物质、参考数据、试剂、消耗品或辅助装置。由 2006 版侧重对"参考标准"的控制变更为强调对"测量标准"的控制，内涵和范围更为广泛
	6.4.6	新增"为建立结果报告的计量溯源性，要求对设备进行校准"；同时新增该项目的注释
	6.4.7	对校准方案要求明确，新增"校准方案应进行复核和必要的调整"。校准方案一般包括：需校准的参数、测量范围、准确度或不确定度要求、校准周期
	6.4.13	设备记录中增加"固件版本"记录；增加标准物质的相关要求"标准物质的文件、结果、验收准则、相关日期和有效期"
	附录 A	新增资料性附录——计量溯源性，强调测量结果的计量溯源性
变化条款	6.4.4	"当设备投入使用或重新投入使用前，实验室应验证其是否符合规定要求。"此条款更简洁，其中验证的方法包括校准和核查
	6.4.5	对设备的要求更明确，"用于测量的设备应达到所需的测量准确度和（或）测量不确定度，以提供有效结果"
	6.4.8	设备标识中将"包括上次校准日期、再校准日期或失效日期"改为"使设备使用人方便地识别校准状态或有效期"
	6.4.10	设备期间核查变更为"当需要利用期间核查以保持对设备性能的信心时，应按程序进行核查"。此条款适用于所有设备，扩大了期间核查的范围，不但包括校准设备，也包含非校准设备；设备是否核查取决于设备的稳定性
	6.4.11	"如果校准和标准物质数据中包含参考值或修正因子，实验室应确保该参考值和修正因子得到适当的更新和应用，以满足规定要求"，此条款增加了"参考值"

1. 《认可准则》6.4.1 条款要点

《认可准则》6.4.1 条款对应 2006 版 5.5.1，增加了设备包括的类型和有关标准物质的注。

本条款是对设备获得的要求。实验室应获得正确开展实验室活动所需的并能影响结果的设备。实验室设备包括但不限于：测量仪器、软件、测量标准、标准物质、参考数据、试剂、消耗品或辅助装置。与 2006 版相比，除测量仪器和标准物质外，将软件、测量标准、参考数据、试剂、消耗品及辅助装置全部纳入设备管理的范畴。实验室可获得的设备类型、数量应与实验室活动范围相匹配，配备设备的技术指标和功能应满足实验室活动依据标准规范的要求。例如，食品检测机构，每天从事大量的食品微生物检测活动，实验室应可获得足够数量的培养箱以满足检测标准对于不同培养温度的控制要求。从事茶叶中稀土元素检测的机构，应按照相应检测标准要求配备 ICP-MS 等。除实验设备外，还应关注抽样、样品制备、数据的处理与分析、保存样品的设备是否能够获得。实验室应有设备配置一览表，即设备台账。设备台账中应包含序号、统一编号、设备名称、出厂编号、规格型号、生产厂家、购置日期、放置地点、使用部门、保管人等信息。设备台账应定期更新。

标准物质（RM）是具有一种或多种规定特性足够均匀且稳定的材料，已被确定符合测量过程的预期用途。有证标准物质（CRM）是采用计量学上有效程序测定了一种或多种规定特性的标准物质，并附有证书提供规定特性值及其不确定度和计量溯源性的陈述。标准物质和有证标准物质有多种名称，包括标准样品（注：我国也将标准物质称为标准样品）、参考标准、校准标准、标准参考物质和质量控制物质。满足 ISO 17034 要求的标准物质生产者提供的标准物质会附有产品信息单/证书，除其他特性外至少包含规定特性的均匀性及稳定性，对于有证标准物质，信息中包含规定特性的标准值、相关的测量不确定度和计量溯源性。

《认可准则》要求应使用满足 ISO 17034 的标准物质生产者提供的标准物质。如何选择和使用标准物质，ISO 指南 33 给出了标准物质选择和使用的指南。由于现有标准物质的种类非常有限，而有些标准物质价格较高，增大了运行成本，实验室可以制备内部质量控制样品，ISO 指南 80 给出了内部制备质量控制物质的指南。

CNAS-CL01-G001：2018《CNAS-CL01〈检测和校准实验室能力认可准则〉应用要求》中 6.4.1a）规定，实验室配置的设备应在其申报认可的地点内，并对其有完全的支配权和使用权。

6.4.1b）规定，有些设备，特别是化学分析中一些常用设备，通常是用标准物质来校准，实验室应有充足的标准物质来对设备的预期使用范围进行校准。

CNAS-CL01-A025：2018《检测和校准实验室能力认可准则在校准领域的应用说明》的 6.4.1 规定，校准用的主要设备（如测量标准、参考标准和标准物质）应是实验室自有设备或长期租赁设备，不应使用永久控制以外的设备，如临时租赁或由客户等提供的设备。

2.《认可准则》6.4.2 条款要点

《认可准则》6.4.2 条款对应 2006 版 5.5.1。

本条款要求当实验室需要使用永久控制之外的设备时，应确保满足《认可准则》的要求。永久控制之外的设备，一般指客户的设备、租赁设备（不包括租赁 2 年以上的设备，因为这样的设备除设备产权外，实验室有完全使用权，被视同实验室的自有设备）等，不仅应满足本条款的要求，还应满足《认可准则》其他相关的要求和管理要求。若实验室由于自身设备配备不足，需要租赁设备时，首先其租赁设备的性能、技术参数应满足使用要求，设备应满足测量结果的计量溯源性要求，并保留相关的文件和记录，应满足《认可准则》的有关规定。其次，实验室租借设备还应符合并满足 CNAS 对于租借设备的专门控制要求。CNAS 要求以下情况均满足时，被评审实验室租借设备可作为实验室的能力予以认可。

1）租借设备的管理应纳入被评审实验室管理体系，并满足认可准则的要求。

2）设备的租借期限应至少能够保证实验室在一个认可周期（2 年）内使用。

3）租借期内，被评审实验室必须能够完全独立支配使用租借设备，即租借设备由被评审实验室人员进行操作；被评审实验室对租借设备进行维护，并能控制其校准状态；被评审实验室对租借设备的使用环境、设备储存应能进行控制等。

4）租借设备的使用权必须完全转移，并在被评审实验室的设施中使用。

CNAS 不允许申请/已获认可实验室，依靠临时借用设备获得/维持认可。一般情况下，共享设备不予认可，即同一台设备不允许在同一时期被不同机构租借而获得认可。

实验室若利用客户设备开展现场检测或校准活动，原则上被评审实验室需具备相应检测校准能力，现场设备须符合《认可准则》要求，并应同时满足以下条件，方可作为实验室的能力予以认可。

1）不易携带的设备。

2）如果不在现场检测或校准有可能影响结果判断的。

3）必须由实验室的人员进行操作。

4）现场应验证设备是否满足设施的要求。

5）评审时应安排现场见证试验。

现场评审时，评审组应调阅设备租借合同及实验室的相关控制记录进行核查。使用租借设备的项目在评审报告附表的"说明"栏中应注明。

3.《认可准则》6.4.3 条款要点

《认可准则》6.4.3 对应 2006 版 5.5.6，删除了注。

本条款要求实验室应有处理、运输、储存、使用和按计划维护设备的程序，以确保其功能正常运行并防止污染或性能退化。

设备的维护保养可分为两类：一类是日常维护，通常由操作人员进行；另一类是定期维护保养，一般由专门人员进行（不一定要专职，也可以兼职）。在实验室永久控制之外使用测量设备实施实验室活动时，还需要制定附加程序。对于特殊设备，一定要关注安全处置问题。例如，检测致病性微生物所使用过的离心机、微量加样器、培养箱、生物安全柜等，应注意在维修前进行消毒处理。对于标准物质或试剂等消耗性材料，也应分类按规定在适宜的条件下储存和使用。例如，水质标准物质的有效期一般较短，标准溶液一般也规定有效期，有时还需 4℃ 或 −18℃ 保存和运输等。

CNAS-CL01-G001:2018《CNAS-CL01〈检测和校准实验室能力认可准则〉应用要求》的 6.4.3 规定，实验室应指定专人负责设备的管理，包括校准、维护和期间核查等。实验室应建立机制以提示对到期设备进行校准、核查和维护。

因设备使用者最了解设备的使用状态，因此建议其参与设备管理。

4.《认可准则》6.4.4 条款要点

《认可准则》6.4.4 条款对应 2006 版 5.5.2，《认可准则》简化表述了 5.5.2 后一句内容。当设备投入使用或重新投入使用前，实验室应验证其符合规定的要求。

本条款要求用于实验室活动的设备，包括测量仪器、软件、测量标准、标准物质、参考数据、试剂、消耗品或辅助装置等在投入使用前和重新投入使用前，应验证其满足实验室活动所依据的相应规程、规范、标准或方法的要求。验证是指提供客观证据，证明给定项目满足规定要求。即实验室通过校准/检定和（或）核查提供客观有效证据，证明用于实验室活动的设备满足实验室活动所依据的规程、规范、标准或方法的要求。验证的手段根据设备类型不同而不同，通常可以是校准/检定、核查、比对等多种方式。测量和检测设备的功能核查，也视为一种确保结果有效性的活动（见《认可准则》7.7.1c）。

"投入使用前"是指新设备购入后首次投入使用前，而"重新投入使用前"是指设备验收合格并在有效期内的设备故障修复后、设备搬迁移动后、设备脱离实验室控制后、设备校准返回后、设备由实验室以外人员使用后、设备长期停用后重新投入使用前。

新设备购入后首次投入使用前应进行校准/检定和（或）核查，实验室新设备购入后应该按合同、订单或验收协议的要求完成验收。有量值控制要求的设备（即影响报告结果有效性的设备和需要建立报告结果的计量溯源性的设备），必须送至合格的溯源服务供应商处进行校准/检定；没有量值要求仅有功能性要求的，则应该进行功能性核查。实验室应根据溯源结果以及功能性核查结论，确认设备是否满足合同、订单或协议规定要求（合同、订单或协议要求可按标准要求或高于标准要求，满足就接收）。同时，还应根据溯源结果以及功能性核查结论证实测量设备是否能够满足实验室活动所依据的相应规程、规范、标准或方法的要求，即测量设备在校准/检定后，将通过校准/检定获得的测量设备的计量特性（MEMC）与测量过程对测量设备的计量要求（测量过程的计量要求，CMR）相比较，核查证实测量设备的计量特性是否满足预期使用要求。这种比较被称为计量验证，是计量确认最重要、最核心的技术环节。

CNAS-CL01-G001:2018《CNAS-CL01〈检测和校准实验室能力认可准则〉应用要求》6.4.4 条还规定"因校准或维修等原因又返回实验室的设备，在返回后实验室也应对其进行验证"，上述条款强调的是在有效期内的设备故障修复后、设备搬迁移动后、设备脱离实验室控制后、设备校准返回后、设备由实验室以外人员使用后、设备长期停用后重新投入使用前应验证是否符合规定的要求。验证主要是通过校准/检定和（或）核查，同时还可以通过检查、调零、调整、自校准等辅助方式，核查证实测量设备的计量特性是否满足预期使用要求。设备在每次使用前通常先检查其功能和性能是否正常，即进行设备的功能性核查和量值核查。如果带自校准的设备，应进行自校准。

需要强调的是，通常设备故障修复后、大型设备搬迁移动后、设备脱离实验室控制后、设备长期停用后重新投入使用前，首先应进行校准/检定，然后按照计量确认的要求核查证实测量设备的计量特性是否满足预期使用要求。设备校准返回后、设备由实验室以外人员使用后重新投入使用前，首先检查其功能和性能是否正常，然后按照计量确认的要求核查证实测量设备的计量特性是否满足预期使用要求。

对药品生产企业和相关实验室来说，还应特别关注仪器验证的要求，因为这是国际上多个国家和权威组织对药品生产企业和机构在仪器设备管理中法规层面的强制要求。经济合作与发展组织（Organization for Economic Cooperation and Development，OECD）的《良好实验室规范原则》（GLP）明确要求 GLP 试验机构应对计算机化的实验仪器进行验证。欧洲官方药品控制实验室（Official Medicine Control Laboratory，OMCL）制定了仪器验证（确认）的核心文件。美国药典（United States Pharmacopoeia，USP）有专门应用于仪器分析的文件USP1058《分析仪器验证指导原则》，USP 的标准在美国由药品与食品管理局（FDA）强制实施。

仪器验证是指实验室在仪器生命周期内对仪器实施的全过程管理，从采购、安装、验收和运行等阶段对其进行全过程的性能评价和记录，是对仪器设备整体性能的综合验证。实验室通过仪器验证提供文件化的证据，用以证明仪器在正常操作和使用条件下，仪器持续稳定可靠并能持续符合规定要求，用以证明能够提供准确有效的数据。目前国内外药品行业对仪器的质量管理普遍实行的是"4Q 验证"。"4Q 验证"可分为 4 个连续阶段，依次是设计确认（Design Qualification，DQ）、安装确认（Installation Qualification，IQ）、运行确认（Operational Qualification，OQ）和性能确认（Performance Qualification，PQ）。仪器验证虽然是对药品生产企业和机构在仪器设备管理方面法规层面的强制要求，但其内容对实验室的仪器设备管理也具有一定的指导意义。

5.《认可准则》6.4.5 条款要点

《认可准则》6.4.5 对应 2006 版 5.5.2 第一句内容，表述有变化。

本条款要求用于测量的设备应能够达到所需的测量准确度或测量不确定度，以提供有效的结果，也就是说，为保证实验室活动结果的有效性，所用测量设备的技术指标，即测量准确度或测量不确定度应满足方法或测量程序规定的要求。例如，食品检测实验室用于称量和配制标准溶液的天平往往应是精度较高的天平；某实验室测定油脂烟点用的普通玻璃温度计分度值只有 2℃，不能满足检测标准规定的（1℃）的分度值要求。

CNAS-CL01-A025：2018《检测和校准实验室能力认可准则在校准领域的应用说明》的 6.4.5 规定实验室使用的测量标准的测量不确定度（或准确度等级、最大允许误差）应满足校准方法（如检定规程或校准规范）和国家溯源等级图（国家检定系统表）等的要求，当没有相关规定时，其与被校设备的测量不确定度（或最大允许误差）之比应小于或等于 1/3。

某些专业可能无法满足测量标准与被校设备测量不确定度（或最大允许误差）之比小于或等于 1/3，实验室应能够提供相关技术证明材料（如相关文献），证明其测量标准配置的合理性。

6.《认可准则》6.4.6 条款要点

《认可准则》6.4.6 对应 2006 版 5.5.2 和 5.6.1，表述变化大，新增"为建立报告结果的计量溯源性而需要校准设备"的要求。

本条款要求在下列情况下，测量设备应进行校准。

1）当测量准确度或测量不确定影响报告结果的有效性时。

2）为建立所执行结果的计量溯源性，要求对设备进行校准。

一般影响报告结果有效性的设备类型可能包括：

1）用于直接测量被测量的设备，例如，使用天平测量质量。

2）用于修正测量值的设备，例如温度测量。

3）用于从多个测量值计算获得测量结果的设备，例如功率设备。

实验室首先应识别对实验室活动结果有影响的设备，其次还应识别尽管对于实验室活动结果无实质性影响，但量值需溯源的设备，这些设备均应列入需要校准的设备范畴。实验室应针对需要校准设备的计量特性或值（如：测量范围、准确度等级/最大允许误差、反抗偏移性、重复性、漂移分辨率等）进行校准。实验室应制定校准方案，应关注每台设备的计量特性或值，例如，Keysight 3458A 数字多用表交流电压的测量范围为 10mV～1000V（频率范围为 1Hz～10MHz），则在制定校准方案时，交流电压参数原则上建议应覆盖 10mV～1000V 的测量范围和 1Hz～10MHz 的频率范围。

校准是在规定条件下的一组操作，其第一步是确定由测量标准提供的量值与相应示值之间的关系，第二步则是用此信息确定由示值获得测量结果的关系，这里测量标准提供的量值与相应示值都具有测量不确定度。

校准的含义主要有以下两点：其一是在规定的条件下，用参考测量标准给包括实物量具（或参考物质）在内的测量仪器的特性赋值，并确定其示值误差；其二是将测量仪器所指示或代表的量值，按照比较链或校准链，将其溯源到测量标准所复现的量值上。

校准的主要目的：确定示值误差，有时也可确定其是否在预期允差范围；得出示值偏差报告值，并调整测量仪器或对其示值加以修正；给标尺标记赋值或确定其他特性值，或给参考物质的特性赋值；实现溯源性。校准的依据是校准规范或校准方法。校准的结果可记录在校准证书或校准报告中，也可用校准因数或校准曲线等形式表示。校准也包括标准物质或标准样品与校准物之间的比对。

国际上只有校准（calibrate）一种形式，在我国由于有计量法的要求，检定与校准并行。

检定是指查明和确认测量仪器是否符合法定要求的程序，它包括检查、加标记和（或）出具检定证书。

检定具有法制性，其对象是法制管理范围内的测量仪器。根据检定的必要程度和我国对其依法管理的形式，可将检定分为强制检定和非强制检定。非强制检定指由使用单位自己或委托具有社会公用计量标准或授权的计量检定机构，对强检以外的其他测量仪器依法进行的一种定期检定。强制检定指由政府计量行政主管部门所属的法定计量检定机构或授权的计量检定机构，对某些测量仪器实行的一种定点定期的检定。

强制检定的范围：

1）用于贸易结算、安全防护、医疗卫生、环境监测四个方面且列入我国强检计量器具目录的工作计量器具，属于强检管理范围。

2）我国对社会公用计量标准，以及部门和企事业单位的各项最高计量标准，也实行强制检定。

强制检定与非强制检定都属于法制检定，是我国对测量仪器依法管理的两种形式，受法律约束，不按规定定期检定要负法律责任。检定的依据是按法定程序审批公布的计量检定规程。任何企业和其他实体是无权自行单独制定检定规程的。计量检定工作应当按照经济合理的原则，就近就地进行。按照计量溯源性的有关要求，在检定结果中，除给出合格与否的结论外，还应给出测量不确定度。

校准与检定的主要区别如下：

1）校准不具法制性，是实验室自愿溯源行为，属于自下而上量值溯源的一组操作；检定则具有法制性，是自上而下的量值传递过程，属于量值统一的范畴。

2）校准主要确定测量仪器的示值误差；检定则是对其计量特性及技术要求的全面评定。

3）校准的依据是校准规范、校准方法；检定的依据则是检定规程。

4）校准通常不判断测量仪器合格与否；检定则必须做出合格与否的结论。

5）校准结果通常是出具校准证书或校准报告；检定结果是合格的发检定证书，不合格的发不合格通知书。

因此在我国设备的校准可能是上述定义的检定或校准。但不论是什么，都是本条款所指的校准。

本条款规定了设备在投入使用（即第一次使用）前实验室应验证其符合规定的要求；实验室在每一次使用前应验证其符合规定的要求。设备应在校准/检定有效期内使用。此时的核查，应关注经过检定和校准的设备，其是否满足规范或标准规定的使用要求。实验室在收到证书（不论是检定还是校准）后，均应核查结果是否满足检测或校准标准或技术规范的要求，即设备是否满足使用要求（"计量确认"可参见本书第四章"计量确认实施要点"）。

CNAS-CL01-G001：2018《CNAS-CL01〈检测和校准实验室能力认可准则〉应用要求》中6.4.6应注意到并非实验室的每台设备都需要校准，实验室应评估该设备对结果有效性和计量溯源性的影响，合理地确定是否需要校准。对不需要校准的设备，实验室应核查其状态是否满足使用要求。实验室应根据校准证书的信息，判断设备是否满足方法要求。

依据校准结果判断设备是否满足方法要求是实验室自身的工作，不宜由校准服务提供者来做出。

7.《认可准则》6.4.7条款要点

《认可准则》6.4.7条款对应2006版5.5.2和5.6.1部分内容。

本条款要求实验室应制定校准方案，并进行复审和必要的调整，以保持对校准状态的信心。本条款将2006版的校准计划改为校准方案，新增加了对校准方案应进行复审和必要调整的内容。一般来说，方案是指进行某项工作的具体计划或对某一问题制定的规划，方案是计划中较复杂的一种，一般包括目标、重点、步骤、措施、要求等内容；而计划更侧重时间。对于设备校准方案，至少应包含校准参数（计量特性）、校准范围、校准周期、准确度和测量不确定度等。校准方案应覆盖对测量标准（器）、用作测量标准的标准物质以及用于检测的测量和检测设备的选择、使用、校准、检查、控制和维护等的一整套体系（系统）。制定校准方案还应考虑到使用环境、校准周期、检定、期间核查、授权使用、正常维护等方面的控制措施，以确保设备能很好地满足测量要求。同时，校准方案也应确保可溯源性。实验室在自身活动范围及相应的测量不确定度的基础上，应以清晰的文字和简明的量值溯源图，清楚地表明其量值的可溯源性。校准方案还应考虑到不同仪器应有不同的校准周期，设备在使用当中，一定会发生老化或退化等问题，导致设备误差范围发生变化，因此校准方案应是动态的，不是一成不变的。客户对实验室活动的质量要求也是动态的。为此实验室应针对设备的实际情况，定期或不定期对设备校准方案安排复审，依据复审结果进行必要的调整，以保持对校准状态的信心。

设备校准应确保可通过不间断的校准链溯源到复现SI单位的国际基准或国家测量标准。不间断的校准链，可以通过不同的、能证明溯源性实验室经过若干步骤来实现。溯源是实验室的自主行为，实验室可逐级溯源，也可越级溯源。在我国可参照计量行政部门正式颁布的国家计量检定系统表，按照仪器设备的测量范围和测量不确定度的要求，正确选择满足《认可准则》要求的校准机构，通过合理的溯源途径满足计量溯源性的要求。

CNAS-CL01-G001：2018《CNAS-CL01〈检测和校准实验室能力认可准则〉应用要求》中6.4.7规定，对需要校准的设备，实验室应建立校准方案，方案中应包括该设备校准的参数、范围、不确定度和校准周期等，以便送校时提出明确的、针对性的要求。

8.《认可准则》6.4.8条款要点

《认可准则》6.4.8对应2006版5.5.8。

本条款要求实验室所有需要校准或具有规定有效期的设备应使用标签、编码或以其他方式标识，方便设备使用人能够迅速识别校准的状态或有效期。不再强调"上次校准的日期、再校准或失效日期。"一般化学检测实验室所用的试剂、标准溶液、标准物质等具有有效期，应明确标识。

9.《认可准则》6.4.9 条款要点

《认可准则》6.4.9 对应 2006 版 5.5.7。

本条款是对有缺陷或可疑设备（不合格设备）的处置规定。如果设备过载或处置不当、给出可疑结果或已显示有缺陷或超出规定限度时，应停止使用。这些设备应予以隔离以防误用，或加贴标签或标记以清晰表明该设备已停用，直至经过验证表明能正常工作。实验室应核查设备缺陷或偏离规定要求的影响，特别是对于先前的实验室活动结果的影响，如果对实验室活动结果造成不利影响，应启动不符合工作管理程序（见《认可准则》7.10）。

10.《认可准则》6.4.10 条款要点

《认可准则》6.4.10 对应 2006 版 5.5.10。

本条款是对设备运行"期间核查"的要求。当需要利用期间核查以保持设备性能的信心时，应按程序进行核查。2006 版仅核查设备校准状态，《认可准则》扩大至所有设备的性能核查。

对于需校准设备，通常需要核查校准状态（如设备的计量特性）的保持情况。非校准设备，通常需要核查其功能是否持续满足要求。概括地说，根据测量设备期间核查内容和参数的不同，期间核查通常可分为测量设备计量特性期间核查和测量功能期间核查两类，其中测量设备计量特性期间核查可进一步分为测量设备测量准确度（或示值误差）期间核查和其他计量特性期间核查。

针对需校准的设备，其期间核查是在设备两次校准期间，利用性能稳定的核查标准在较长的时间间隔内，对设备进行的两次或多次等精度测量，以评价设备校准状态是否得到维持。

校准只是在规定的条件下，在完成校准的那一刻后才是有效的。任何偏离"规定的条件"，都可能使设备的校准结果发生变化甚至失效。为保持设备校准状态的可信度，设备两次校准期间应尽可能进行期间核查。期间核查是实验室保证测量溯源性的一种手段，可为实验室采取纠正措施和预防措施提供技术依据。实验室还应对参考标准、基准、传递标准或工作标准以及参考物质进行核查，以保持其校准状态的可信度。

针对需要校准的设备来说，期间核查与校准的区别在于：核查不是重新校准，核查是实验室为了对其标准或测量设备，在两次校准之间的适当时间间隔内，用适当的"核查标准"和适当的方法对参考标准器或测量设备进行等精度测量检查，以验证该参考标准器或测量设备校准状态是否得到保持；而校准是在规定条件下，为确定示值与对应标准关系的一组操作。

1）两者的目的不同：校准是赋予被测量以示值或确定示值的修整值，校准也可确定其他计量特性，如影响量的作用；期间核查是评价设备校准状态是否得到维持，不要求给出准确的数值。

2）两者的方法不同：设备校准需要使用测量标准，是通过一组操作将被校设备的量值溯源到测量标准；期间核查是利用性能稳定的核查标准在较长的时间间隔内，对设备进行的两次或多次等精度测量；期间核查只需选择设备的一系列校准值中有代表性的点进行核查。

3）两者的输出结果不同：校准是赋予被测量以示值或确定示值的修整值，不需要判别测量结果的符合性；期间核查需要对两次或多次等精度测量结果进行判别，得出设备校准状态是否得到维持的结论。

什么情况下需要进行期间核查？通常当测量是临界的或接近设备误差极限时，可考虑如下方面制定期间核查计划：仪器设备的类型和精度等级，是耐用的还是精密的，使用的频次，是否发生了误用，设备所处环境条件是否恶劣，固定放置还是经常移动或外携现场使用，维护计划的安排，使用记录是否稳定，设备给出结果测量不确定度要求，设备检测结果的精确性要求等。应制定期间核查程序（或作业指导书）和计划；评审期间核查结果，核查结果接近或超过规定要求时，应及时采取预防措施或纠正措施，评价所采取的预防措施或纠正措施有效性。针对特殊领域，例如基因扩增领域中的微量移液器，要定期进行期间核查以保证容积的准确；在食品检测领域，对于原子吸收等光谱设备、气相色谱、液相色谱、全自动生化鉴定系统等大型设备，通常应根据设备使用情况进行期间核查，以确认设备性能符合使用要求。需要强调的是，期间核查的形式可以多种多样，不一定以在规定时间特别安排的形式进行，例如在检测过程中以结合过程质量控制，对已赋值标物进行测定的方式也可核查设备运行状态，也是一种期间核查。

对于非校准设备的期间核查，实际上试验人员在每次使用设备时，都要进行设备的性能核查，当确认设备各项性能正常时，才开始实施实验室活动。本条款的新要求控制要求更加符合实际情况。此类活动在《认可准则》中视为一种确保结果有效性的活动（见《认可准则》7.7.1e）。

CNAS-CL01-G001：2018《CNAS-CL01〈检测和校准实验室能力认可准则〉应用要求》中6.4.10规定，实验室应根据设备的稳定性和使用情况来确定是否需要进行期间核查。实验室应确定期间核查的方法与周期，并保存记录。

并不是所有设备均需要进行期间核查。判断设备是否需要期间核查至少需考虑：设备校准周期、历次校准结果、质量控制结果、设备使用频率和性能稳定性、设备维护情况、设备操作人员及环境的变化、设备使用范围的变化等。

CNAS-CL01-A025：2018《检测和校准实验室能力认可准则在校准领域的应用说明》的6.4.10规定，对设备的期间核查应符合以下要求：

1）实验室应制定实施测量设备期间核查的文件，规定期间核查的范围、方法、人员、结果分析、判定和处理方式等。

2）应根据必要性和有效性的原则确定实施期间核查的范围以及核查方式。

① 可以使用休哈特控制图统计测量标准的历次校准结果，分析测量标准的长期稳定性，以确定其是否需要进行期间核查。

② 只要可能，应选择测量不确定度优于测量标准或与其相当的测量设备作为核查标准。当没有这样的测量设备时，可选择稳定性和重复性较好，分辨力满足要求的其他测量设备作为核查标准。

③ 期间核查不需要对测量标准的全部量程和测量范围进行核查，可以只选取一个或多个典型点核查。通常情况下，可根据核查标准选点，比如使用 1 kΩ 标准电阻核查直流电阻标准（数字多用表或多功能源的直流电阻参量）。

④ 当对测量标准的性能产生怀疑时，如果没有适当的核查标准或有效的期间核查方式，实验室应考虑提前校准（缩短校准周期）。

⑤ 在有效期内正常储存和使用的有证标准物质通常不需要进行期间核查，除非有信息表明其可能被污染或变质。

⑥ 应妥善使用、保存和维护核查标准，当发生可能影响其测量结果准确性、稳定性的

情况时，应对其是否仍适合作为核查标准进行评估。

3）为保证测量标准的性能满足相关规范的要求，实验室对其最高测量标准的核查还应包括测量标准的重复性和稳定性。

① 测量标准的重复性和稳定性也是评定其测量不确定度的重要分量，因此实验室应定期核查测量标准的重复性和稳定性，以确保所评定的测量不确定度与测量标准的性能相适应。

② 测量标准的重复性和稳定性核查的试验方法可参考 JJF 1033《计量标准考核规范》。

③ 对测量标准的稳定性和重复性核查数据或结果，适用时，可以用于对该测量标准的期间核查。

实验室在实施期间核查时应特别关注本节"专题关注"中"期间核查实施要点与评审重点"强调的五个关注点：期间核查的对象与核查标准的选择、期间核查的种类、期间核查方法及其判定原则、期间核查的参数量程选择及频次控制、期间核查的组织实施与结果处理。

11. 《认可准则》6.4.11 条款要点

《认可准则》6.4.11 对应 2006 版 5.5.11，增加了标准物质数据，删除了程序要求。

本条款要求如果校准和标准物质数据中包含参考值或修正因子，实验室应确保参考值和修正因子得到适当的更新和应用，以满足规定要求。如果设备经校准给出一组修正因子，标准物质数据中包含参考值时，应确保有关数据得到及时修正，所有备份（包括计算机软件中的备份）都应得到更新。以培养箱为例，其校准证书中给出了 36℃时面板显示温度值与内部实际测量值之差为 0.49℃，实验室在进行培养箱温度设定时应使用实际校正值。

12. 《认可准则》6.4.12 条款要点

《认可准则》6.4.12 对应 2006 版 5.5.12。

本条款要求实验室应有切实可行的措施，防止设备被意外调整而导致结果无效。当设备（包括硬件和软件）经安装、调试、校准或核查后，应采取良好的保护措施，避免发生未经授权的调整，防止致使检测/校准结果失效。按照该款要求，设备在使用中设立授权限制，特别是气相色谱、液相色谱、质谱、离子色谱、ICP、全自动生化鉴定系统、PCR 仪等直接影响检测结果的大型设备，应设置登录密码，限制使用人员，避免不具备能力的人员的不当使用对设备正常运行产生影响，同时，对于授权人员的使用也应规定不得使用未经控制的移动盘或闪存从设备上导入或导出数据。

CNAS-CL01-A025:2018《检测和校准实验室能力认可准则在校准领域的应用说明》中6.4.12 规定，实验室应有切实可行的措施，防止设备被意外调整而导致结果无效。相关"措施"可参考该文件 7.4.1 条的规定。

13. 《认可准则》6.4.13 条款要点

《认可准则》6.4.13 条款对应 2006 版 5.5.5。

本条款要求实验室应保存对实验室活动有影响的设备的记录。记录应包括以下适用的内容：

1）设备的识别，包括软件和固件版本。

2）制造商名称、型号、序列号或其他唯一性标志。

3）设备符合规定要求的验证证据。

4）当前的位置。

5）校准日期、校准结果、设备调整、验收准则、下次校准的预定日期或校准周期。

6）标准物质的文件、结果、验收准则、相关日期和有效期。

7）与设备性能相关的维护计划和已进行的维护。

8）设备的损坏、故障、改装或维修的详细信息。

与2006版相比，1）条增加了固件版本（型号），8）条增加了详细信息的要求，应保留设备的损坏、故障、改装或维修的详细信息。需要说明的是此处删除了2006版"制造商的说明书（如果有），或指明其地点"，并不是不要求保存设备制造商说明书，而是把设备制造商说明书作为外部文件控制管理。

本条款需要特别关注两个概念：

1）固件（Firmware）就是写入EROM（可擦写只读存储器）或EEPROM（电可擦可编程只读存储器）中的程序。固件是担任着一个系统最基础最底层工作的软件。而在硬件设备中，固件就是硬件设备的灵魂，因为一些硬件设备除了固件以外没有其他软件组成，因此固件也就决定着硬件设备的功能及性能。

2）软件是一系列按照特定顺序组织的计算机数据和指令的集合。一般来讲软件被划分为系统软件、应用软件和介于这两者之间的中间件。软件并不只是包括可以在计算机（这里的计算机是指广义的计算机）上运行的电脑程序，与这些电脑程序相关的文档一般也被认为是软件的一部分。简单地说软件就是程序加文档的集合体。

（三）评审重点

评审中，评审组长应组织相关技术评审员，根据实验室活动依据的标准规范要求和申请认可项目所需的设备，对现场各场所在用设备和设备管理文件全面评审，并特别关注以下内容：

1）实验室是否正确配备了开展实验室活动所需的并能影响结果的所有设备（含测量仪器、软件、测量标准、标准物质、参考数据、试剂、消耗品或辅助装置等）；实验室配备的设备（包括永久控制之外的设备，如客户的设备、租赁设备等）的类型、数量是否与实验室活动范围相匹配，所配设备的技术指标和功能是否符合《认可准则》和CNAS的相关要求，是否满足实验室活动依据标准规范的要求。应特别关注配置的正确性，如用于检测/校准或抽样设备（包括其软件在内）的参数功能、测量准确度、测量不确定度、量程等应保证满足检测/校准参数和实验室活动所依据的标准、规范的要求。同一台设备不允许在同一时期被不同实验室共用租赁和共同使用。

2）实验室是否编写了设备的安全处理、运输、储存、使用和按计划维护的程序，并加以正确执行；实验室固定场所以外地点使用测量设备从事实验室活动是否有具体规定或控制程序。实验室是否明确负责设备管理（包括校准、维护和期间核查等）工作的人员。

3）设备投入使用（测量设备购入验收后首次服役）前，是否通过检定/校准或核查，并按照技术要求进行了计量确认，确认其是否满足标准或者技术规范要求，并予以标识。测量设备重新投入使用（设备故障修复后、设备搬迁移动后、设备脱离实验室控制后、设备校准返回后、实验室以外人员使用过的设备、长期停用设备重新投入使用）的每次使用前，是否通过检定/校准、核查（如计量确认）、调零、调整、自校准、检测、比对等方式，并按照技术要求进行了计量确认，确认其技术性能是否符合预期使用要求。

4）实验室是否科学识别对实验室活动结果有影响的设备，是否为对检测/校准结果有影响的设备（包括辅助测量设备，例如用于测量环境条件的设备）制定校准方案；校准方案是否根据需要进行评审复核与动态调整，校准方案是否至少包含校准参数（计量特性）校准范围、校准周期、准确度和测量不确定度等信息。上述设备是否依据校准方案按计划进行检定或校准以确保检测/校准结果的计量溯源性。

5）实验室所有需要校准或具有规定有效期的设备，是否通过使用标签、编码或以其他方式标识，是否正确有效地标识设备的校准状态或有效期。实验室是否确保所有在用设备（申请认可范围内的）均在有效期内。

6）实验室对曾经过载或处置不当、给出可疑结果，或已显示有缺陷、超出规定要求的设备，是否已停止使用，是否予以隔离或加贴标签、标记以防误用。设备有问题（缺陷或超出规定要求）是否对先前检测/校准结果的影响进行了追溯，是否按《认可准则》7.10"不符合工作"程序处理。停用设备修理完成后是否通过检定/校准或核查并按照技术要求经计量确认表明合格后方投入使用。

7）实验室期间核查的程序中是否明确规定需进行期间核查设备的种类及所处的使用状态，是否明确规定各类设备的期间核查方法。期间核查对象是否包括需校准设备和非校准设备，是否核查设备性能的保持与持续满足性。评审时需评价期间核查计划完整性、齐全性和科学性，并通过抽查相关核查方法、核查记录、核查结果等全面评价设备期间核查程序和计划执行情况。

8）实验室是否确保校准和标准物质数据中包含参考值或修正因子能得到适当及时的更新和应用。实验室在相关程序文件中是否有明确的规定。

9）实验室的设备（包括硬件和软件）经安装、调试、校准或核查后，是否有良好的保护措施；是否有规定避免发生未经授权的调整，以防止检测/校准结果的失效。可以通过现场考核主要操作人或管理人员予以查证。

10）实验室设备（包括软件和固件）的记录和档案是否齐全；所含资料、记录是否符合《认可准则》6.4.13中的8项要求。

（四）专题关注——期间核查实施要点

1.期间核查的对象与核查标准的选择

（1）期间核查的对象选择　《认可准则》6.4.10条款强调了期间核查对保持测量设备校准状态与性能和计量溯源性的重要性；7.7.1 e）条款强调了期间核查对确保结果有效性的重要性。从理论上说，只要可能，所有测量设备都应进行期间核查。

在实际情况下，考虑到在溯源链中的地位，对计量标准应根据规定的程序和日程进行核查；而对测量仪器设备的期间核查，应根据测量设备的类型、稳定性和实际使用情况结合以下因素来综合考虑：测量设备校准周期的长短，历次校准结果的优劣，质量控制结果的好坏；是否具备核查标准和实施的条件；成本和风险之间的均衡，期间核查并不能完全排除风险，应寻求实验室具体的成本和风险平衡点以做出选择。此外，如期间核查的费用超过校准或检定的费用且校准或检定所需时间满足实验室要求，则实验室可以只进行校准或检定。

一般应对处于下列十种情况之一的测量设备进行核查：

1）不够稳定、易漂移、易老化且使用频繁的（包括使用频繁的参数和量程）。

2）使用或储存环境严酷或发生剧烈变化的。

3）使用过程中容易受损、数据易变或对数据存在疑问的。

4）脱离实验室直接控制的（如借出后返回的）。

5）使用寿命临近到期的。

6）首次投入运行，不能把握其性能的。

7）测量结果具有重要价值或重大影响的。

8）有较高准确度要求的关键测量标准装置。

9）分析历年校准或检定证书，示值的校准状态变动较大的。

10）测量设备的操作人员或使用范围有重大变化的。

（2）期间核查标准的选择　期间核查标准是计量性能满足核查要求、用于核查的测量设备，是通过受控测量过程实现验证特定测量设备或测量系统性能的装置。通常核查标准稳定性应优于核查控制限的1/3，用于多周期核查应优于1/5。由于各专业技术特点的差异性，可对核查标准的稳定性、分辨力等计量性能指标单独提出要求，通常可选用符合上述要求的实物量具。

选择核查标准有以下几个原则：

1）核查标准应具有核查对象所需的参数，能由被核查仪器或计量标准对其进行测量。

2）核查标准应具有良好的稳定性，某些仪器的核查还要求核查标准具有足够的分辨力和良好的重复性，以便进行期间核查时能观察到被核查仪器及计量标准的变化。

3）核查标准应可以提供指示，以便再次使用时可以重复前次核查实验时的条件，如环规使用刻线标示测量直径的方向。

4）核查标准主要是用来观察测量结果的变化，因此不一定要求其提供的量值准确。

5）一些仅用于量值传递的最高标准，其准确度等级很高，平时很少使用，一旦损坏损失很大，这样的仪器就不适于作为核查标准使用。比如用作最高标准的量块，一般仅用作量值传递，而不用于期间核查。这是因为频繁的核查会磨损量块，重新配置费用较高，而且标准器的稳定性数据将全部失效，这样会给实验室带来很大的损失。

2. 期间核查的种类

根据期间核查标准的用途和特性，大体上可以将期间核查分为三大类。

（1）参考标准、基准、传递标准或工作标准的期间核查

1）被校准对象为实物量具时，可以选择一个性能比较稳定的实物量具作为核查标准。

2）参考标准、基准、传递标准或工作标准由实物量具组成，而被校准的对象为测量仪器。鉴于实物量具的稳定性通常远优于测量仪器，此时可以不必进行期间核查；但需利用参考标准、基准、传递标准或工作标准历年的校准证书，画出相应的标称值或实际值/校准值随时间变化的曲线。

3）参考标准、基准、传递标准或工作标准和被校准的对象均为测量仪器。若存在合适的比较稳定的实物量具，则可用它作为核查标准进行期间核查；若不存在可作为核查标准的实物量具，则此时可以不进行期间核查。

（2）测量设备的期间核查

1）若存在合适的比较稳定的实物量具，即可用它作为核查标准进行期间核查。

2）若存在合适的比较稳定的被测物品，即可用它作为核查标准进行期间核查。

3）若对于被核查的检测设备来说，不存在可作为核查标准的实物量具或稳定的被测物

品，则可以不进行期间核查。

（3）标准物质的期间核查　标准物质是指具有一种或多种足够均匀和很好地确定了的特性，用以校准测量装置、评价测量方法或给材料赋值的一种材料或物质。标准物质通常分为有证标准物质和非有证标准物质。

1）有证标准物质。有证标准物质是附有认定证书的标准物质，其一种或多种特性量值用建立了溯源性的程序确定，使之可溯源至准确复现的表示该特性值的测量单位，每一种认定的特性量值都附有给定包含概率的不确定度。所有有证标准物质都需经国家计量行政主管部门批准、发布。有证标准物质在研制过程中，对材料的选择、制备、稳定性、均匀性、检测、定值、储存、包装、运输等均进行了充分的研究，为了保证标准物质量值的准确可靠，研制者一般都要选择（6~8）家的机构共同为标准物质进行测量、定值。

对于有证标准物质的期间核查，实验室在不具备核查的技术能力时，可采用核查其是否在有效期内、是否按照该标准物质证书上所规定的适用范围、使用说明、测量方法与操作步骤、储存条件和环境要求等进行使用和保存等方式进行核查，以确保该标准物质的量值为证书所提供的量值。若上述情况的核查结果完全符合要求，则实验室无须再对该标准物质的特性量值进行重新验证；如果发现以上情况出现了偏差，则实验室应对标准物质的特性量值进行重新验证，以确认其是否发生了变化。对于不分具体情况，以盲目对有证标准物质的特性量值重新进行验证来作为对标准物质的期间核查的做法是不适宜的，它不仅增加了实验室的工作量，而且也增加了实验室的经济负担（有的标准物质非常昂贵），如果核查方法不当，还有可能做出误判，加大测试风险。

一次性使用的有证标注物质，可以不进行期间核查。

2）非有证标准物质。非有证标准物质是指未经国家计量行政管理部门审批备案的标准物质，它包括参考（标准）物质、质控样品、校准物、自行配置的标准溶液和标准气体等。对非有证标准物质的核查方法如下。

① 定期用有证标准物质对其特性量值进行期间核查。

② 如果实验室确实无法获得适当的有证标准物质时，可以考虑采用的核查方法有：通过实验室间比对确认量值；送有资质的校准机构进行校准；测试近期参加过水平测试结果满意的样品，以及检测足够稳定的与被核查对象的不确定度相近的实验室质量控制样品。

总之，对标准物质的期间核查，应具体问题具体分析，切忌盲目地对标准物质的特性量值进行测量，或采用不当的方法对标准物质进行期间核查。

3. 期间核查方法及其判定原则

实验室应从经济性、实用性、可靠性、可行性等方面综合考虑，依据有关标准、规程、规范或参照仪器技术说明书中提供的方法进行期间核查。期间核查方法的一般来源有以下几种：

1）测量标准方法或技术规定中的有关要求和方法。

2）测量设备检定规程的相应部分。

3）测量设备的使用说明书、产品标准或供应商提供的方法。

4）自行编制的期间核查作业指导书。

5）测量设备自带校准的方法（注意：虽然期间核查不是再校准，但设备校准的某些方法也可用于核查，如采用标准物质、标准仪器等）。

（1）自校准法　若实验室自身拥有的仪器，其某一参数的示值不确定度小于被核查仪器不确定度的1/3，即可用前者对后者进行核查。当结果表明被核查的性能满足要求时，则核查通过。例如，用自身拥有的0.1级力标准机对0.3级标准测力仪某一测点进行核查时，得到的结果为y_2，而最近一次校准/检定的结果为y_1。参照JJG 144—2007《标准测力仪检定规程》，若力值长期稳定性$\dfrac{|y_1-y_2|}{y_1}\leqslant 0.3\%$，则核查通过。

（2）多台（套）比对法　如果实验室没有更高等级的仪器，但拥有准确度相同的同类多台（套）仪器，此时可采用多台（套）比对法。首先用被核查的仪器对被测对象进行测量，得到测量值y_1及其扩展不确定度U_1；然后用其他几台仪器分别对该被测对象进行测量，得到测量结果$y_2,y_3,\cdots,y_n$。计算$y_2,y_3,\cdots,y_n$的平均值$\bar{y}$，代入

$$|y_1-\bar{y}|\leqslant\sqrt{\frac{n-1}{n}}U_1 \tag{3-1}$$

若式（3-1）成立，则核查通过。

（3）核查标准法　如果实验室拥有一个足够稳定的被测对象（例如砝码、量块或性能稳定的专用于核查的测量仪器等）作为"核查标准"，则当被核查仪器经校准/检定返回实验室后，立即测量该核查标准的某一参数，得到结果x_0及其扩展不确定度U_0，此后，核查时再次对核查标准进行测量，得到结果x_1及其扩展不确定度U_1，代入

$$E_{n1}=\frac{|x_1-x_0|}{\sqrt{U_1^2+U_0^2}}<1 \tag{3-2}$$

若式（3-2）成立，则核查通过。

类似地，进行第2、3、4……次核查，得到一系列值E_{n2}、E_{n3}、E_{n4}……当$0.7\leqslant E_{ni}<1$时，建议实验室分析原因并采取预防措施，以避免仪器性能进一步下降对结果造成影响。

（4）临界值评定法　当实验室对测量不确定度缺乏评定信息，而用于该测量的标准方法提供了可靠的重复性标准差σ_r和复现性标准差σ_R时，可采用临界值（CD值）评定法。根据GB/T 6379.6—2009，按式（3-3）计算CD值。

$$CD=\frac{1}{\sqrt{2}}\sqrt{(2.8\sigma_R)^2-(2.8\sigma_r)^2\left(\frac{n-1}{n}\right)} \tag{3-3}$$

在重复性条件下n次测量的算术平均值$\bar{y}$与参考值u_0（如校准/检定证书给出的值）之差的绝对值$|\bar{y}-u_0|$小于CD值，则核查通过。

（5）允差法　在E_n值及CD值均不可获得时，依据相应规程、规范或标准规定的测量结果的允差Δ判断，若式（3-4）成立，则核查通过。

$$X_{lab}-X_{ref}\leqslant\Delta \tag{3-4}$$

式中　X_{lab}——实验室的测量结果；

X_{ref}——被测对象的参考值。

当将标准物质作为被测对象，其参考值X_{ref}采用标准物质证书中的值时，该方法也称为"标准物质法"。用于期间核查的标准物质应能溯源至SI或在有效期内的有证标准物质。当无标准物质时，可用已定值的标准溶液对仪器（如pH计、离子计、电导仪等）进行核查。

（6）常规控制图法　常规控制图应用于仪器的核查，通常是用被核查对象定期对测量对象进行重复测量，或用测量对象定期对被核查对象进行重复测量，并利用得到的特性值绘制出平均值控制图和极差控制图。此后，若核查值落在控制限内，则核查通过。测量对象的测量范围应接近于被核查对象，并具有良好的稳定性和重复性。如果测量对象是一台仪器，还应具有足够的分辨力。

（7）计量标准可靠性核查法

1）选一稳定的被测对象，用被核查的计量标准对某参量的某测点，在短时间内重复测量 n 次（$n \geq 6$），得测量结果 x_i（$i=1, 2, \cdots, n$），则实验标准偏差为：

$$s_n(x) = \sqrt{\frac{\sum_{i=1}^{n}(x_i - \bar{x})^2}{n-1}} \tag{3-5}$$

依据 JJF 1033—2016《计量标准考核规范》，对已建计量标准每年至少进行一次重复性测量，若测得的重复性不大于新建计量标准时测得的重复性，则该计量标准的检定或校准结果的重复性核查通过；依据 GJB 2749A—2009《军事计量测量标准建立与保持通用要求》，若 $s_n(x)$ 小于该计量标准考核时确认的合成标准不确定度的 2/3，则其重复性核查通过。

2）用被核查的计量标准对被测对象的某参量的某测点重复测量 n 次（$n \geq 6$），在不同时间段测得 m 组（$m \geq 4$）结果，则组间实验标准偏差为：

$$s_m = \sqrt{\frac{\sum_{i=1}^{m}[(\bar{x}_n)_i - \bar{x}_m]^2}{m-1}} \tag{3-6}$$

式中　$\bar{x}_n$——一组测量中 n 个测量值的算术平均值；

$\bar{x}_m$——m 组测量结果的算术平均值。

依据 JJF 1033—2016，若计量标准在使用中采用标称值或示值，即不加修正值，则计量标准的稳定性应当小于计量标准的最大允许误差的绝对值；若计量标准需要加修正值使用，则计量标准的稳定性应当小于修正值的扩展不确定度。当相应的计量检定规程或计量技术规范对计量标准的稳定性有具体规定时，则可以依据其规定判断稳定性是否合格。依据 GJB 2749A—2009《军用计量测量标准建立与保持通用要求》，若 s_m 小于该计量标准考核时确认的合成标准不确定度，则其稳定性核查通过。

（8）休哈特（Shewhart）控制图　期间核查结果控制图的制定和运用，是对测量过程的状态按照预防为主、科学合理、经济有效的原则进行控制的手段，是用来及时反映和区分正常波动与异常波动的一种工具，便于查明原因和采取纠正措施，以达到测量过程受控的目的。机构内部质量控制图大多采用休哈特（Shewhart）控制图。常用的休哈特控制图包括 $\bar{X}\text{-}R$（均值-极差）控制图、$\bar{X}\text{-}s$（均值-标准差）控制图、$M_e\text{-}R$（中位数-极差）控制图和 $X\text{-}R_s$（单值-移动极差）控制图。在实验室日常工作中，通常是绘制更为简便、实用的平均值 $\bar{X}$ 控制图和极差 R 控制图即可。

1）平均值 $\bar{X}$ 控制图：平均值 $\bar{X}$ 控制图主要用于控制测量过程的系统影响。每次核查时对被核查标准进行 n 次测量成为一组，取 n 次测量的平均值为本组核查的结果，国家标准推荐组内测量次数 n 取 4 或 5，共核查 m 组。将各组核查的结果，按时间先后顺序画在控制图上，就是平均值 $\overline{X}$ 控制图，简称 $\overline{X}$ 图。

2）极差 R 控制图：极差 R 控制图用于观察测量过程的分散或变异情况的变化，主要是对 n 太小时（$n<10$）使用的。同一组测量值中的最大值与最小值之差称为极差 R。同样，将所得到的极差值 R 按时间顺序画在控制图上，就是极差 R 控制图，简称 R 图。绘制内部质量控制图时，应先绘制 R 图，等 R 图判稳后，再作 $\overline{X}$ 图。如果先作 $\overline{X}$ 图，则由于这时 R 图还未判稳，$\overline{X}$ 的数据不可用，故不可行。

综上所述，不同的期间核查方法耗费成本不一，实验室应尽可能采取经济、简便、可靠的方法。例如，对综合型校准实验室的许多仪器通常采用自校准法；当稳定的被测对象易于获取时，常采用核查标准法和常规控制图法；计量标准在新建标准考核后，可通过对其重复性考核和稳定性考核进行核查；当实验室拥有多台（套）功能相同、准确度一致的仪器时，多台（套）比对法不失为一种可选的方法；在实验室内部无法获得支持的情况下，有时也采用实验室间比对来进行核查。

应注意区分仪器的使用前核查与期间核查。在每次使用前利用仪器自带或内置的标准样块或自动校准系统进行核查，属于使用前核查。例如，按照仪器说明书规定的方法利用内置砝码对电子天平进行核查。再如，选用数字多用表对标准电压源 5V 的直流输出进行核查时，首先调整电压源，使数字多用表显示 5V，得到修正值 e；然后再次调整电压源输出，使其指示 5V，此时数字多用表显示结果为 E，则 $E+e$ 为核查结果；最后根据标准电压源的技术要求，即可判定其性能是否令人满意。

4. 期间核查的参数量程选择及频次控制

（1）期间核查仪器、设备参数和量程的选择　期间核查主要是核查测量仪器、测量标准或标准物质的系统漂移，而稳定性考核是考核其短期稳定性。可以从以下三个方面考虑核查参数和量程的选择。

1）选择使用最频繁的参数和量程。

2）必须分析历年的校准证书/检定证书，选择示值变动性最大的参数和量程作为核查参数和量程。

3）对于新购测量设备，期间核查的参数和量程应选择设备的基本参数和基本量程。

（2）期间核查的频次控制　期间核查可以提高校准/检测质量，降低出错的风险，但并不能完全排除风险。期间核查的实施及其频次应结合行业自身的特点，寻求成本和风险的平衡点。此外，不同实验室所拥有的测量设备和参考标准的数量和技术性能不同，对检测/校准结果的影响也不同，实验室应从自身的资源和能力、测量设备和参考标准的重要程度等因素考虑，确定期间核查的频率，并且应在相应文件中对此做出规定。

期间核查的频次选择大致可以从下列六个方面进行考虑：

1）实验室所配备的测量设备和标准的数量。

2）实施期间核查的资源，如核查标准、核查人员、核查结果评判人员、环境设施。

3）测量设备或标准使用的范围及主要面向的客户。

4）测量设备或标准对测量不确定度要求的严格程度。

5）测量设备或标准历次校准或检定周期的长短以及校准结果的一致性、稳定性。

6）测量设备或标准的技术成熟度以及使用频率。

期间核查的频次根据核查过程的难易、费时程度决定，也要考虑不应频繁使用核查标准。期间核查的时间间隔取决于对测量过程控制的情况，建议每年至少应进行三次期间核查，即主标准器送检前、送检后及送检周期的中间三次。通过对被考核标准的主标准器周期送检前后核查数据的比较，可发现主标准器送检过程中其状态的保持情况；在送检周期的中间进行一次核查以确保被考核标准处于受控状态，尽量缩短标准失常的追溯期。对于使用频率比较高的仪器，应增加核查的次数。

在开展期间核查时，应注意所编写工作程序的针对性、可操作性以及实施的经济性。在确定期间核查的时间间隔时，对检验结果有重大影响的、稳定性差的、频繁携带外出使用的测量设备，以及因送修、外借等原因脱离实验室直接控制的测量设备，应加强期间核查，而对其他测量设备可以放宽核查间隔。另外对因使用频率较低而延长校准周期的测量设备，使用前应通过期间核查保持其校准状态的准确度，或者通过核查发现其准确度的变化，从而及时调整校准周期。期间核查的频次还需要从质量活动的成本和风险、测量设备或标准的重要程度以及实验室资源和能力等因素综合考虑，确定测量设备和标准的期间核查频次。

5. 期间核查的组织实施与结果处理

（1）期间核查组织实施的总体要求　编写期间核查专门程序文件（包括目的、适用范围、职责、工作程序及记录表格等）、作业指导书。

编制期间核查的计划，内容至少应包括：核查对象的名称、型号、规格、编号，期间核查的时间或频次，核查的方法，执行人员，判定人员以及记录格式等。

期间核查工作应由具有一定资格和能力的人员实行，核查结果判定人员应独立于执行人员。

按照制定的计划实施期间核查。当出现以下情况时，也应考虑进行期间核查：

1）使用环境条件发生较大变化，可能影响仪器、设备的准确性时。

2）在质量活动中，发现所测数据可疑，对设备仪器的准确性、稳定性提出怀疑时。

3）遇到重要的质量活动时。

4）维修或搬迁后等。

实验室对期间核查计划的执行情况进行统计分析，定期进行评审。

妥善归档保存期间核查的所有记录以及相关文件。

（2）期间核查作业指导书　期间核查作业指导书的作用是保证每次期间核查工作都按照同样的核查方法、核查过程规范地进行，不会因为人员变动等因素而使其发生变化进而影响到核查结果的稳定性，使期间核查工作具有前后一致性。

实验室应对已确定的核查项目编制相应的期间核查作业指导书，按规定进行评审、批准。一份期间核查的作业指导书通常应包括以下内容：

1）所要控制的测量设备/过程的工作特性与技术指标及被核查的参数（或量）和范围，包括设备名称、编号、测量范围、分辨率、不确定度、稳定度、重复性、复现性等。

2）所选定的核查方法，相应的核查标准及技术指标、稳定性；当两个设备的差值作为核查标准时，被测样品及其技术指标、稳定性。

3）核查的环境条件。

4）核查人员的能力要求。

5）操作步骤与方法。

6）需要记录的数据与分析和表达的方法，相应的记录表格。

7）接受（或拒绝）的准则和要求及测量设备/过程是否在控的判断方法。

8）核查间隔。

9）相关不确定度评定（如适用）。

10）其他一些影响测量可靠性因素的说明（如适用）。

作业指导书可以是独立的文件形式，也可以包含在其他文件（如设备的操作规程）中，实验室可以根据自身实际情况选择适当的形式。

（3）期间核查的记录　期间核查记录的内容包括期间核查计划、采用的核查方法、选定的核查标准、核查的过程数据、判定原则、核查结果的评价、核查时间、核查人和判定人的签名等，同时一般还应包括环境条件（如温度、湿度、大气压力）等。

期间核查工作结束后，建议编写核查报告，并且与原始记录一同进行审核批准并归档保存。核查报告一般应包括以下内容：

1）被核查测量设备与核查标准的名称、编号，当用两个设备差值作为核查标准时，被测样品的名称与编号。

2）核查时间、环境条件与核查人员。

3）数据的分析处理。

4）核查结论，即测量设备/过程是否在控。

5）其他，如建议、相关说明。

（4）期间核查结果的处理　当期间核查发现测量设备性能超出预期使用要求时，首先应立即停用；其次要采取适当的方法或措施，对上次核查后开展的检测/校准工作进行追溯，分析当时的数据，评估由于使用该仪器对结果造成的影响，必要时追回检测/校准结果。

五、《认可准则》"计量溯源性"

（一）"计量溯源性"原文

6.5　计量溯源性

6.5.1　实验室应通过形成文件的不间断的校准链将测量结果与适当的参考对象相关联，建立并保持测量结果的计量溯源性，每次校准均会引入测量不确定度。

注1：在ISO/IEC指南99中，计量溯源性定义为"测量结果的特性，结果可以通过形成文件的不间断的校准链，将测量结果与参考对象相关联，每次校准均会引入测量不确定度"。

注2：关于计量溯源性的更多信息见附录A。

6.5.2　实验室应通过以下方式确保测量结果溯源到国际单位制（SI）：

a）具备能力的实验室提供的校准；或

注1：满足本准则要求的实验室，视为具备有能力。

b）由具备能力的标准物质生产者提供并声明计量溯源至SI的有证标准物质的标准值；或

注2：满足ISO 17034要求的标准物质生产者被视为是有能力的。

c）SI单位的直接复现，并通过直接或间接与国家或国际标准比对来保证。

注3：SI手册给出了一些重要单位定义的实际复现的详细信息。

6.5.3 技术上不可能计量溯源到 SI 单位时，实验室应证明可计量溯源至适当的参考对象，如：

a）具备能力的标准物质生产者提供的有证标准物质的标准值；

b）描述清晰的、满足预期用途并通过适当比对予以保证的参考测量程序、规定方法或协议标准的结果。

（二）要点理解

溯源性是通过一条具有规定不确定度的不间断的比较链，使测量结果或测量标准的值能够与规定的参考标准（通常是与国家测量标准或国际测量标准）联系起来的特性。这种特性使所有的同种量值都可以按这条比较链通过校准向测量的源头追溯，也就是溯源到同一个测量基准（国家基准或国际基准），从而使准确性和一致性得到技术保证。这条不间断的比较链称为溯源链。很显然计量溯源性是实现实验室之间检测/校准结果数据互认、一致可比的核心依据和重要保证，是实验室认可的理论基础与技术依据。实验室技术管理层应根据"计量溯源性"要素的要求，制定本实验室的量值溯源管理程序，建立并保持测量结果的计量溯源性。

1. 《认可准则》6.5.1 条款要点

《认可准则》6.5.1 条款对应 2006 版的 5.6，内容重新编写，变化较大。采用《认可准则》计量术语中规定的"计量溯源性"取代"测量溯源性"，不再区分检测或校准的溯源要求。

在 ISO/IEC 指南 99 中，计量溯源性定义为"测量结果的特性。结果可以通过形成文件的不间断的校准链与参考标准相关联，每次校准均会引入测量不确定度"。计量溯源性是确保测量结果在国内和国际上可比性的重要概念，是测量结果国际互认的基础。本条款要求实验室应建立并保持测量结果的计量溯源性，校准实验室和检测实验室均应通过形成文件的不间断的校准链与适当参考标准相关联，建立并保持测量结果的计量溯源性，并强调每次校准均会引入测量不确定度。也就是说，《认可准则》对计量溯源性的要求是从实验室活动的结果应具有计量溯源性的角度提出的。从实验室活动结果的计量溯源性角度提出对实验室设备校准、标准物质、参考标准的使用和管理要求，而不是只单纯地从设备校准的角度提出溯源要求，因为设备的校准只是实现计量溯源性的一种手段，因此《认可准则》更为科学合理。

在测量过程中还有很多其他的溯源方式，如使用适当的有证标准物质核查验证、使用规定的方法和/或被有关各方接受并且描述清晰的协议标准、参加实验室间的比对、能力验证等。实验室如何建立计量溯源性，《认可准则》附录 A 给出了建立方法。

1）建立计量溯源性需考虑并确保以下内容：

① 规定被测量（被测量的量）；

② 一个形成文件的不间断的校准链，可以溯源到声明的适当参考对象（适当参考对象包括国家标准或国际标准以及自然基准）；

③ 按照约定的方法评定溯源链中每次校准的测量不确定度；

④ 溯源链中每次校准均按照适当的方法进行，并有测量结果及相关的已记录的测量不确定度；

⑤ 在溯源链中实施一次或多次校准的实验室应提供其技术能力的证据。

2）当使用被校准的设备将计量溯源性传递至实验室的测量结果时，需考虑该设备的系统测量误差（有时称为偏倚）。

3）具备能力的实验室报告测量标准的信息中，如果只有与规范的符合性声明（省略了测量结果和相关不确定度），该测量标准有时也可用于传递计量溯源性，其规范限是不确定度的来源，但此方法取决于：

① 使用适当的判定规则确定符合性；

② 在后续的不确定度评估中，以技术上合适的方式来处理规范限。

此方法的技术基础在于与规范符合性声明确定了测量值的范围，预计真值以规定的置信度在该范围内，该范围考虑了真值的偏倚以及测量不确定度。例如：国际法制计量组织的国际建议 111（OIML R111:2004）中使用等级砝码来校准天平。

2. 《认可准则》6.5.2 条款要点

《认可准则》6.5.2 条款对应 2006 版的 5.6.2.1.1。

本条款要求实验室应通过以下方式确保测量结果可溯源到国际单位制（SI）。

1）由具备能力的实验室提供的校准服务。《认可准则》认为通过 CNAS 17025 认可的校准实验室可视为具备提供校准服务能力的实验室。这些机构的校准能力在认可的范围内，其测量不确定度满足校准链规定的要求，由这些机构发布的校准证书，其测量结果应包括测量不确定度。

2）使用具备能力的标准物质生产者提供并声明计量溯源至 SI 的有证标准物质的标准值。《认可准则》认为使用满足 ISO 17034 要求的标准物质生产者，即通过 CNAS 认可的标准物质生产者提供的并声明计量溯源至 SI 的有证标准物质/有证标准样品的标准值，被认为具备计量溯源性。

3）SI 单位的直接复现，并通过直接或间接与国家或国际标准比对来保证。本条款所述的溯源方式与方法，通常更适用于国家级的计量院。SI 手册给出了一些重要单位定义的实际复现的详细信息。

《认可准则》附录 A 还给出了计量溯源性的证明，更为详细地说明实验室如何建立获得计量溯源性的途径：

1）实验室负责按本准则建立计量溯源性。符合《认可准则》的实验室提供的校准结果具有计量溯源性。符合 ISO 17034 的标准物质生产者提供的有证标准物质的标准值具有计量溯源性。有不同的方式来证明与《认可准则》的符合性，即第三方承认（如认可机构）、客户进行的外部评审或自我评审。国际承认的途径包括但不限于：

① 已通过适当同行评审的国家计量院及其指定机构提供的校准和测量能力。该同行评审是在国际计量委员会相互承认协议（CIPM MRA）下实施的。CIPM MRA 所覆盖的服务可以在国际计量局（Bureau International des Poids et Mesures，BIPM）的关键比对数据库（BIPM KCDB）附录 C 中查询，其给出了每项服务的范围和测量不确定度。

② 签署国际实验室认可合作组织（ILAC）协议或 ILAC 承认的区域协议的认可机构认可的校准和测量能力能够证明具有计量溯源性。获认可的实验室的能力范围可从相关认可机构公开获得。

2）当需要证明计量溯源链在国际上被承认的情况时，BIPM、OIML（国际法制计量组织）、ILAC 和 ISO 关于计量溯源性的联合声明提供了专门指南。

3.《认可准则》6.5.3 条款要点

《认可准则》6.5.3 对应 2006 版的 5.6.2.1.2。

本条款要求技术上不可能计量溯源到 SI 单位时，实验室应证明可计量溯源至适当的参考对象，如：

1）具备能力的标准物质生产者提供的有证标准物质的标准值；

2）描述清晰的参考测量程序、规定方法或协议标准的结果，其测量结果满足预期用途，并通过适当比对（例如纺织行业的棉花比色卡、石油行业的石油比色卡）予以保证。

例如：某些校准（如力学校准项目中的硬度，无线电的许多校准项目以及参考物质等）目前尚不能严格溯源至 SI 单位。在这种情况下，校准应通过建立对适当测量标准的可溯源性来提供测量的可信度，或通过比对，溯源至规定标准或协议标准。

当校准不能溯源至 SI 单位时，实验室必须明确校准可追溯性的依据和出处，将阐述和分析的文字及收集到的有关证明材料归档，并努力提供参加适当的比对的结果作为佐证。如果溯源到有证标准物质，则要收集并保存提供者的证明以及有效的校准证书，列出有证标准物质的清单；如果溯源到某种规定方法和/或协议标准，则必须指明出处，明确是国际、国家标准或法规，或是国家计量检定系统表的规定，或是国际或国内同行间或有关各方的一种约定，或是国内外某研究所的研究报告，或是知名期刊、教科书或国内外领先企业提供的检测方法或仪器使用说明书。无论采用上述方法中的哪一种，都应通过实验室比对，溯源至规定标准或协议标准。例如土壤中有效态、可提取态或顺序提取态等的检测就是溯源至规定的方法。

需要特别强调的是：为计量溯源的目的开展实验室间比对需要 3 家以上（含 3 家）。对此 CNAS- RL01：2019《实验室认可规则》的 7.6 节有明确规定：当测量结果无法溯源至国际单位制（SI）单位或与 SI 单位不相关时，测量结果应溯源至 RM、公认的或约定的测量方法/标准，或通过实验室间比对等途径，证明其测量结果与同类实验室的一致性。当采用实验室间比对的方式来提供测量的可信度时，应保证定期与 3 家以上（含 3 家）实验室比对。可行时，应是获得 CNAS 认可，或 APLAC、ILAC 多边承认协议成员认可的实验室。

（三）评审重点

评审中，评审组长和相关专业的技术评审员应对测量结果的计量溯源性进行全面评审，对申请认可领域内所有现场在用设备量值溯源实施记录和相关管理文件执行情况进行全面查证，并着重关注以下内容。

1）实验室技术管理层对实施计量溯源性是否有正确的理解和足够的重视。

2）实验室量值溯源管理程序和校准方案的适应性与完整性。凡对检测、校准和抽样结果的准确性或有效性有显著影响的设备（包括测量仪器、软件、测量标准、标准物质、参考数据、试剂、消耗品或辅助装置等），在投入使用前均应进行校准并通过验证（如计量确认）证实能满足实验室活动的要求。

3）量值溯源管理程序和校准方案是否考虑到对测量参考标准、标准物质、检测和校准设备从选配、使用、校准、核查到控制使用和正常维护等所有环节。实验室设备校准方案是否包括应校准的所有设备。

4）实验室设备校准方案是否确保实验室的测量结果溯源到国际单位制（SI）基准，实验室是否有量值溯源图表或专门文件说明。设备是否通过一系列符合测量不确定度要求的连续比较链或校准链溯源到国家测量标准（也可以由非实验室所在国的国家测量标准溯源至 SI 基准）。

5）实验室使用外部校准服务时，是否选择已能够证明是有资格、有测量能力并满足溯源性要求的实验室；这些实验室发布的校准证书是否包括测量结果、测量不确定度和/或符合某个计量规范的声明。

6）当某些测量结果尚不能严格溯源到 SI 单位基准时，实验室是否都已明确并列出可计量溯源至适当的参考对象（如：标准物质生产者提供的有证标准物质的标准值；描述清晰的参考测量程序、规定方法或协议标准的结果）。实验室对目前无法溯源到 SI 单位的校准项目是否积极主动地参加实验室间的比对；是否有"比对计划"及"比对结果分析报告"，以证实其测量溯源性。实验室是否有明确校准可追溯性的依据和出处以及相关的证明材料。

（四）专题关注——实验室的计量溯源性与量值溯源途径

实验室在日常运行及现场评审中除应特别关注《认可准则》"附录 A 计量溯源性"中的相关控制要求外，还应特别关注以下几个方面。

1. 检测与校准实验室的计量溯源性

就"计量溯源性"而言，对检测和校准的要求基本相同，但校准实验室要考核所进行校准和测量的完整的溯源链及其不确定度；检测实验室只考核其检测设备的溯源性，而且由于检测的多样性，检测要求差别又很大，考虑到需要与可能、经济性与合理性，实事求是地按照每个检测项目测量不确定度分析结果，依据设备校准分量对总的测量不确定度贡献的大小来衡量其校准溯源要求是比较合理的。对测量准确度要求高的检测项目，设备校准占据着总测量不确定度主要分量时，设备应严格遵循校准要求；若设备校准所带来的贡献对检测总的不确定度几乎没有影响时，则实验室只要保证所用设备能满足检测工作需要就行，不一定要强行溯源校准。但这些设备应列出清单，并有检测结果测量不确定度分析报告作为证明材料，即"该设备所具备的不确定度无须再校准即可以满足某项检测工作的测量不确定要求"的分析报告。评审中应审核记录和批准证明的合理性和正确性。

为此，检测实验室应对所有承检项目进行评估，审核设备校准对检测总的测量不确定度的影响，并在此基础上合理地制定适用于自身设备的校准与测量溯源计划和程序。计划中对需要严格按标准要求进行校准的设备，应开列清单，并明确区分，哪些是可以溯源到国际单位制（SI）基准的，哪些是溯源到国家规定标准物的（如硬度、粗糙度、标准物质等），绘制量值溯源图表或用文字表述清楚地说明所进入的溯源链。哪些是不属于前两类，而按约定的方法和协商标准实施追溯的（如标准录音磁带，布料耐磨性测量等），应收集并开列有关标准、协议、合同和使用说明书等作为依据，并用参加实验室间比对结果的相符性作为佐证。

2. 实验室的量值溯源途径

1）对列入国家强制检定管理范围的，应按照计量检定规程实行强制检定。列入检定目录内的工作计量器具不一定均实施强制检定，应依据机构的实际情况，分析是否与食品安全、环境安全、贸易结算、产品质量等直接相关，并按照《中华人民共和国计量法》及其实施细则执行。

2）应寻求满足要求的、政府有关部门授权的外部校准机构提供的校准服务。

3）选择通过 CNAS 认可的校准机构进行校准。

4）对非强制检定的仪器设备，检验检测机构有能力进行内部校准，并满足内部校准要求的，可进行内部校准。

六、《认可准则》"外部提供的产品和服务"

（一）"外部提供的产品和服务"原文

6.6 外部提供的产品和服务

6.6.1 实验室应确保影响实验室活动的外部提供的产品和服务的适宜性，这些产品和服务包括：

a）用于实验室自身的活动；

b）部分或全部直接提供给客户；

c）用于支持实验室的运作。

注：产品可包括测量标准和设备、辅助设备、消耗材料和标准物质。服务可包括校准服务、抽样服务、检测服务、设施和设备维护服务、能力验证服务以及评审和审核服务。

6.6.2 实验室应有以下活动的程序，并保存相关记录：

a）确定、审查和批准实验室对外部提供的产品和服务的要求；

b）确定评价、选择、监控表现和再次评价外部供应商的准则；

c）在使用外部提供的产品和服务前，或直接提供给客户之前，应确保符合实验室规定的要求，或适用时满足本准则的相关要求；

d）根据对外部供应商的评价、监控表现和再次评价的结果采取措施。

6.6.3 实验室应与外部供应商沟通，明确以下要求：

a）需提供的产品和服务；

b）验收准则；

c）能力，包括人员需具备的资格；

d）实验室或其客户拟在外部供应商的场所进行的活动。

（二）要点理解

《认可准则》参考 ISO 9001:2015 的模式，将 2006 版的"4.5 检测和校准的分包"与"4.6 服务和供应品的采购"合并成一个条款，即"6.6 外部提供的产品和服务"。实验室合理利用外部提供的产品和服务，是充分利用有限实验室资源和能力的有效途径和必然要求，是市场经济行为在实验室活动中的客观反映。基于实验室所需的产品和服务是专指实验室活动所必需的，并构成影响检测/校准结果的重要因素；在实际工作中往往是容易被忽视的一个因素，因此在实验室工作中需要纳入管理体系并加以严格科学管理。为了节省资源、满足合同要求，把某些项目，特别是那些使用频度低、投资很大的项目分包给其他有能力的实验室有利于社会经济的发展和资源配置的科学化，但前提条件是执行分包实验室除了具备相应能力外，还应有相同运作体系——符合《认可准则》要求，以保证检测/校准数据的有效、可靠、可比、可信。不论是实验室自己使用的产品和服务，还是将检测或校准活动"分包"给另一个实验室，都是从外部获得的产品和服务。

1.《认可准则》6.6.1 条款要点

6.6.1 是新增条款，用于说明 6.6 包含的内容。2006 版 4.5.3 和 4.5.4 条款被删掉。

2006 版 4.5.2 的内容出现在《认可准则》7.1.1c 和 7.1.3。2006 版 4.5.1 还有一部分成为 7.1.1 的注。

1）将外部提供的产品和服务用于实验室自身的活动。可以指测量标准和设备、辅助设备、消耗材料和标准物质、校准服务、抽样服务、检测服务、设施和设备维护服务、能力验证服务以及评审和审核服务等。

2）将外部提供的部分或全部产品和服务直接提供给客户，通常包含分包、抽样、检测、校准服务等。本条款所述的"部分或全部直接提供给客户"，是指实验室将客户委托的实验室活动（即检测、校准或与后续检测或校准活动相关的抽样），分包给其他具备客户所要求的且满足标准或规范要求能力的实验室，然后以自身实验室的名义将分包实验室活动的部分结果提供给客户。应特别注意的是：CNAS 不允许百分之百分包。CNAS-R01:2020《认可标识使用和认可状态声明规则》中 5.3.3 规定，如果实验室或检验机构签发的报告或证书结果全部不在认可范围内或全部由分包方完成，则不得在其报告或证书上使用 CNAS 认可标识或声明认可状态；5.3.5 规定，实验室或检验机构签发的带 CNAS 认可标识或认可状态声明的报告或证书中包含部分分包项目时，应清晰标明分包项目。实验室或检验机构从分包方的报告或证书中摘录信息应得到分包方的同意；如果分包方未获 CNAS 认可，应标明项目不在认可范围内。

3）"用于支持实验室的运作。"可以指能力验证服务及评审和审核服务等。

CNAS-CL01-G001:2018《CNAS-CL01〈检测和校准实验室能力认可准则〉应用要求》中 6.6.1 a）实验室应根据自身需求，对需要控制的产品和服务进行识别，并采取有效的控制措施。通常情况下，实验室至少采购三种类型的产品和服务。

1）易耗品：易耗品可包括培养基、标准物质、化学试剂、试剂盒和玻璃器皿。适用时，实验室应对其品名、规格、等级、生产日期、保质期、成分、包装、储存、数量、合格证明等进行符合性检查或验证。对商品化的试剂盒，实验室应核查该试剂盒已经过技术评价，并有相应的信息或记录予以证明。当某一品牌的物品验收的不合格比例较高时，实验室应考虑更换该产品的品牌或制造商。

2）设备及维护：选择设备时应考虑满足检测、校准或抽样方法以及《认可准则》的相关要求；应单独保留主要设备的制造商记录；对于设备性能不能持续满足要求或不能提供良好售后服务和设备维护的供应商，实验室应考虑更换供应商。

3）选择校准服务、标准物质和参考标准时，应满足 CNAS-CL01-G002《测量结果的计量溯源性要求》以及检测、校准或抽样方法对计量溯源性的要求。

CNAS-CL01-G001:2018《CNAS-CL01〈检测和校准实验室能力认可准则〉应用要求》中 6.6.1c）可能影响实验室活动的用于支持实验室运作的产品和服务主要包括能力验证、审核或评审服务。

2.《认可准则》6.6.2 条款要点

《认可准则》6.6.2 条款对应 2006 版的 4.5 和 4.6 节。

1）确定、审查和批准实验室对外部提供的产品和服务的要求。为了控制采购过程，确保采购质量，对检测/校准质量有影响的服务和供应品的选择和购买，实验室应制定相应的政策和程序。

2）确定评价、选择、监控表现和再次评价外部供应商的准则。如从资质、质量、价格、服务及时性等方面进行选择；从实验室的反馈、同行评价等渠道收集评价和进行监控。

3）在使用外部提供的产品和服务前，或直接提供给客户之前，应确保符合实验室规定的要求，或适用时满足《认可准则》的相关要求。《认可准则》如从外部购买服务前，应索要和评价供应方的能力资料（如认可证书及其认可范围，以及其人员、设备等资源的相关信息），并形成评审纪录。

4）根据对外部供应的评价、监控表现和再次评价的结果采取措施。实验室应对影响检测和校准质量的重要消耗品、供应品和服务的供应商进行评价，规定评价的频率，并保存这些评价的记录（如认证、认可证书及其范围的复印件、采购合同、调查表等）。对供应商评价的方式和内容包括：相关经验和社会信誉；质量、价格、按计划提供的能力及时间；管理体系的审核；顾客满意度调查；财务和服务支持能力等。评价应是动态的，且与实际采购不应脱节，要防止出现两张皮现象。根据评价和监控所得的信息，进行留用或剔除。

合格供应商是实验室良好运作的一个重要保证，实验室在选择供应商时应特别注意：以合理的价格、适时、适量地获得符合要求的设备、消耗品或服务，不能只凭购入后的严格检查，实验室要有一套完整的评价方式，在采购前对供方能否达到要求的能力进行评估；在重要供应品的供应商评选中，实验室应"货比三家"，明确订立评价方式和评价标准，评价方式有时可采用记分或计票，评价标准包括商业信誉、服务价格、服务质量、技术能力等。可以考虑的重要评价因素和标准有：相关经验的评估；所采购产品的质量、价格、交货绩效；供应商的服务、安装与支持能力（例如产品检测能力）；供应商对于相关法令及法规要求的认知及符合性。

实验室可按照采购优先考虑的因素和产品技术指标，排出先后次序。相同功能和准确度的测量设备，应比较性能价格比、功能的可扩充性；进口设备还应考虑国内使用性、附件的可获得性。

有的消耗品质量直接影响到检测/校准质量，例如，用于清洗量块的汽油如果纯度不能达到要求，就会对量块表面质量造成伤害。由于消耗品是一次性的，除标准物质外大多价格不高，实验室容易忽视对消耗品供应商的评价。对消耗品供应商的评价和对测量设备供应商的评价应遵循同样的原则，供应商均要提供消耗品的有效检测/检验报告。

CNAS-CL01-G001:2018《CNAS-CL01〈检测和校准实验室能力认可准则〉应用要求》中 6.6.2b）当实验室需从外部机构获得实验室活动服务时，应尽可能选择相关项目已获认可的实验室（经 CNAS 认可或其他签署 ILAC 互认协议的认可机构认可）。对于实验室自身没有能力而需从外部获得的实验室活动，CNAS 不将其纳入认可范围。

1）CNAS 通常仅认可由实验室独立实施的实验室活动。对于实验室具备能力但自己不实施，而是长期从外部机构获得的项目不予认可。

2）如果实验室通过租赁合同将另一家机构的全部人员、设施和设备等纳入自身体系管理，则这部分能力视为由外部机构提供，不予认可。

3.《认可准则》6.6.3 条款要点

《认可准则》6.6.3 实验室应与外部供应商沟通以明确以下要求：需提供的产品和服务；验收准则；能力，包括人员需具备的资格；实验室或其客户拟在外部供应商的场所进行的活动。

实验室在采购产品和服务前，应和供应商沟通，明确需提供的产品和服务。如签署采购文件，表述拟采购的产品和服务的信息，包括形式、类别、等级、准确的标识、规格、图样、检查指南以及表明检测结果可被接受的技术条件。如果是采购服务，也可以提出对提供服务的人员资格、能力、水平的要求，以及提供产品或服务的组织应满足质量管理体系标准

（例如符合认可准则的要求等）要求。实验室或其客户拟在外部供应商的场所进行的活动，例如实验室所购买的外部服务项目可能是在供应方实验室进行检测，检测实验室送到校准实验室进行校准的设备在校准实验室进行校准等。

外部提供的产品和服务质量控制流程如图3-3所示。

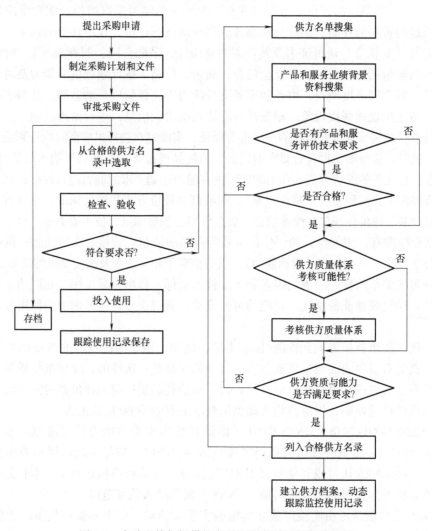

图3-3　实验室外部提供的产品和服务质量控制流程图

（三）评审重点

现场评审中评审组长除评审程序的完整性、适应性外，还应组织相关技术评审员，结合现场试验等评审活动，评审实验室对外部提供的产品和服务的管理、控制成效。评审时重点关注以下内容。

1）实验室是否明确识别并列出对检测/校准质量有影响的产品（包括测量标准和设备、辅助设备、消耗材料和标准物质）和服务（包括校准服务、抽样服务、检测服务、设施和设备维护服务、能力验证服务以及评审和审核服务）的种类及其相应检查项目、评价方法和判定要求等。这些产品和服务是否完整包括用于实验室自身活动、支持实验室运作和直接提供给客户的全部方面。

2）实验室外部提供的产品和服务控制程序是否包括《认可准则》6.6.2所列四方面要求，内容是否完整适用，能否有效控制。对结果有影响的外部提供的产品和服务质量检查是否按程序要求进行并能提供相应证据。质量特性适应证据是否包括相关评价选择技术要求，审查批准与监控记录、检查验收与验证记录等。

3）查证产品和服务供应商名录及动态评价记录。实验室是否由产品和服务使用者或授权人员对供应商进行全面系统的合格供方评价，评价内容是否包括：资质证书（如认证证书、认可证书或特定的授权证书等）、供货质量、性能价格比、售后服务、供货能力、服务支持能力等。实验室是否确保在一个质量周期内至少对每个供应商逐一进行一次全面评价，是否根据评价结果及时撤除不合格的供应商，是否动态编列并批准新的供应商名录。

4）现场评审中应特别关注分包的具体原因、不同类型和控制要求。实验室因工作量、关键人员、设备设施、环境条件和技术能力等原因，需分包检测/校准项目时，应分包给依法取得实验室认可并有能力完成分包项目的实验室。通常主要有以下两种形式的分包：

①"有能力的分包"是指一个实验室拟分包的项目是其已获得CNAS认可的技术能力，但因工作量急增、关键人员暂缺、设备设施故障、环境状况变化等原因，暂时不满足检测/校准条件而进行的分包。应分包给获得CNAS认可并有相应技术能力的实验室，发包实验室可出具包含另一实验室分包结果的检测/校准报告或证书，其报告或证书中应明确分包项目，并注明承担分包的另一实验室的名称和认可编号。

②"没有能力的分包"是指一个实验室拟分包的项目是其未获得CNAS认可的技术能力，应发包给获得CNAS认可有相应技术能力的另一实验室。发包实验室可将分包部分的检测/校准数据、结果，由承包实验室单独出具检测/校准报告或证书，不得将承包实验室的分包结果纳入自身检测/校准报告或证书中。若经客户许可，发包实验室可将承包实验室的检测/校准数据、结果纳入自身的检测/校准报告或证书，在其报告或证书中应明确标注分包项目，且注明自身无相应的认可技术能力，并注明承包实验室的名称和认可编号。

实验室不得将法律法规、技术标准等文件禁止分包的项目实施分包。如：国家监督抽查工作不允许分包，司法鉴定中的抽样/取样、鉴定结果的分析和判断以及鉴定意见形成等重要工作不允许分包，机动车检测工作不允许分包。

若将全部检测/校准任务都包给其他实验室承担，这属转包行为，不属分包行为。

"分包"分为"非预期"和"长期或持续性"的分包活动。"非预期"是指因工作量大，以及关键人员、设备设施等临时性的原因需要分包；"长期或持续性"分包是指因没有技术能力，或有能力，但长期不开展的检测/校准项目（如成本、市场等原因）将被视为"没有能力"，"能力"通常需要通过有效的实验室活动来佐证。

"分包"责任应由"发包方"负责。"发包方"可以是实验室、客户、相关的法定管理部门等。"分包"时应控制以下几点：

1）实验室应建立与分包相关的程序文件或管理制度，应识别因"分包"给实验室带来的质量风险。

2）承担"分包"检测/校准任务的实验室必须是获得CNAS认可并有能力完成分包项目的实验室。

3）具体分包的检测/校准项目应当事先取得委托人书面同意，此要求的实施通常与

"要求、标书和合同评审"一并进行。应在检测/校准报告或证书中清晰标明分包情况，这些都是"以客户为关注焦点"的重要体现，同时也是为了规避风险。

4）实验室应对承包方进行评价（或采信实验室认可部门的认定结果），确认其能力（具备承担法律责任的能力、管理能力、技术能力），欲分包的项目必须在承包方的能力范围内，并有评审记录和合格承包方的名录，要注意分包评价活动是动态的，因为承包方的能力有可能发生变化，在进行分包时，应和承包方签订分包合同明确责任。

5）实验室可将分包部分的检测/校准数据、结果，由承包的实验室单独出具检测/校准报告或证书，也可将承包实验室的分包结果纳入自身检测/校准报告或证书中，注明该实验室的名称和认可编号。

第九节 《认可准则》的"过程要求"

"过程要求"是《认可准则》的核心内容，实验室活动的运作过程如图 3-4 所示。图 3-4 将《认可准则》的"过程要求"划分为三个流：

上面是物品流，从物（样）品抽样准备开始，到检测/校准，再到物（样）品处置结束，这个过程是物（样）品流转过程。

下面是过程流，从顾客要求导入开始，进行合同评审，到方法选择，再到测量不确定度评定，直至出具完整的结果报告，这个过程是报告形成过程。

中间是信息流，物品流和过程流上下两条主线通过记录、数据和信息的控制与管理进行有机关联。

综上所述，物品流是开展实验室活动的前提条件，没有物品流，其他两个流就无法真正实施；信息流是实验室活动的主脉络，贯穿物品流和过程流全过程；过程流是三个流的核心，它是实验室活动结果的形成过程。因此充分理解和掌握三个流程之间的关系，对于实验室建立、实施和保持管理体系并保证实验室活动的质量非常重要。

图 3-4 中两个黑色长箭头则表示两种不同情况：

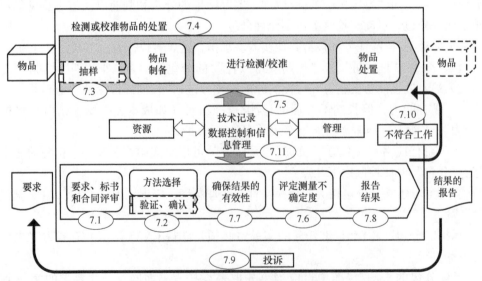

图 3-4 实验室运作过程的示意图

情况一，在结果报告的形成过程（即过程流）中如果产生不符合工作，则实验室需要重新走物品流，例如重新从物（样）品抽样准备开始，随后按程序进行后续的流转过程。

情况二，当结果报告出现投诉，则实验室需要重新从顾客要求识别开始，按程序完成新一轮的报告形成过程。

图中虚线框则表示根据实验室活动具体要求和实验室实际情况的不同，在实验室活动实施过程中，可能会发生，也可能不发生。

一、《认可准则》"要求、标书和合同的评审"

（一）"要求、标书和合同的评审"原文

> 7.1　要求、标书和合同的评审
>
> 7.1.1　实验室应有要求、标书和合同评审程序。该程序应确保：
>
> a）要求应予充分规定，形成文件，并易于理解；
>
> b）实验室有能力和资源满足这些要求；
>
> c）当使用外部供应商时，应满足 6.6 的要求，实验室应告知客户由外部供应商实施的实验室活动，并获得客户同意；
>
> 注1：在下列情况下，可能使用外部提供的实验室活动：
>
> ——实验室有实施活动的资源和能力，但由于不可预见的原因不能承担部分或全部活动；
>
> ——实验室没有实施活动的资源和能力。
>
> d）选择适当的方法或程序，并能满足客户的要求。
>
> 注2：对于内部或例行客户，要求、标书和合同评审可简化进行。
>
> 7.1.2　当客户要求的方法不合适或过期的，实验室应通知客户。
>
> 7.1.3　当客户要求针对检测或校准做出与规范或标准符合性的声明时（如通过/未通过，在允许限内/超出允许限），应明确规定规范或标准以及判定规则。选择的判定规则应通知客户并得到同意，除非规范或标准本身已包含判定规则。
>
> 注：符合性声明的详细指南见 ISO/IEC 指南 98-4。
>
> 7.1.4　要求或标书与合同之间的任何差异，应在实施实验室活动前解决。每项合同应被实验室和客户双方接受。客户要求的偏离不应影响实验室的诚信或结果的有效性。
>
> 7.1.5　与合同的任何偏离应通知客户。
>
> 7.1.6　如果工作开始后修改合同，应重新进行合同评审，并将修改内容通知所有受到影响的人员。
>
> 7.1.7　在澄清客户要求和允许客户监控其相关工作表现方面，实验室应与客户或其代表合作。
>
> 注：这种合作可包括：
>
> a）允许客户合理进入实验室相关区域，以见证与该客户相关的实验室活动。
>
> b）客户出于验证目的所需物品的准备、包装和发送。
>
> 7.1.8　实验室应保存评审记录，包括任何重大变化的评审记录。针对客户要求或实验室活动结果与客户的讨论，也应作为记录予以保存。

（二）要点理解

要求、标书和合同评审是指实验室对客户订约提议未接受前（即签订、接受要求、标书和合同前），由实验室对要求、标书和合同草案进行系统的评审活动，以保证客户提出的质量要求及其他要求合理、明确且确保所需相关资料齐全，同时确定实验室是否有能力和资源履约。实验室与一般企业（强调售后服务）不同，它更关注前期（开始检测/校准前）和过程中的服务，因此它应与客户或客户的代表合作，通过合作可以全面、深入、正确地理解客户的要求，尤其是客户潜在要求和过程中的要求，保证服务有效、到位。

1. 《认可准则》7.1.1 条款要点

《认可准则》7.1.1a）与 2006 版的 4.4.4a）相比无显著变化。

1）要求是明示的、通常隐含的或必须履行的需求和期望，这里的要求指客户的要求。

2）标书是指供方（实验室）应邀做出满足合同要求的检测/校准服务报告，分为招标书和投标书。招标书是指客户发出的、要求供方（实验室）提供检测/校准服务项目的文件（包括投标者需了解和遵守的规定或文件）。投标书是指供方（实验室）应邀做出的、提供满足合同要求的检测/校准服务的报告。

3）合同是供方（实验室）和客户（委托实验者）之间以约定方式（书面的或口头的）传递并为双方同意的，用以规定彼此职责并形成民事权利义务且需要共同遵守的协议条文。合同是当事人之间确立、变更、终止民事权利义务关系的协议，合同依法确立，就具有法律效力。合同是供方（实验室）经济活动的源头和依据。实验室的委托书就是简易的合同。

4）合同评审是指合同签订前，为了确保质量要求合理、明确并形成文件，且供方能实现，由供方所进行的系统的活动。合同评审的目的是充分理解客户的要求，满足客户的要求，并争取超过客户的期望。通过评审，保证客户提出的质量要求或其他要求合理明确且文件齐全，并保证实验室确实有能力和资源履行合同。为了确保供方（实验室）能全面、按时履行合同，取得客户信任，供方（实验室）应制定、执行并保持对客户要求、标书和合同的评审程序。

《认可准则》7.1.1b）与 2006 版的 4.4.4b）相比无显著变化。

实验室所进行的合同评审可以通俗地理解为承接或开展检测/校准项目前的项目评估。一方面是客户要求的评审，另一方面是实验室检测/校准服务能力的自我评估。

实验室应证实有能力和资源满足客户要求。能力是指实验室实现产品（数据和结果）并使其满足要求的本领。实验室对自身能力的评审，就是要证实实验室人员对所从事的检测/校准是否掌握了必要的技能和专业技术。以前参加能力验证、测量审核或实验室间比对的满意结果均可以作为具备能力的证据。资源包括必要的物质资源、人力资源、信息资源等，因此实验室还应证实其从事检测/校准所需的资源能否满足客户的要求。

《认可准则》7.1.1c）与 2006 版的 4.5.2 和 4.4.3 对应，措辞稍有变化。意指如果实验室需将客户委托的活动进行分包时，应将分包协议通知客户，并得到客户的同意，可利用的方式之一是将分包的意图在《检测/校准委托合同书》上明确表示出来，并得到客户确认。

《认可准则》7.1.1c）注 1 与 2006 版的 4.5.1 对应。

这里将从外部购买的服务分为两种情况：持续地购买外部服务和暂时地购买外部服务。"实验室有开展活动的资源和能力，而由于不可预见的原因不能承担部分或全部活动"是指实验室拟购买的外部服务项目是已获得认可的技术能力，但因工作量急增、关键人员暂缺、设备设施故障、环境状况变化等原因，暂不满足检测/校准条件而进行的外购。

"实验室没有开展活动的资源和能力"是指实验室拟购买的项目是未获认可的技术能力，属于一种持续的外购。

《认可准则》7.1.1d）对应 2006 版的 4.4.1c）。选择适当的、能满足客户要求的检测/校准方法。通过对合同的事先评审，确保客户的要求或标书与合同之间的任何差异在工作开始之前得到解决。每项合同应为实验室和客户双方所接受。

《认可准则》7.1.1 注 2 对应 2006 版的 4.4.1 注 1。如果实验室既开展检测工作，又进行校准工作，那么检测部门就是校准部门的内部客户；如果实验室仅单一开展检测或校准工作，那么对应检测或校准工作的后一过程是前一过程的内部客户。正确理解"内部客户"这一概念很重要，只有科学认识实验室活动前后过程的关系才能环环相扣，确保前一过程为后一过程做好服务工作，才能确保实验室活动最终数据和结果的正确可靠，才能全面满足客户的需求和期望，真正做到"以顾客为关注焦点"。

对客户要求、投标书和合同的评审应按程序规定的方式进行，同时还应考虑财务、法律和时间等因素的影响，尤其是要考虑法律责任问题。对于内部客户来说，合同评审可用简化的方法进行，即按内部运作体系规定进行。具体地说，对要求、标书和合同评审通常包含如下内容：

1）名称要适当体现合同或协议的性质。

2）合同的要素应包括技术要素、财务要素、时间要素、法律责任要素、分包要求、样品要求（包括样品的制备、安装、托运、返回、处置方式等）、保密和保护所有权的要求（有时客户申明同意放弃其中某些要求）、传送检测结果的要求、根据检测结果提供评价和说明的要求以及其他要求（例如检测报告是否有测量不确定度）等，都应有相应的评审、记录。

3）应对不同形式合同（内部、口头协议，通用委托协议，专用合同）评审记录进行查证，并了解合同评审人员履行职责情况。

4）能否满足客户、法定主管部门的潜在要求，能否符合实验室的社会责任属性，尤其应切实保证执行国家法律、法规的要求。

实验室要求、标书和合同评审通常可分以下三种情况来分别实施：

1）对常规、简单或内部客户检测（如生产线上的定时抽检等）工作的评审，只要实验室中负责该合同工作的人员（应授权）确认记录日期或加以标识（如签字）即可。

2）对重复性的常规工作，如果客户要求不变，则只需在初期调查阶段进行评审；在与客户总协议项下的连续常规工作按常规委托程序评审。

3）对于新的（第一次）、复杂的或高要求的检测/校准工作，则需要进行复杂细致的评审，且需保存较全面完整的记录。

总之上述三种情况的要求、标书和合同均要加以评审，要求、标书和合同评审程序应对三种情况的要求、标书和合同评审的方式、评审内容、评审职责做出明确规定，并明确对三种情况要求、标书和合同评审记录的要求。

2.《认可准则》7.1.2 条款要点

《认可准则》7.1.2 条款对应 2006 版的 5.4.2，无显著变化。当客户要求的方法不合适或是过时的，实验室应通知客户。

3. 《认可准则》7.1.3 条款要点

《认可准则》7.1.3 条款为新增内容。当客户要求出具的检测/校准报告或证书中包含对标准或规范的符合性声明（如合格或不合格、通过或未通过、在允许限内或超出允许限）时，实验室应有相应的判定规则。合同评审时就要和客户协商判定规则，与客户确认采取什么判定规则，保证最后评价的依据是正确的，确保在出具检测/校准证书报告时不产生歧义。若标准或规范不包含判定规则内容，实验室应就选择的判定规则与客户沟通并得到同意。也就是要求实验室要有文件化的判定规则，一旦客户有对标准或规范的符合性声明（如合格或不合格）时，实验室就可以为客户做出判别，但事先要与客户沟通并得到客户同意。这样就拓展了为客户服务的范围。在实验室活动实施过程中，该条款要求与7.8.6"报告符合性声明"的要求相关，同时，还应特别关注 CNAS-GL015：2018《声明检测或校准结果及与规范符合性的指南》的要求。

4. 《认可准则》7.1.4 条款要点

《认可准则》7.1.4 条款对应 2006 版的 4.4.1，新增"客户要求的偏离，不应影响实验室的诚信或结果的有效性"。指实验室不能接受客户提出的损害公正性、泄露其他客户机密或损害自身活动诚信的要求。比如，一个实验室进行多个项目的检测，结果中有个别项目是不合格的，如果客户要求最终检测报告中不包含不合格结果，或合格结果与不合格结果分开出具报告，实验室不应接受客户的这种要求。

5. 《认可准则》7.1.5 条款要点

《认可准则》7.1.5 条款对应 2006 版的 4.4.4，无显著变化。对合同的任何偏离均应通知客户。

6. 《认可准则》7.1.6 条款要点

《认可准则》7.1.6 条款对应 2006 版的 4.4.5，无显著变化。不仅合同签订前要进行合同评审，工作开始后若修改合同要重新进行合同评审。这一"前"一"后"的合同评审都很重要。修改合同的原因有二：①客户要求；②实验室提出。不管何种原因都可能涉及订单数量或内容的变化，因此应将合同修改的内容通知所有受到影响的人员，防止不知合同变化以至出现差错而造成损失。

综上所述，实验室要求、标书和合同评审流程如图 3-5 所示。

7. 《认可准则》7.1.7 条款要点

《认可准则》7.1.7 条款对应 2006 版的 4.7.1，删除了 2006 版 4.7.1"在确保其他客户机密的前提下"，因其已被保密条款 4.2 所覆盖。删除了 2006 版 4.7.1 的注 2。

《认可准则》7.1.7 注 a) 注 b) 与 2006 版的 4.7.1 a) b) 相对应。在确保其他客户机密的前提下，实验室应在明确客户要求，监视实验室中与工作相关操作方面积极与客户或其代表合作。实验室应特别关注服务客户与"与客户或其代表合作"两者的关系。

服务客户不是仅指为客户提供检测/校准服务，强调的是与客户的交流、配合、沟通合作；强调的是实验室应有为客户服务的意识，持续改进对客户的服务。

"与客户或其代表合作"是本条款的核心。它体现了以客户为关注焦点的原则，实验室在整个工作过程中，应当与客户保持沟通与合作，通过沟通与合作可使检验检测机构深入、全面、正确地理解客户的要求，主动为客户服务。这种合作可包括：允许客户或其代表合理进入检验检测机构的相关区域直接观察为其进行的检验检测过程；客户有验证要求的，提供

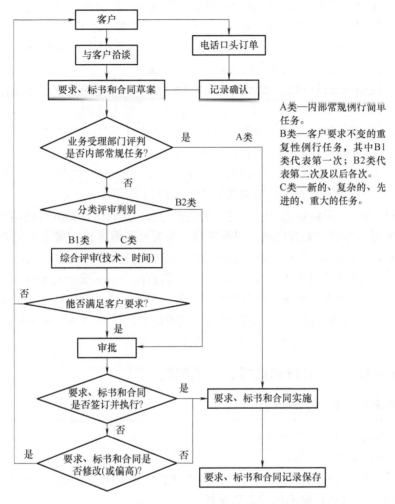

图 3-5　实验室要求、标书和合同评审流程图

所需物品的准备、包装和发送；将检测/校准过程中的任何延误或主要偏离通知客户；在技术方面指导客户，提出建议以及意见和解释等。与客户或其代表合作的重要前提是确保其他客户的机密不受损害，还要保证人员的人身安全，并且不会对检测/校准结果产生不利影响。

CNAS-CL01-G001：2018《CNAS-CL01〈检测和校准实验室能力认可准则〉应用要求》中 7.1.7 规定必要时，实验室应给客户提供充分说明，以便客户在申请检测或校准项目时能更加适合自身的需求与用途。

8.《认可准则》7.1.8 条款要点

《认可准则》7.1.8 条款与 2006 版的 4.4.2 相对应，删除了"注"。合同评审的记录，包括任何重大变化在内的评审记录，合同执行期间就客户的要求和工作结果与客户进行讨论的有关记录等，均应予以保存。

（三）评审重点

评审组长和相关技术评审员应全面结合实验室的实际运作评审本要素，评审中应特别关注以下内容：

1）实验室是否制定了要求、标书和合同评审的程序，其内容是否完整，是否符合《认可准则》的要求并具有适用性；抽查实验室不同形式的要求、标书和合同（包括上级要求、口头协议、一般委托协议和专门合同等）评审记录，了解要求、标书和合同评审内容和评审人员对不同情况下要求、标书和合同评审的执行情况。

2）实验室使用外部供应商（如实施分包）时，是否有分包的管理程序或控制文件。抽查发生分包的合同和检测/校准证书报告，查证分包是否事先通知客户并经客户同意；分包方是否具备认定的资质和能力；实验室是否对分包方定期动态评价（或采信行业主管部门的认定结果），是否建立合格分包方名录并正确选用。

3）当客户要求出具的检测/校准报告或证书中包含对标准或规范的符合性声明（如合格或不合格）时，实验室是否有相应的判定规则（即判定规则是否文件化）。若标准或规范不包含判定规则内容，实验室选择的判定规则是否与客户进行了沟通并得到同意。

4）实验室是否与客户充分沟通，以便准确、及时地了解客户的需求，是否对自身的技术能力、资质状况能否满足客户要求（包括方法要求）进行了评审。对于合同出现的偏离，实验室是否与客户进行了沟通并取得了客户同意。若合同中有关要求发生修改或变更时，是否进行了重新评审。对客户要求、标书或合同有不同意见，是否在签约之前协调解决。

5）实验室在允许客户进入实验室现场时，是否确保其他客户的机密不被泄露，不对检测/校准结果产生不利影响，是否保证了人员的人身安全。

二、《认可准则》"方法的选择、验证和确认"

（一）"方法的选择、验证和确认"原文

7.2 方法的选择、验证和确认

7.2.1 方法的选择和验证

7.2.1.1 实验室应使用适当的方法和程序开展所有实验室活动，适当时，包括测量不确定度的评定以及统计技术进行数据分析。

注：本准则所用"方法"可视为是 ISO/IEC 指南 99 定义的"测量程序"的同义词。

7.2.1.2 所有方法、程序和支持文件，例如与实验室活动相关的指导书、标准、手册和参考数据，应保持现行有效并易于人员取阅（8.3）。

7.2.1.3 实验室应确保使用最新有效版本的方法，除非不合适或不可能做到。必要时，应补充方法使用的细则以确保应用的一致性。

注：如果国际、区域或国家标准，或其他公认的规范文本包含了实施实验室活动充分且简明的信息，并便于实验室操作人员使用时，则不需再进行补充或改写为内部程序。可能有必要制定实施细则，或对方法中的可选择步骤提供补充文件。

7.2.1.4 当客户未指定所用的方法时，实验室应选择适当的方法并通知客户。推荐使用以国际标准、区域标准或国家标准发布的方法，或由知名技术组织或有关科技文献或期刊中公布的方法，或设备制造商规定的方法。实验室制定或修改的方法也可使用。

7.2.1.5 实验室在引入方法前，应验证能够正确地运用该方法，以确保实现所需的方法性能。应保存验证记录。如果发布机构修订了方法，应依据方法变化的内容重新进行验证。

7.2.1.6 当需要开发方法时，应予以策划，指定具备能力的人员，并为其配备足够的资源。在方法开发的过程中，应进行定期评审，以确定持续满足客户需求。开发计划的任何变更应得到批准和授权。

7.2.1.7 对所有实验室活动方法的偏离，应事先将该偏离形成文件，经技术判断，获得授权并被客户接受。

注：客户接受偏离可以事先在合同中约定。

7.2.2 方法确认

7.2.2.1 实验室应对非标准方法、实验室开发的方法、超出预定范围使用的标准方法、或其他修改的标准方法进行确认。确认应尽可能全面，以满足预期用途或应用领域的需要。

注1：确认可包括检测或校准物品的抽样、处置和运输程序。

注2：可用以下一种或多种技术进行方法确认：

a）使用参考标准或标准物质进行校准或评估偏倚和精密度；

b）对影响结果的因素进行系统性评审；

c）通过改变受控参数（如培养箱温度、加样体积等）来检验方法的稳健度；

d）与其他已确认的方法进行结果比对；

e）实验室间比对；

f）根据对方法原理的理解以及抽样或检测方法的实践经验，评定结果的测量不确定度。

7.2.2.2 当修改已确认过的方法时，应确定这些修改的影响。当发现影响原有的确认时，应重新进行方法确认。

7.2.2.3 当按预期用途评估被确认方法的性能特性时，应确保与客户需求相关，并符合规定要求。

注：方法性能特性可包括但不限于：测量范围、准确度、结果的测量不确定度、检出限、定量限、方法的选择性、线性、重复性或复现性、抵御外部影响的稳健度或抵御来自样品或测试物基体干扰的交互灵敏度以及偏倚。

7.2.2.4 实验室应保存以下方法确认记录：

a）使用的确认程序；

b）要求的详细说明；

c）方法性能特性的确定；

d）获得的结果；

e）方法有效性声明，并详述与预期用途的适宜性。

（二）要点理解

检测/校准方法是实验室保证其出具结果（数据）科学、合理、实现互认的依据。

此要素要求实验室按系统原理，以客户需求（《认可准则》7.1.1d）为宗旨，从方法的选择（《认可准则》7.2.1）、必要时方法设计（《认可准则》7.2.1.6）、方法的验证（《认可准则》7.2.1.5）、方法的确认（《认可准则》7.2.2）、合适方法的使用（《认可准则》7.2.1.1、7.2.1.3、7.2.1.4），最终到测量不确定度的评定（《认可准则》7.6）和确保结果有效性的控制（《认可准则》7.7），形成一个完整科学的技术管理系统。实验室管理层，尤其是技术管理层需进行严格管理、控制，同时，更是实验室认可技术评审员评审活动中关注的重点。本条款对应 2006 版的 5.4。

1. 方法的选择和验证

《认可准则》7.2.1 方法的选择和验证对应 2006 版的 5.4.2 方法的选择。

《认可准则》7.2.1.1 对应 2006 版 5.4.1 总则中的第一段。

检测/校准方法是实验室开展活动所必需的资源，也是组成实验室管理体系所必需的作业指导书。所以在检测/校准方法的选择上，应保证检测/校准方法的标准化、科学性和可靠性。实验室可制定文件对检测/校准方法的控制要求进行规定。此外，检测/校准方法包括被检测/校准物品的抽样、处理、运输、存储和准备，适当时，还应包括测量不确定度的评定和分析检测/校准数据的统计技术。

注中解释，《认可准则》所用"方法"可视为是 ISO/IEC 指南 99 定义的"测量程序"的同义词。ISO/IEC 指南 99 中"测量程序"的定义为：根据一种或多种测量原理及给定的测量方法，在测量模型和获得测量结果所需计算的基础上，对测量所做的详细描述（注：①测量程序通常要写成充分而详尽的文件，以便操作者能进行测量。②测量程序可包括有关目标测量不确定度的描述。③测量程序有时被称作标准操作程序，缩写为 SOP。④参考测量程序是在校准或表征校准物质时为提供测量结果所采用的测量程序，它适用于评定由同类量的其他测量程序获得的被测量的测量正确度。⑤原级参考测量程序或原级参考程序是用于获得与同类量测量标准没有关系的测量结果所用的参考测量程序。）

CNAS-CL01-G001：2018《CNAS-CL01〈检测和校准实验室能力认可准则〉应用要求》中 7.2.1.1 规定实验室应对使用的检测或校准方法实施有效的控制与管理，明确每种新方法投入使用的时间，并及时跟进检测或校准技术的发展，定期评审方法能否满足检测或校准需求。

CNAS-CL01-A025：2018《检测和校准实验室能力认可准则在校准领域的应用说明》中 7.2.1.1 规定实验室应对采用的校准方法建立控制清单，并根据校准方法的变化以及校准工作的需要及时修订该清单。该清单应至少包含以下信息：

1）校准方法的名称、编号和版本号（如发布年号、修订标识等类似信息）。

2）校准方法批准（包括自行批准）使用的日期。

3）清单的修订记录（包括对方法的变更、增加和停用等）。

清单修订的记录应长期保存。

本条中的"清单"可以是单独的文件，也可以包含在其他文件中；可以是纸质的，也可以是电子方式的。

《认可准则》7.2.1.2 条款对应 2006 版的 5.4.1 和 5.4.2。所有方法、程序和支持文件应保持现行有效并易于人员取阅，例如与实验室活动相关的指导书、标准、手册和参考数据。本条规定了所有适合的在用的文件化的方法（包括标准方法和经确认的标准方法以外的方法）应纳入文件控制的范围，建立识别文件当前修订状态和分发控制清单或等效的文件控制要求，加以控制和维护。所有与实验室工作有关的指导书、标准、手册和参考资料应保持现行有效，特别是要关注在检测/校准现场使用的方法文本，是否最新有效，是否易于员工取阅，是否做到发出去的均可收回，防止使用过期或废止的方法文本，并有相关控制清单或记录。该条可参考《认可准则》8.3 管理体系文件的控制。

参考数据（reference data）：由鉴别过的来源获得，并经严格评价和准确性验证的，与现象、物体或物质特性有关的数据，或与已知化合物成分或结构系统有关的数据（VM 5.16，JJF 1001—2011 中的 8.17）。例如，由国际理论和应用物理联合会（IUPAP）发布的化学化合物溶解性的参考数据。此定义中的准确性包含如测量准确性和标称特性值的准确性。

标准参考数据（standard reference data）：由公认的权威机构发布的参考数据（VIM 5.17，JJF 1001—2011 中的 8.18）。例如，国际科学联合会科学技术数据委员会（ICSU CODATA）作为法规评定和发布的基本物理常量的值。

《认可准则》7.2.1.3 条款对应 2006 版的 5.4.2 和 5.4.1。

实验室选用的检测/校准方法应满足客户的需要并适用于检测/校准。标准方法的有效性包括标准版本的现行有效和标准的实施有效两个方面。

实验室应确保使用标准的最新有效版本，除非该版本不适宜或不可能使用。实验室应定期核查标准，确保使用最新有效版本。为充分落实方法查新，实验室应在文件中规定由谁何时到哪里对不同类型的方法文本进行查新并保存查新记录；现场使用的作废标准必须有明确标识，以防止可能的误用。标准的实施有效性是指在开始检测或校准之前，实验室应验证能够正确地应用这些标准方法，能提供见证材料（见《认可准则》7.2.1.5）。

本条的"注"与 2006 版 5.4.1 的"注"内容相同，是对实验室是否需要制定作业指导书的说明。作业指导书也可称为标准操作程序（SOP），是用以指导某个具体过程、技术性细节描述的可操作性文件。应强调的是，并不是所有的检测/校准都需要编制作业指导书。实验室需要建立哪些作业指导书，要视具体情况区别对待，不能一概而论。有些实验室人员素质水平较高、经验丰富，对检测/校准方法的理解和掌握、设备的操作等不需要特别说明和细化的内容，实验室执行这些标准或使用这些设备时可以保证检测工作的有效性和一致性、不会对检测结果造成影响，则不必制定指导书，直接采用标准方法和设备厂家的操作手册等即可；有些实验室因为人员能力或经验的限制，或由于设备厂家提供的操作手册不够翔实，使用的语言（英文、日文等）使操作人员无法准确阅读、理解等，则必须制定相应的指导书。所以作业指导书可以是设备、试剂的使用说明书；也可以是根据实验室检测的需要，对已有方法的可选步骤的确认、细化或补充。方法中规定的检测/校准操作步骤不够明确时，实验室需要编制作业指导书，例如，在化学检测中，方法给出的样品称量量为一定范围值，不同基质样品称量量影响前提取效果，从而影响检测结果；对检测数据进行处理时，如果方法中没有明确的计算过程，实验室需要编制作业指导书；方法针对不同样品基质的前处理步骤不够详细时，实验室需要编制作业指导书。通常情况下，实验室应制定的作业指导书主要有①方法类，如检测/校准实施细则，检测校准方法补充文件或偏离实施细则等；②设备类，如设备操作规程、设备期间核查规程等；③物品类，如物品的抽样、处置、传送、制备方法等；④导则、规则类，为规范有效位数的确定、数据修约、异常值剔除等数据处理方法和测量结果的不确定度评定的指导性作业文件，为规范作业指导书和质量文件编写或填写的导则、规则类文件。

CNAS-CL01-G001：2018《CNAS-CL01〈检测和校准实验室能力认可准则〉应用要求》中 7.2.1.3 规定对于标准方法，应定期跟踪标准的制修订情况，及时采用最新版本标准。

CNAS-CL01-A025:2018《检测和校准实验室能力认可准则在校准领域的应用说明》中7.2.1.3规定，依据"检定规程"进行校准时，由于"校准项目"一般情况下不等同于"检定项目"，因此必要时实验室应编制补充文件（如××校准作业指导书、××校准细则），对校准项目、校准方法（程序）、测量标准、原始记录格式等予以规定。

1）一般情况下，校准项目应限于被校设备的"计量（测量）特性"相关的项目。

2）当"××校准作业指导书""××校准细则"仅作为对校准方法的补充文件时，应与相关校准方法同时使用。

《认可准则》7.2.1.4条款对应2006版的5.4.2，与2006版描述基本相同。本条明确了检测/校准方法的选用原则：实验室可以采用标准方法、非标准方法和实验室制定的方法进行检测和校准。一般可将方法分为标准方法和非标准方法两大类。

1）标准方法指标准化组织发布的方法，包括以下三种。

① 国内标准，由国内标准化组织发布的标准。包括我国国家标准、行业标准和地方标准。

② 国际标准，由国际标准化组织发布的标准，如 ISO、IEC、ITU 等。

③ 区域标准，由国际上区域标准化组织发布的标准，如欧洲标准化委员会（CEN）等。

2）非标准方法，从方法确认的角度看，非标准方法广义上也可包括实验室制定的方法和超出其预定范围使用的标准方法、扩充和修改过的标准方法。

《认可准则》7.2.1.5条款对应2006版的5.4.2。在开始检测或校准之前，实验室应验证能够正确地应用这些标准方法，能提供见证材料。例如：检测/校准人员是否经过有效培训，能否熟练掌握标准方法，具备相关的知识和能力，应提供培训考核的记录；检测/校准所需的参考标准和参考物质是否配备齐全，仪器设备（含辅助设备）的选用是否符合标准方法的要求，是否制定了总体的校准计划，是否经过校准和确认，且有证明记录；设施和环境条件是否符合标准方法规定的要求，影响检测/校准结果的环境条件的技术要求是否已编制了文件进行规定，并有验证记录；检测/校准所需的记录表格是否齐全、规范、适用，必要时，是否编制了作业指导书；标准方法规定的各项方法特性指标，例如：LOD、LOQ 等在实验室能否复现，能否提供相关检测/校准的典型报告和不确定度评定报告；是否制定了质量控制活动方案，通过实验室间比对等技术手段证实能持续满足标准方法规定的要求等。如果标准方法发生了变化，应在所需的程度上重新进行方法验证并留下验证记录。总之，实验室在将方法引入检测/校准之前，应从"人""机""料""法""环""测"六方面进行评价，验证其有能力按标准方法开展检测/校准活动。实验室对标准方法的验证应有相关的文件规定并有相应记录。

1）"人"指对执行新标准所需的人力资源的评价，即检测/校准人员是否具备所需的技能及能力；必要时应进行人员培训，并经考核合格后上岗。

2）"机"指对现有设备适用性的评价，诸如是否具有所需的仪器设备、标准/参考物质，必要时应予补充。

3）"料"指对样品制备，包括前处理、储存等各环节是否满足标准要求的评价。

4）"法"指对新旧标准进行比较，尤其是差异分析与比对的评价。对作业指导书、原始记录、报告格式及其内容是否适应标准要求的评价。

5）"环"指对现有的设施和环境条件的评价，是否满足新标准的要求，必要时进行验证。如果不能满足应添置新的设施和环境条件。

6)"测"指依据新的标准进行两次或以上的检测/校准，并对数据和结果进行评价。以上评价都应有证实评价的记录。

方法验证的重点是对方法性能特性的实验研究。以食品微生物检测为例，在进行方法验证时，样品的选择应尽可能采用自然污染样品或人为添加目标微生物的样品进行方法证实试验。选择适合的样品基质，添加标准菌株，添加量可参考 AOAC 等指南的规定。以食品化学检测为例，以标准给出的方法性能指标为依据，用试验数据说明满足了标准规定的检出限（LOD）、定量限（LOQ）、回收率、精密度、校正曲线线性、测量不确定度等要求。不论何种检测，最后的步骤都是以实际样品出具典型报告，证明检测经历。

方法验证所得的所有数据都应记录并储存，保存期应至少与方法的有效期一样长，以确保其原始数据和检测结果获得足够的溯源性。

如果标准方法发生了技术性变化，应重新进行验证。

CNAS-CL01-G001：2018《CNAS-CL01〈检测和校准实验室能力认可准则〉应用要求》中 7.2.1.5 规定，在引入检测或校准方法之前，实验室应对其能否正确运用这些标准方法的能力进行验证，验证不仅需要识别相应的人员、设施和环境、设备等，还应通过试验证明结果的准确性和可靠性，如精密度、线性范围、检出限和定量限等方法特性指标，必要时应进行实验室间比对。

《认可准则》7.2.1.6 条款对应 2006 版的 5.4.3，与 2006 版描述基本相同。对实验室自制定方法的要求可从以下七个方面予以考虑。

1)设计开发的策划。实验室为自身应用而设计开发（制定）检测/校准方法的过程是有计划的活动，因此需要按照设计过程进行策划与控制，实验室应确定：

① 设计和开发的阶段，制定阶段计划。

② 适合于每个设计和开发阶段的评审、验证和确认活动。

③ 设计开发的职责和权限。

实验室对新方法的设计开发应作为一个项目来进行管理，明确职责分工和接口（包括组织接口和技术接口）。新方法的设计开发应交给有资格有能力的人员进行，实验室管理者应确保其有足够的资源（人力资源、物质资源及信息资源）。策划的输出（如计划）应随方法制定的进度加以更新，并确保有关人员之间的有效沟通。

2)设计开发的输入。应确定与新方法设计要求有关的输入，并保持有关的记录。这些设计输入包括：客户明确的要求和潜在的需求、检测/校准方法的目的、对新方法特性的要求（如不确定度、检测限、方法选择性、线性、重复性、复现性、稳定性等）、适用的法律法规要求、以前类似的方法设计可提供借鉴的信息、设计开发新方法所必需的其他要求等。

应对这些输入进行评审，以确保这些输入充分且适宜。设计输入的要求应完整、清楚，避免自相矛盾。

3)设计开发的输出。设计开发的输出应以能够对设计开发的输入进行验证的方式提出，并应在设计输出接收（或放行）前经过评审和批准。设计开发输出应确保：

① 满足设计开发输入的有关要求。

② 给出进行检测/校准所需的适当信息，包括采购和样品制备、仪器设备（含参考物质、试剂）、设施与环境条件、人员能力要求等信息。

③ 明确所需记录的要求。

④ 给出不确定度或评估不确定度的程序。

⑤ 给出数据和结果的判定准则。

⑥ 给出正常使用数据和结果的要求。

⑦ 必要时，明确有关安全措施。

4）设计开发的评审。在适宜的阶段，应依据策划的安排，对设计和开发工作进行系统的评审，以确定设计开发的结果满足输入要求的能力，识别存在的问题并提出必要的改进措施。

评审的参加者应包括与所评审的设计开发阶段有关职能的代表。评审结果及任何必要的改进措施的记录应予以保存。

5）设计开发的验证。为确保设计开发的输出满足输入的要求，应依据所策划的安排对设计开发进行必要的验证，记录其结果及任何必要的改进措施。

6）设计开发的确认。为确保数据和结果能满足规定使用要求或已知的预期用途的要求，应依据所策划的安排对设计开发进行确认。

用于确定某方法性能的技术应当是下列之一，或是其组合：

① 使用参考标准或标准物质（参考物质）进行校准。

② 与其他方法所得的结果进行比较。

③ 实验室间比对。

④ 对影响结果的因素做系统性评审。

⑤ 根据对方法的理论原理和实践经验的科学理解，对所得结果不确定度进行的评定。

当对已确认的非标准方法做某些改动时，应当将这些改动的影响制订成文件，适当时应当重新进行确认。只要可行，确认应在数据和结果交付或实施之前完成。确认结果及任何必要措施的记录应予保持。

7）设计开发更改的控制。应识别设计开发的更改。适当时，应对更改进行评审、验证和确认，并在实施更改前得到批准。更改的结果及任何必要的改进的记录应予以保存。

CNAS-CL01-A025：2018《检测和校准实验室能力认可准则在校准领域的应用说明》中7.2.1.6 规定，实验室制定的校准方法，应至少包含以下适用的内容。

① 文件编号及版本号。

② 适用范围。

③ 校准方法所用的测量方法（或测量原理）。

④ 校准的量（或参数）及其测量范围。

⑤ 使用的测量标准及辅助设备的名称、主要技术性能要求。必要时可包含测量标准的溯源要求或途径等内容。

⑥ 对环境条件和工作条件的要求，如温度、电源等的要求。

⑦ 校准前的准备，如标准设备或被校设备开机预热的要求等。

⑧ 校准程序的内容，包括：

a）校准开始前对被校设备进行的正常性检查的要求及方法。

b）校准步骤以及操作方法。

c）对观察结果和校准数据记录的要求。

d）校准时应遵循的安全措施。

e）数据处理的要求和方法。

f）需要时，应包含对符合性判定、校准间隔确定的原则和方法。

g）不确定度的评定方法或程序。

实验室制定校准方法时可参考 JJF 1071《国家计量校准规范编写规则》。

《认可准则》7.2.1.7 条款对应 2006 版的 5.4.1，与 2006 版的描述基本相同，明确了对方法偏离的要求。如果实际技术运作需要偏离实验室活动方法的要求时，实验室应事先将该偏离形成文件，经过技术判断，获得有效授权并被客户接受后才允许发生，客户是否接受偏离应在实施实验室活动前提前在合同中确认或约定。

从理论上说，实验室技术运作与规定之间的任何差异都可视为偏离。偏离通常仅仅允许在一定的测量不确定度（或误差）范围、一定的样品数量、一定的约定时间和特定的客户需求等条件下发生。需要强调的是，本条款所说的偏离是不得已而为之的一种负向偏离，是可能对结果产生不利影响的事件，是一次性的，是暂时的。因此本条款的偏离属于偶发事件，一般发生后应立即回归正常程序。

偏离不是方法的改进、提升、扩充，不应将非标准方法作为方法偏离的表现和应用。如果需要长久偏离，可以修订方法（包括标准方法和非标准方法），形成文件作为方法或作业指导书使用。

因此实验室技术运作需要偏离必须满足四个要求：事先形成文件、经过技术判断、获得有效授权和被客户所接受。特别需要强调的是，《认可准则》7.1.4 规定"客户要求的偏离不应影响实验室的诚信或结果的有效性。"

CNAS-CL01-A025：2018《检测和校准实验室能力认可准则在校准领域的应用说明》中7.2.1.7 规定，实验室不应由于其测量标准的技术性能低于相关规范或校准方法的要求而发生偏离；设施、环境条件、校准操作方法等与相关规范和校准方法的规定不一致而发生偏离时，仅应在该偏离已被文件规定，经技术判断、授权和客户接受的情况下才允许发生。

例如，JJF1075—2015《钳形电流表校准规范》给出了线路电压不超过 650V，直流或交流频率为（45~400）Hz、电流为（0.1~2000）A 钳形电流表的校准方法和要求。实验室按照某钳形电流表生产厂家的要求依据 JJF1075—2015 规定的方法对其送校的数字式钳形电流表进行校准，JJF1075—2015 中 6.2.2d）规定，数字式钳形电流表校准点的选择，应该在基本量程下限至上限均匀选取不少于 5 个校准点，非基本量程只校准满量程的 95%。后因该客户产品性能摸底的需要，只要求选基本量程下限和上限两个校准点，非基本量程只选校准满量程的 5% 和 100% 两个校准点。对于客户上述的偏离要求，实验室应事先将校准点选取方法偏离进行文件化的规定，并对该偏离对结果影响的程度进行技术性判断，经过特定授权人员授权批准，并由客户对校准点选取方法偏离的全部技术文件完成确认并接受的情况下才允许发生。需要强调的是，对校准点选取方法偏离并出具结果，实验室技术主管和该项校准项目的负责人员必须有能力评估该偏离对校准结果的影响程度。

2. 方法确认

《认可准则》7.2.2.1 条款对应 2006 版的 5.4.5.2，需要确认的非标准方法包括四类。

1）实验室采用的非标准方法。

2）实验室设计/制定的方法。

3）超出其预定范围使用的标准方法，例如用检测化工品中重金属含量的标准来检测食品中重金属的含量。

4）其他修改的标准方法，例如：抽样方式、数量、比例改变；试样前处理方法、过程改变（恒温恒湿）；试验方法的改进（经典法改为仪器法）；数据传输、处理、计算方法改变（由人工改为计算机）。

方法确认的范围应能够满足给定用途或应用领域的需要，进行方法确认的记录应包括方法确认的结果、所用的程序和该方法是否适合于预期用途的声明。

《认可准则》7.2.2.1 注 1 对应 2006 版的 5.4.5.2 注 1，确认可能包括抽样、检测或校准物品的处置和运输程序。

《认可准则》7.2.2.1 注 2 对应 2006 版的 5.4.5.2 注 2，其中 c）是新增内容。确认（用来确定某方法性能）的技术应是以下六种中的一种或是其组合。

1）使用参考标准或标准物质进行校准或评估偏倚和精密度。

2）对影响结果的因素进行系统性评审。

3）通过改变受控参数（如培养箱温度、加样体积等）来检验方法的稳健度。

4）与其他已确认的方法进行结果比对。

5）实验室间比对。

6）根据对方法原理的理解以及抽样或检测方法的实践经验，评定结果的测量不确定度。增加了"通过改变控制检验方法的稳健度，如培养箱温度、加样体积等"的确认技术。

《认可准则》7.2.2.2 条款对应 2006 版的 5.4.5.2 注 3，针对以前确认过的非标准方法确认，如发生了改变，实验室应判断这种变化的影响，需要时应对其进行重新确认。

《认可准则》7.2.2.3 条款对应 2006 版的 5.4.5.3，原要求变为注。方法性能特性包括但不限于：测量范围、准确度、结果的测量不确定度、检出限、定量限、方法的选择性、线性、重复性或复现性、抵御外部影响的稳健度或抵御来自样品或测试物基体干扰的交互灵敏度以及偏倚。

相关国标中给出了这些方法性能特性的定义。

1）测量区间：在规定条件下，由具有一定测量不确定度的测量仪器或测量系统能够测量出的一组同类量的量值。

① 测量区间的下限不宜与"检出限"相混淆。

② 在某些领域，该术语也称"测量范围"。

2）准确度：测试结果与接受参照值间的一致程度 [GB/T 6379.1—2004 测量方法与结果的准确度（正确度与精密度）第 1 部分：总则与定义]。

3）结果的测量不确定度：根据所用到的信息，表征赋予被测量量值分散性和非负参数（JJF 1001—2011）。

4）检出限：由给定测量程序获得的测得值，其声称的物质成分不存在的误判概率为 β，声称物质成分存在的误判概率为 α（JJF 1001—2011）。

5）定量限：样品中被测组分能被定量测定的最低浓度或最低量，此时的分析结果应能确保一定的正确度和精密度（GB/T 27417—2017《合格评定　化学分析方法确认和验证指南》）。

6）选择性：测量系统按规定的测量程序使用并提供一个或多个被测量的测得的量值时，每个被测量的值与其他被测量或所研究的现象、物体或物质中的其他量无关的特性

（GB/T 27417—2017《合格评定　化学分析方法确认和验证指南》）。

7）线性范围：对于分析方法而言，用线性计算模型来定义仪器与浓度的关系，该计算模型的应用范围就是线性范围（GB/T 27417—2017《合格评定　化学分析方法确认和验证指南》）。

8）重复性：在一组重复性测量条件下的测量精密度（JJF 1001—2011）。重复性测量条件指：相同测量程序、相同操作者、相同测量系统、相同操作条件和相同地点，并在短时间内对同一或相类似测量对象重复测量的一组测量条件（JJF 1001—2011）。

9）复现性：在复现性测量条件下的测量精密度（JJF 1001—2011）。复现性测量条件指：不同地点、不同操作者、不同测量系统，对同一或相类似被测对象重复测量的一组测量条件。

10）稳健度：实验条件变化对分析方法的影响程度（GB/T 27417—2017《合格评定　化学分析方法确认和验证指南》）。

11）灵敏度：测量系统的示值变化除以相应被测量的量值变化所得的商（ISO/IEC 指南99：2007）。

12）偏倚：测试结果的期望与接受参照值之差［GB/T 6379.1—2004《测量方法与结果的准确度（正确度与精密度）第1部分：总则与定义》］。

表3-4列出了验证、确认和偏离这三个概念的比较，实验室应避免混淆。

表3-4　验证、确认和偏离的比较

不同点	验　　证	确　　认	偏　　离
对象	标准方法	非标准方法	标准方法、非标准方法
目的	是否有能力按标准方法开展检测校准工作	能否使用	临时需要、非常态
方法	从"人""机""料""法""环""测"去证实	用六种方法来确认	技术判断 三个一定（一定的误差范围内、一定的数量、一定的时间段）
时限	使用一段时间	在转化为标准方法前	偏离后仍需回归常态

《认可准则》7.2.2.4条款是对方法确认应保存的记录的规定。其中a）对应2006版的5.4.5.2；b）、c）对应2006版的5.4.5.3注1；d）、e）对应2006版的5.4.5.2。

实验室应保存的方法确认记录有：

1）实验室进行方法确认的程序或规定。

2）实验室规定的方法确认要达到的要求。

3）在方法确认过程中确定的方法的性能、特性的原始记录。

4）方法确认所得结果的原始记录或典型报告。

5）对方法有效性的声明，即对方法确认后是否适用的结论，要详细描述与预期用途的适宜性。

（三）评审重点

基于本要素内容繁多、专业性强、涉及面特别广，组长应要求相关专业评审员及专家提前制订评审计划，并按实验室申请认可领域结合多种评审形式（如现场试验等）进行全面评审或抽样评审，重点应包括以下内容。

1）实验室检测/校准方法和程序的适应性与完整性：实验室是否有完整的实验室活动方法的控制程序，以及与其开展的实验室活动相适应的检测/校准方法与程序。这些方法与程序是否确保实验室的各项活动（包括：送样、抽样、处理、运输、存储和准备、检测/校准、结果分析或对比、结果和符合性判断等方面）都采用了适当的方法和程序。需要时，方法中是否还包括测量不确定度评定程序和数据分析方法和程序。

2）实验室是否确保使用最新有效版本的方法，实验室方法和程序以及作业指导书、标准、手册、参考资料等是否都现行有效和易于获得。

3）如果标准、规范、方法不能被操作人员直接使用，或其内容不便于理解，规定不够简明或缺少足够的信息；或方法中有可选择的步骤，会在方法运用时造成因人而异，可能影响检验检测数据和结果正确性时，实验室是否制定了必要的作业指导书，如设备操作规程、样品的制备程序和对检测/校准方法补充的附加细则等；实验室四类作业指导书的适应性，能否规范和适用于实验室活动。

4）实验室对新引入或者变更的标准方法是否进行了方法验证，以确保实验室能够正确运用这些标准方法。验证过程是否包括对相应的人员、设施和环境、设备等技术能力能否满足要求的识别，而且是否还通过实验证明结果的准确性和可靠性，如精密度、线性范围、检出限和定量限等，必要时是否进行实验室间比对或能力验证。

5）对检测/校准方法的偏离是否有文件规定，是否经过技术判断、获得批准和客户同意，是否对偏离的实施效果进行了验证。

6）实验室对使用非标准方法管理程序的完整性与适应性：该程序的内容是否全面；实验室对使用非标准方法进行确认时，选用的确认方式是否科学合理、充分有效；保留的确认记录（确认程序、结果记录、适合预期用途声明）是否完整、有效。用非标准方法确认所测得值的范围和准确度是否满足客户需求；这些测得的值（如测量结果的不确定度、检出限、选择性、线性、重复性限、复现性限、稳健性、交互灵敏度）是否恰当。

7）实验室是否制定程序规范自行制定的检测/校准方法的设计开发、资源配置、人员、职责和权限、输入与输出等过程，自行制定的方法是否经确认后方才投入使用。方法确认记录是否包括：使用的确认程序、规定的要求、方法性能特征的确定、获得的结果和描述该方法满足预期用途的有效性声明等。在方法制定过程中，是否指定具备能力的人员，并为其配备足够的资源；是否进行定期评审，以验证客户的需求能得到满足。在方法开发的过程中，开发计划的任何变更是否得到批准和授权。

（四）专题关注——"允许偏离"的理解和控制

实验室日常运行和现场评审中应特别关注实验室对"允许偏离"的理解和控制。

1. "允许偏离"概念的内涵

1）检测/校准实验室质量体系文件是按评审准则或 ISO/IEC 17025 标准编写的，企业的计量检测体系文件是按 ISO 10012—2003《测量管理体系》的要求编写的，描述各自运行的政策和程序。检测/校准工作都是依据标准、规范进行，证书/报告都是按照检测/校准实验室质量体系文件要求和顾客的特定要求出具。但是在实际工作中，常常会遇到一些特殊的原因和情况，对这些原因和情况，按照不降低质量要求的原则，进行分类判断，以不同的方式处理不同的偏离问题，从而引入了"允许偏离"的概念。

2)"允许偏离"是对偏离了原来的规定要求的检测/校准工作,在保证质量要求的原则下,对检测/校准工作的规定进行一定的调整、修订并经批准,经用户同意后进行使用或放行。这种通过申请、验证和审批的调整、修订称为"允许偏离"。

3)"允许偏离"的状态分为:检测/校准方法的偏离、检测/校准结果不满足预期使用要求的偏离(如允许误差等)、检测/校准设备超过了原来的确认间隔的偏离、校准环境的偏离、质量体系程序文件的偏离、合同的偏离、抽样的偏离等。

4)"允许偏离"与不符合的区别。所谓不符合即"未满足要求",实际上是指检测/校准工作不符合规定的标准、规范、规程、程序及客户同意的要求,从而导致了检测/校准过程的不符合与检测/校准结果的不符合。对不符合的控制,一般包括判定、标识、记录、评审和处理等。而"允许偏离"是有条件的、可控制的,是在不影响检测/校准工作质量的前提下,对原来的规定的要求、政策和程序做了一些必要的调整、修改、延伸、扩展、补充,只有在已被规定的情况下,经技术判断、授权批准和客户同意后才允许发生。

由此可见,不符合是不允许发生的,"允许偏离"是在测量设备、测量结果和产品质量有保障的条件下允许发生的"偏离"。而未经文件化规定并批准的偏离,可以作为不符合项来处理。

2."允许偏离"的发生条件和原则

1)要保证检测/校准工作的质量,测量数据准确,产品性能不受影响。

2)应有文件化的规定并可控。

"允许偏离"是有条件的,它只有在下列情况下允许发生。

① 经过技术分析、论证、验证、评审、确认等程序,证明该偏离不会对检测/校准工作产生不可接受的影响。

② 在相关文件中明确规定允许偏离的程度和范围。

③ "允许偏离"的文件应申报原因、阐明理由,经批准发布并授权。

④ 必须受到有效的监督。

⑤ 必须在客户同意(必须是书面同意)的偏离范围内。

⑥ 应做出详细的记录,保持其客观性和可追溯性。

3)"允许偏离"的发生是有条件的,可控制的、有原则的,否则就会被看作"不符合/不合格"并纳入"不符合检测/校准工作控制"管理。

"允许偏离"的发生只是一般检测/校准工作的例外情况,不适用于强制性标准及重大检验(如仲裁检验)。

3."允许偏离"的实施要求

(1)"允许偏离"程序的编写　程序是"为进行某项活动或过程所规定的途径"。程序文件是为控制各项影响质量的活动而制定的相关文件,是员工的行业规范和工作准则。因此程序文件应简练、明确、易懂、便于操作,其结果和内容如下。

1)目的:应阐明为什么要开展此项活动。

2)范围:使用范围,即开展此项活动所涉及的方面。

3)职责:由谁(或部门)实施此项程序,明确其职责和权力(如申请、分析、论证、验证、评审、确认、批准、监督等)。

4）工作流程：列出活动顺序和细节，明确各环节的"输入—转换—输出"，包括"允许偏离"的原则、控制、有效的监督、出现可疑或潜在不符合的处理、检测/校准报告中应说明以及必须征求用户的意见等内容。

5）引用文件和表格：开展此项活动涉及的文件、引用标准/规范及必要的质量记录表格（如允许偏离申请表、评审表等）。

6）活动记录的归档保存及存放期限。

（2）"允许偏离"的实施

1）检测/校准方法的偏离：在检测/校准过程中常遇到由于所使用的检测/校准设备与确认的方法中所述的检测/校准设备、检测过程、步骤、检测/校准项目及测量次数有一定的偏离，则应制定"允许偏离"的文件化的规定，填写"允许偏离处理单"。对方法的任何偏离均应予以阐明，并附有支持性理由，以便确认评审，且经技术管理层批准，客户同意才允许发生偏离。

2）设备检定周期的偏离：在实际工作中，由于某些特定的情况，比如遇到紧急任务或是在做产品寿命试验时，遇到超负荷的检测/校准任务，比如临时分包等使用了超过检定周期的测量设备，这种情况就偏离了质量体系文件的相关规定，那就应该按"允许偏离"程序做好相应的工作，填写"测量设备延长检定周期申请单"，经有关部门会签并批准，然后实施。但一定要做好相应的事后补救工作，超期的测量设备用完后，一定要送计量部门检定/校准，假如检定/校准超差，应填写"测量设备超差追溯单"，对测量结果进行追溯处理。

3）设备允许误差的偏离：如果经检定/校准，发现测量设备超差，不能满足预期使用的要求，则需进行第二次调整或修理以及随后的检定/校准；如果确定其还是不能满足规定要求，则该测量设备的准确度偏离了质量体系文件的相关规定；但在"允许偏离"程序中应规定，经调整或修理以及随后的再检定/校准结果满足下一等级的计量特性的要求，经用户同意就可降级使用，其结果应在原始记录及报告/证书中说明，以保证检定/校准工作的质量，以继续发挥测量设备使用价值。

4）校准环境的偏离：校准条件是直接影响报告/证书质量的要求，在检定/校准过程中，当标准工作间环境条件不符合该计量检定规程、规范或标准方法要求时，在"允许偏离"程序中规定，检定和校准人员应按规定要求做必要的修正。如：在测量量块长度时，由于被测量块和标准量块（或仪器所配备的其他长度表等）温度偏离标准状态时，应引入修正量，还有压力、标准电阻、温度仪表等校准项目温度偏离标准状态时应引入修正量。

5）合同的偏离：合同主要是在客户的期望要求得到充分理解后做出决定，予以实施和保持。在合同期间如果发现客观条件的变化需要偏离合同，应在"允许偏离"程序中予以规定，在偏离发生前，将可能偏离的情况及时通知客户，并取得客户书面确认，然后对需要修改的合同内容，按程序重新进行评审，并将修改内容通知所有受到影响的人员，防止工作差错造成损失。

总而言之，在日常检测/校准工作中出现偏离的原因和情况很多，比如还有程序文件的偏离、抽样的偏离等，但一定要分清"允许偏离"是在测量设备、测量结果和产品质量有保障的条件下允许发生的"偏离"，应以文件规定为准。

三、《认可准则》"抽样"

（一）"抽样"原文

> 7.3　抽样
>
> 7.3.1　当实验室为后续检测或校准对物质、材料或产品实施抽样时，应有抽样计划和方法。抽样方法应明确需要控制的因素，以确保后续检测或校准结果的有效性。在抽样地点应能得到抽样计划和方法。只要合理，抽样计划应基于适当的统计方法。
>
> 说明：本准则中，抽样包含采样和取样。
>
> 7.3.2　抽样方法应描述：
>
> a）样品或地点的选择；
>
> b）抽样计划；
>
> c）从物质、材料或产品中取得样品的制备和处理，以作为后续检测或校准的物品。
>
> 注：实验室接收样品后，进一步处置要求见7.4的规定。
>
> 7.3.3　实验室应将抽样数据作为检测或校准工作记录的一部分予以保存。相关时，这些记录应包括以下信息：
>
> a）所用的抽样方法；
>
> b）抽样日期和时间；
>
> c）识别和描述样品的数据（如编号、数量和名称）；
>
> d）抽样人的识别；
>
> e）所用设备的识别；
>
> f）环境或运输条件；
>
> g）适当时，标识抽样位置的图示或其他等效方式；
>
> h）对抽样方法和抽样计划的偏离或增减。

（二）要点理解

在某些情况下，抽样过程是整个检测（或校准）过程中的重要环节，也可能是构成检测（或校准）测量总不确定度中的一个重要分量。实验室应努力分析抽样的不确定度贡献大小。实验室必须重视并确保检测的抽样工作是由有足够技术水平的人员依据已经批准的抽样程序和正规的抽样方案计划来进行的。如果实验室不直接负责抽样，或不能保证从批量产品中抽取的样品具有足够充分的代表性，实验室应在报告上做出如下声明："实验结果仅适用于所收到的样品（件）。"一方面可以规避风险、保护自己，另一方面也是向社会及客户表明客观事实，防止结果被误导误用。通常抽样是指取出具有整体代表性的样品的过程，其过程应基于有效的统计学方法，而取样是指依据专业能力获取部分或全部样品的过程，取样过程一般不涉及统计学方法。

只要实验室有可能涉及抽样，不能轻易将要素"抽样"裁剪掉，因为《认可准则》7.3是指导并考核抽样工作的重要原则。如果实验室暂时还没有"抽样"工作，则这些原则要求可以暂时不予考核。

《认可准则》"抽样"要素对应2006版的5.7。抽样是取出物质、材料或产品的一部分作为其整体的代表性样品进行检测或校准的一种规定程序。抽样也可能是由检测或校准该物质、材料或产品的相关规范所要求的。某些情况下（如法庭科学分析），样品可能不具备代表性，而是由其可获性所决定。

1.《认可准则》7.3.1 条款要点

7.3.1 条款对应 2006 版的 5.7.1。

本条款要求当实验室为后续检测或校准而对物质、材料或产品进行抽样时，应有抽样计划和方法。抽样方法应明确需要控制的因素，以确保随后检测或校准结果的有效性。在抽样的地点应能够得到抽样计划和方法。只要合理，应根据适当的统计方法制定抽样计划。

抽样是检测/校准全过程众多环节中的重要一环，实验室应努力分析抽样对检测/校准结果不确定度的影响，抽样过程应注意需要控制的因素，以确保检测和校准结果的有效性。

本条款要求实验室应建立相应的抽样计划和方法。抽样计划和方法因样品的不同而有所不同。实验室可以根据其检测样品的类别和特性，制定相应抽样计划和方法并形成文件，应在抽样现场随时可得。抽样计划和方法需得到确认，可以与检测全程进行比较，定出有代表性的抽样量。抽样应按照预先制定的计划和方法进行。

本条款还着重指出抽样的检查方法是建立在概率统计理论基础上的，即以"假设和检验"作为理论依据。抽样检查所研究的问题：一是如何从批次中抽取样品，即应采取什么样的"抽样方式"；二是应该从批次中抽取多少单位产品，即应取的"样本大小"；三是如何根据样本的质量数据判定批次是否合格，即怎样预先规定"判定规则"。"样本大小"和"判定规则"构成一个"抽样方案"，因此抽样研究可以归纳为：采用什么样的抽样方式才能保证抽样的代表性，以及如何设计合理的抽样检查方案。一般都以简单随机抽样作为前提，即每一个样本都有同样的机会被抽中，可利用随机数表生成或用其他适当的统计学方法进行。在此前提下，重点研究抽样方案的设计。

根据本条款的要求，抽样时，确定检验批次应注意样品的均质性和来源，尽可能抽取完整包装。如果是从大包装中抽样，需要破坏样品原有的完整性，应特别小心不要对样品造成污染。如果产品分为若干不同的质量档次或来源，应将质量档次或来源相同的样品划分在一起，组成若干分批，然后由这些分批按分层随机抽样法抽样。如果样品非冷藏易腐，应迅速将所抽样品冷却至（0~4）℃。对于冷冻样品，在送达实验室前，要始终保持处于冷冻状态。样品一旦融化，不能使其再冻，保持冷却即可。样品如果是在内部实验室进行检测，应马上开始检测工作。如果在外部实验室检测，涉及样品的运输，可参见《认可准则》6.4.2，还应注意样品的运输工作和运输线路（道路应平整，防止颠簸引起包装破裂）、储存条件（温度、光照、密封性等），以保证样品特性不会发生改变，从而确保检测结果的准确有效。

CNAS-CL01-G001:2018《CNAS-CL01〈检测和校准实验室能力认可准则〉应用要求》中 7.3.1 规定：

a）如果实验室仅进行抽样，而不从事后续的检测或校准活动，CNAS 将不认可该抽样项目。

b）实验室如需从客户提供的样品中取出部分样品进行后续的检测或校准活动时，应有书面的取样程序或记录，并确保样品的均匀性和代表性。

抽样除包含从一个批次抽取样品的活动外，还包含检测领域常用的概念"采样"和"取样"。

2.《认可准则》7.3.2 条款要点

《认可准则》7.3.2 条款对应 2006 版的 5.7.1 注 2。

本条款规定了抽样方法应予以详细描述的信息。抽样方法应包括抽取样品或位置的选择；抽样计划；从物质/材料或产品中取得样品的制备和处理，以作为随后检测或校准的物品。实验室接收样品后，进一步处理要求见《认可准则》7.4 的规定。

3.《认可准则》7.3.3 条款要点

《认可准则》7.3.3 条款对应 2006 版的 5.7.3。

本条款要求实验室应将抽样数据作为检测或校准工作的一部分保留记录。这些记录应包括以下相关信息：所用的抽样方法；抽样日期及时间；识别和描述样品的数据（如编号、数量和名称）；抽样人识别信息；所用设备的识别；环境或运输条件；适当时，识别抽样位置的图示或其他等效方式；与抽样方法和抽样计划的偏离或增减等内容。这些内容可取舍，《认可准则》强调了记录抽样时间，主要是针对不稳定样品对时间有要求；记录抽样的环境或运输条件，是针对有些样品对环境或运输条件有特殊要求，如冷链运输与保存。

当抽样作为检测/校准工作的一部分时，实验室应记录与抽样有关的资料和操作。抽样记录除上述内容外，必要时应有抽样位置的图示或其他等效方法（如简图、草图或照片等），如果合适，还应包括抽样方法所依据的统计方法。实验室应将抽样有关的资料和信息传递至后续活动和过程（参见《认可准则》7.8.3.2）。

（三）评审重点

如果实验室活动涉及抽样活动，则评审员应按照《认可准则》和相应程序的要求进行评审，并重点关注以下内容：

1）抽样过程的控制程序和抽样计划的完整性与适应性：当实验室需要为后续的检测或校准对物质、材料或产品进行抽样时，是否制定控制程序、抽样计划和方法；抽样计划是否根据相关标准规范或适当的统计方法来制定；抽样方法和抽样过程的因素控制是否科学恰当，能否确保后续检测或校准结果的有效性。

2）抽样方法的描述是否包括抽取样品或位置的选择、抽样计划和从物质/材料或产品中取得样品的制备和处理，以及作为随后检测或校准的物品等信息。实验室接收样品后的处理要求是否满足《认可准则》7.4 的要求。

3）在与检测或校准结果有关的文件中，当客户对文件化抽样程序有偏离、增加、删减要求时，是否规定详细记录相关信息以及相关的抽样资料和操作，是否纳入相关的检测报告或校准证书及其相关记录中（详见《认可准则》7.8.2.1 n、7.8.5）；相关人员是否均已认知抽样程序变化。客户要求的偏离是否影响实验室的诚信和结果的有效性，实验室是否采取有效措施以防止此类风险的发生。

4）当抽样作为检测或校准工作的一部分时，实验室是否有程序规定记录与抽样有关的数据资料和操作；评审记录数据资料是否齐全，是否包含《认可准则》7.3.3 所要求八项信息，能否保证抽样活动的可追溯性，并以此判断抽样活动的有效性。

（四）专题关注——抽样和取样

实验室日常运行和现场评审中应特别关注抽样和取样不同内涵及控制要求。

1. 抽样和取样概念的内涵

（1）抽样　抽样是抽出物质、材料或产品的一部分作为其整体的代表性样品进行检测/校准的一种规定程序。抽样的基本特点是其具有代表性和随机性。与进行整体调查或 100% 检验相比，适宜的抽样能够大大地节约时间、资金和人力。抽样过程应基于有效的统计学方法。取样是指依据专业能力获取部分或全部样品的过程，取样过程一般不涉及统计学方法。

抽样可分为验收抽样和调查抽样。

验收抽样，是指对检查批次进行抽样检查，以确定该批次是否符合规定的要求，以决定对该批次是接收还是拒收。

调查抽样用于估计总体的某个或多个特性值或估计这些特性在总体中是如何分布的枚举研究或分析研究。监督抽样、生产抽样属于调查抽样。

监督抽样检查是一项独具特点的宏观质量管理工作，其目的是利用统计抽样检查方法对产品质量进行宏观调控。

（2）取样　取样是指依据专业能力获取部分或全部样品的过程。取样过程一般不涉及统计学方法，样品可能不具备代表性。取样样品的代表性通常是由其可获得性决定的。

2. 抽样的方法

（1）简单随机抽样　从含有 N 个个体的总体中抽取 n 个个体，使包含有 n 个个体的所有可能的组合被抽取的可能性都相等。

（2）分层随机抽样　从各层中按比例随机抽样。如果一个批次是由质量明显不同的几个部分所组成，则可以将其分成若干层，使层内的质量较为均匀，而层间的差异较为明显。

（3）系统随机抽样　如果一个批次的产品可按一定的顺序排列，并可将其分为数量相当的几个部分，此时，从每个部分按简单的随机抽样方法确定相同位置，各抽取一个单位产品构成一个样本。

（4）分段随机抽样　如果先将一定数量的单位产品包装在一起，再将若干个包装单位（例如若干箱）组成批次时，为了便于抽样，此时可采用分段随机抽样的方法。

抽样过程应基于有效的统计学方法。

3. 实验室对抽样的控制要求

1）具有抽样工作所依据的标准或方法，具有完整和适用的抽样程序和抽样计划。抽样计划应根据相关标准规范或适当的统计技术来制定；抽样过程应注意控制的因素；抽样结果应能确保检测/校准结果的有效性。

2）抽样人员在上岗工作前应经过岗位培训和能力确认。对新进、在培人员的培训和能力确认时，应关注其抽样的能力。

3）某些检测专业或项目对于抽样有较高或特殊要求的，或有关抽样的方法不够细化或明确的，应制定作业指导书。

4）当客户对文件化的抽样程序有偏离、增加、删减要求时，这些要求应与相关抽样资料一起被详细记录，并纳入检测/校准报告和有关的文件中，并告知相关人员。

5）抽样记录或数据资料应齐全，这些记录应包括所用的抽样程序、抽样人的识别、环境条件（如果相关），必要时应有抽样位置的图示或其他等效方法，且能保证抽样活动的可追溯性，并以此判断抽样活动的有效性。

四、《认可准则》"检测或校准物品的处置"

（一）"检测或校准物品的处置"原文

> 7.4　检测或校准物品的处置
>
> 7.4.1　实验室应有运输、接收、处置、保护、存储、保留、清理或返还检测或校准物品的程序，包括为保护检测或校准物品的完整性以及实验室与客户利益需要的所有规定。在物品的处置、运输、保存/等候和制备过程中，应注意避免物品变质、污染、丢失或损坏。应遵守随物品提供的操作说明。
>
> 7.4.2　实验室应有清晰标识检测或校准物品的系统。物品在实验室负责的期间内应保留该标识。标识系统应确保物品在实物上、记录或其他文件中不被混淆。适当时，标识系统应包含一个物品或一组物品的细分和物品的传递。
>
> 7.4.3　接收检测或校准物品时，应记录与规定条件的偏离。当对物品是否适于检测或校准有疑问，或当物品不符合所提供的描述时，实验室应在开始工作之前询问客户，以得到进一步的说明，并记录询问的结果。当客户知道偏离了规定条件仍要求进行检测或校准时，实验室应在报告中做出免责声明，并指出偏离可能影响的结果。
>
> 7.4.4　如物品需要在规定环境条件下储存或状态调置时，应保持、监控和记录这些环境条件。

（二）要点理解

物品（样品）指实验室按合同要求实施检测/校准的实物对象。它可以是按程序抽取的物品（样品），也可以是按合同规定由客户选送的物品（样品）。为保证检测/校准结果诚实、完整地反映物品（样品）的本身属性，达到检测/校准数据的一致、可比，实验室必须有程序保证在物品（样品）运输、接收、处置、保护、存储、保留、处理或归还整个过程保护物品（样品）的完整性。同时，对客户提供的物品（样品）及其相关资料，尤其是专利物品（样品）及相关资料，应按客户要求对其机密加以保护。实验室应对其加以唯一标识确保不混淆，并按程序严格保护其完整性和所有权。

本要素对应2006版的5.8，是有关检测和校准物品的处置要求。检测和校准物品（样品）的处置是实验室活动全过程的重要一环。本要素共有4条，涉及实验室的样品管理程序，对样品的标识系统、样品的接收、样品的存放和处置等方面的要求。

1. 《认可准则》7.4.1条款要点

《认可准则》7.4.1条款对应2006版的5.8.1和5.8.4。

本条款要求实验室应有运输、接收、处置、保护、存储、保留、清理或返还检测或校准物品的程序，包括为保护检测或校准物品的完整性以及实验室与客户利益需要的所有规定。在处置、运输、保存/等候、制备、检测或校准过程中，应注意避免物品变质、污染、丢失或损坏。应遵守随物品提供的操作说明。样品是实验室的"料"，同时也是实验室的"客户财产"，保护其完整性不仅是检测/校准的需要，也是保护客户机密和所有权的需要以及实验室证明诚信服务的需要。当一个检测或校准样品或其一部分需要安全保护时，实验室应有存放和确保安全的具体措施，以保护该样品或其有关部分的状态和完整性。所谓"完整性"包括法律上的完整性（如保护客户的机密和所有权）、实物（尤其是其检测/校准特性的）

完整性以及过程的完整性，实验室应根据客户（包括法定管理部门）的规定，不能随意偏离。《认可准则》增加了样品归还的要求。即使客户在合同中没有声明，实验室也要将样品完整归还给客户（破坏性试验除外）。样品是实验室的"客户财产"，保护其完整性不仅是检测/校准工作的需要，也是保护客户机密和所有权的需要以及实验室证明其诚信服务的需要。通常情况下，保护样品安全的理由可能出于记录、安全或价值的原因，或是为了日后进行补充的检测/校准等方面的考虑。在检测/校准之后还要重新投入使用的样品，如留样待测，需特别注意确保样品的处置、检验检测或存储、等待过程中不被破坏或损伤。实验室应当向负责抽样和运输样品的人员提供详细的抽样程序及有关样品存储和运输的信息，包括影响检测/校准结果的抽样因素的信息。

CNAS-CL01-G001：2018《CNAS-CL01〈检测和校准实验室能力认可准则〉应用要求》中7.4.1规定，已检测或校准过的样品处理程序应保障客户的信息安全，确保客户的所有权和专利权。适当时，实验室应在合同评审时明确对样品的处理方式。

CNAS-CL01-A025：2018《检测和校准实验室能力认可准则在校准领域的应用说明》中7.4.1规定，被校测量设备的操作面板以及其他外部可触及的部位上如果有调整装置（如调校器），且该装置仅限在校准时调整，实验室在校准完成后，无论校准时是否调整该装置，应对该装置采取适当的措施以防止其被意外调整。这些措施应能提示接触或使用设备的人不得调整或改动相关调整装置，以及在下次校准时能够识别设备是否已被调整。这些措施不应破坏相关调整装置。

1）对于有些仪器，使用时本身就需要操作人员进行调整，则上述要求不适用。如某些仪器使用前对指针零位的调整。

2）本条中的"措施"，包含诸如封印、漆封、封签、铅封等。

2.《认可准则》7.4.2条款要点

《认可准则》7.4.2条款对应2006版的5.8.2。

本条款要求实验室应有清晰标识检测或校准物品的系统。物品在实验室负责的期间内应保留该标识。标识系统应确保物品在实物上、记录或其他文件中不被混淆。适当时，标识系统应包含一个物品或一组物品的细分和物品的传递。

实验室应建立样品的标识系统。这里所说的"标识系统"指的是由多种标识构成的标识体系，它包括区分不同样品的唯一性标识或区别同一样品在不同流转阶段的状态标识、样品存放区域的状态标识。如果合适，还包含样品群组的细分和样品在实验室内部甚至外部（如分包实验室）的传递。样品的标识系统应在实验室整个期间予以保留。标识系统的设计和使用应确保样品在实物上或在涉及的记录和其他文件中被提及时不会发生任何混淆。

CNAS-CL01-G001：2018《CNAS-CL01〈检测和校准实验室能力认可准则〉应用要求》中7.4.2规定，通常情况下，样品标识不应粘贴在容易与盛装样品容器分离的部件上，如容器盖，因其可能会导致样品的混淆。

3.《认可准则》7.4.3条款要点

《认可准则》7.4.3条款对应2006版的5.8.3。

本条款要求实验室接收检测或校准物品时，应记录与规定条件的偏离。当对物品是否适于检测或校准有疑问或当物品不符合所提供的描述时，实验室应在开始工作之前询问客户，以得到进一步的说明，并记录询问的结果。当客户知道偏离了规定条件仍要求进行检测或校准时，实验室应在报告中做出免责声明，并指出偏离可能影响的结果。

4.《认可准则》7.4.4条款要点

《认可准则》7.4.4条款对应2006版的5.8.4，删除了注1~注3。

本条款要求实验室对于检测/校准样品/物品，应避免在存储、处置和准备过程中发生退化、丢失或损坏。如需要在规定环境条件下储存或状态调节，应保持、监控和记录这些环境条件。

（三）评审重点

实验室认可评审员应依据《认可准则》要求和实验室样品（物品）管理程序进行评审，评审中应该重点关注以下内容：

1）实验室样品（物品）管理程序的完整性、适宜性：实验室是否建立和保持了样品管理程序，样品的管理程序是否完整、适宜，能否保证在样品（物品）运输、接收、处置、保护、存储、保留、清理或返还整个过程保护样品（物品）的完整性。

2）实验室是否有程序和设施来确保样品（物品）在实验室中的处置、运输、保存/等候和制备的全过程中，不会发生变质、污染、丢失或损坏；是否遵守随样品（物品）提供的说明书的要求。当样品（物品）需要在规定的环境条件下存放或状态调节时，实验室是否保持、监控并记录这些环境条件。

3）实验室样品（物品）管理程序实施的有效性评审。

① 实验室是否有清晰标识样品（物品）的系统，样品（物品）在实验室的整个期间是否保留了标识；样品（物品）标识系统的设计是否科学合理（标识系统包括唯一性标识、流转阶段状态标识，必要时还含样品群组细分标识），是否能确保样品（物品）在实物上、记录或其他文件中不会被混淆。

② 接收过程中样品（物品）适用性检查记录（尤其是样品的异常情况或样品对有关规定条件或方法、标准偏离的记录）是否详细充分，对样品（物品）适用性有疑问时是否在工作之前询问客户以得到解决并予以详细记录。当客户知道样品（物品）偏离了规定条件仍要求进行检测或校准时，实验室是否在报告中做出明确的免责声明，是否指出偏离可能影响的结果。

③ 保护样品（物品）完整性的相关规定是否得到执行；保护客户（机密等）和实验室（有限责任）权益的措施规定是否得到实施；专利、机密样品的处理或归还过程能否保证保护客户机密。

五、《认可准则》"技术记录"

（一）"技术记录"原文

7.5 技术记录

7.5.1 实验室应确保每一项实验室活动的技术记录包含结果、报告和足够的信息，以便在可能时识别影响测量结果及其测量不确定度的因素，并确保能在尽可能接近原条件的情况下重复该实验室活动。技术记录应包括每项实验室活动以及审查数据结果的日期和责任人。原始的观察结果、数据和计算应在观察或获得时予以记录，并应按特定任务予以识别。

7.5.2 实验室应确保技术记录的修改可以追溯到前一个版本或原始观察结果。应保存原始的以及修改后的数据和文档，包括修改的日期、标识修改的内容和负责修改的人员。

（二）要点理解

记录（record）是阐明所取得的结果或提供所完成活动的证据的文件。记录是为已完成的活动或所取得的结果提供客观证据的文件，这就是说它应对"已完成活动"从开始到其结束的全过程运作进行记录；或对"所取得的结果"从初始启动条件直到结果产生的全过程操作进行记录，以证实活动的规范、保证结果的可靠。因此活动关键过程的运作条件、方法程序、发生的过程现象等，均应予以记录，以便为可追溯性提供文字依据，为验证纠正措施、应对风险和机遇的措施提供证据。

《认可准则》将记录分成两种：第一种称为质量记录，第二种称为技术记录。

1）质量记录指实验室管理体系活动中的过程和结果的记录，包括合同评审、分包控制、采购、内部审核、管理评审、纠正措施、应对风险和机遇的措施和投诉等记录。

2）技术记录指进行检测/校准活动的信息记录，应包括原始观察、导出数据、与建立审核路径有关信息的记录，检测/校准环境条件控制、人员、方法确认、设备管理、样品和质量控制等记录，也包括发出的每份检测/校准报告或证书的副本。

为了确保记录足够、充分信息，实验室应根据所进行的检测、校准、抽样工作以及质量管理体系的不同要求设计不同的质量管理记录表格和技术活动记录表格。表格中所要求填写的内容应满足信息足够和方便使用的原则，并经审核和批准。应定期评审其必要性、充分性和可追溯性，并不断改进完善。实验室应有记录格式的控制清单，在批准启用新格式时，原有的老格式应予以废止。

本要素对应 2006 版 4.13.2，是有关技术记录的要求，《认可准则》将技术记录的条款升格为要素。技术记录是记载实验室活动过程中检测/校准数据、结果等证实性文件，是实验室一切工作的有效证明，即它是阐明所取得的结果或提供所完成活动证据性文件。它为可追溯性提供证据，也是实验室活动结果的表达方式之一，是活动已经发生及其效果的证据。例如实验室对所有仪器进行了校准并形成记录，那么仪器校准这一活动的结果就可在记录上表达出来，仪器校准这一活动就可追溯，如果没有记录，所有活动的可追溯性就无从谈起。记录应实时书写，保证与实际情况一致。不得补记（防止有记忆性错误或抄写错误），也不能随意涂改，这些都使记录的真实性和可靠性受到质疑。记录的终极使命是作为证据，对内是实验室能力的表现依据，是实验室持续改进的行动依据，是实验室运行是否良好的证据；对外是发生纠纷时的法律证据，表明实验室是否正确履行自己的职责。

1.《认可准则》7.5.1 条款要点

《认可准则》7.5.1 条款对应 2006 版的 4.13.2.1 和 4.13.2.2。

实验室应确保每一项实验室活动的技术记录包含结果、报告和足够的信息，以便在可能时识别影响测量结果及其测量不确定度的因素，并确保能在尽可能接近原条件的情况下重复该实验室活动。技术记录应包括每项实验室活动以及审查数据结果的日期和责任人。原始的观察结果、数据和计算应在观察或获得时予以记录，并应按特定任务予以识别。

CNAS-CL01-G001：2018《CNAS-CL01〈检测和校准实验室能力认可准则〉应用要求》中 7.5.1 有以下规定。

1）实验室应确保能方便获得所有的原始记录和数据，记录的详细程度应确保在尽可能接近条件的情况下能够重复实验室活动。只要适用，记录内容应包括但不限于以下信息：

① 样品描述。

② 样品唯一性标识。

③ 所用的检测、校准和抽样方法。

④ 环境条件，特别是实验室以外的地点实施的实验室活动。

⑤ 所用设备和标准物质的信息，包括使用客户的设备。

⑥ 检测或校准过程中的原始观察记录以及根据观察结果所进行的计算。

⑦ 实施实验室活动的人员。

⑧ 实施实验室活动的地点（如果未在实验室固定地点实施）。

⑨ 检测报告或校准证书的副本，指实验室发给客户的报告或证书版本的副本，可以是纸质版本或不可更改的电子版本，其中应包含报告或证书的签发人、认可标识（如使用）等信息。

⑩ 其他重要信息。

2）实验室应在记录表格中或成册的记录本上保存检测或校准的原始数据和信息，也可直接录入信息管理系统中，也可以是设备或信息系统自动采集的数据。对自动采集或直接录入信息管理系统中的数据的任何更改，应满足《认可准则》7.5.2的要求。

① 原始记录为试验人员在试验过程中记录的原始观察数据和信息，而不是试验后所誊抄的数据。当需要另行整理或誊抄时，应保留对应的原始记录。

② 实验室不能随意用一页白纸来保存原始记录。

CNAS-CL01-A025：2018《检测和校准实验室能力认可准则在校准领域的应用说明》中7.5.1规定：

1）校准记录应包含所用测量标准的名称、唯一性编号、溯源信息、校准条件等必要的信息。

2）校准人员的校准结果必须经过校核人员的核验。校准人员不应作为校核人员核验自己的工作。

2.《认可准则》7.5.2条款要点

《认可准则》7.5.2条款对应2006版的4.13.2.3。

本条款要求实验室应确保技术记录的修改可以追溯到前一个版本或原始观察结果。应保存原始的以及修改后的数据和文档，包括修改的日期、标识、修改的内容和负责修改的人员。

实验室应保存的技术记录有原始观察、导出数据和建立审核路径的充分信息的记录、校准记录、员工记录以及发出的每份检测报告/校准证书的副本等。

每项检测/校准的记录应包含充分的信息，信息充分性的判据是：能否在可能时识别不确定度的影响因素，能否确保该检测/校准在尽可能接近原条件的情况下重现，这两条判据也显示了技术记录特有的作用。每份技术记录至少应包括每项实验室活动的操作人员和结果校核人员的标识。观察结果、数据和计算应在产生的当时予以记录，不允许追记、整理、重抄。这些记录还要能按照特定任务分类识别，以便确定其属于某项具体任务。

CNAS-CL01-G001：2018《CNAS-CL01〈检测和校准实验室能力认可准则〉应用要求》对这部分的进一步解释是：

实验室应在记录表格中或成册的记录本上保存检测或校准的原始数据和信息，也可直接录入信息管理系统中，也可以是设备或信息系统自动采集的数据。对自动采集或直接录入信息管理系统中的数据的任何更改，应满足 7.5.2 的要求。

注1：原始记录为试验人员在试验过程中记录的原始观察数据和信息，而不是试验后所誊抄的数据。当需要另行整理或誊抄时，应保留对应的原始记录。

注2：实验室不能随意用一页白纸来保存原始记录。

CNAS-CL01-A025：2018《检测和校准实验室能力认可准则在校准领域的应用说明》中 7.5.2 有以下规定：

1）当用电子方式储存记录时，对记录的修改应由授权人员进行，并记录修改人、修改时间、修改前和修改后的内容，必要时，应注明修改的原因。

2）当使用电子方式记录或（和）存储原始记录时，应满足以下要求：

① 自动校准或测量系统（装置）通过电子等自动方式生成的原始记录，应有措施防止其被人为修改。

② 校准过程中，将原始观察数据经人工直接输入到计算机或其他自动存储设备中生成的原始记录，一般情况下，应由原校准人员或其授权的人员修改。

③ 先在纸质材料上记录原始观察数据，再输入计算机或其他自动存储设备中生成的校准记录，应同时保存原纸质记录或通过扫描、复印、照相等方式转化为电子记录保存。

（三）评审重点

技术记录是实验室完成的活动或达到的结果的客观证据，因此是评审评价实验室活动及其结果质量的最重要要素之一。评审组长及其他成员必须对所评审每一领域的各项记录，综合本要素和《认可准则》8.4 "记录控制"的全部要求进行全面系统评审，特别是对某些记录数量特别多的实验室可根据科学合理的抽样方案进行抽样评审，并重点关注：

1）实验室是否编制了技术记录的控制要求或程序，并评价其完整性与适应性。

2）各类技术记录表格的栏目内容是否符合信息足够的原则，是否方便使用，是否包含所用方法等相关的信息。技术记录填写是否正确、完整、清晰、明了、实时（无追记、补记、重抄等）。技术记录是否按特定任务予以识别，是否包括实验室活动以及审查数据结果的日期和责任人（包括抽样人员、每项检测/校准人员和结果校核人员的签字或等效标识）等信息。

3）技术记录差错的更改是否符合规定要求，是否采用杠改方式；修改是否可追溯到前一个版本或原始观察结果，是否按要求保存原始的以及修改后的数据和文档，是否清晰标识修改的日期、修改的内容和负责修改的人员等信息。

4）技术记录的保存期是否都有明确的规定，是否符合合同义务、CNAS-CL01-G001：2018《CNAS-CL01〈检测和校准实验室能力认可准则〉应用要求》8.4.2 和 CNAS-CL01-A025：2018《检测和校准实验室能力认可准则在校准领域的应用说明》8.4.2（若适用）的相关需求。

5）技术记录保存的环境是否符合要求。技术记录是否进行了很好的分类，存取是否方便。技术记录的保存、提取使用是否都做到了妥善（安全）保护和保密。

6）实验室是否有控制要求或程序保护电子形式存储的记录，能否防止未经授权的侵入和修改。

（四）专题关注——实验室文件与记录的控制

实验室在日常运行和现场评审中应系统关注实验室文件与记录的控制情况。

1. 相关概念的内涵和要求

（1）过程（process）　利用输入产生预期结果的相互关联或相互作用的一组活动。

1）过程的"预期结果"称为输出，还是称为产品或服务，需随相关语境而定。

2）一个过程的输入通常是其他过程的输出，而一个过程的输出又通常是其他过程的输入。

3）两个或两个以上相互关联和相互作用的连续过程也可作为一个过程。

4）组织为了增值通常对过程进行策划并使其在受控条件下运行。

5）对形成的输出是否合格不易或不能经济地进行确认的过程，通常称之为"特殊过程"。

这是 ISO/IEC 导则第 1 部分的 ISO 补充规定的附件 SL 中给出的 ISO 管理体系标准中的通用术语及核心定义之一，最初的定义已经被修订，以避免过程和输出之间循环解释，并增加了上述 1）~5）。

（2）程序（procedure）　为进行某项活动或过程所规定的途径。程序可以形成文件，也可以不形成文件。

（3）客体 object（entity，item）　可感知或可想象到的任何事物。客体可能是物质的（如：一台发动机、一张纸、一颗钻石），非物质的（如：转换率、一个项目计划）或想象的（如：组织未来的状态）。

示例：产品、服务、过程、人员、组织、体系、资源。

（4）数据（data）　关于客体的事实。

（5）信息（information）　有意义的数据。

（6）客观证据（objective evidence）　支持某事物存在或真实性的数据。

1）客观证据可通过观察、测量、试验或其他手段获得。

2）用于审核目的的客观证据，通常由与审核准则相关的记录、事实陈述或其他信息所组成并可验证。

（7）信息系统（information system）　组织内部使用的通信渠道网络。

（8）文件（document）　信息及其载体，如：记录、规范、程序文件、图样、报告、标准。

1）载体可以是纸张，磁性的、电子的、光学的计算机盘片，照片或标准样品，或它们的组合。

2）一组文件，如若干个规范和记录，英文中通常被称为"documentation"。

3）某些要求（如易读的要求）与所有类型的文件有关，然而对规范（如修订受控的要求）和记录（如可检索的要求）可以有不同的要求。

（9）形成文件的信息（documented information）　组织需要控制并保持的信息及其载体。

1）形成文件的信息可以任何格式和载体存在，并可来自任何来源。

2）形成文件的信息可涉及：管理体系，包括相关过程；为组织运行而创建的信息（一组文件）；实现结果的证据（记录）。

这是 ISO/IEC 导则第 1 部分的 ISO 补充规定的附件 SL 中给出的 ISO 管理体系标准中的通用术语及核心定义之一。

（10）规范（specification）　阐明要求的文件，如质量手册、质量计划、技术图纸、程序文件、作业指导书。

1）规范可能与活动有关（如：程序文件、过程规范和试验规范）或与产品有关（如：产品规范、性能规范和图样）。

2）规范通常陈述要求，也可以陈述设计和开发实现的结果。因此在某些情况下，规范也可以作为记录使用。

（11）记录（record） 阐明所取得的结果或提供所完成活动的证据的文件。

1）记录可用于正规化可追溯性活动，并为验证、预防措施和纠正措施提供证据。

2）通常记录不需要控制版本。

2. 数据和信息的区别

数据和信息是有区别的，但在日常应用中常常会被混淆。数据是作为论据的事实、讨论的材料（资料），既可以是文字、数字或其他符号（如￥），也可以是图像、声音或味道。数据可以是由"感觉器官"接受并感觉到的一组数量、行动和目标的非随机的可鉴别的符号。"数据"好比"原料"，经过处理后变成对决策或行动有价值的"成品"才称之为"信息"。信息是社会概念，它是人类共享的一切知识、学问以及客观现象经加工提炼出来的各种消息总和。信息是有意义的数据，是经过加工后对实体的行为能产生影响的数据。

实验室应根据所进行的检测、校准、抽样工作以及管理体系的不同要求设计不同的质量管理记录表格和技术活动记录表格。表格栏目中所要求填写的内容应满足信息充分的原则，并经审核和批准。应定期评审其必要性、充分性和可追溯性，并不断改进完善。实验室应有记录表格的控制清单，在批准启用新表格时，原有的老表格应予以废止。

3. 文件和记录的区别

从根本上讲，文件用来描述或规定如何做，并且可以随时随地根据需要、按规定进行修改，以反映情况的变化；已被替代的（或被修改的）文件，若需保存，保存的文件就成了记录。而记录是某些活动的结果，是当时客观事实的陈述。记录也是文件，它是一种特殊文件。特殊之处在于记录在形成过程中可以修改（修改应杠改，不应涂擦改），记录一旦形成就不能更改，更改就变成篡改记录；文件有版本号，而记录一般没有版本号，不可能有第一版记录，第二版记录，但记录的格式是文件，是文件就应有文件号，也可有版本号。记录经常会使用表格或以表格的形式出现。表格（form）是指"用于记录质量管理体系所要求的数据的文件"，当表格中填写了数据，表格就成了记录。制定和保持表格是为了记录有关数据，以证实满足了实验室质量管理体系的要求。表格应当包括标题、标识号、修订的状态和日期。文件与记录的区别对比见表3-5。

表3-5　文件与记录的区别

文　　件	记　　录
文件：信息及其承载媒体 文件的价值：传递信息、沟通意图、统一行动文件的具体用途 1）满足顾客要求和质量改进 2）提供适宜的培训 3）重复性和可溯源性 4）提供客观证据 5）评价 QMS 有效性和持续适宜性	记录：阐明所取得的结果或提供所完成活动的证据的文件 1）记录可用以为可溯源性提供文件，并提供验证、预防措施和纠正措施的证据 2）记录通常不需要控制版本

（续）

文　件	记　录
在工作之前确定该怎样做的规定	工作之中形成的做得怎么样的证据
1）需经批准、发布 2）要保证现行有效的版本	1）无须批准，也无须发布，但需要核查 2）通常不需要控制版本
新文件发布、作废及时收回	具有耐久性，只有保存期
可随时修改，不断完善	具有即时性（原始性），一旦形成就不许更改
一般分两类：无保密要求和有保密要求	要求安全防护及保密，防止未授权人修改，电子记录还应有备份
控制编制、审批、颁布、分发、使用、更改、回收归档	控制识别、收集、检索、维护、储存、处置

4.《认可准则》对记录的控制要求

记录指的是"阐明所取得的结果或提供所完成的活动的证据的文件"，它是为已完成的活动或所取得的结果提供客观证据的文件，这就是说它应对"已完成活动"从开始到其结束的全过程运作进行记录；或对"所取得的结果"从初始启动条件直到结果产生的全过程操作进行记录，以证实活动的规范、保证结果的可靠。因此活动的关键过程的运作条件、方法程序、发生的过程现象等，均应予以记录，以便为可追溯性提供文字依据，为验证纠正措施、预防措施提供证据。记录可存于任何媒体上，例如电子媒体。

（1）记录的分类　《认可准则》将记录分成两种：质量记录和技术记录。

1）质量记录指实验室管理体系活动中的过程和结果的记录，包括合同评审、分包控制、采购、内部审核、管理评审、纠正措施、预防措施和投诉等记录。

2）技术记录指进行检测/校准活动的信息记录，应包括原始观察、导出数据和与建立审核路径有关信息的记录，检测/校准、环境条件控制、人员、方法确认、设备管理、样品和质量控制等记录，也包括发出的每份检测/校准报告或证书的副本。

（2）记录的主要特性

1）溯源性：根据所记载的信息可以追溯到检测/校准现场的状态。

2）即时性（原始性）：记录必须当时形成，在工作当时予以记录，不可以事后补记，而且应该是直接测量得到的数据，不是经过计算得到的数据。

3）充分性（包括：人、机、料、法、环、测）：记录中应包含各类人员的签名，如抽样人员、检测/校准人员、校核人员签名，也可以是签名的等效标识；应包含设备的名称、编号等信息；应包含样品的信息，如名称、标识等信息；应包含方法涉及的相关信息，如标准、客户提供的方法名称、编号、年号等；应包含必要的环境信息，如温度、湿度、大气压等；应包含核查的信息。

4）重现性：通过这份记录，当再次开展检测/校准时，能够在接近原有的条件下重复检测/校准内容及检测/校准结果。

5）规范性：记录应按照规定要求填写，不能随意修改、涂改，应该划改，在记录上能体现修改的痕迹，知道原始的记录状态。

（3）记录的管理与控制要求

1）应有唯一性标识，以便识别。

2）文字清晰、数据准确、结果明确。

3）储存保管方式应使其便于检索，并应明确可以查阅、使用的人员范围和取用手续，因为这涉及保护客户机密和所有权、保护实验室的机密和所有权等问题。

4）储存保管设施应环境适宜，应有防火、防水、防霉、防虫蛀虫咬、防盗等措施，以防止损坏、变质和丢失。

5）应明确规定记录保存期限，不同种类的记录可以有不同的保存期限，但应符合法律法规、客户、法定管理机构、认可机构以及准则规定的要求。

6）载体可以有纸质或电子媒体等不同形式。

7）应保证安全与保密。

8）电子方式储存的记录应有保护和备份程序，防止未经授权的接触或修改。

9）过了保存期的记录需要销毁时，应经过审查和批准，以免造成无可挽回的损失。

5.《认可准则》要求的记录

1）《认可准则》6.2.5 实验室应有以下活动的程序，并保存相关记录：a）确定能力要求；b）人员选择；c）人员培训；d）人员监督；e）人员授权。

2）《认可准则》6.3.3 当相关规范、方法或程序对环境条件有要求时，或环境条件影响结果的有效性时，实验室应监测、控制和记录环境条件。

3）《认可准则》6.4.13 实验室应保存对实验室活动有影响的设备记录。适用时，记录应包括以下内容：a）设备的识别，包括软件和固件版本；b）制造商名称、型号、序列号或其他唯一性标识；c）设备符合规定要求的验证证据；d）当前的位置；e）校准日期、校准结果、设备调整、验收准则、下次校准的预定日期或校准周期；f）标准物质的文件、结果、验收准则、相关日期和有效期；g）与设备性能相关的维护计划和已进行的维护；h）设备的损坏、故障、改装或维修的详细信息。

4）《认可准则》6.6.2 实验室应有以下活动的程序，并保存相关记录：a）确定、审查和批准实验室对外部提供的产品和服务的要求；b）确定评价、选择、监控表现和再次评价外部供应商的准则；c）在使用外部提供的产品和服务前，或直接提供给客户之前，应确保符合实验室规定的要求，或适用时满足《认可准则》的相关要求；d）根据对外部供应商的评价、监控表现和再次评价的结果采取措施。

5）《认可准则》7.1.8 实验室应保存评审记录，包括任何重大变化的评审记录。针对客户要求或实验室活动结果与客户的讨论，也应作为记录予以保存。

6）《认可准则》7.2.1.5 实验室在引入方法前，应验证能够正确地运用该方法，以确保实现所需的方法性能。应保存验证记录。如果发布机构修订了方法，应在所需的程度上重新进行验证。

7）《认可准则》7.2.2.4 实验室应保存以下方法确认记录：a）使用的确认程序；b）规定的要求；c）确定的方法性能特性；d）获得的结果；e）方法有效性声明并详述与预期用途的适宜性。

8）《认可准则》7.3.3 实验室应将抽样数据作为检测或校准工作记录的一部分予以保存。相关时，这些记录应包括以下信息：a）所用的抽样方法；b）抽样日期和时间；c）识别和描述样品的数据（如编号、数量和名称）；d）抽样人的识别；e）所用设备的识别；f）环境或运输条件；g）适当时，标识抽样位置的图示或其他等效方式；h）与抽样方法和抽样计划的偏离或增减。

9）《认可准则》7.4.3 接收检测或校准物品时，应记录与规定条件的偏离。当对物品是否适于检测或校准有疑问，或当物品不符合所提供的描述时，实验室应在开始工作之前询问客户，以得到进一步的说明，并记录询问的结果。当客户知道偏离了规定条件仍要求进行检测或校准时，实验室应在报告中做出免责声明，并指出偏离可能影响的结果。

10）《认可准则》7.4.4 如物品需要在规定环境条件下储存或调节时，应保持、监控和记录这些环境条件。

11）《认可准则》7.5.1 实验室应确保每一项实验室活动的技术记录包含结果、报告和足够的信息，以便在可能时识别影响测量结果及其测量不确定度的因素，并确保能在尽可能接近原条件的情况下重复该实验室活动。技术记录应包括每项实验室活动以及审查数据结果的日期和责任人。原始的观察结果、数据和计算应在观察或获得时予以记录，并应按特定任务予以识别。

12）《认可准则》7.5.2 实验室应确保技术记录的修改可以追溯到前一个版本或原始观察结果。应保存原始的以及修改后的数据和文档，包括修改的日期、标识修改的内容和负责修改的人员。

13）《认可准则》7.7.1 实验室应有监控结果有效性的程序。记录结果数据的方式应便于发现其发展趋势，如可行，应采用统计技术审查结果。

14）《认可准则》7.8.1.2 实验室应准确、清晰、明确和客观地出具结果，并且应包括客户同意的、解释结果所必需的以及所用方法要求的全部信息。实验室通常以报告的形式提供结果（例如检测报告、校准证书或抽样报告）。所有发出的报告应作为技术记录予以保存。

15）《认可准则》7.8.7.3 当以对话方式直接与客户沟通意见和解释时，应保存对话记录。

16）《认可准则》7.9.3 投诉处理过程应至少包括以下要素和方法：a）对投诉的接收、确认、调查以及决定采取处理措施过程的说明；b）跟踪并记录投诉，包括为解决投诉所采取的措施；c）确保采取适当的措施。

17）《认可准则》7.10.2 实验室应保存不符合工作和 7.10.1 条款中 b）~f）规定措施的记录。

18）《认可准则》7.11.2 用于收集、处理、记录、报告、存储或检索数据的实验室信息管理系统，在投入使用前应进行功能确认，包括实验室信息管理系统中界面的适当运行。

19）《认可准则》7.11.3 实验室信息管理系统应：a）防止未经授权的访问；b）安全保护以防止篡改和丢失；c）在符合系统供应商或实验室规定的环境中运行，或对于非计算机化的系统，提供保护人工记录和转录准确性的条件；d）以确保数据和信息完整性的方式进行维护；e）包括记录系统失效和适当的紧急措施及纠正措施。

20）《认可准则》8.4.1 实验室应建立和保存清晰的记录以证明满足《认可准则》的要求。

21）《认可准则》8.4.2 实验室应对记录的标识、存储、保护、备份、归档、检索、保存期和处置实施所需的控制。实验室记录保存期限应符合合同义务。记录的调阅应符合保密承诺，记录应易于获得。对技术记录的其他要求见《认可准则》7.5 条款。

22)《认可准则》8.6.2 实验室应向客户征求反馈，无论是正面的还是负面的。应分析和利用这些反馈，以改进管理体系、实验室活动和客户服务。反馈的类型示例包括：客户满意度调查、与客户的沟通记录和共同评价报告。

23)《认可准则》8.7.3 实验室应保存记录，作为下列事项的证据：a）不符合的性质、产生原因和后续所采取的措施；b）纠正措施的结果。

24)《认可准则》8.8.2 实验室应：a）考虑实验室活动的重要性、影响实验室的变化和以前审核的结果，策划、制定、实施和保持审核方案，审核方案包括频次、方法、职责、策划要求和报告；b）规定每次审核的审核准则和范围；c）确保将审核结果报告给相关管理层；d）及时采取适当的纠正和纠正措施；e）保存记录，作为实施审核方案和审核结果的证据。

25)《认可准则》8.9.2 实验室应记录管理评审的输入，并包括以下相关信息：a）与实验室相关的内外部因素的变化；b）目标实现；c）政策和程序的适宜性；d）以往管理评审所采取措施的情况；e）近期内部审核的结果；f）纠正措施；g）由外部机构进行的评审；h）工作量和工作类型的变化或实验室活动范围的变化；i）客户和人员的反馈；j）投诉；k）实施改进的有效性；l）资源的充分性；m）风险识别的结果；n）保证结果有效性的输出；o）其他相关因素，如监控活动和培训。

26)《认可准则》8.9.3 管理评审的输出至少应记录与下列事项相关的决定和措施：a）管理体系及其过程的有效性；b）履行《认可准则》要求相关的实验室活动的改进；c）提供所需的资源；d）所需的变更。

6.《认可准则》要求的文件和需要的程序

（1）要求的文件

1)《认可准则》5.3 实验室应规定符合《认可准则》的实验室活动范围并形成文件。

2)《认可准则》6.2.2 实验室应将影响实验室活动结果的各职能的能力要求形成文件，包括对教育、资格、培训、技术知识、技能和经验等要求。

3)《认可准则》6.3.2 应将从事实验室活动所必需的设施及环境条件要求形成文件。

4)《认可准则》6.5.1 实验室应通过形成文件的不间断的校准链将测量结果与适当参考标准相关联，建立并保持测量结果的计量溯源性，其中每次校准对测量不确定度均有贡献。

5)《认可准则》7.1.1 实验室应有要求、标书和合同评审程序。该程序应确保明确规定要求，形成文件，并被理解。

6)《认可准则》7.2.1.7 对实验室活动方法的偏离，应事先将该偏离形成文件，做技术判断，获得授权并被客户接受。

7)《认可准则》7.8.6.1 当做出与规范或标准符合性声明时，实验室应考虑与所用判定规则相关的风险水平（如错误接受、错误拒绝以及统计假设），将所使用的判定规则形成文件，并应用判定规则。

8)《认可准则》7.8.7.1 当表述意见和解释时，实验室应确保只有授权人员才能发布相关意见和解释。实验室应将意见和解释的依据制定成文件。

9)《认可准则》7.9.1 实验室应有形成文件的过程来接收和评价投诉，并对投诉做出决定。

10)《认可准则》7.11.2 用于收集、处理、记录、报告、存储或检索数据的实验室信息管理系统，在投入使用前应进行功能确认，包括实验室信息管理系统中界面的适当运行。当对管理系统的任何变更，包括修改实验室软件配置或现成的商业化软件，在实施前应被批准、形成文件并确认。

11)《认可准则》A.2.1 建立计量溯源性需考虑并确保以下内容：a)规定被测量的量；b)一个形成文件的不间断的校准链，可以溯源到声明的适当参考对象（适当参考对象包括国家标准或国际标准以及自然基准）。

（2）需要的程序　程序是进行某项活动或过程所规定的途径，程序可以形成文件，也可以不形成文件。新版 17025 明确需要的程序主要包括：

1)《认可准则》6.2.5 实验室应有以下活动的程序，并保存相关记录：a)确定能力要求；b)人员选择；c)人员培训；d)人员监督；e)人员授权；f)人员能力监控。

2)《认可准则》6.4.3 实验室应有处理、运输、储存、使用和按计划维护设备的程序，以确保其功能正常并防止污染或性能退化。

3)《认可准则》6.4.10 当需要利用期间核查以保持对设备性能的信心时，应按程序进行核查。

4)《认可准则》6.6.2 实验室应有以下活动的程序，并保存相关记录：a)确定、审查和批准实验室对外部提供的产品和服务的要求；b)确定评价、选择、监控表现和再次评价外部供应商的准则；c)在使用外部提供的产品和服务前，或直接提供给客户之前，应确保符合实验室规定的要求，或适用时满足《认可准则》的相关要求；d)根据对外部供应商的评价、监控表现和再次评价的结果采取措施。

5)《认可准则》7.1.1 实验室应有要求、标书和合同评审程序。该程序应确保：a)要求应予充分规定，形成文件，并易于理解；b)实验室有能力和资源满足这些要求；c)当使用外部供应商时，应满足《认可准则》6.6 的要求，实验室应告知客户由外部供应商实施的实验室活动，并获得客户同意。（在下列情况下，可能使用外部提供的实验室活动：实验室有实施活动的资源和能力，但由于不可预见的原因不能承担部分或全部活动；实验室没有实施活动的资源和能力。）d)选择适当的方法或程序，并能满足客户的要求。（对于内部或例行客户，要求、标书和合同评审可简化进行。）

6)《认可准则》7.2.1.1 实验室应使用适当的方法和程序开展所有实验室活动，适当时，包括测量不确定度的评定以及使用统计技术进行数据分析。

7)《认可准则》7.2.2.1 实验室应对非标准方法、实验室开发的方法、超出预定范围使用的标准方法，或其他修改的标准方法进行确认。确认应尽可能全面，以满足预期用途或应用领域的需要。确认可包括检测或校准物品的抽样、处置和运输程序。

8)《认可准则》7.2.2.4 实验室应保存以下方法确认记录：a)使用的确认程序；b)要求的详细说明；c)方法性能特性的确定；d)获得的结果；e)方法有效性声明，并详述与预期用途的适宜性。

9)《认可准则》7.3.1 当实验室为后续检测或校准对物质、材料或产品实施抽样时，应有抽样计划和方法。抽样方法应明确需要控制的因素，以确保后续检测或校准结果的有效性。

10)《认可准则》7.4.1 实验室应有运输、接收、处置、保护、存储、保留、处理或归还检测或校准物品的程序，包括为保护检测或校准物品的完整性以及实验室与客户利益需要的所有规定。在物品的处置、运输、保存/等候和制备过程中，应注意避免物品变质、污染、丢失或损坏。应遵守随物品提供的操作说明。

11)《认可准则》7.7.1 实验室应有监控结果有效性的程序。记录结果数据的方式应便于发现其发展趋势，如可行，应采用统计技术审查结果。实验室应对监控进行策划和审查。

12)《认可准则》7.10.1 当实验室活动或结果不符合自身的程序或与客户协商一致的要求时（例如，设备或环境条件超出规定限值，监控结果不能满足规定的准则），实验室应有程序予以实施。该程序应确保：a）确定不符合工作管理的职责和权力；b）基于实验室建立的风险水平采取措施（包括必要时暂停或重复工作以及扣发报告）；c）评价不符合工作的严重性，包括分析对先前结果的影响；d）对不符合工作的可接受性做出决定；e）必要时，通知客户并召回；f）规定批准恢复工作的职责。

13)《认可准则》6.4.9 如果设备有过载或处置不当、给出可疑结果、已显示有缺陷或超出规定要求时，应停止使用。这些设备应予以隔离以防误用，或加贴标签/标记以清晰表明该设备已停用，直至经过验证表明能正常工作。实验室应检查设备缺陷或偏离规定要求的影响，并应启动不符合工作管理程序（见《认可准则》7.10）。

14)《认可准则》8.1.2 方式 A，实验室管理体系至少应包括下列内容：管理体系文件（见《认可准则》8.2）；管理体系文件的控制（见《认可准则》8.3）；记录控制（见《认可准则》8.4）；应对风险和机遇的措施（见《认可准则》8.5）；改进（见《认可准则》8.6）；纠正措施（见《认可准则》8.7）；内部审核（见《认可准则》8.8）；管理评审（见《认可准则》8.9）。

六、《认可准则》"测量不确定度的评定"

（一）"测量不确定度的评定"原文

7.6　测量不确定度的评定

7.6.1　实验室应识别测量不确定度的贡献。评定测量不确定度时，应采用适当的分析方法考虑所有显著贡献，包括来自抽样的贡献。

7.6.2　开展校准的实验室，包括校准自有设备的实验室，应评定所有校准的测量不确定度。

7.6.3　开展检测的实验室应评定测量不确定度。当由于检测方法的原因难以严格评定测量不确定度时，实验室应基于对理论原理的理解或使用该方法的实践经验进行评估。

注1：某些情况下，公认的检测方法对测量不确定度主要来源规定了限值，并规定了计算结果的表示方式，实验室只要遵守检测方法和报告要求，即满足7.6.3的要求。

注2：对一特定方法，如果已确定并验证了结果的测量不确定度，实验室只要证明已识别的关键影响因素受控，则不需要对每个结果评定测量不确定度。

注3：更多信息参见 ISO/IEC 指南 98-3、ISO 21748 和 ISO 5725 系列标准。

（二）要点理解

测量的目的是确定被测量值或获取测量结果。有测量必然存在测量误差，在经典的误差理论中，由于被测量自身定义和测量手段的不完善，使得真值不可知，造成严格意义上的测量误差不可求。而测量不确定度的大小反映着测量水平的高低，评定测量不确定度就是评价测量结果的质量。因此测量不确定度是衡量测试结果准确性和可靠性的重要参数，测量不确定度对测量结果的质量给出了定量的说明，测量不确定度的大小表征了测量结果的质量水平。实验室可以利用测量不确定度来说明自身的能力和水平，以便赢得更多客户的信任和获得有关机构的认可。本要素对应 2006 版 5.4.6，是有关测量不确定度的要求，《认可准则》将测量不确定度评定的条款升格为要素。

JJF 1059.1—2012《测量不确定度评定与表示》给出的测量不确定度定义为：测量不确定度是根据所用到的信息，表征被测量值的分散性的非负参数。

1）测量不确定度包含由系统影响引起的分量，比如修正值和测量标准所赋量值有关的分量及定义的不确定度。有时对估计的系统影响未作修正，而是当作不确定度分量处理。

2）此参数可以是称为标准测量不确定度的标准偏差（或其特定倍数），或是说明了包含概率的区间半宽度。

3）测量不确定度一般由若干分量组成。其中一些分量可根据一系列测量值的统计分布，按测量不确定度的 A 类评定进行评定，并可用标准偏差表征。而另一些分量则可根据基于经验或其他信息获得的概率密度函数，也用标准偏差表征。

4）通常，对于一组给定的信息，测量不确定度是相应于所赋予被测量的值。该值的改变将导致相应的不确定度的改变。

本定义是按 ISO/IEC 指南 99：2008《国际计量学词汇 基本和通用概念相关术语》（VIM）给出，而在 ISO/IEC 指南 98-3：2008《测量不确定度 第 3 部分：测量不确定度表示指南》（GUM）中的定义是：表征合理地赋予被测量之值的分散性，与测量结果相联系的参数。

JJF 1059.1—2012《测量不确定度评定与表示 第 1 号修改单》给出了测量不确定度评定和表示的通用规则，适用于广泛的测量领域。

1.《认可准则》7.6.1 条款要点

《认可准则》7.6.1 条款对应 2006 版的 5.4.6.3。

本条款要求实验室应识别测量不确定度的贡献。评定测量不确定度时，应采用适当的分析方法考虑所有显著贡献，包括来自抽样的贡献。

评定测量不确定度时，首先应识别测量不确定度的贡献，一个测量问题应考虑所用的测量原理、方法、测量资源（测量仪器、标准、附加设备及操作人员）、测量环境条件等信息越详尽越具体越好。对要评定的测量结果涉及的人、机、料、法、环、测等相关信息数据的获取是否充分和可信，是评定好该测量结果不确定度的前提。

不确定度来源分析的总原则是除了对被测量的定义充分理解外，还取决于对测量原理、测量方法、测量设备、测量条件详细了解和认识，应当具体问题具体分析。测量人员应在深入研究对测量值会有影响的所有可能因素的基础上，根据实际测量情况分析，重点抓住其有明显影响的那些不确定度来源。对每项不确定度来源不必严格区分其性质是随机性的还是系统性的，而是要考虑可用什么方法来估计其标准差的大小。可由测量数据通过统计计算其实验标准差，作为其标准不确定度的 A 类评定，或者由非统计的经验信息来估计其标准差，作为其标准不确定度的 B 类评定。测量不确定度评定的重点应放在识别并评定那些对测量结果有明显影响的（即重要的、占支配地位的）分量上。本条款特别指出要考虑来自抽样测量不确定度的贡献，是基于近年来大量研究结果表明，抽样过程对测量不确定度的贡献不可忽视。

2.《认可准则》7.6.2 条款要点

《认可准则》7.6.2 条款对应 2006 版的 5.4.6.1。

本条款是对校准实验室评估测量不确定度的要求，开展校准的实验室，包括校准自己的设备的（检测）实验室，应评定所校准结果的测量不确定度。校准是实现计量溯源性的重要途径，因此每一个校准结果均应给出测量不确定度。

3.《认可准则》7.6.3 条款要点

《认可准则》7.6.3 条款对应 2006 版的 5.4.6.2，本条款的注 1 对应 2006 版的 5.4.6.2 注 2，本条款的注 2 和注 3 是新增内容。

本条款要求开展检测的实验室应评定测量不确定度。当由于检测方法的原因难以严格评定测量不确定度时，实验室应基于对理论原理的理解或使用该方法的实践经验进行评估。

某些情况下，公认的检测方法对测量不确定度主要来源规定了限值，并规定了计算结果的表示方式，实验室只要遵守检测方法和报告要求，即满足《认可准则》7.6.3 条款的要求。对某一特定方法，如果已确定并验证了结果的测量不确定度，实验室只要证明已识别的关键影响因素受控，则不需要对每个结果评定测量不确定度。更多信息可参见 ISO/IEC 指南 98-3《测量的不确定度　第 3 部分：测量中不确定度的表示指南》、GB/T 6379.1～6379.6《测量方法与结果的准确度（正确度与精密度）》（ISO 5725）和 GB/Z 22553《利用重复性、再现性和正确度的估计值评估测量不确定度的指南》（ISO 21748）等标准。

（三）评审重点

基于本要素专业性强、涉及面特别广，组长应要求相关专业评审员及专家提前制订评审计划，并按实验室申请认可领域结合多种评审形式进行全面评审或抽样评审，重点应包括以下内容：

1）实验室是否建立测量不确定度评估的控制要求或程序，是否明确规定实验室测量不确定度评定的流程、方法和要求。评定测量不确定度时，是否采用科学合适的分析方法系统全面地考虑人、机、料、法、环、测等各方面所有显著分量的贡献（包括来自抽样的贡献）。

2）对于开展校准的实验室包括校准自有设备的（检测）实验室，是否详细评定并给出每一个测量结果的不确定度。

3）对于开展检测的实验室是否建立并应用了测量不确定度评估的控制要求或程序；当检测方法和程序的性质（特性）会妨碍对测量不确定度进行严格的计量学和统计学上的有效计算时，实验室所采用的基于对理论原理的理解或使用该方法的实践经验进行的评估处置方法是否科学、合理，测量不确定度评定方法及其严密程度是否满足检测方法的要求和客户的要求；当公认的检测方法对测量不确定度主要来源规定了限值和计算结果的表示方式时，实验室测量不确定度的评定与报告是否遵守并符合检测方法和报告的规定要求；对于已确定并验证了结果的测量不确定度的特定方法，实验室是否能识别并控制测量不确定度的关键影响因素。

4）实验室各个专业领域测量不确定度评定报告的评定过程是否有缺陷或实验室相关人

员对评定过程理解、解释是否科学合理。测量不确定度的报告与表述是否正确规范，扩展不确定度的数值是否超过两位有效数字情况、最终报告的测量结果的末位是否与扩展不确定度的末位对齐等。检测实验室在报告中包括不确定度的信息是否符合《认可准则》7.8.3c）的要求。

5）当实验室需要做出与规范或标准的符合性声明时，实验室是否考虑测量不确定度的影响，所用判定规则是否考虑到相关的风险水平（如错误接受、错误拒绝以及统计假设），是否明确判定规则并将所使用的判定规则制定成文件加以应用。

（四）专题关注——测量不确定度评定

实验室日常运行和现场评审中应系统关注实验室测量不确定度评定的综合实施情况。

1. 测量不确定度来源的识别

测量不确定度来源的识别应从分析测量过程入手，即对测量方法、测量系统和测量程序做详细研究，因此必要时应尽可能画出测量系统原理或测量方法的框图和测量流程图。

检测和校准结果不确定度可能来自：

1）对被测量的定义不完善。

2）实现被测量的定义的方法不理想。

3）取样的代表性不够，即被测量的样本不能代表所定义的被测量。

4）对测量过程受环境影响的认识不全，或对环境条件的测量与控制不完善。

5）对模拟仪器的读数存在人为偏移。

6）测量仪器的计量性能（如最大允许误差、灵敏度、鉴别力、分辨力、死区及稳定性等）的局限性，导致仪器的不确定度。

7）赋予计量标准的值或标准物质的值不准确。

8）引用的常数和其他参量不准确。

9）测量方法和测量程序中的近似性和假定性。

10）相同条件下，被测量重复观测值的变化。

测量不确定度的来源必须根据实际测量情况进行具体分析。有些不确定度来源可能无法从上述分析中发现，只能通过实验室间比对或采用不同的测量程序才能识别。在某些检测领域，特别是化学样品分析，不确定度来源不易识别和量化，测量不确定度只与特定的检测方法有关。分析时，除了定义的不确定度外，可从测量仪器、测量环境、测量人员、测量方法等方面全面考虑，特别要注意对测量结果影响较大的不确定度来源，应尽量做到不遗漏、不重复。

2.《认可准则》对测量不确定度的要求

《认可准则》中"设备""计量溯源性""方法的选择、验证和确认""技术记录""测量不确定度评定""报告结果"和"附录A计量溯源性"等要素，均对测量不确定度提出了要求。

涉及测量不确定度的条款主要有：6.4.1、6.4.5、6.4.6、6.5.1、7.2.1.1、7.2.2.1、7.2.2.3、7.5.1、7.6.1、7.6.2、7.6.3、7.8.3.1c）、7.8.4.1a）、7.8.5f）、A2.1c）、A2.1d）、A2.3、A3.1a）。

3. 测量不确定度和测量误差的区别

（1）测量不确定度的定义　JJF 1059.1—2012《测量不确定度评定与表示》给出的测量

不确定度定义为：测量不确定度是根据所用到的信息，表征被测量值的分散性的非负参数。

1）测量不确定度包含由系统影响引起的分量，比如修正值和测量标准所赋值值有关的分量及定义的不确定度。有时对估计的系统影响未作修正，而是当作不确定度分量处理。

2）此参数可以是标准测量不确定度的标准偏差（或其特定倍数），或是说明了包含概率的区间半宽度。

3）测量不确定度一般由若干分量组成。其中一些分量可根据一系列测量值的统计分布，按测量不确定度的 A 类评定进行评定，并可用标准偏差表征。而另一些分量则可根据基于经验或其他信息获得的概率密度函数表征，也用标准偏差表征。

4）通常，对于一组给定的信息，测量不确定度是相应于所赋予被测量的值。该值的改变将导致相应的不确定度的改变。

（2）测量误差（简称为误差）的定义　测得的量值减去参考量值。误差应该是一个确定的值，是客观存在的测量结果与真值之差。但由于真值往往不知道，故误差无法准确得到。

误差的概念早已出现，但在用传统方法对测量结果进行误差评定时，还存在一些问题。

把被测量在观测时所具有的大小称为真值，只是一个理想的概念，只有通过完善的测量才有可能得到真值。但是任何测量都会存在缺陷，因而真正完善的测量是不存在的，也就是说，严格意义上的真值是无法得到的。由于真值无法知道，在实际上误差的概念只能用于已知约定真值（参考量值）的情况下。

根据误差的定义，误差是一个差值，它是测量结果与真值或约定真值（参考量值）之差。在数轴上它表示为一个点，而不是一个区间或范围。既然是一个差值，就应该是一个具有符号的量值。既不应当，也不可以"±"号的形式表示。

（3）根本区别　测量不确定度是表征合理地赋予"被测量之值"的分散性，因此测量不确定度表示一个区间，即"被测量之值"可能的分布区间。这是测量不确定度与误差的最根本的区别。

测量不确定度与测量误差的区别可用图 3-6 表示。图中，y 是被测量的估计值（测得的量值），Y_0 是被测量的参考量值，测量误差 $\Delta = y - Y_0$；$[y-U, y+U]$ 是被测量可能值的包含区间，U 是扩展不确定度，是包含区间的半宽度。u_c 表示合成标准不

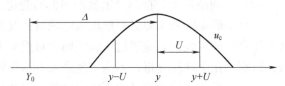

图 3-6　测量不确定度与测量误差的区别

确定度，它是输出量概率分布的标准偏差估计值，它表征了输出量估计值的分散性。

综上所述，测量不确定度和测量误差的主要区别对比见表 3-6。

表 3-6　测量不确定度和测量误差的对比表

序号	测量误差	测量不确定度	备注
1	有正号或负号的量值，其值为测量结果减去被测量的真值	无符号的参数，用标准差或标准差的倍数或置信区间的半宽表示	定义
2	以真值为中心，说明测量结果与真值的差异程度（表明测量结果偏离真值的程度）	以测量结果为中心，评估测量结果与被测量值（真值）相符合的程度（表明被测量值的分散性）	含义

（续）

序号	测 量 误 差	测 量 不 确 定 度	备注
3	客观存在，不以人的认识程度而改变	与人们对被测量、影响量及测量过程的认识有关	主客观性
4	由于真值未知，往往不能准确得到，当用约定真值（参考量值）代替真值时，可以得到其估计值	可以根据实验、资料、经验等信息进行评定，可以定量确定。评定方法有 A、B 两类	可操作性
5	按性质可分为随机误差和系统误差两类，按定义随机误差和系统误差都是无穷多次测量情况下的理想概念	不确定度分量评定时一般不必区分其性质，若需要区分时应表述为"由随机效应引入的不确定度分量"和"由系统效应引入的不确定度分量"	可区分性
6	已知系统误差的估计值时可以对测量结果进行修正，得到已修正的测量结果	不能用不确定度对测量结果进行修正，在已修正测量结果的不确定度中应考虑修正不完善而引入的不确定度	可修正性
7	待修正而尚未修正的误差，应在测量结果中予以单独说明；除此之外，其他误差只在测量结果的不确定度来源中予以出现	完善的测量结果必须合理给出测量不确定度的大小	结果报告

4. 测量不确定度评定中的有效数字位数

测量结果报告中不确定度表示的有效位数一般取（1~2）位。当取 1 位有效位，其数字是 1 或 2 时，往往带来过大的修约误差。例如，数位为 1，修约间隔 1，则有可能从 1.49 修约至 1 或 1.51 修约至 2，其最大修约误差近 50%，显然不合适。有的国家规定，当第 1 位有效数字是 1 或 2 时，应给出 2 位有效数字，而在 3 以上，则给出 1 位有效数字即可。

为了使测量不确定度的报告在某种程度上更可靠些，往往采取比较保守的方法，即对本来按一般修约规则舍去的部分不予舍去，而采取"进一"来处理。如对 0.0243，为更可靠些而修约成 0.025 或 0.03。为避免修约误差的传递，在连续计算时不应对过程中的计算项修约，并保留多余的数位，而只对最后计算结果进行修约。

扩展不确定度的数值不应超过 2 位有效数字，并且最终报告的测量结果的末位，应与扩展不确定度的末位对齐。

5. 什么情况下需要报告测量不确定度信息

在以下情况下需要给出与被测量相同单位的测量不确定度或被测量相对形式的测量不确定度（如百分比）：

1）不确定度与检测结果的有效性或应用有关。

2）客户的合同中要求评估不确定度（需要满足客户的要求）。

3）不确定度影响到对规范限度的符合性（比如用检测结果判断产品合格不合格）。

4）校准证书必须给出不确定度。

对检测报告和校准证书中应报告测量不确定度的要求，分别在《认可准则》的 7.8.3.1 的 c）条款和 7.8.4.1 的 a）条款中进行了明确规定。

七、《认可准则》"确保结果有效性"

（一）"确保结果有效性"原文

7.7 确保结果有效性

7.7.1 实验室应有监控结果有效性的程序。记录结果数据的方式应便于发现其发展趋势，如可行，应采用统计技术审查结果。实验室应对监控进行策划和审查，适当时，监控应包括但不限于以下方式：

a）使用标准物质或质量控制物质；

b）使用其他已校准能够提供可溯源结果的仪器；

c）测量和检测设备的功能核查；

d）适用时，使用核查或工作标准，并制作控制图；

e）测量设备的期间核查；

f）使用相同或不同方法重复检测或校准；

g）留存样品的重复检测或重复校准；

h）物品不同特性结果之间的相关性；

i）报告结果的审查；

j）实验室内比对；

k）盲样测试。

7.7.2 可行和适当时，实验室应通过与其他实验室的结果比对监控能力水平。监控应予以策划和审查，包括但不限于以下一种或两种措施：

a）参加能力验证；

注：GB/T 27043 包含能力验证和能力验证提供者的详细信息。满足 GB/T 27043 要求的能力验证提供者被认为是有能力的。

b）参加除能力验证之外的实验室间比对。

7.7.3 实验室应分析监控活动的数据用于控制实验室活动，适用时实施改进。如果发现监控活动数据分析结果超出预定的准则时，应采取适当措施防止报告不正确的结果。

（二）要点理解

为了保证检测/校准结果的有效性，实验室应对实验室活动（含各检测/校准系统等）实施全面质量监控。为此实验室应制定质量监控程序，编制质量监控方案和计划，对实验室活动（含各检测/校准系统等）选择有针对性的质量监控方式进行监控；及时发现实验室活动（含各检测/校准系统等）出现的不良趋势，并采取有计划的措施加以纠正，使实验室活动（含各检测/校准系统等）回归正常与有效。

质量监控可以分内部质量监控活动和外部质量监控活动两种。常见内部质量监控方法在《认可准则》7.7.1 中列举了 11 种，外部质量监控方法在《认可准则》7.7.2 中列举了 2 种。实验室无论采用外部监控活动还是内部监控活动，其目的均是为及时发现实验室活动（含各检测/校准系统等）出现的不良趋势，全面保证检测/校准结果的有效性。

应该特别强调的是，质量监控和日常质量监督是不能混淆的两类质量活动，质量监控的目的在于使检测/校准结果的质量能得到保证，而日常质量监督的目的是督促从事检测/校准的相关人员按管理体系要求开展各项工作，二者不能相互替代。

为了使质量监控活动的可操作性和有效性不断提高，实验室应对质量监控方案和计划的执行情况定期进行评审，并将其执行情况和结果作为实验室年度管理评审的一项重要输入。

1. 《认可准则》7.7.1 条款要点

《认可准则》7.7.1 条款对应 2006 版的 5.9.1，是对实验室内部质量控制的要求。实验室应有确保结果有效性的程序，进行详细的质量活动的策划，按照策划方案实施质控活动并对效果进行评价。质量监控策划的内容应包括：质控项目的名称、参加人员、负责人、实施日期、质控方式、评价效果的技术性指标等。进行质控策划应充分考虑以下因素：对检测或校准能力的覆盖；检测或校准业务量；检测或校准结果的用途；对实验方法的技术难度高、掌握方法的熟练程度较弱的检测项目实施重点监控；检测或校准方法本身的稳定性与复杂性；对技术人员经验的依赖程度；人员的能力和经验、人员数量及变动情况；针对新开展的项目、方法发生技术性改变的项目应实施重点监控。实验室应有指定人员对质量控制活动进行评审，评审重点是质量控制评价的技术指标是否满足要求。

《认可准则》7.7.1 提到了记录结果数据的方式应便于发现其发展趋势，推荐使用统计技术审查结果。因此这里的发现趋势是对检测/校准结果的监控方式，不应只是发现不满意的结果，而是能够预测结果的未来走向，及时识别可能有问题的结果，在不满意结果没有发生之前就采取措施，避免产生不满意结果，在化学检测中最明显的实例就是质控图技术。

本条款提出了 11 种进行内部质量控制的方式，其 b)、c)、d)、e)、i)、j)、k) 是新增内容。以下分别对这 11 种方式进行解释。

（1）使用标准物质或质量控制物质 使用标准物质进行质量控制通常是一种比较有效的方法。实验室对标准物质进行测试或利用标准物质测定回收率，来验证检测结果的准确性。在日常检测过程中实验室通常使用有证标准物质或次级标准物质进行结果核查，以判断标准物质的检验结果与证书上的给出值是否符合，监控整个测试过程中操作的准确性和稳定性，从而保证检测数据的可靠性和可比性。

1）直接使用标准物质进行质量监控是仪器分析法、化学分析法中常见的方法。实验室直接用适当的标准物质作为监控样品，定期或不定期将标准物质以比对样的形式，向相应项目承检人下达检测任务，与样品检测同时进行，检测完成后上报检测结果。也可由检测人员自行安排在样品检测的同时插入标准物质，验证检测结果的准确性。

将检测结果与标准值进行比对，如结果差异超出预定的范围（控制限值），应由检测人员查找原因，进行复测，若复测结果仍不合格，应对检测过程进行检查，查明原因后立即进行纠正，必要时对同批样品进行复测。

2）加标回收法，即在样品中加入标准物质，通过测定其回收率以确定前处理过程的总体质量水平。

$$回收率 = \frac{加标试样测定值 - 试样测定值}{加标量} \times 100\%$$

加标量一般应和待测物浓度相近，在待测浓度极低时，应按方法检测下限的量来加标，任何情况下加标量都不得超过待测物浓度的 2 倍。

加标回收是食品检验机构一个重要的经常使用的质量监控手段。加标回收质量监控可用于：①食品中农残、药残、添加剂、重金属、污染物、违禁物等项目检测结果控制；②验证检测方法可靠性；③验证样品前处理的有效性。

加标回收所得的回收率结果可接受范围应与所添加的标准物质的浓度水平相关，某些检测方法中已经给出添加不同浓度标准物质所应达到的回收率范围，加标回收率实验的结果则应落在该范围以内。若检测方法没有给出该方法的回收率范围，则可参考相关的标准或法规要求进行评价。

（2）使用其他已校准能够提供溯源结果的仪器　设备比对试验是指在相同的环境条件下，相同的人员采用相同的方法或程序、采用不同的仪器设备对同一样品进行的试验，以评价设备对检测结果的影响。通过仪器比对，可以证明不同的设备对同一样品检测结果的波动性和差异。

当某项试验可由多种设备进行操作时，可考虑采用设备比对试验的方式进行内部质量监控。参与试验的设备应在校准的有效期内。通过比较不同设备比对的试验结果，判断仪器设备包括辅助设备，对检测结果的准确度及有效性的影响。当比对试验结果在实验允许误差范围内，可以确认设备间的通用性。否则应针对设备比对试验出现的问题分析原因，采取改进措施，从而明确设备的适用范围。

作为内部质量控制手段，设备比对试验优先适用于：①新设备投入使用时；②维修或保养后的设备投入使用时；③使用自校准设备检测时。

当采用不同类型的仪器进行比对时，应同时考虑测试方法的不同差异，如紫外分光光度计方法与气相色谱仪方法的差异性和适用性。如果采用同类不同型号的仪器进行比对时，则可证明不同型号仪器间的差异性。

（3）测量和检测设备的功能核查　实验室在设备使用前需验证其功能符合方法或技术规范规定的要求。实施了《认可准则》6.4.4条款（当设备投入使用或重新投入使用前，实验室应验证其符合规定要求）可视为一种质控措施。设备使用前的功能核查的实例有很多，例如，天平在使用前需核查是否水平；pH测定仪在使用前，检测人员使用校准溶液对其所进行的校准等；这些也都可视为日常进行的一种质控活动。

（4）适用时，使用核查或工作标准，并制作控制图　实验室可运用统计学技术对检测数值进行科学分析，绘制质量控制图监测检测过程中可能出现的偏离，控制分析数据在一定的精密度范围内，保证分析数据质量的有效方法。

绘制质量控制图的理论依据是：每个分析方法都会受到各种因素的影响，测定结果也会存在变异，但在受控条件下具有一定的正确度和精密度，并按正态分布，以统计值为纵坐标，测定次数为横坐标，即得到质量控制图。通常一张质控图应包括预期值——中心线，目标值——上下警告线，实测值的可接受范围——上下控制限。

常见的质控图有多种，最常用的是均值控制图（$\bar{X}$图）。控制图中的统计变量（平均值、极差、标准差等）可根据检测过程所选定的核查标准的测量次数和测量组数来建立过程参数，可参考GB/T 4091—2001《常规控制图》。

对于质控活动结果的分析与评价，实验室应运用适当的统计技术，对质控实验的数据进行分析，例如分析集中趋势和离散程度等，从而判定和理解变异的程度、性质和原因。但发现变异有超出给定值的趋势时，应立即进行原因分析，尽早采取技术措施，防止产生不准确的检测结果。

（5）测量设备的期间核查　进行测量设备的期间核查是为了保持对设备性能的信心。

在《认可准则》6.4.10 条款提及的设备期间核查，同时可视为一种质控手段。例如，在化学检测实验室，对于液相色谱类设备的期间核查，实验室通常可使用标准物质进行测定，测定后的质量数、离子强度在规定范围内，即可说明该设备性能是满足要求的。对于 ICP-MS 的期间核查，可使用标准质控样品进行检测，结果在标样说明书给出的测量不确定度区间内，即可说明该设备性能满足要求。有些设备可用适当的标样进行精密度测试，以计算机计算获得相对标准偏差（Relative Standard Deviation，RSD）与设备溯源报告中的规定值相比较，判定该设备性能是否满足要求。这类活动也是结果有效性监控的一种方式。

（6）使用相同或不同方法进行重复检测或校准　方法比对试验是指在相同的环境条件下，同一人员采用不同的检测方法对同一样品进行同一项目试验，通过分析检测结果的一致性，评价检测方法对检测结果的影响。通过方法比对可以证明不同测试方法所得结果是否存在显著性差异，以选择合适的测试方法开展检测。

当某项试验可由多种方法进行操作时，可考虑采用方法比对试验的方式进行内部质量控制。采用不同方法对同一样品进行重复测定，可以判断检测人员是否正确地理解检测方法，并熟练地操作。当不同方法比对试验结果一致，或统计检验结果差异不显著时，则可认为采取的检测方法对检测结果有相同的准确度。否则，应针对方法比对试验出现的问题，分析原因，采取改进措施。

作为内部质量控制手段，方法比对试验可在下列情况优先适用：

1）相同的试验参数，标准中给出多种方法时。

2）采用非标准检测方法时。

当采用非标方法与经典方法进行方法比对时，可以证明非标方法所得结果与经典方法得出的结果没有显著性差异，从而证明非标方法的科学性、准确性和有效性。

（7）保存样品的重复检测或校准　留样再测指仅考虑试验时间先后的不同，用以考核上次测试结果与本次测试结果的差异，通过比较分析检测结果的一致性，以评价检测结果的可靠性、稳定性、准确性以及公正性。留样再试的样品必须具有基体均匀、目标分析物稳定且不易变化、容易保存的特性。

留样再测应以未知样的方式不定期安排进行。试验结束后将检测结果与原检测结果进行对比，以验证原检测结果的可靠性、稳定性、准确性及公正性。若两次检测结果存在显著性差异，应采用有效的方式查找原因，并对与其同批检测的样品进行复测。

留样再测可在下列情况采用：①对留存样品特性的监控；②验证检测结果的公正性；③验证检测结果的复现性。

留样再测的结果评价应考虑样品测试参数的浓度水平。如果评价某些检测方法对重复性测试可接受的相对标准偏差给出了指标，则留样再测的结果评价可以将检测方法的允许相对标准偏差作为依据。如果检测方法没有给出该方法的允许相对标准偏差，则可参考相关的标准或法规要求进行评价。

（8）物品不同特性结果之间的相关性　有时从对检测结果的同一物品不同特性结果之间的相关性核查中，实验室也能发现质量控制的问题所在。比如，对食品营养成分的分析，测得的蛋白质、脂肪、碳水化合物、水分、灰分的占比之和是否为 100%，测得的总氮与氨基酸的值是否对应。再比如，对水质分析，测得的阴阳离子是否平衡；盐含量与溶解性固形物的含量是否对应；盐含量与电导率是否对应；硬度与钙、镁离子浓度的关系；无机三氮与总氮的关系；COD、OC 与 BOD 的关系等。

（9）报告结果的审查　在检测/校准实验室，检测/校准人员出具检测/校准结果后，为确保正确地报告结果，实验室可安排其他人员对结果进行审核或复核，目的是检查发现错误之处，及时改正，避免报告不正确的结果。这也是结果有效性监控的一种方式。

（10）实验室内比对　实验室内比对除了有以上的设备间的比对、方法间的比对，还有人员比对。人员比对试验是指在相同的环境条件下，不同的检测人员采用相同的检测设备和设施、相同的试验方法或程序对同一样品进行的检测，通过分析检测结果的一致性，评价人员对检测结果的影响。通过人员比对可以发现不同测试人员对检测方法的理解和掌握程度，避免人为因素造成检测结果的偏离。

实施人员比对试验时，实验室可安排具有代表性、不同水平的人员进行比对，比对试验结束后，应比较分析检测结果的一致性，评价检测人员对检测结果的影响，以及考核检测人员能力水平，判断检测人员操作是否正确、熟练，并考察解决实际问题的能力。应针对人员比对试验出现的问题，分析原因，采取改进措施，从而提高实验室检测数据的准确性、稳定性和可靠性。

人员比对试验是实验室最常用的质控方式，有下列情况时应优先考虑：①新入职员工进行岗位技能培训时；②初次进入检测岗位的人员；③新标准、新方法正式实施前；④依靠检测人员主观判断的项目；⑤试验操作稳定性差的项目；⑥检测数据为标准临界值时；⑦更换设备时。

不同人员所得的测试结果应通过数理统计的方式进行评价。

（11）盲样测试　盲样测试是实验室考察内部质控效果的一种客观公平的方式，可以由实验室技术管理者或实验室负责质量控制的部门进行组织和设计。盲样从购买、保存到稀释发放，要注意浓度和批号的保密。

盲样中特性量的标准值或参考值是否在限定测试方法的线性范围内，是否符合相应的技术规范要求，盲样样品如果经前处理，是否达到所用仪器检测的最低量程要求等参数关乎科学合理判定被考核对象对本项目的实际能力，均应在现场试验前进行认真确认。

有证标准物质、有证标准样品和有证质量控制样品作为盲样考核样已得到公认，但它并非十全十美，如需要较高的费用、有一个购置过程、其特性量与某考核项目的浓度或含量不一定适宜、稳定性或有效期限达不到要求等。遇到这些情况，实验室可通过制备简易盲样或加标样品予以解决。

盲样或加标样品的制备需考虑测试方法的全过程，如果有样品前处理步骤，则应置于前处理之前加标，同时要考虑空白、本底。如滤膜加标盲样，需同时测定空白滤膜相应物质的含量；蔬菜中添加农药回收试样，需同时测定样品相应物质的本底量。

盲样或加标样品测定值与真值偏差大小或相应回收率的高低与被测组分含量有关，通常被测组分含量高则偏差小、加标回收率高，反之偏差大、加标回收率低。因此对自身制备盲样或加标样品测试结果的判定决不可想当然，要有依据。判定依据可参考标准方法的规定、相应标准物质（浓度或含量相当）的扩展不确定度、常见限量指标回收率范围和测定值与真值的偏差指导范围。

CNAS-CL01-G001：2018《CNAS-CL01〈检测和校准实验室能力认可准则〉应用要求》中 7.7.1 有以下规定。

1）实验室对结果的监控应覆盖认可范围内的所有检测或校准（包括内部校准）项目，确保检测或校准结果的准确性和稳定性。当检测或校准方法中规定了质量监控要求时，实验室应符合该要求。适用时，实验室应在检测方法中或其他文件中规定对应检测或校准方法的质量监控方案。实验室制定内部质量监控方案时应考虑以下因素：

① 检测或校准业务量。

② 检测或校准结果的用途。

③ 检测或校准方法本身的稳定性与复杂性。

④ 对技术人员经验的依赖程度。

⑤ 参加外部比对（包含能力验证）的频次与结果。

⑥ 人员的能力和经验、人员数量及变动情况。

⑦ 新采用的方法或变更的方法等。

实验室可以采取多种适用的质量监控手段，如：

① 定期使用标准物质、核查标准或工作标准来监控结果的准确性。

② 通过使用质量控制物质制作质控图持续监控精密度。

③ 通过获得足够的标准物质，评估在不同浓度下检测结果的准确性。

④ 定期留样再测或重复测量以及实验室内比对，监控同一操作人员的精密度或不同操作人员间的精密度。

⑤ 采用不同的检测方法或设备测试同一样品，监控方法之间的一致性。

⑥ 通过分析一个物品不同特性结果的相关性，以识别错误。

⑦ 进行盲样测试，监控实验室日常检测的准确度或精密度水平。

2）适用时，实验室应使用质量控制图来监控检测或校准结果的准确性和精密度。

3）一些特殊的检测活动，检测结果无法复现，难以按照 7.7.1a）（即上述第 1）条）进行质量控制，实验室应关注人员的能力、培训、监督以及与同行的技术交流。

2. 《认可准则》7.7.2 条款要点

《认可准则》7.7.2 条款对应 2006 版的 5.9.1b），是对实验室外部质量控制的要求，即参加能力验证或实验室间比对。按照 CNAS-RL02 要求，实验室应在体系文件中有参加能力验证或实验室间比对的规定，包括参加能力验证或实验室间比对工作计划和不满意结果的处理措施等内容。参加能力验证的工作计划可参考 CNAS-RL02：2018《能力验证规则》的 4.2.3，考虑的因素包括（不限于）：a）认可范围所覆盖的领域；b）人员的培训、知识和经验；c）内部质量控制情况；d）检测、校准和检验的数量、种类以及结果的用途；e）检测、校准和检测技术的稳定性；f）能力验证是否可获得。

实验室选择能力验证时，可以参考 CNAS-RL02：2018 的 4.5。实验室应优先选择按照 ISO/IEC 17043 运作的能力验证计划，并按照以下顺序选择参加：

1）CNAS 认可的能力验证提供者（PTP）以及已签署 PTP 相互承认协议（MRA）的认可机构认可的 PTP 在其认可范围内运作的能力验证计划。

2）未签署 PTP MRA 的认可机构依据 ISO/IEC 17043 认可的 PTP 在其认可范围内运作的能力验证计划。

3）国际认可合作组织运作的能力验证计划，例如：亚太实验室认可合作组织（APLAC）等开展的能力验证计划。

4）国际权威组织实施的实验室间比对，例如：国际计量委员会（CIPM）、亚太计量规划组织（APMP）、世界反兴奋剂联盟（WADA）等开展的国际、区域实验室间比对。

5）依据 ISO/IEC 17043 获得认可的 PTP 在其认可范围外运作的能力验证计划。

6）行业主管部门或行业协会组织的实验室间比对。

7）其他机构组织的实验室间比对。

CNAS-RL02：2018 附录 B《能力验证领域和频次表》中给出了实验室各领域参加能力验证的频次要求。CNAS 的频次要求是认可的最低要求，认可实验室应在满足 CNAS 要求的基础上，结合自身的能力、财力、内部质控等因素，选择适合实验室的频次和能力验证计划。

若没有可获得的能力验证或其他机构组织的实验室间比对，实验室可以自行与同领域的实验室之间联系进行实验室间比对。比对的评判标准可以由参加比对的实验室协商制定，比如实验室间精密度≥20%。

CNAS-CL01-G001：2018《CNAS-CL01〈检测和校准实验室能力认可准则〉应用要求》中 7.7.2 规定，外部质量监控方案不仅包括 CNAS-RL02《能力验证规则》中要求参加的能力验证计划，适当时，还应包含实验室间比对计划。实验室制定外部质量监控计划除应考虑 7.7.1a）中描述的因素外，还应考虑以下因素：

1）内部质量监控结果。

2）实验室间比对（包含能力验证）的可获得性，对没有能力验证的领域，实验室应有其他措施来确保结果的准确性和可靠性。

3）CNAS、客户和管理机构对实验室间比对（包含能力验证）的要求。

CNAS-RL02《能力验证规则》要求参加的能力验证领域和频次只是 CNAS 对能力验证的最低要求。实验室应关注对于没有能力验证的领域，可以采取何种措施来确保结果的准确性和可靠性。

CNAS-CL01-A025：2018《检测和校准实验室能力认可准则在校准领域的应用说明》中 7.7.2a）规定，只要存在可获得的能力验证，实验室的能力验证活动应满足 CNAS-RL02《能力验证规则》规定的领域和频次要求。

3.《认可准则》7.7.3 条款要点

《认可准则》7.7.3 条款对应 2006 版的 5.9.2，是对内部、外部质量控制结果利用的规定。对于超出预定准则的，比如内部质控的结果超出了评价效果的技术指标或参加能力验证的结果被判为不满意时，实验室应按《认可准则》7.10 不符合工作的要求采取措施。实验室还应运用质量控制的分析结果，制定新的内部质量控制活动和措施，从而完成对内部质量控制体系的改进。

在质量监控活动中，应特别关注处理能力验证数据的统计方法及规定要求，主要包括如下几个方面。

（1）指定值的确定　计量具有准确性、一致性和溯源性，校准结果具有相当的可比性。通常有一个权威机构作为开展校准实验室间比对的参考实验室，为被测物品提供参考值，该参考值即为指定值。例如，在组织省级计量院（所）量值比对时，国家计量院常常作为参考实验室，以获得更小的测量不确定度，从而提高其测量结果的可信度。

（2）能力统计量的计算　E_n 值是最为常用，也是被国际认同的一个典型的用于比对的统计量，它通过将参加实验室与参考实验室的测量结果进行比较并考虑他们的测量不确定度，来评定其校准能力，所表述的是一个标准化的误差，即

$$E_n = \frac{x - X}{\sqrt{U_{lab}^2 + U_{ref}^2}} \tag{3-7}$$

式中 x——参加实验室的测量结果；

X——参考实验室的参考值（指定值）；

U_{lab}——参加实验室所报告的测量结果的扩展不确定度；

U_{ref}——参考实验室所报告的参考值（指定值）的扩展不确定度。

U_{lab}和 U_{ref}两者的置信概率应相同（一般为95%）。

可见，E_n 所表示的是参加实验室的测量结果与参考值的差值与这两个测量结果扩展不确定度的合成不确定度之比。显然，E_n 值反映了实验室的比对结果与合成测量不确定度相关，而不仅仅是测量结果接受参考值的程度，因为报告了小的不确定度的实验室，可能和在较大的测量不确定度上工作的实验室具有相似的 E_n 值。若 E_n 始终保持正值或负值，则表明可能存在某种系统效应的影响。

当没有公认的、适合的参考实验室时，协调机构可指定一个主导实验室，或由参加实验室推选一个主导实验室，由主导实验室对比对结果进行评判。此时，所有参加实验室的测量结果的平均值作为指定值，E_n 值为：

$$E_n = \frac{|X_i - \overline{X}|}{\sqrt{U_{xi}^2 + U_x^2 - \dfrac{2}{\sqrt{n}} \times U_{xi} \times U_x}} \tag{3-8}$$

式中 X_i——参加实验室的测量结果；

$\overline{X}$——测量结果的算术平均值；

U_{xi}——参加实验室测量结果的不确定度；

U_x——算术平均值的不确定度；

n——参加比对的实验室数量。

（3）能力验证结果的评价

1）当 $|E_n| \leqslant 1$，比对结果满意，通过。

2）当 $|E_n| > 1$，比对结果不满意，不通过。

对出现 $|E_n| > 1$ 的实验室，必须仔细查找原因，采取纠正措施。必要时，可重新进行测量，否则，不能参与最后的统计比对。也就是说，该实验室的该项校准能力验证不能通过，即不具备该项校准能力。对出现 $0.7 \leqslant |E_n| \leqslant 1$ 的实验室，建议适时进行系统风险分析，并采取有效的控制措施。

（三）评审重点

评审中，评审组长和相关技术评审员应按程序要求和专业领域分工，系统评审实验室质量监控方案和计划的策划、审查与实际执行情况，并应特别关注以下内容。

（1）监控结果有效性（质量监控）程序的完整性和适应性评审 实验室是否建立和保持了监控结果有效性（质量监控）程序，监控结果有效性程序是否具有完整性和适应性，包括对内、外部质量监控活动的各项要求。

（2）质量监控方案和计划的适用性和有效性评审

1）监控方案和计划能否落实到具体实验室活动（含各检测/校准系统等），实验室内部和外部质量监控方案和计划是否进行了策划和审查。质量监控活动是否按质量监控计划实施，对监控结果发现不良倾向是否采取有计划的纠正措施。

2）实验室是否采用定期使用标准物质、定期使用经过检定或校准的具有溯源性的替代仪器、对设备的功能进行检查、运用工作标准与控制图、测量设备的期间核查、使用相同或不同方法进行重复检测或校准、保存样品的再次检测或校准、分析样品不同结果的相关性、对报告数据进行审核、机构内部比对、盲样检测或校准等方式进行内部质量监控。

3）实验室是否采用参加能力验证或能力验证之外的实验室间比对等方式进行外部质量监控。实验室是否主动积极地参与能力验证活动，其参与程序是否满足 CNAS 相关政策和程序的要求，评价能力验证活动实施的符合性。

质量监控方案和计划及其使用的监控方法是否科学合理，实验室是否进行定期评审与评价。实验室所有数据的记录方式是否便于发现其发展趋势，若可行，是否通过应用统计技术对质量监控结果进行了评审与评价；若发现偏离了预先判据，是否采取了有效的措施纠正所出现的问题，以防止出现错误的结果。质量监控方案和计划的执行情况和结果是否作为实验室年度管理评审的一项重要输入，是否通过管理评审实现持续改进。

八、《认可准则》"报告结果"

（一）"报告结果"原文

7.8 报告结果

7.8.1 总则

7.8.1.1 结果在发出前应经过审查和批准。

7.8.1.2 实验室应准确、清晰、明确和客观地出具结果，并且应包括客户同意的、解释结果所必需的以及所用方法要求的全部信息。实验室通常以报告的形式提供结果（例如检测报告、校准证书或抽样报告）。所有发出的报告应作为技术记录予以保存。

注1：检测报告和校准证书有时称为检测证书和校准报告。

注2：只要满足本准则的要求，报告可以硬拷贝或电子方式发布。

7.8.1.3 如客户同意，可用简化方式报告结果。如果未向客户报告 7.8.2 至 7.8.7 中所列的信息，客户应能方便地获得。

7.8.2 （检测、校准或抽样）报告的通用要求。

7.8.2.1 除非实验室有有效的理由，每份报告应至少包括下列信息，以最大限度地减少误解或误用的可能性：

a）标题（例如"检测报告""校准证书"或"抽样报告"）；

b）实验室的名称和地址；

c）实施实验室活动的地点，包括客户设施、实验室固定设施以外的场所，相关的临时或移动设施；

d）将报告中所有部分标记为完整报告一部分的唯一性标识，以及表明报告结束的清晰标识；

e）客户的名称和联络信息；

f）所用方法的识别；

g）物品的描述、明确的标识，以及必要时，物品的状态；

h）检测或校准物品的接收日期，以及对结果的有效性和应用至关重要的抽样日期；

i）实施实验室活动的日期；

j）报告的发布日期；

k）如与结果的有效性或应用相关时，实验室或其他机构所用的抽样计划和抽样方法；

l）结果仅与被检测、被校准或被抽样物品有关的声明；

m）结果，适当时，带有测量单位；

n）对方法的补充、偏离或删减；

o）报告批准人的识别；

p）当结果来自于外部供应商时，清晰标识。

注：报告中声明除全文复制外，未经实验室批准不得部分复制报告，可以确保报告不被部分摘用。

7.8.2.2 实验室对报告中的所有信息负责，客户提供的信息除外。客户提供的数据应予明确标识。此外，当客户提供可能影响结果的有效性时，报告中应有免责声明。当实验室不负责抽样（如样品由客户提供），应在报告中声明结果仅适用于收到的样品。

7.8.3 检测报告的特定要求

7.8.3.1 除7.8.2所列要求之外，当解释检测结果需要时，检测报告还应包含以下信息：

a）特定的检测条件信息，如环境条件；

b）相关时，与要求或规范的符合性声明（见7.8.6）；

c）适用时，在下列情况下，带有与被测量相同单位的测量不确定度或被测量相对形式的测量不确定度（如百分比）：

——测量不确定度与检测结果的有效性或应用相关时；

——客户有要求时；

——测量不确定度影响与规范限的符合性时。

d）适当时，意见和解释（见7.8.7）；

e）特定方法、法定管理机构或客户要求的其他信息。

7.8.3.2 如果实验室负责抽样活动，当解释检测结果需要时，检测报告还应满足7.8.5的要求。

7.8.4 校准证书的特定要求

7.8.4.1 除7.8.2的要求外，校准证书应包含以下信息：

a）与被测量相同单位的测量不确定度或被测量相对形式的测量不确定度（如百分比）；

注：根据ISO/IEC指南99，测量结果通常表示为一个被测量值，包括测量单位和测量不确定度。

b）校准过程中对测量结果有影响的条件（如环境条件）；

c）测量如何计量溯源的声明（见附录A）；

d）如可获得，任何调整或修理前后的结果；

e）相关时，与要求或规范的符合性声明（见7.8.6）；

f）适当时，意见和解释（见7.8.7）；

7.8.4.2　如果实验室负责抽样活动，当解释校准结果需要时，校准证书还应满足7.8.5的要求。

7.8.4.3　校准证书或校准标签不应包含校准周期的建议，除非已与客户达到协议。

7.8.5　报告抽样——特定要求

如果实验室负责抽样活动，除7.8.2中的要求外，当解释结果需要时，报告还应包含以下信息：

a）抽样日期；

b）抽取的物品或物质的唯一性标识（适当时，包括制造商的名称、标示的型号或类型以及序列号）；

c）抽样位置，包括图示、草图或照片；

d）抽样计划和抽样方法；

e）抽样过程中影响结果解释的环境条件的详细信息；

f）评定后续检测或校准测量不确定度所需的信息。

7.8.6　报告符合性声明

7.8.6.1　当做出与规范或标准符合性声明时，实验室应考虑与所用判定规则相关的风险水平（如错误接受、错误拒绝以及统计假设），将所使用的判定规则形成文件，并应用判定规则。

注：如果客户、法规或规范性文件规定了判定规则，无须进一步考虑风险水平。

7.8.6.2　实验室在报告符合性声明时应清晰标示：

a）符合性声明适用的结果；

b）满足或不满足的规范、标准或其中的条款；

c）应用的判定规则（除非规范或标准中已包含）。

注：详细信息见ISO/IEC指南98-4。

7.8.7　报告意见和解释

7.8.7.1　当表述意见和解释时，实验室应确保只有授权人员才能发布相关意见和解释。实验室应将意见和解释的依据形成文件。

注：应注意区分意见和解释与GB/T 27020（ISO/IEC 17020，IDT）中的检验声明、GB/T 27065（ISO/IEC 17065，IDT）中的产品认证声明以及7.8.6中符合性声明的差异。

7.8.7.2　报告中的意见和解释应基于被检测或校准物品的结果，并清晰地予以标注。

7.8.7.3　当以对话方式直接与客户沟通意见和解释时，应保存对话记录。

7.8.8　报告修改

7.8.8.1　当更改、修订或重新发布已发出的报告时，应在报告中清晰标识修改的信息，适当时标修改的原因。

7.8.8.2　修改已发出的报告时，应仅以追加文件或数据传送的形式，并包含以下声明："对序列号为……（或其他标识）报告的修改"，或其他等效文字。

这类修改应满足本准则的所有要求。

7.8.8.3　当有必要发布全新的报告时，应予以唯一性标识，并注明所替代的原报告。

（二）要点理解

证书/报告是实验室向客户提供的具有法律效力的最终产品，是检定、校准和检测工作质量的反映，关系客户利益，也关系实验室自身的形象和信誉。实验室所完成的检测/校准结果应按合同要求予以报告。除第一方实验室所进行的内部检测/校准结果按内部管理制度可以适当简化报告外，其他所有的结果报告均应以报告/证书的形式向客户报告。报告的结果（数据）不仅应能向客户提供所需的全部信息，而且还可让客户正确利用这些数据向其用户传递所需信息并作为互认结果的证据。

此要素对证书/报告的出具原则、信息要求、管理要求等均做了明确规定，实验室技术管理层尤其是授权签字人、检测/校准人员应予以重点关注。

实验室应对证书/报告出具的全过程进行全面系统的识别和策划。尽管《认可准则》没有硬性要求一定要制定有关证书/报告的拟制、校核、审查、批准的控制程序，但是应该在文件化的质量管理体系中把证书/报告的拟制、校核、审查、批准等流程和要求描述清楚，明确职责分工和相互关系，包括报告拟制者、校核者、审查者、批准者（授权签字人）的职责，并识别、监控每个阶段应关注的重点内容和具体要求，同时还应考虑证书/报告出具全过程相关的支持性文件和必要的质量记录。对检测报告和校准证书的结果信息、使用、管理、评审等方面的相关要求，可以参考 CNAS-EL-13：2019《检测报告和校准证书相关要求的认可说明》。

本条款对应 2006 版的 5.10 条款，与 2006 版相比变化较大，主要有以下几点。

1）报告中不需要报告客户的地址，只需要报告客户的联络信息。

2）报告批准人只要可以识别即可，不再刻意要求职务、签字等。

3）报告中不但要有检测或校准的日期，还应有报告的签发日期。

4）实验室应对报告中的所有信息负责，如果数据是由客户提供的必须明确标识。

5）明确要求校准证书必须给出测量不确定度，而不能仅仅给出与计量规范的符合性。

6）对"意见和解释"明确要求应基于检测或校准结果。

7）对报告的修改必须标识修改的内容。

8）做出符合性声明时，应明确符合性结论适用于哪些结果。

9）抽样信息还应包含"评定后续检测或校准测量不确定度的信息"。

10）删除了 ISO/IEC17025：2005 中：①5.10.6 从分包方获得的检测和校准结果；②5.10.7结果的电子传送；③5.10.8 报告和证书的格式三项内容。

1. 总则

《认可准则》7.8.1 条款总则对应 2006 版的 5.10.1。

《认可准则》7.8.1.1、7.8.1.2 与 2006 版相比，增加了"结果在发出前应经过审查和批准"的要求；报告的形式在 2006 版"检测报告""校准证书"的基础上，增加了"抽样报告"；增加了"所有发出的报告应作为技术纪录予以保存"的要求（该条对应 2006 版的4.13.2.1）。结果在发出前应经过审查和批准，此处要注意对应《认可准则》6.2.6c）条款，由授权报告、审查和批准结果的人员进行。

CNAS-CL01-G001：2018《CNAS-CL01〈检测和校准实验室能力认可准则〉应用要求》中 7.8.1.1 有以下规定。

1）除检测方法、法律法规另有要求外，实验室应在同一份报告上出具特定样品不同检测项目的结果，如果检测项目覆盖了不同的专业技术领域，也可分专业领域出具检测报告。

即使客户有要求，实验室也不得随意拆分检测报告，如将"满足规定限值"的结果与"不满足规定限值"的结果分别出具报告，或只报告"满足规定限值"的检测结果。

2）一般情况下，实验室应按 GB/T 8170《数值修约规则与极限数值的表示和判定》进行数值修约。

《认可准则》7.8.1.2 条款要求实验室出具的证书/报告应都做到"准确、清晰、明确、客观"，同时应符合检测或校准方法中规定的要求。实验室证书/报告格式设计、编排表达要求应便于客户阅读利用，证书/报告的内容应包括客户（合同）的所有要求、说明结果所必需的全部信息以及所用方法要求的全部信息，样品信息应准确，并且必须是实测样品。本条增加"抽样报告"对应 7.3 抽样，抽样活动（与后续检测或校准相关的）在《认可准则》中也是作为一种实验室活动。本条所要求的"所有发出的报告应作为技术记录予以保存"，强调所保存的作为记录的报告应与发给客户的是完全一致的。只要实验室文件有规定，编制、审核、签发（批准）人可以用手签、盖章、电子签名等多种形式。检测/校准结果的电子传送应保证结果的完整性和保密性。7.8.1.2 的注 2 强调"只要满足本准则的要求，报告可以硬拷贝或电子方式发布"。硬拷贝是指二维地保持被压缩信息的板状物体实体。硬拷贝作为记录媒体是完备的，即兼有信息的存储与显示两项功能；而软拷贝仅有信息显示功能，需要与信息存储手段组合后才具有意义的。例如：资料经由打印机输出至纸上是硬拷贝，若显示在荧幕上则是软拷贝。磁盘、光盘、U 盘不是硬拷贝。

《认可准则》7.8.1.3 条款将 2006 版中的"在为内部客户进行检测和校准或与客户有书面协议的情况下"改为"经客户同意"。该条指在特殊的情况下根据需求可以简化结果报告，对于《认可准则》7.8.2 至 7.8.6 条款中所列却未向客户报告的信息，应能方便地从实验室获得。注意原始记录不能简化，一旦需要实验室均应能方便地提供。

2. 报告的通用要求

《认可准则》7.8.2 条款是报告的通用要求，对应 2006 版的 5.10.2"检测报告和校准证书"，《认可准则》增加了"抽样报告"的范畴。

《认可准则》7.8.2.1 条款与 2006 版相比，第 e）、o）、j）条有变化，分别如下：

1）第 e）条，不再要求报告客户地址，只需要客户的联络信息。

2）第 o）条，只需要批准人的识别，不再要求职务、签字等。

3）第 j）条，报告中不但要有检测或校准的日期，还应有报告的签发日期。

本条款还有几条需要注意：

1）第 g）条，增加了描述物品状态的"必要时"的条件。

2）第 h）条，在"检测或校准样品的接收日期"的基础上，增加了"对结果的有效性和应用至关重要的抽样日期"。实验室应注意不能用"仅对来样负责"等性质的描述来回避本条款的要求。增加抽样日期，是考虑有的样品非常不稳定，抽样日期影响结果，如微生物，要有收样日期和抽样日期，如血液样品，应明确客户应告诉抽样日期，不能以来样负责而不体现抽样日期。

3）第 i）条，实验室活动的开展日期，如果实验项目较多时，可以将此开展日期写为开展的周期。

为了防止结果被篡改或滥用，建议实验室在报告中做出"未经实验室书面批准，不得复制（全文复制除外）报告"的声明。

如果实验室活动地点不在实验室的固定场所，如在客户地点或样品所在地，报告中应给出详细的地址信息，不能仅仅给出"客户地点"这样模糊不确切的地址信息。

如果实际实验室活动过程是由客户的技术人员操作，实验室只是目击了试验的过程并记录下测试数据和信息，报告应以清晰的方式在正文中注明是目击试验，并且不得使用认可标识或声明认可。

实验室出具的报告中如有摘用其他机构报告信息的内容，则实验室应在报告中给出清晰的标注，标注的方式应确保报告的使用人不会产生误解。若要使用认可标识，实验室应按"外部提供的信息"（视同"分包"）要求进行控制。

《认可准则》7.8.2.2条款新增了"实验室对报告中所有信息负责，客户提供的信息除外。客户提供的数据应予明确标识"的要求，当客户提供的信息可能影响结果的有效性时，报告中应有免责声明，此处是《认可准则》中第二次出现"免责声明"。当实验室不负责抽样阶段（如样品由客户提供），实验室应在报告中声明结果适用于收到的样品。例如，当检测样品不能充分代表某一产品批次时，则该样品检测结果的不确定度通常应单独识别出来。若因无充分的数据而做不到这一点时，实验室应声明结果仅与被检测或校准物品有关。这种提法可防止结果被误用，对实验室来说，也可规避风险保护自己。

3. 检测报告的特定要求

《认可准则》7.8.3条款是对检测报告的特定要求，对应2006版的5.10.3检测报告。本部分将2006版5.10.3.1对抽样信息的要求放入了7.8.5报告抽样——特殊要求。其他条款与2006版基本等同，只在7.8.3.1e）中增加了"法定管理机构要求的其他信息"。

4. 校准证书的特定要求

《认可准则》7.8.4条款是对校准证书的特定要求，对应2006版的5.10.4校准证书。

《认可准则》7.8.4.1与2006版相比，a）条明确要求校准证书必须给出测量不确定度，而不能仅仅给出与计量规范的符合性；b）条明确要求实验室在校准结果报告中必须包含校准过程中对测量结果有影响的条件（如环境条件、设施条件等）的信息；c）条要求识别计量溯源性，范围更大；d）条明确要求如果可获得，校准证书应该包含被校样品在实验室校准全过程中任何调整或修理前后的数据（结果）；e）条要求当需要或相关时，实验室应该做出与要求或规范的符合性声明（见《认可准则》7.8.6）；f）条要求适当时给出意见和解释，在2006版中5.10.5的意见和解释只针对了检测，未提及校准。

CNAS-CL01-A025:2018《检测和校准实验室能力认可准则在校准领域的应用说明》中7.8.4.1有如下规定：

1）校准证书中报告的测量不确定度应符合CNAS-CL01-G003《测量不确定度的要求》的相关要求。

2）计量溯源性声明应能明确识别溯源的途径。通过校准实现计量溯源性的测量设备，其计量溯源性声明应至少包含上一级溯源机构的名称、溯源证书编号。

① 测量标准的校准由自己实验室提供时，也应符合本规定。

② 计量溯源性声明不宜描述为"溯源至国家计量基准"，除非实验室有足够的信息能证明其最终溯源至国家计量基准。

3）当校准实验室对被校设备进行校准后，对被校设备进行了调整或修理（无论由谁进行了调整或修理），调整或修理后应重新校准，可获得时，应在校准证书中报告调整或修理前后的校准结果。

调整或修理前的校准结果主要是有助于客户获知仪器的校准状态是否影响到以前所进行的测量，以便其采取有效的纠正和纠正措施。

《认可准则》7.8.4.2 条款是新增条款。当实验室负责抽样活动时，如果解释检测结果需要，校准证书应满足《认可准则》7.8.5 条款的要求。

《认可准则》7.8.4.3 条款对应 2006 版的 5.10.4.4。都要求校准证书或校准标签不应包含对校准周期的建议，除非已与客户达成协议。《认可准则》将 2006 版中"该要求可能被法规取代"一句删除。

CNAS-CL01-A025:2018《检测和校准实验室能力认可准则在校准领域的应用说明》中 7.8.4.3 规定，校准证书或校准标签不应包含对校准周期的建议，除非已与客户达成协议。

1）一般情况下，确定校准周期的原则和方法可参照 ILAC G24:2007《测量仪器校准周期的确定指南》或 JJF 1139《计量器具检定周期确定原则和方法》。

2）根据 CNAS-R01《认可标识和认可状态声明管理规则》的规定，带 CNAS 认可标识的校准标签通常应包含①认可标识；②获准认可的校准实验室的名称或注册号；③仪器唯一性标识；④本次校准日期；⑤校准标签引用的校准证书。

5. 报告抽样——特定要求

《认可准则》7.8.5 条款规定了报告应反映的抽样信息，对应 2006 版的 5.10.3.2，是 2006 版该条的迁移。与 2006 版相比，删除了"f）与抽样方法或程序有关的标准或规范，以及对这些规范的偏离、增添或删节"，2006 版 f）条款的要求体现在《认可准则》7.8.2.1n）中。《认可准则》"f）评定后续检测或校准的测量不确定度所需的信息"为新增内容。

6. 报告符合性声明

《认可准则》7.8.6 报告符合性声明为新增条款。是关于报告中如何使用判定规则的要求。判定规则是当声明与规定要求的符合性时，描述如何考虑测量不确定度的规则。本条款对应《认可准则》7.1"要求、标书和合同的评审"中的 7.1.3 条款；合同评审时如果客户要求针对检测或校准做出与规范或标准符合性的声明（如通过/未通过，在允许限内/超出允许限）时，应明确规定判定规则。选择的判定规则应与客户沟通并得到同意，除非规范或标准本身已包含判定规则。

《认可准则》7.8.6.1 实验室应将常用判定规则形成文件，与客户沟通将更加方便。如果客户、法规或规范性文件没有规定判定规则，实验室还应考虑所用判定规则的风险水平（如接受错误、错误拒绝以及统计假设）。判定规则的相关控制要求可参考本节的"专题关注——'报告结果'的注意事项及与规定限值的符合性评价"中相关内容。

《认可准则》7.8.6.2 条款是对实验室报告符合性声明时对标识的要求。

1）符合性声明适用于哪些结果。

2）满足或不满足哪个规范、标准或其中的部分。

3）应用的判定规则（除非规范或标准中已包含）。

本条款的注同时建议了进一步的详细信息可见 ISO/IEC 指南 98-4《不确定度评估第 4 部分：不确定度评估在符合性评价中的作用》。

7. 报告意见和解释

《认可准则》7.8.7 条款是对意见和解释的要求，对应 2006 版 5.10.5。

意见与解释主要是指如何使用结果的建议。

CNAS-CL01-G001：2018《CNAS-CL01〈检测和校准实验室能力认可准则〉应用要求》中 7.8.7.1 规定，实验室可以选择是否做出意见和解释，并在管理体系中予以明确，并对其进行有效控制，包括合同评审。

1）根据检测或校准结果，与规范或客户的规定限量做出的符合性判断，不属于本准则所规定的"意见和解释"。"意见和解释"的示例：

① 对被测结果或其分布范围的原因分析，比如在环境中毒素的检测报告中对毒素来源的分析。

② 根据检测结果对被测样品特性的分析。

③ 根据检测结果对被测样品设计、生产工艺、材料或结构等的改进建议。

2）在校准报告中，一般不需要做出意见和解释。CNAS 暂不开展对校准结果的意见和解释能力的认可。必要时，CNAS 将根据客户需求和相关技术专家的意见，修订此政策。

3）对于检测活动，实验室如果申请对某些特定检测项目的"意见和解释"能力的认可，应在申请书中予以明确，并说明针对哪些检测项目做出哪类的意见和解释，并提供以往做出"意见和解释"时所依据的文件、记录及报告。相关人员能力信息应随同申请一同提交。实验室人员如果仅从事过相关的检测活动，而不熟悉检测对象的设计、制造和使用，则不予认可其"意见和解释"能力。

《认可准则》7.8.7.1 强调了实验室做出意见和解释的人员必须是授权人员（对应 2006 版 5.2.5），要求实验室应将意见和解释的依据制定成文件。有些意见和解释比检验结论要复杂，不确定因素也多，它是客观结果与主观判断的结合，因此实验室要充分认识到它的风险性，建议实验室规定对哪些结果能够进行意见和解释。

本条款的注中强调不要将意见和解释与检查声明、符合性声明混淆。

《认可准则》7.8.7.2 明确要求：报告中的"意见和解释"应基于检测或校准结果，并予以清晰标识。它不是对检测或校准结果的简单重复，更不是对结果的符合性判定。"报告中的意见和解释应基于被检测或校准物品的结果"，是指只有实验室自己做的结果才可以做意见和解释，分包的结果不能做。清晰标识是指意见和解释应与检测或校准结果明显分开，不能写在一栏中。

《认可准则》7.8.7.3 规定以对话方式与客户沟通意见和解释时，应保存通话记录。意见和解释是根据客户的需要或实验室需要对结果解释时提供的信息，既不是必须提供的，也不是判断结论，而是为客户更好地理解、应用检测或校准结果而提供的一种附加服务，是一种参考。与客户对话的方式可以包括：面谈、通话、视频、互联网媒体交谈等，但都应保存相关记录。

8. 报告修改

《认可准则》7.8.8 是对报告修改的要求，对应 2006 版 5.10.9 检测报告和校准证书的修改。

《认可准则》7.8.8.1 条款是新增条款，实验室需要更改、修订或重新发布已经出具（发布）的报告时，应在报告中清晰标识修改的信息，适当时标注修改的原因。报告更改、修订的原因通常有两种情况：一种是客户原因要求更改、修订；一种是实验室的原因造成的更改、修订。当需要对已发出的结果报告做更改、修订或重新发布时，应按规定的程序执行，详细记录更改、修订或重新发布的内容，适当时应包括修改的原因。

《认可准则》7.8.8.2 是已发布的报告修改时的一种形式（仅以追加文件或数据传输的形式）要求及所需包含声明信息的要求，本条与 2006 版基本相同。实验室对已经发出的报告的修改可采用《认可准则》7.8.8.1 规定方式，也可采用本条款规定的追加文件或数据传送的方式。如果实验室选用本条款方式，追加的报告应有"对序列号为……（或其他标识）报告的修改"或其他等效文字的表述。修改后的报告中信息和数据应具有可追溯性，并满足《认可准则》的全部要求。

本条款虽然允许实验室通过追加文件或数据传送的方式完成对已发出报告的修改，但是前提是实验室应对这种方式进行充分的风险评估，并利用风险评估结果在体系文件中明确规定这种方式的限定使用范围，确保能够最大限度地降低实验室报告结果的风险，并确保修改后报告的准确性、完整性和真实性。如果通过分析评估，确认实验室对此修改方式的风险控制能力和手段有限，则建议实验室应选择其他方式（如追回原报告或声明原报告作废，再重新发一份新报告等）完成对已经发出报告的修改。通过追加文件或数据传送的方式完成对已经发出报告的修改，通常仅适合对数据和结果没有实质性变更且客户有修改需要时使用，如对报告中错别字的修改、错误信息的修改等。同时，如果修改后的内容对客户能够产生客观正面的积极影响，则实验室可选择追加文件的修改方式，因为客观上客户会主动协助实验室确保报告结果的准确性、完整性和有效性，此时对结果报告的修改风险是客观可控的。

《认可准则》7.8.8.3 与 2006 版基本相同。实验室通常可以通过风险评估的方式来科学判断和选择实验室是否需要采用发布全新报告的方式来完成报告修改工作。对于发布全新的报告应有唯一性标识，并注明所代替的原报告号。实验室在发出全新报告时应确保收回已经发出的需要被替代的原报告，如果原报告无法收回，则实验室应采用适当的方式进行特定范围的公示和通知，确保报告的使用方能够及时获得发布新报告的最新信息；同时，确保原报告在新报告发布后的使用受到限制和制约，确保最大限度地降低实验室发布新报告可能带来的风险。

（三）评审重点

评审中，评审组应全面抽查实验室规定评审周期内所有领域的典型报告和评审现场全部现场试验项目的报告，组长侧重实验室证书/报告总体质量的评审，技术评审员应对实验室技术数据产生与出具的科学性、合理性、可靠性及信息齐全性予以重点关注。

1）实验室出具的证书/报告是否都做到"准确、清晰、明确、客观"八字要求，是否都符合检测或校准方法中规定的要求；证书/报告格式设计、编排表达是否便于客户阅读利用；内容是否包括客户（合同）的所有要求、说明结果所必需的全部信息以及所用方法要求的全部信息。检测/校准结果发出前是否经过审核和批准；检测/校准结果的电子传送能否保证结果的完整性和保密性。

2）除非实验室有有效充足的理由，否则每份证书/报告都包括《认可准则》7.8.2.1 要求的 16 项相关信息；以简化方式报告结果时是否经客户同意。为了防止结果被篡改或滥用，实验室在证书/报告中是否做出"未经实验室书面批准，不得复制（全文复制除外）报告"

的声明。当客户提供的信息可能影响结果的有效性时，证书/报告中是否有免责声明；当实验室不负责抽样阶段（如样品由客户提供），实验室在证书/报告中是否声明结果仅适用于收到的样品。当检测样品不能充分代表某一产品批次时，实验室是否对该样品检测结果的测量不确定度单独识别与评定，实验室是否声明结果仅与被检测或校准物品有关。

3）需要对检测报告结果进行解释时，检测报告是否包括《认可准则》7.8.2 要求的相关信息和 7.8.3.1 要求的附加信息；是否给出测量不确定度评定说明、"意见和解释"处理过程的依据文件与方法及相关的评审和沟通记录。

4）校准证书是否包括《认可准则》7.8.2 要求的相关信息和 7.8.4.1 要求的附加信息，当实验室负责抽样且校准结果需要解释时，校准证书是否同时还包括《认可准则》7.8.5 要求的附加信息。校准证书或校准标签中校准周期的建议是否仅在与客户达成协议时标注。

5）当实验室负责抽样且报告结果需要解释时，证书/报告是否首先包括《认可准则》7.8.2 要求的相关信息，是否同时还给出测量不确定度评定信息、抽样计划和抽样方案等《认可准则》7.8.5 要求的附加信息。

6）当实验室需要做出与规范或标准的符合性声明时，实验室是否将所使用的判定规则制定并形成文件。如果客户、法规或规范性文件没有规定判定规则，实验室是否还考虑所用判定规则的接受错误、错误拒绝以及统计假设等方面的风险水平。实验室在报告符合性声明时是否清晰标示：符合性声明适用于哪些结果，应用的判定规则，满足或不满足哪个规范、标准或其中的条款等信息。

7）实验室对做出"意见和解释"是否有文件规定，对证书/报告做出"意见和解释"的人员是否具备相应的能力，是否经过授权。"意见和解释"是否仅限于实验室实际检测或校准物品的结果，意见和解释是否与检测或校准结果明确分开并予以清晰标注。实验室对报告或证书的"意见和解释"是否在客户要求时做出，是否进行了合同评审。当通过直接对话向客户传达"意见和解释"时，这些对话和交流是否有记录。

8）当实验室需要对已发出的结果报告做更正或增补时，是否按规定的程序执行，是否详细记录了更正或增补的内容；重新编制的更正或增补后的证书/报告，是否标注了区别于原证书/报告的唯一性标识。若原证书/报告不能收回，是否在发出新的更正或增补后的证书/报告的同时，声明原报告或证书作废。对原证书/报告可能导致潜在其他方利益受到影响或者损失的，实验室是否通过公开渠道声明原证书/报告作废，并承担相应责任。

（四）专题关注——"报告结果"的注意事项及与规定限值的符合性评价

实验室在日常运行和现场评审过程中，针对"报告结果"要素还应系统关注以下几个方面。

1. CNAS 对报告的认可评审要求

在现场评审中，评审组应注重现场随机抽查报告，抽样量应与被评审实验室实际出具报告的数量相匹配。评审组应重点核查报告的以下方面的内容：

1）与认可要求的符合性（以《认可准则》的 7.8 条款为依据）。

2）信息的适宜性和充分性（以测试方法为依据）。

3）报告数据与原始记录的可追溯性。

4）对客户提供信息的控制，需要时应以醒目的方式标识并做出免责声明。

5）发出报告或数据的控制管理。

6）报告的控制系统，应易于追溯报告编号，不得随机编号。

7）认可标识使用及认可状态声明的管理。

8）客户现场试验出具报告的控制。

9）客户现场试验原始记录的控制，是否含地点、设备、测试人员，以及必要时的环境信息。

10）对目击试验的控制，应在报告中以显著的方式如实说明是目击试验。

评审组应重点关注原始记录与报告的符合性，可从报告追溯至原始记录。实验室应能够提供实验室活动过程的充分信息，可以只有检测/校准结果的原始记录而不出具报告，但不应以检测/校准报告取代原始记录。如果实验室不能提供原始记录及其他能证明实施检测/校准的相关记录或证据（如设备使用记录、自动化仪器的后台数据、相应样品上的测试痕迹等），且不能提供合理的解释，或实验室的原始记录不真实，均视为没有实施实验室活动而出具报告，CNAS则按实验室不诚信行为处理。

对初次申请认可（包含扩项）的项目，要求每个申请认可的项目均应有相应的报告（可以是内部报告或检测/校准结果）。现场评审时，评审组应检查每个申请项目的报告，在时间允许的情况下，尽量扩大报告抽样量。如果发现报告数量明显少于申请书填写的经历，且实验室不能提供合理的解释，可按实验室申请信息不真实做出处理。

对于已获认可的项目，评审组在认可评审中应重点关注实验室能力的有效保持和对能力范围的监控情况。在定期监督评审和复评审中，评审组应重点抽查自上次评审以来发出的报告或结果，每个认可的项目均应在评审抽查范围内。视实验室出具报告的情况，原则上每个检测/校准项目至少抽查 3 份报告。两年之内没有检测/校准经历的项目，原则上不能推荐认可。

现场评审时还应特别注意：对于认可范围内同一检测/校准项目有多个方法且方法的检测/校准步骤和原理基本相同，但所用方法属于不同系列标准的情况（例如 GB 以及对应的 ISO、IEC 等标准），如果实验室只有一个方法有相应的实验室活动经历，其他标准的同类方法原则上可以视为有经历。针对此情况，评审员还需重点评审并确认实验室技术人员是否了解并掌握相关方法之间的差异。如果实验室人员不能明确说明方法之间的差异，则没有实验室活动经历的方法不能推荐认可。

2. "报告结果"时的意见和解释

"意见和解释"应围绕着检测/校准结果的意见、合同的履行、使用结果的建议和改进的建议进行，以文件的形式发布。使用标识应符合标准要求。如果直接对话和交流，应保留相关记录。检测报告或校准证书的意见和解释可包括（但不限于）下列内容：①对检测/校准结果符合（或不符合）要求的意见（客户要求时的补充解释）；②履行合同的情况；③如何使用结果的建议；④改进的建议。

对检测/校准证书/报告做出"意见和解释"的人员，应具备相应的经验，掌握与所进行检测/校准活动相关的知识，熟悉检测/校准对象的设计、制造和使用，并经过必要的培训。

3. "报告结果"时实验室的免责声明

为了防止结果被篡改或滥用，实验室在报告或证书中应做出"未经实验室书面批准，不得复制（全文复制除外）报告"的声明。当客户提供的信息可能影响结果的有效性时，报告或证书中也应有免责声明。

当实验室不负责抽样阶段（如样品由客户提供），实验室应在报告或证书中声明结果仅适用于收到的样品。例如，当检测样品不能充分代表某一产品批次时，则该样品检测结果的不确定度通常应单独识别出来。若因无充分的数据而做不到这一点时，实验室应声明结果仅与被检测或校准物品有关。这种提法可防止结果被误用，对实验室来说，也可规避风险保护自己。

4. 报告被校准样品调整或修理前后校准数据与结果的重要性

《认可准则》7.8.4.1规定"除7.8.2的要求外，校准证书应包含以下信息：……d）如可获得，任何调整或修理前后的结果"，该条是与《认可准则》6.4.9条规定"……实验室应检查设备缺陷或偏离规定要求的影响，并应启动不符合工作管理程序（见7.10）"相对应的。

"如可获得"通常是指：若设备已不能显示（或读出）数据，那只能得到调整或修理后的数据与结果；若尚能显示（或读出）数据，那么校准就应该分别给出调整或修理前后的数据与结果。由此可以提醒或方便客户高效地完成不符合工作的追溯实施过程，可以有针对性地缩小需要对先前检测/校准影响的核查范围。如果调整或修理前的数据与结果比修理后的"严"（如示值误差小于允许值），那么合格的样品依然合格，通常只需对不合格样品重新检测/校准，因为不合格样品中可能有合格样品。如果调整或修理前的数据与结果比修理后的"宽"（如示值误差大于允许值），通常只需对合格样品重新检测/校准，因为合格样品中可能有不合格样品。

为降低自身的技术与管理风险，建议实验室无论客户是否需要，只要被校设备能显示（或读出）数据，实验室就应该正式地在同一份校准原始记录和校准证书（或报告）中均分别给出调整或修理前后的数据与结果。在实验室日常运行和现场评审中，往往会发现为数不少的实验室原始记录和校准证书（或报告）仅出具被校样品最后经调整或修理后的校准数据与结果，而调整或修理前的校准数据与结果却没有做任何记录或没有以证书报告的形式正式予以出具，实验室应对此现象与问题的严重性引起足够的重视。

5. 与规范中规定限值的符合性评价

《认可准则》的7.8.6.1条款规定："当做出与规范或标准符合性声明时，实验室应考虑与所用判定规则相关的风险水平（如错误接受、错误拒绝以及统计假设），将所使用的判定规则制定成文件，并应用判定规则。"基于判定规则的定义："当声明与规定要求的符合性时，描述如何考虑测量不确定度的规则。"实验室应针对不确定度对符合性判定的影响，认真分析其中的不同情况，给出制定判定规则的建议。

通常最简单的情况是规范本身清楚地说明测得值在给定的包含概率下的不确定度扩展后不应超出限定值或在限定值内。在如图3-7中情况1、5、6及10时，符合性评价是比较直观的。

在多数情况下，规范要求在证书或报告中做出符合性声明，但没有指明进行符合性评价时需考虑不确定度的影响。在这种情况下，实验室可以在不考虑不确定度的情况下，根据测得值是否在规定限值范围内做出符合性判断。

例如，若一根测杆直径的测量结果为0.5mm，而规范规定的限值为0.45mm到0.55mm，该结果的使用者可以不考虑测量不确定度而判断这根测杆是符合要求的。

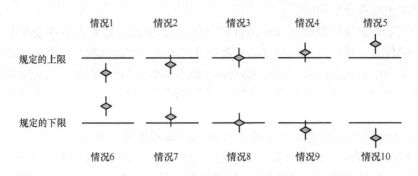

图 3-7　与规定符合性判定的 10 种情况

这就是通常所说的"风险共担"，通过使用约定的测量方法进行测试后的产品还有可能不符合规范要求，最终用户可能会承担此风险。在这种情况下，一般假设约定的测量方法的不确定度是可以接受的，而且重要的是其不确定度在必要时是可以评估的。国家法规可以否决"风险共担"的原则，并使不确定度引起的风险由其中一方承担。

在用户与实验室之间的协议或实施准则或规范中可能已声明其采用方法的准确性是足够的，且在判断符合性时，可以忽略不确定度。上文中对"风险共担"的考虑也适用于此情况。

当没有相应的准则、测试规范、客户要求、协议或实施规则时，可采用下列方法：

1）当测得值以 95% 的包含概率延伸扩展不确定度后仍不超过规定限值时，则可以声明符合规范要求（见图 3-7 中的情况 1 和 6）。

2）如果测得值向下延伸扩展不确定度后，仍超出规定的上限，则可以声明不符合规范要求（见图 3-7 中的情况 5）。

3）如果测得值向上延伸扩展不确定度后仍低于规定限值的下限，则可以声明不符合规范要求（见图 3-7 中的情况 10）。

4）在不可能测试同一个产品单元的多个样品，或不可能进行重复测试的情况下，测得的单一值若非常接近规定限值，延伸扩展不确定度后高于上限或低于下限，这时在规定的包含概率上不能确定是否符合规范。应当报告测得值与扩展不确定度，并声明无法证实符合或不符合规范。对此情况（见图 3-7 中的情况 2、4、7 和 9）可采用如下声明：

"测得值高于（低于）规定限值的部分小于测量不确定度，则在 95% 的包含概率上不能声明符合或是不符合规范。但是如果包含概率可以低于 95% 时，则有可能做出符合或是不符合的声明。"

如果法律要求必须做出拒绝或批准的决定，则对图 3-7 中的情况 2 和 7 可以做出符合规范的声明（在包含概率低于 95% 的情况下）。对图 3-7 中的情况 4 和 9 则可以做出不符合规范的声明（在包含概率低于 95% 的情况下）。

如果可以对同一产品单元的两个或多个样品进行测试，或可以对同一样品进行重复测试，或可以对留样进行重复测试，则建议做重复测试。估算出对同一样品所有测得值的平均值或所有重复测试的平均值和该平均值的不确定度，然后按 1）~4）中所述方法做出相应的判断。

应特别注意：1)~4) 是假设测量值的不确定度对应的分布曲线是对称于其平均值的。在某些情况下，这一假设可能是不正确的。例如，当测量值的一个重要修正值未按要求实施修正，而被视为其不确定度的某个分量；或当某一重要的不确定度影响分量是服从非对称分布的，在和其他不确定度分量合成时却被当作是正态分布的，在此情况下，应更准确地计算测量值和不确定度，以做出明确的结论。

5) 如果测得值恰好为规定限值，则在指定的包含概率上不可能做出是否符合规范的声明。应当报告测得值与扩展不确定度，并说明在指定的包含概率上无法证实符合或是不符合规范。对此情况（见图 3-7 中的情况 3 和 8）可采用如下声明：

"由于测得值等于规定限值，因此在任何包含概率上都不可能做出符合或是不符合规范的声明。"

如果法律要求不管包含概率是多少，必须做出结果符合或不符合规范的评价声明时，考虑上文（多数情况）中的规定，根据规范中规定限值的具体情况，做出如下声明：

① 如果规定限值是以 "<" 或 ">" 的形式定义的，且测得值等于规定限值，那么可以做出不符合规范的声明。

② 如果规定限值是以 "≤" 或 "≥" 的形式定义的，且测得值等于规定限值，那么可以做出符合规范的声明。

如果可能，同样建议按照 4) 中最后一段的说明，做重复测试。

综上所述，与规定符合性判定通常存在如下 10 种具体情况：

情况 1，向上延伸扩展不确定度后，测得值仍低于上限，则产品符合规范。

情况 2，测得值低于上限，低于上限的值小于测量不确定度，因此不可能做出符合规范的声明。但是如果包含概率可以低于 95% 时，则可做出符合规范的声明。

情况 3，测得值恰好为规定的上限值，则不可能做出是否符合规范的声明。但是在不考虑包含概率前提下必须做出评判，且规范以 ≤ 的形式规定限值时，则可做出符合规范的声明；规范以 < 的形式规定限值时，则可做出不符合规范的声明。

情况 4，测得值高于上限，超出上限的值小于测量不确定度，因此不可能做出不符合规范的声明。但是如果包含概率可以低于 95% 时，则有可能得出不符合规范的声明。

情况 5，向下延伸扩展不确定度后，测得结果仍高于上限，则产品不符合规范。

情况 6，向下延伸扩展不确定度后，测得值仍高于下限，则产品符合规范。

情况 7，测得值高于下限，超出下限的值小于测量不确定度，因此不可能做出符合规范的报告。但是如果包含概率可以低于 95% 时，则可做出符合规范的声明。

情况 8，测得值恰好为规定的下限值，则不可能做出是否符合规范的声明。但是在不考虑包含概率前提下必须做出评判，且规范以 ≥ 的形式规定限值时，可做出符合规范的声明；规范以 > 的形式规定限值时，则可做出不符合规范的声明。

情况 9，测得值低于下限，低于下限的值小于测量不确定度，因此不可能做出不符合规范的声明。但是如果包含概率可以低于 95% 时，则有可能得出不符合规范的声明。

情况 10，向上延伸扩展不确定度后，测得结果仍低于下限，则产品不符合规范。

简而言之，当客户、法规或规范性文件没有规定判定规则时，实验室应制定一个书面文件的判定规则。判定规则通常包括图 3-7 中所示的情况：情况 1 和情况 6，产品符合规范；情况 2 和情况 7，如果包含概率低于 95% 时，则可做出符合规范的声明；情况 3 和情况 8，在不考虑包含概率前提下必须做出评判，且规范以"≤"形式规定限值时，则可做出符合规范的声明；规范以"<"的形式规定限值时，则可做出不符合规范的声明；情况4和情况9，如果包含概率低于95%时，则有可能得出不符合规范的声明。情况5和情况10，产品不符合规范。

九、《认可准则》"投诉"

（一）"投诉"原文

7.9 投诉

7.9.1 实验室应有形成文件的过程来接收和评价投诉，并对投诉做出决定。

7.9.2 利益相关方有要求时，应可获得对投诉处理过程的说明。在接到投诉后，实验室应证实投诉是否与其负责的实验室活动相关，如相关，则应处理。实验室应对投诉处理过程中的所有决定负责。

7.9.3 投诉处理过程应至少包括以下要素和方法：

a）对投诉的接收、确认、调查以及决定采取处理措施过程的说明；

b）跟踪并记录投诉，包括为解决投诉所采取的措施；

c）确保采取适当的措施。

7.9.4 接到投诉的实验室应负责收集并验证所有必要的信息，以便确认投诉是否有效。

7.9.5 只要可能，实验室应告知投诉人已收到投诉，并向投诉人提供处理进程的报告和结果。

7.9.6 通知投诉人的处理结果应由与所涉及的实验室活动无关的人员做出，或审查和批准。

注：可由外部人员实施。

7.9.7 只要可能，实验室应正式通知投诉人投诉处理完毕。

（二）要点理解

投诉（complaint）的定义是就产品、服务或投诉处理过程本身，向组织表达的不满，无论是否明示或隐含地期望得到回复或解决。因此投诉通常是指任何人员或组织向合格评定机构或认可机构做出的、与该机构活动或结果表达不满意，并期望得到回复的行为。这里专指向实验室表达的不满。投诉是客户维护自己权利的方式，也是实验室保证其工作规范、公正，获得客户意见的重要方式。

1. 《认可准则》7.9.1条款要点

《认可准则》7.9.1条款与2006版的4.8相比，核心内涵相同，语言表述采用ISO合格评定委员会所依据QS-CAS-PROC/33《ISO/CASCO标准中的公共要素》。实验室收到的投诉可能有很多种情况，比如客户对实验室结果的质疑，这种质疑有可能是口头的，也有可能是提出正式的复检要求；客户对实验室检测/校准收费的不满；客户对实验室结果出具不及时的不满等。实验室应建立投诉处理程序，来规定接收、评价和对投诉做出决定的一系列工作要求。处理投诉的流程如图3-8所示。

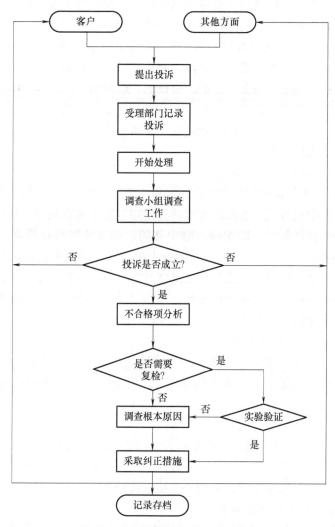

图 3-8　处理投诉的流程图

CNAS-CL01-G001：2018《CNAS-CL01〈检测和校准实验室能力认可准则〉应用要求》中 7.9.1 规定，实验室应及时处理收到的投诉。如果实验室收到 CNAS 转交的投诉，应在 2 个月内向 CNAS 反馈投诉处理结果。

CNAS 在收到对实验室的投诉时，通常情况下将转交给实验室进行处理。如果投诉内容是针对实验室能力和诚信时，CNAS 将直接处理。处理方式包括安排不定期监督评审等，不定期监督评审可不预先通知实验室。

2. 《认可准则》7.9.2 条款要点

《认可准则》7.9.2~7.9.7 是新增内容。对投诉的处理要求与 2006 版相比变化较大，增加了很多新要求，其内容等同采用了 ISO 合格评定委员会所采纳的 QS-CAS-PROC/33《ISO/CASCO 标准中的公共要素》。

《认可准则》7.9.2 利益相关方有要求时，应可获得对投诉处理过程的说明文件。利益相关方是指实验室的客户、对实验室实施认可的认可机构、实验室的上级组织等。当这些利益相关方有要求时，实验室应能提供规定如何处理投诉的说明文件。在接到投诉后，实验室应确认投诉是否与其负责的实验室活动相关，确认结果有两种可能，一种是实验室的责任，也就是说投诉成立，应按《认可准则》7.9.3 进行处理。另一种是客户原因，即投诉不成立，则应向客户耐心细致解释清楚，并书面答复客户。客户的投诉不管是书面的、口头的，还是直接的、间接的，都应认为是允许的、应该的、欢迎的，因为客户的投诉有利于实验室与客户沟通，有利于了解客户需求，有利于实验室改进管理体系，有利于实验室提高管理水平。不论哪种情况，实验室应对投诉处理过程中的所有决定负责，实验室应承担的责任主要包括行政责任、民事责任及刑事责任。

3. 《认可准则》7.9.3 条款要点

《认可准则》7.9.3 条款规定处理投诉的过程应至少包括 a）~c）的要素和方法。即实验室应在投诉处理程序中进行几个方面的规定并在处理过程中加以执行。在投诉程序中，实验室应明确投诉处理的责任部门，即明确由哪个部门、谁来负责登记投诉、立项、报告（向谁报告）、决定开展调查工作，必要时成立调查小组，以弄清事实真相。在投诉解决的过程中，处理投诉的责任部门应负责跟踪处理的进度并在过程中进行记录，保留处理的证据。如果投诉成立，实验室应按不符合项进行处理，可参考《认可准则》7.10 条款的要求。并在采取措施后，验证实施措施的效果。

4. 《认可准则》7.9.4 条款要点

《认可准则》7.9.4 接到投诉的实验室应负责收集并验证所有必要的信息，以便确认投诉是否有效。这一点与法律上的"谁主张谁举证"不同，体现了实验室服务客户，并追求改进的核心。

5. 《认可准则》7.9.5 条款要点

《认可准则》7.9.5 只要可能，实验室应告知投诉人已收到投诉，并向其提供处理进程的报告和处理结果。本条强调的是实验室与客户的沟通，与《认可准则》8.6.2 相关，即与客户沟通的结果也是一种反馈类型，可用于实验室改进。

6. 《认可准则》7.9.6 条款要点

《认可准则》7.9.6 与投诉人沟通的结果应由与所涉及的实验室活动问题无关的人员做出或审查和批准。本条强调了实验室进行投诉处理时应选择与所涉及投诉的实验室活动无关的人员进行，是保证实验室公正性的一方面。本条的"注"中说明可由外部人员实施，这是对于有些小规模的实验室而言，可能做不到自己处理投诉，此时为了保证公平公正，可以找外部人员，比如技术专家等帮助实验室处理投诉。

7. 《认可准则》7.9.7 条款要点

《认可准则》7.9.7 只要可能，实验室在投诉处理完成后应正式通知给投诉人。本条也是对实验室与客户沟通的要求，强调实验室给予客户反馈。有时，实验室更重视的是客户强烈的不满或提出复检要求的投诉，要求能够给出处理结果或复检结果。但是如果客户仅仅是抱怨或对收费、服务及时性等方面提出不满时，实验室往往会忽略这样的投诉，甚至不了了之。无论哪种类型的投诉，实验室应做到对客户有"回音"。

（三）评审重点

1）实验室是否制定了投诉处理程序或明确规定投诉处理过程的文件，是否明确了投诉接收、处理、评价和结果决定的部门与人员，是否明确其相应的责任和权利。

2）当实验室的利益相关方有要求时，是否为该利益相关方提供了投诉处理过程的说明文件。在接到投诉后，实验室是否对所接到的投诉进行了登记和识别，是否证实投诉与实验室活动的相关性；对与实验室活动相关的投诉，是否严格履行了投诉接收、处理、评价和结果决定流程与程序；实验室是否全权、全程完成了全部的投诉处理过程，是否对全部的投诉处理决定承担责任（包括行政责任、民事责任及刑事责任）。

3）实验室是否由责任部门及责任人负责投诉的接收、确认、调查以及决定采取处理措施和处理决定。处理投诉的过程是否至少包括如下要素和方法：相关责任部门及责任人是否按规定的工作职责及程序，对投诉进行接收、确认、调查以及决定采取处理措施（包括为解决投诉所采取的措施）进行说明，是否有所有处理活动的记录。实验室是否采取适当的措施（如证据保全措施、保密措施、风险措施、必要的人身安全措施等）确保投诉处理的有效性。

4）实验室是否收集并验证与投诉相关的所有必要信息，是否根据收集到的信息确认投诉的有效性。

5）实验室是否将已收到投诉、投诉处理进程以及投诉处理结果告知投诉人。实验室与投诉人沟通投诉调查、处理、审查和批准工作时，是否由与投诉无责任关系的人员做出。实验室在投诉处理完成后，是否将处理结果正式通知投诉人。

6）现场评审中应系统关注实验室投诉的处理过程及时间要求，主要包括以下几个方面。

投诉是指任何人员或组织向实验室就其活动或结果表达不满意，并期望得到回复的行为。实验室应建立和保持处理投诉的程序，指定专业部门和人员接收、处理、评价和决定客户的投诉，明确对投诉的接收、处理、评价和结果决定的职责。对客户的每一次投诉，均应按照规定予以处理。投诉可来自客户，也可来自其他方面（如知情者或利益相关方）。客户的投诉不管是书面的还是口头的，不管是直接的还是间接的，实验室都应该接收，而后根据其是否与本实验室负责的实验室活动有关而决定是否受理。受理后进行调查判断其是否成立，必要时成立调查小组实施调查，或进行一次临时局部的内部审核。调查结果可能有两种情况，一种是实验室的责任，也就是说投诉成立或是有效投诉，应立即执行纠正措施程序，调查发生投诉的根本原因、采取纠正或纠正措施、书面通知客户并承担赔偿损失责任等。另一种是客户原因，即投诉不成立或无效投诉，也应按规定程序及时受理，与客户充分沟通，了解其投诉的本意和需求，向客户耐心细致解释清楚，并书面答复客户。客户的投诉不管是书面的、口头的，还是直接的、间接的，都有利于实验室改进管理体系、服务和检测/校准工作，所有投诉和所采取的措施均应予以记录并保存。

投诉中的利益相关方是指与投诉人及被投诉人的权益直接相关的组织。例如，投诉人向上级行政主管部门、实验室认可发证机构、投资人、客户、员工、供应商对实验室进行投诉；接到投诉的组织很可能将投诉转到被投诉的实验室，责成实验室处理这起投诉，此时这些组织就构成了利益相关方。利益相关方有权了解投诉的处理情况。当利益相关方有要求时，实验室应为该利益相关方提供投诉处理过程的说明文件。

实验室应及时处理收到的投诉。如果实验室收到 CNAS 转交的投诉，应在两个月内向 CNAS 反馈投诉处理结果。CNAS 在收到对实验室的投诉时，通常情况下将转交给实验室进行处理。如果投诉内容是针对实验室能力和诚信的，CNAS 将直接处理。处理方式包括安排不定期监督评审等，不定期监督评审可不预先通知实验室。

被客户投诉的人员、与投诉有相关连带责任和利益的人员应采取适当的回避措施。与投诉人的沟通、对投诉的审查和批准，应由与投诉无责任关系的人员做出。必要时，可邀请外部人员实施投诉的调查、处理或审查和批准。

十、《认可准则》"不符合工作"

（一）"不符合工作"原文

> 7.10　不符合工作
>
> 7.10.1　当实验室活动或结果不符合自身的程序或与客户协商一致的要求时（例如，设备或环境条件超出规定限值，监控结果不能满足规定的准则），实验室应有程序予以实施。该程序应确保：
>
> a）确定不符合工作管理的职责和权力；
>
> b）基于实验室建立的风险水平采取措施（包括必要时暂停或重复工作以及扣发报告）；
>
> c）评价不符合工作的严重性，包括分析对先前结果的影响；
>
> d）对不符合工作的可接受性做出决定；
>
> e）必要时，通知客户并召回；
>
> f）规定批准恢复工作的职责。
>
> 7.10.2　实验室应保存不符合工作和7.10.1中b）至f）规定措施的记录。
>
> 7.10.3　当评价表明不符合工作可能再次发生时，或对实验室的运作与其管理体系的符合性产生怀疑时，实验室应采取纠正措施。

（二）要点理解

"不符合"即"未满足要求"。实验室发生不符合通常分为两种情况，一是检测/校准过程中发现不满足标准或者技术规范的要求或检测/校准结果不符合或不满足客户约定的要求；二是不满足实验室的程序要求。因此不符合工作是指实验室活动的任一方面或该工作的结果不符合实验室的程序要求，不满足标准或技术规范的要求，或不满足与客户的约定要求。这与样品检测/校准结果不合格是两个完全不同的概念，不可混淆。

不符合工作的信息通常可能来源于监督员的监督、客户意见、内部审核、管理评审、外部评审、设备设施的期间核查、检测/校准结果质量监控、采购的验收、报告的审查、数据的校核等。实验室应充分关注这些环节，及时发现、处理不符合。不符合工作控制流程图如图3-9所示。

《认可准则》7.10对应2006版的4.9不符合检测/校准工作的控制。《认可准则》将2006版的标题精炼成了"不符合工作"。

1.《认可准则》7.10.1条款要点

《认可准则》7.10.1条款与2006版的4.9.1对应，无显著变化。

《认可准则》7.10.1a）和b）对应2006版的4.9.1a），2006版4.9.1a）在《认可准则》中分成了7.10.1a）和b）。

《认可准则》7.10.1c）、d）分别对应2006版的4.9.1b）、c），与2006版的内容和语言大致相同。

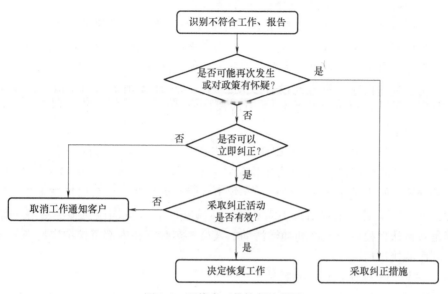

图 3-9　不符合工作控制流程图

《认可准则》7.10.1e)、f) 分别对应 2006 版的 4.9.1d)、e)，与 2006 版的内容和语言相同。

实验室应建立并实施不符合检测/校准工作的控制程序，尽早、尽快地识别出不符合工作。这种识别的信息来源可能发生在管理体系和技术运作的各个环节。如：监督员的日常监督，客户的信息反馈和投诉，内部审核，管理评审，检测/校准结果的质量控制，对员工的考核和监督，仪器的核查和校准，供应品和消耗性材料的符合性检查，数据校核，证书、报告的检查等。由此识别出的偏离或差错是在非预知情况下出现的，属于未知偏离。它可能是管理体系未按规定运作导致的（如：对在培人员未能进行有效充分的监督，合同评审时未能充分了解客户的要求，将检测/校准工作分包给不具备能力的分包方，影响检测/校准结果质量的供应品未经符合性验收就投入使用），也可能是检测/校准活动运作不符合要求造成的（如：检测/校准人员未能做到持证上岗，使用了不适宜的检测/校准方法，使用的方法标准是过期无效的版本，技术人员未按标准规范的要求进行检测/校准，环境条件未按方法、规范的要求进行监控，使用了未经校准的仪器设备，选用的仪器设备的准确度不符合要求；仪器设备有缺陷或出现可疑仍继续检测和校准，使用的参考物质超过有效期或不符合要求，抽样未按抽样程序的规定进行，样品的制备和保存不符合要求等）。

实验室常见的不符合工作通常包括实验室选用的方法不正确、人员能力不符合岗位需求、测量设备准确度不满足要求、环境条件不满足要求、试验样品的处置时间不满足要求、试样未在规定的时间内检测、质量控制结果超过规定的限制、能力验证或实验室间比对结果不满意等。实验室应对发生的不符合工作的原因进行分析，对于不是偶发的、个案的问题，不应仅仅纠正发生的问题，还应按本条款要求启动纠正措施。

一旦识别出不符合工作，就要依据《不符合工作的控制程序》来解决。该控制程序应明确规定不符合工作的识别，如何进行严重性评价，何种情况需立即纠正（暂停工作、扣发证书报告），对可接受性做出决定，通知客户并取消工作，恢复工作以及必要时转入纠正措施等各环节的责任部门、职责、权限和控制要求。

在此应强调指出，当不符合检测/校准工作发生时，不一定必须采取纠正措施而应先进行纠正。在纠正的同时或之后，对不符合工作的严重性（包括风险性和危害性）进行评价，以便对可接受性做出决定。若评价认为不符合工作仅是偶然差错，不会再次发生，或对实验室的运作与其政策和程序的符合性没有多大影响，则可能无须采取纠正措施，仅需纠正即可；若经评价属于《认可准则》7.10.3中所述情况，就必须采取纠正措施。"纠正"与"纠正措施"是两个概念，应避免混淆。

CNAS-CL01-G001:2018《CNAS-CL01〈检测和校准实验室能力认可准则〉应用要求》中7.10.1规定，实验室常见的不符合工作包括（但不限于）：实验室环境条件不满足要求，试验样品的处置时间不满足要求，试样未在规定的时间内检测，质量监控结果超过规定的限制，能力验证或实验室间比对结果不满意等。实验室所有人员均应熟悉不符合工作控制程序，尤其是直接从事检测、校准和抽样活动的人员。实验室在内部审核中应特别关注不符合工作控制程序的执行情况。

2.《认可准则》7.10.2条款要点

《认可准则》7.10.2是新增内容。保存不符合及不符合工作处理实施记录是《认可准则》的新增要求，强调了实验室活动中对不符合工作出现时，及时进行记录的要求，目的是证明不符合工作已得到完整、妥善的处理。

3.《认可准则》7.10.3条款要点

《认可准则》7.10.3条款对应2006版的4.9.2，内容上大同小异。当对不符合工作进行的严重性评价，表明不符合工作可能再度发生，或对实验室的运作与其政策和程序的符合性产生怀疑时，则应启动《认可准则》8.7所规定的纠正措施程序。通常情况下，不符合工作可能再次发生，除非是偶尔发生的不符合。CNAS-CL01:2006要求立即执行纠正措施程序。2018版不强调"立即"，而是强调根据风险大小的识别结果采取措施：风险大就停止工作，扣发报告，甚至召回已经发出的数据和结果报告；风险小的可以继续工作；总之，所采取的措施应适当。因此2018版比2006版更科学、更灵活、更严谨、更切合实际。

CNAS-CL01-G001:2018《CNAS-CL01〈检测和校准实验室能力认可准则〉应用要求》中7.10.3规定，实验室应对发生的不符合工作的原因进行分析，对于不是偶发的、个案的问题，不应仅仅纠正发生的问题，还应按本条款要求启动纠正措施。

（三）评审重点

评审中评审组长应组织所有评审员全面审查相关不符合工作处理案例，以确定实验室不符合工作控制程序的完整性与适应性，不符合工作的识别、报告方式的合理性与及时性，不符合工作严重性的界定、纠正处理的及时性和合理性，并重点关注以下内容。

1）实验室是否制定和保持了不符合工作控制程序，内容是否完整与适用。不符合工作控制程序是否确定了不符合工作管理的部门、人员的职责和权力，是否包括不符合工作的确认、分析、评价、决定、恢复工作等流程。实验室不符合工作的确认及所采取的处理措施是否以实验室风险水平的识别和应对为基础。实验室是否评价了不符合工作的严重性，不符合是否可能再次发生，实验室是否分析了不符合工作对先前实验室活动结果的影响。当不符合可能影响实验室活动的数据和结果时，实验室是否通知客户并召回已发出的数据和结果报告。

2）实验室是否保存了不符合工作和《认可准则》7.10.1 条中 b）~f）规定措施的记录。

3）当评价表明不符合工作可能再次发生或对实验室的运行与其管理体系的符合性产生怀疑时，实验室是否采取了相应的纠正措施。

十一、《认可准则》"数据控制和信息管理"

（一）"数据控制和信息管理"原文

7.11 数据控制和信息管理

7.11.1 实验室应获得开展实验室活动所需的数据和信息。

7.11.2 用于收集、处理、记录、报告、存储或检索数据的实验室信息管理系统，在投入使用前应进行功能确认，包括实验室信息管理系统中界面的适当运行。当对管理系统的任何变更，包括修改实验室软件配置或现成的商业软件，在实施前应被批准、形成文件并确认。

注1：本准则中"实验室信息管理系统"包括计算机化和非计算机化系统中的数据和信息管理。相比非计算机化的系统，有些要求更适用于计算机化的系统。

注2：常用的现成商业化软件在其设计的应用范围内使用可视为已经过充分的确认。

7.11.3 实验室信息管理系统应：

a）防止未经授权的访问；

b）安全保护以防止篡改和丢失；

c）在符合系统供应商或实验室规定的环境中运行，或对于非计算机化的系统，提供保护人工记录和转录准确性的条件；

d）以确保数据和信息完整性的方式进行维护；

e）包括记录系统失效和适当的紧急措施及纠正措施。

7.11.4 当实验室信息管理系统在异地或由外部供应商进行管理和维护时，实验室应确保系统的供应商或运营商符合本准则的所有适用要求。

7.11.5 实验室应确保员工易于获取与实验室信息管理系统相关的说明书、手册和参考数据。

7.11.6 应对计算和数据传送进行适当和系统地检查。

（二）要点理解

《认可准则》中"实验室信息管理系统"包括计算机化和非计算机化系统中的数据和信息管理。为保证信息管理系统有效，实验室在使用信息管理系统前确认其适用性。实验室使用信息管理系统（LIMS）时，应确保该系统满足所有相关要求，包括审核路径、数据安全和完整性等。实验室应对 LIMS 与相关认可要求的符合性和适宜性进行完整的确认，并保留确认记录；对 LIMS 的改进和维护应确保可以获得先前产生的记录。

本要素是新增要求，是有关实验室数据控制和信息管理的要求。

1. 《认可准则》7.11.1 条款要点

《认可准则》7.11.1 是新增条款，要求实验室应能获得开展实验室活动所需的数据和信息，并对其信息管理系统进行有效管理，确保数据和信息的完整性与保密性。

2. 《认可准则》7.11.2 条款要点

《认可准则》7.11.2 条款对应 2006 版的 5.4.7.2。

本条款要求实验室用于收集、处理、记录、报告、存储或检索数据的实验室信息管理系统在投入使用前应进行功能确认，包括实验室信息管理系统中界面的适当运行。对管理系统的任何变更，包括修改实验室软件配置或现成的商业化软件，在实施前应被批准、形成文件并确认。本条款中"实验室信息管理系统"包括计算机化和非计算机化系统中的数据和信息管理。相比非计算机化的系统，有些要求更适用于计算机化的系统。常用的商业软件在其设计的应用范围内使用可被视为已经过充分的确认。

CNAS-CL01-G001：2018《CNAS-CL01〈检测和校准实验室能力认可准则〉应用要求》中 7.11.2 规定，实验室使用信息管理系统（LIMS）时，应确保该系统满足所有相关要求，包括审核路径、数据安全和完整性等。实验室应对 LIMS 与相关认可要求的符合性和适宜性进行完整的确认，并保留确认记录；对 LIMS 的改进和维护应确保可以获得先前产生的记录。

3. 《认可准则》7.11.3 条款要点

《认可准则》7.11.3 条款对应 2006 版的 5.4.7.2，其中 c）和 e）是新增条款。

当实验室使用计算机或自动化设备对检测数据进行采集、处理、记录、报告、存储或检索时，实验室应对出具的数据进行质量控制，以保证数据的完整性和保密性，包括建立并实施数据保护程序，其内容包括：使用者开发的软件应被制成足够详细的文件，并加以验证；要逐步开展对计算机软件的测评，以确保软件的功能性和安全性；计算机操作人员应实行专职制，未经批准不得交叉使用；计算机硬盘应有备份，并建立定期刻录和电子签名制度；磁盘、光盘、闪存应由专人妥善保管、禁止非授权人接触，防止结果被修改；软件应有不同等级的密码保护：掌握最高级密码的人可以修改所有方面的内容；拥有中级密码的人可以进行检测步骤或结果管理等工作；最低级的密码则只限于进行检测工作，密码保护功能使负责人可以控制整个系统，并禁止无权人员对系统进行修改；当很多用户同时访问同一个数据库时，系统应有几层不同级别的访问权，这样就能把阅读和打印敏感信息的能力限制在一定的访问级别上（敏感信息包括各种重要数据，如各种原始记录、报告、证书副本等）；应经常对计算机或自动化设备进行维护，确保其功能正常，并提供必需的环境和运行条件；防止计算机病毒入侵计算机系统。通常实验室信息管理系统应做到"三个加"，即：加密，给每个员工一个密码，有密码才能进入信息管理系统；加权，设置权限，谁能改，谁能读；加备，定期备份，防止丢失。

4. 《认可准则》7.11.4 条款要点

《认可准则》7.11.4 是新增条款。

本条款要求当实验室信息管理系统在异地或由外部服务供应商进行管理和维护时，实验室应确保系统的供应商或运营商符合《认可准则》的所有适用要求。实验室应与供应商签订公正性、保密性等满足《认可准则》要求的协议。

5. 《认可准则》7.11.5 条款要点

《认可准则》7.11.5 是新增条款。

与实验室信息管理系统有关的说明书、手册和参考数据是指导实验室人员正确使用和操作信息化管理系统的指导性资料，本条款要求实验室相关人员应易于获得并使用相关说明书、手册和参考数据。

6.《认可准则》7.11.6条款要点

《认可准则》7.11.6条款对应2006版的5.4.7.1。

本条款要求实验室应对计算和数据传送进行适当和系统的检查。实验室应当对检测/校准活动中的计算处理和数据传送做出相应措施规定，避免因计算处理和数据传送出现的错误而造成结果不可靠，确保检测/校准获得的数据得到正确的计算和传送，全面保证检测或校准数据的完整性和安全性。因此当计算作为检测的一部分时，如有可能，应由检测以外的人员对各种计算进行详细的检查，并文件化。数据的传送和传输也应核查，手抄数据有没有抄错，或错误地输入计算机文件中去；数据由一个文件复制到另一个文件时，都应做适当检查。这些检查应在检测过程结束前完成。在实验室活动过程中，也时常发生数据在计算和传送过程中出现差错的现象，实验室应当避免这种"功亏一篑"的错误发生。

（三）评审重点

基于本要素涉及流程多、范围广、专业性强，组长应要求相关专业评审员及专家结合实验室活动的全流程开展评审活动，重点应包括以下内容：

1）实验室是否能以实验室信息化管理系统或人工采集等方式获得开展实验室活动所需的数据和信息。

2）实验室在使用信息管理系统收集、处理、记录、报告、存储或检索检测或校准数据前，是否对系统的功能进行了确认。

3）当信息管理系统发生更改（包括实验室软件配置或对商用现成软件的修改），系统操作人员在实施和使用前是否被批准、形成文件并经过确认；更改的信息管理系统形成的文件是否已再次确认；实验室是否保存了所有相关确认记录。

4）实验室是否对使用信息管理系统的人员进行了授权，是否有安全措施以防止检测或校准数据被篡改或丢失。实验室的环境和运行条件能否确保实验室活动数据的完整性；使用非计算机化的信息系统，是否有确保人工记录和转录数据准确性的措施和条件。实验室信息管理系统的维护能否确保数据和信息完整性，实验室是否明确记录系统失效和所采取的适当紧急措施及纠正措施。

5）当实验室信息管理系统在异地或由外部服务供应商进行管理和维护时，实验室是否确保了系统的服务供应商或运营商符合准则的所有适用要求；实验室是否与供应商签订了公正性、保密性等满足《认可准则》要求的协议。

6）实验室是否对信息管理系统有关的说明书、手册和参考数据进行有效管理，相关的说明书、手册和参考数据是否方便实验室员工获取并使用。

第十节 《认可准则》的"管理体系要求"

"管理体系"是指组织建立方针和目标以及实现这些目标的过程的相互关联或相互作用的一组要素。

1）一个管理体系可以针对单一领域或几个领域，如质量管理、技术管理或行政管理。

2）管理体系要素规定了组织的结构、岗位和职责、策划、运行、方针、惯例、规则、理念、目标以及实现这些目标的过程。

3）管理体系的范围可能包括整个组织，组织中特定的和已识别的职能，组织中特定的和已识别的部门，组织中一个或多个跨团队的职能。

实验室管理体系是指识别实验室的目标以及为获得所期望的结果而确定的过程和资源的活动，包括质量管理、技术运作和支持服务等所需要的相互关联和相互作用的过程和资源，以提供实验室的价值并实现其结果。简而言之，《认可准则》所阐述的实验室管理体系，是控制实验室运作的质量管理、行政服务和技术运作这三类管理体系的总称。

按照《认可准则》建立和运行管理体系，能够使实验室的管理层通过考虑其决策的长期和短期影响而优化资源的利用，给出了实验室在提供有效的技术结果和服务方面，针对预期和非预期的结果而确定所采取措施的方法。

一、《认可准则》"方式"

（一）"方式"原文

8.1　方式

8.1.1　总则

实验室应建立、编制、实施和保持文件化的管理体系，该管理体系应能够支持和证明实验室持续满足本准则要求，并且保证实验室结果的质量。除满足第4章至第7章的要求，实验室应按方式A或方式B管理体系。

注：更多信息参见附录B。

8.1.2　方式A

实验室管理体系至少应包括下列内容：

——管理体系文件（见8.2）；

——管理体系文件的控制（见8.3）；

——记录控制（见8.4）；

——应对风险和机遇的措施（见8.5）；

——改进（见8.6）；

——纠正措施（见8.7）；

——内部审核（见8.8）；

——管理评审（见8.9）。

8.1.3　方式B

实验室按照GB/T 19001的要求建立并保持管理体系，能够支持和证明持续符合第4章至第7章要求，也至少满足了8.2至8.9中规定的管理体系要求的目的。

（二）要点理解

从《认可准则》的整体架构来说，"8管理体系要求"是变化较大的部分。首先，这是因为ISO/IEC17025：2017《检测和校准实验室能力的通用要求》是依据ISO 9001：2015进行的换版修订；其次，因为随着认证认可工作的普遍开展，管理体系得到了广泛的推广与应用，越来越多的实验室或机构是按照既满足GB/T 19001（ISO 9001，IDT）质量管理体系要求，又符合《认可准则》要求来建立、实施和运作管理体系。为此，国际实验室认可合作组织（ILAC）在ISO/IEC17025：2017中提供了方式A和方式B两种方式来实施管理体系。

"8 管理体系要求"是新增的章，将 2006 版管理要求中的 8 个要素组成单独的一章，命名为"管理体系要求"，设立了方式 A 和方式 B 两个达到和实现管理体系要求的方式和途径。用应对风险和机遇的措施代替了预防措施。

1. 总则

《认可准则》8.1.1 条款对应 2006 版的 4.2.1，删除了应将政策、制度、计划、程序和指导书制定成文件的要求，而改为要求管理体系应成文；分拆原体系文件传达的要求为独立条款；增加了方式 A 和方式 B 两个达到和实现管理体系要求的方式和途径。

实验室应建立、编制、实施和保持文件化的管理体系，该管理体系应能够支持和证明实验室持续满足《认可准则》要求并且保证实验结果的质量。实验室可以通过方式 A 和方式 B 两种方式和途径来达到和实现管理体系要求的目的。

需要强调的是，实验室无论是以方式 A 或者以方式 B 来实施管理体系，都需要满足《认可准则》第 4～第 7 章的要求。方式 A 同时还需要满足《认可准则》8.2～8.9 条款的要求；方式 B 是因为实验室所在的母体组织已经按照 ISO 9001 要求建立了质量管理体系并覆盖了实验室，所以实验室在提供能够支持或证明持续符合《认可准则》第 4～第 7 章要求的证据的同时，也说明实验室至少满足了《认可准则》8.2～8.9 条款中规定的管理体系要求的目的。

CNAS-CL01-G001：2018《CNAS-CL01〈检测和校准实验室能力认可准则〉应用要求》中 8.1.1 规定，如果实验室是某个机构的一部分，该机构的管理体系已覆盖了实验室的活动，实验室应将该组织管理体系中有关实验室的规定予以提炼和汇总，形成针对实验室活动的文件，并明确相关的支持性文件；如果针对实验室建立单独的管理体系，管理体系还应覆盖为支撑体系运作的所有相关部门，管理体系中有关实验室和相关支持部门工作职责的文件应由对实验室和相关部门承担管理职责的该组织的负责人批准。

2. 方式 A

《认可准则》8.1.2 是新增条款，明确了按照方式 A 建立的实验室管理体系至少应包括下列内容。

（1）管理体系文件（见《认可准则》8.2 条） 实验室应将其管理体系，包括方针、目标、组织结构和程序等文件化。管理体系文件是管理体系一致运行和保证实验室结果质量的前提，是实验室相关人员活动的依据。

1）文件是指信息及其载体。

示例：规范、程序文件、图样、报告、标准。

① 载体可以是纸张，磁性的、电子的、光学的计算机盘片，照片或标准样品，或它们的组合。

② 某些要求（如易读的要求）与所有类型的文件有关，然而对规范（如修订受控的要求）和记录（如可检索的要求）可以有不同的要求。

2）形成文件的信息可以任何格式和载体存在，并可来自任何来源。形成文件的信息可包括《认可准则》8.3 条规定的文件控制、8.4 条和 7.5 条规定的记录控制、7.11 条规定的有关实验室活动的数据控制。

（2）管理体系文件的控制（见《认可准则》8.3 条） 文件可以规范管理体系，是实验室活动统一、受控、持续运行的前提。文件能够传递信息、沟通意图、统一行动。实验室应建立程序来控制文件。文件控制包括文件编制、审核、批准、发布、变更和废止、归档及保存等各个环节。

（3）记录控制（见《认可准则》7.5、8.4条）　记录是阐明所取得的结果或提供所完成活动的证据的文件。

① 记录可用于正式的可追溯性活动，并为验证、预防措施和纠正措施提供证据。

② 通常记录不需要控制版本。

（4）应对风险和机遇的措施（见《认可准则》8.5条）

1）风险是不确定性的影响。基于风险的思维使实验室能够确定可能导致其过程和管理体系偏离策划结果的各种因素，采取应对措施进行控制，最大限度地降低不良影响，并最大限度地利用出现的机遇。为满足《认可准则》的要求，实验室必须策划和实施应对风险和机遇的措施，为获得改进结果和防止不利影响奠定基础。利用机遇也可能包括考虑相关风险。

① 影响是指偏离预期，可以是正面的或负面的。

② 不确定性是一种对某个事件，甚至是局部的结果或可能性缺乏理解或知识方面的信息的状态。

2）实验室在策划管理体系时，应考虑到外部环境和内部条件的变化以及相关方的需求，并确定需要应对的风险和机遇，以确保管理体系能够实现预期结果。策划应对措施可以考虑增强有利影响，预防和减少不利影响，实现改进等。

3）实验室应策划应对这些风险和机遇的措施，以及如何在管理体系过程中整合并实施这些措施并评价这些措施的有效性。

4）应对措施应与风险和机遇对实验室结果有效性的潜在影响相适应。

① 应对风险可选择规避风险，为寻找机遇承担风险，消除风险源，改变风险的可能性或后果，分担风险，通过信息充分的决策而保留风险。

② 机遇可能导致采用新实践，推出新产品，开辟新市场，赢得新顾客，建立合作伙伴关系，利用新技术和其他可行之处，以应对组织或其顾客的需求。

（5）改进（见《认可准则》8.6条）

1）改进是提高绩效的活动。持续改进是提高绩效的循环活动。

① 活动可以是循环的或一次性的。

② 为改进制定目标和寻找机会的过程是一个利用审核发现和审核结论、数据分析、管理评审或其他方法的持续过程，通常会导致纠正措施或预防措施。

2）改进对于组织保持当前的绩效水平，应对其内、外部条件的变化，做出反应并创造新的机会都是非常必要的。

3）应促进在实验室的所有层级建立改进目标，可按照以下程序实施改进：

① 对各层级员工进行培训，使其懂得如何应用基本工具和方法实现改进目标。

② 确保员工有能力成功地制定和完成改进项目。

③ 开发和展开过程，以便在整个组织内实施改进项目。

④ 跟踪、评审和审核改进项目的计划、实施、完成和结果。

⑤ 将开发新方法或新领域、服务和过程的变更都纳入改进中予以考虑。

（6）纠正措施（见《认可准则》8.7条）　纠正措施是指为消除不合格的原因并防止再

发生所采取的措施。

1）一个不合格可以有若干个原因。

2）采取纠正措施是为了防止再发生，而采取预防措施是为了防止发生。

（7）内部审核（见《认可准则》8.8条）

1）审核是指为获得客观证据并对其进行客观的评价，以确定满足审核准则的程度所进行的系统的、独立的并形成文件的过程。

① 审核的基本要素包括由对被审核客体不承担责任的人员，按照程序对客体是否合格的测定。

② 审核可以是内部审核，或外部审核，也可以是多体系审核或联合审核。

③ 内部审核有时称为第一方审核，由组织自己或以组织的名义进行，用于管理评审和其他内部目的，可作为组织自我合格声明的基础。可以由与正在被审核的活动无责任关系的人员进行，以证实独立性。

④ 通常，外部审核包括第二方和第三方审核。第二方审核由组织的相关方，如顾客或由其他人员以相关方的名义进行。第三方审核由外部独立的审核组织进行，如提供合格认证/注册的组织或政府机构。

2）内部审核是验证实验室的运作是否符合自身管理体系要求，是否符合准则要求，管理体系是否得到实施和保持，以识别风险和确定所需的改进的方法。为了有效地进行内部审核，需要收集有形和无形的证据。在对所收集的证据进行分析的基础上，采取纠正和改进的措施，使管理体系的运作达到更高的水平。

（8）管理评审（见《认可准则》8.9条） 评审是指对客体实现所规定目标的适宜性、充分性或有效性的确定。通常有：管理评审、设计和开发评审、顾客要求评审、纠正措施评审和同行评审等。

实验室的管理层应按照策划的时间间隔对实验室管理体系进行评审，以确保其持续的适宜性、充分性和有效性，并与实验室的方针和目标保持一致。

综上所述，管理体系方式A内容基本涵盖了《认可准则》的要求，与2006版准则相比，最明显的变化就是取消了"预防措施"而增加了"应对风险和机遇的措施"。实验室按照方式A建立、实施管理体系，原有的管理体系程序均可继续使用，但应对风险和机遇的措施的要求应在管理体系中体现。

《认可准则》已充分纳入了风险管理的思维方式，如设备校准、质量控制、人员监督和人员能力监控等均需要实验室根据自身的活动范围、客户需求和测试技术的复杂性等进行综合控制，在风险管理分析和识别的基础上，制定相应的控制程序。

虽然《认可准则》规定实验室应策划应对风险的措施，但并未要求运用正式的风险管理方法或形成文件的风险管理过程。实验室可决定是否采用超出《认可准则》要求的更为复杂的风险管理方法，如应用其他指南或标准。

3. 方式B

8.1.3是新增条款，新增了实施管理体系的途径B。实验室按照GB/T 19001的要求建立并保持管理体系或实验室所在的母体组织已经按照ISO 9001要求建立了质量管理体系并覆盖了实验室，实验室在提供能够支持和证明其运作和实验室活动持续符合《认可准则》第4~第7章要求的证据的同时，也说明实验室至少满足了《认可准则》8.2~8.9条款中规定的管理体系要求的目的。

实验室按照方式 B 的要求建立和保持管理体系，管理体系符合 GB/T 19001 的要求，并不证明实验室具有出具技术上有效的数据和结果的能力。因此实验室无论是以方式 A 或者以方式 B 来实施管理体系，都需要满足《认可准则》第 4~第 7 章的要求。

CNAS-CL01-G001:2018《CNAS-CL01〈检测和校准实验室能力认可准则〉应用要求》中 8.1.3 规定，如果实验室采用方式 B 建立和运行管理体系，实验室也应提供证据证明实验室活动的管理和运作满足《认可准则》中第 8.2~第 8.9 条款中规定的管理体系要求。

（三）评审重点

实验室内审和外审不应刻意要求对 8.1.1~8.1.3 条款单独进行审核或评审，通常应该通过现场审核或评审 8.2~8.9 条款以后再对 8.1.1~8.1.3 条款进行全面综合评价，重点关注以下内容：

1）实验室建立、实施的文件化管理体系是否满足《认可准则》的要求，实验室是否已将方针和目标制定成文件，是否适合自身特点并可实现。实验室是否能按照建立的管理体系要求运作，是否能支持和证明持续满足《认可准则》的要求并能保证实验室结果的质量。

2）实验室如果按照方式 A 建立、实施管理体系，是否结合了自身特点并符合《认可准则》第 4~第 8 章要求。

3）实验室如果按照方式 B 建立、实施管理体系，是否能够支持和证明其运作和实验室活动持续符合《认可准则》第 4~第 7 章的要求；实验室是否满足了《认可准则》8.2~8.9 条款中规定的管理体系要求的目的。

二、《认可准则》"管理体系文件（方式 A）"

（一）"管理体系文件（方式 A）"原文

> 8.2 管理体系文件（方式 A）
>
> 8.2.1 实验室管理层应建立、编制和保持符合本准则目的的方针和目标，并确保该方针和目标在实验室组织的各级人员得到理解和执行。
>
> 8.2.2 方针和目标应能体现实验室的能力、公正性和一致运作。
>
> 8.2.3 实验室管理层应提供建立和实施管理体系以及持续改进其有效性承诺的证据。
>
> 8.2.4 管理体系应包含、引用或链接与满足本准则要求相关的所有文件、过程、系统和记录等。
>
> 8.2.5 参与实验室活动的所有人员应可获得适用其职责的管理体系文件和相关信息。

（二）要点理解

实验室管理层应建立、编制和保持符合《认可准则》目的的方针和目标，"《认可准则》目的"即实现"实验室的能力、公正性和一致运作"。实验室应建立、编制和保持方针、目标以及实现这些目标的政策和程序，包括质量管理、技术运作和支持服务的相关政策和程序。为实现方针和目标，实验室应系统地识别和管理许多相互关联和相互作用的过程，用"过程方法"建立管理体系。实验室应将其方针、目标、组织结构和程序文件化。文件可分为质量手册、程序文件、作业指导书、质量和技术记录表格。虽然《认可准则》并未硬性要求实验室编制质量手册，但为了保证管理体系的完整性和系统性，建议实验室将质量手册作为纲领性文件纳入文件化管理体系。

8.2 对应 2006 版的 4.2，将 2006 版中的"管理体系"要素拆分成 8.1.1 总则和 8.2 管理体系文件两部分。

1.《认可准则》8.2.1 条款要点

《认可准则》8.2.1 条款对应 2006 版的 4.2.2、4.2.3 和 4.2.4，把建立方针、目标的内容要求拆为两个条款，本条款是建立方针、目标的要求，方针、目标的内容要求单独成为条款 8.2.2。删除了质量手册的要求。

政策是指为达到一定的目的，结合自身的情况和特点而制定的行动准则（原则规定）。在 2006 版中，政策包括质量方针声明。质量方针是指由实验室管理层正式发布的该组织总的质量宗旨和方向。质量方针应当简明，要与实验室的总方针相一致，并为制定质量目标提供框架。七项质量管理原则［ISO 9001:2015 最新变化：以顾客为关注焦点，领导作用，全员积极参与，过程方法，改进，循证决策（基于证据的决策方法），关系管理］可以作为制定质量方针的基础。质量方针应由实验室管理层正式发布或由其授权发布。

质量目标是在质量方面所追求的目的。它是实验室总体目标中最重要的目标之一。通常依据实验室的质量方针制定，且应对组织的相关职能和层次分别做出规定。

为实现方针和目标，实验室应系统地识别和管理许多相互关联和相互作用的过程，用"过程方法"建立管理体系。"过程方法"使得实验室能够对相互关联和相互作用的过程进行有效控制，有助于提高其效率，并按照实验室的方针和政策，对各过程及其相互作用系统地进行规定和管理，从而实现预期结果。

2.《认可准则》8.2.2 条款要点

《认可准则》8.2.2 条款对应 2006 版的 4.2.2，简化了实验室方针、目标的内容要求，删除了具体要求，只提原则性要求，即实验室方针和目标应能体现实验室的能力、公正性和一致运作。实验室方针是由实验室管理层正式发布的实验室的宗旨和方向，应与实验室愿景和使命相一致，并为制定目标提供框架。

实验室的方针声明通常应包括以下内容：

1）四个"承诺"，即①实验室管理层对良好职业行为的承诺；②实验室管理层确保为客户提供服务质量的承诺；③实验室管理层对遵循本准则的承诺；④实验室管理层对持续改进管理体系有效性的承诺。

2）一个"声明"，即实验室管理层关于实验室活动质量和服务标准的声明。

3）一个"框架"，即要明确与实验室活动质量相关管理体系的目的，提供制定和评价实验室活动质量目标的框架体系。

4）一个"要求"，即要求实验室所有与实验室活动相关人员应熟悉实验室管理体系文件，并在实验室活动中执行这些政策和程序。

"目标"是"要实现的结果"。目标通常可能是战略性的、战术性的或运行层面的。方针为制定目标提供框架，目标可分为中长期目标和年度目标等。目标应具有时限性、挑战性、关联性、可测量和可实现性。当目标被量化时，目标就成为指标并且是可测量的。实验室应根据方针制定总体目标，在确定的时间区间内，规定管理、技术和质量等多个方面的目标。这些目标应体现实验室的能力、公正性和一致运作。同时，实验室应在方针和目标中体现应对风险和机遇以及提升管理体系有效性、公正性、保密性等要求。

3. 《认可准则》8.2.3条款要点

《认可准则》8.2.3条款对应2006版的4.2.3，内容上无差异。实验室管理层不仅要策划未来、制定方针、确立目标、决定政策、落实资源、指挥控制、协调活动、营造环境、激励员工共创辉煌，还应求真务实、以身作则、深入实际，全面掌握体系运作的现状，真正在管理体系运作中发挥指挥和控制作用。实验室管理层应提供建立和实施管理体系以及持续改进其有效性的证据。这些证据通常可分三个层次获取：①建立符合《认可准则》要求并符合实验室自身情况的管理体系的文件审查记录；②实施管理体系的过程有效性的记录；③实现管理体系持续改进全过程中分析、识别、监视、评审和实施的全部记录。

实验室管理层应充分识别外部环境和内部条件对管理体系的影响，采取应对风险和机遇的措施，建立和保持管理体系，并通过评审操作程序、实施方针、总体目标、审核结果、纠正措施、管理评审、人员建议、风险评估、数据分析和能力验证结果等评测活动，提供持续改进有效性的证据。同时，实验室管理层应对遵循《认可准则》及持续改进管理体系有效性做出承诺。

4. 《认可准则》8.2.4条款要点

《认可准则》8.2.4条款对应2006版的4.2.5，删除了质量手册要求，代之以明确管理体系的要求。《认可准则》要求实验室管理层应建立、编制和保持符合《认可准则》目的的政策和目标，并未硬性要求编写质量手册。但是管理体系需要规范，运行要有依据，所以管理体系应包含、引用或链接与满足《认可准则》要求相关的所有文件、过程、系统、记录等，统称成文信息。管理体系包含、引用或链接的所有文件、过程、系统、记录等，可以是实验室为满足准则要求而制定的，也可以是引用其所在组织的管理体系文件/记录，或相关的管理系统的链接。《认可准则》对文件化管理体系的要求更加灵活，不像2006版要求实验室在其管理体系中表述体系的架构，实验室可按原架构执行；无论实验室采取何种形式的管理体系，应满足《认可准则》的要求。

系统完整的管理体系文件可以全面规范管理体系，有利于实验室实施和保持以及持续改进。管理体系文件通常包括：①质量方针和质量目标；②质量手册；③程序文件；④作业指导书；⑤表格；⑥规范；⑦外来文件；⑧记录等。管理体系文件可使用任何类型的媒体，如硬拷贝或电子媒体。实验室应结合自身实际情况建立管理体系并编制管理体系文件，所建立的管理体系应与实验室的规模、活动范围、组织结构和运行过程密切相关，能确保管理体系实现《认可准则》的目的。

5. 《认可准则》8.2.5条款要点

《认可准则》8.2.5条款对应2006版的4.2.1，把"将体系文件传达到员工"改为"员工可获得文件和信息"。管理体系的有效运行依赖于"全员积极参与"，因此参与实验室活动的所有人员应可获得与其职责权限和层级相适应的管理体系文件和相关信息。实验室应将管理体系文件化，即将政策、制度、程序和作业指导书等制定成文件，不能口头规定；不要求人手一册，其详略程度与人员的培训教育程度有关，最终要以实现确保检测/校准结果质量和客户满意为目的。通常员工需要获得管理体系文件，以理解、掌握和执行管理文件规定的要求。只有这样，才能确保实验室活动受控，体系运行有效。通常，实验室管理层应采取措施定期与实验室人员就其管理体系规定的职责进行沟通，使管理职责得到全面落实。

（三）评审重点

评审组长在资料初审中，就应按《认可准则》要求对管理体系的符合性、适应性进行系统评审，记录存在的问题与不足，作为现场评审和与评审员沟通商议评审计划的重要内容。现场评审时评审组应特别注意：本条款应在现场整体评审的基础上对实验室管理体系的符合性、适应性、有效性及可操作性做出全面综合的评价，重点关注以下内容：

1）实验室管理层是否建立、编制和保持符合《认可准则》目的的方针和目标，方针和目标是否适合实验室自身特点、清晰明确并具有可实现性。实验室是否将其方针、目标、组织结构和程序文件化，实验室各级人员能否理解实验室的方针、目标和管理体系要求。实验室是否采取相应的措施和方法实现目标，并保证实验室的能力、公正性和一致运作。

2）实验室管理层是否在建立和实施管理体系以及持续改进方面做出了承诺并发挥了领导作用，评审确认是否有相关建立和实施以及持续改进管理体系的记录，评审确认实验室活动与文件化管理体系的符合性、适用性和实施过程的有效性。

3）实验室的管理体系由哪些文件、过程、系统和记录构成，是否满足了《认可准则》的要求。实验室形成的管理体系文件（或要求）是否系统、全面，是否能实现"实验室的能力、公正性和一致运作"及结果的有效性。

4）实验室是否规定了管理体系文件和相关信息的发布方式和范围，参与实验室活动的所有人员是否可获得与其职责权限和层级相适应的管理体系文件和相关信息。所有与实验室活动有关的人员是否熟悉相关管理体系文件和要求，是否执行了相关政策和程序的要求。

（四）专题关注——实验室管理体系的层次与架构要求

实验室的日常运行和现场评审中均应系统关注实验室管理体系的层次与架构要求。

实验室应将其方针和目标文件化，纳入管理体系文件中。文件可分为质量手册、程序文件、作业指导书、质量和技术记录表格等。

通常将文件化管理体系的结构用金字塔构架来形象比喻，金字塔可以分成三个层次或四个层次。

第一层次——质量手册：规定管理体系的文件。质量手册也可以称为管理手册、质量管理手册等，具体名称由实验室自定。

第二层次——程序文件：是质量手册的支持性文件。程序文件描述管理体系过程所涉及的质量和技术活动。其内容包括为什么做（目的）、做什么、由谁来做、何时做、何地做等。程序可在一个文件中表达，也可以在多个文件中表达。

第三层次——作业指导书：有关任务如何实施和记录的详细描述。作业指导书是用以指导某个具体过程、描述事物形成的技术性细节的可操作性文件。作业指导书可是详细的书面描述、流程图、图表、模型、图样中的技术注释、规范、设备操作手册、图片、录像、文件清单等，或这些方式的组合。作业指导书应当对使用的任何材料、设备和文件进行描述。必要时，作业指导书还可包括接收准则。

第四层次——记录格式：质量记录或技术记录的格式（诸如各类表格、原始记录和结果报告格式）。

GB/T 19023—2003《质量管理体系文件指南》给出的典型管理体系文件层次结构为三个层次。文件化的详略程度与执行质量手册、程序文件或作业指导书的人员的培训教育程度有关，没有一个固定的模式。人员素质较高，文件可以适当简单些；人员素质不高或人员流动性较大，则文件需要编写得详细些。总之与实验室实际相适应，能达到保证实验室结果的质量即可。

在编制管理体系文件前，实验室应进行 SWOT 分析法（即态势分析，就是将与研究对象密切相关的各种主要内部优势、劣势和外部的机会和威胁等，通过调查列举出来，并依照矩阵形式排列，然后用系统分析的思想，把各种因素相互匹配起来加以分析，从中得出一系列相应的结论，而结论通常带有一定的决策性），确定其内部的优势和劣势、外部环境的机遇和风险，建立一个符合自身实际的管理体系，明确管理责任，保证实验室结果质量。

虽然《认可准则》并未明确要求实验室编制质量手册，但为了保证管理体系的完整性和系统性，建议实验室将质量手册作为纲领性文件纳入文件化管理体系。《认可准则》允许形成"成文信息"，文件、数据和记录是成文信息的组成部分。《认可准则》的8.3条规定了文件控制，8.4条和7.5条规定了记录控制，7.11条规定了有关实验室活动的数据控制。

实验室管理层对管理体系的建立、实施和持续改进的证据大多体现在：所搜集的实验室质量方针、质量目标达成情况记录；通过数据分析找出客户不满意、数据和结果未满足要求的情况记录；利用内外部审核的结果不断发现管理体系的薄弱环节，采取纠正措施，避免不合格的发生或再发生的记录；风险识别和应对的记录；通过管理评审活动中对管理体系的适宜性、充分性和有效性的全面评价，发现管理体系有效性的持续改进机会的记录；更重要的是利用上述记录所进行的实验室日常渐进性的改进活动和重大的突破性的改进活动的证据。管理体系文件根据《认可准则》换版或转版，也是持续改进的客观证据之一。

有效性承诺也体现在为实现目标寻找机会的过程中，是一个利用评审操作程序、实施方针、总体目标、审核结果、纠正措施、管理评审、人员建议、风险评估、数据分析和能力验证结果的持续过程，在这一过程中通常会采取纠正措施或应对风险和机遇的措施。

三、《认可准则》"管理体系文件的控制（方式A）"

（一）"管理体系文件的控制（方式A）"原文

8.3　管理体系文件的控制（方式A）

8.3.1　实验室应控制与满足本准则要求有关的内部和外部文件。

注：本准则中，"文件"可以是政策声明、程序、规范、制造商的说明书、校准表格、图表、教科书、张贴品、通知、备忘录、图纸、计划等。这些文件可能承载在各种载体上，例如硬拷贝或数字形式。

8.3.2　实验室应确保：

a）文件发布前由授权人员审查其充分性并批准；

b）定期审查文件，必要时更新；

c）识别文件更改和当前修订状态；

d）在使用地点应可获得适用文件的相关版本，必要时，应控制其发放；

e）对文件进行唯一性标识；

f）防止误用作废文件，无论出于任何目的而保留的作废文件，应有适当标识。

（二）要点理解

实验室文件（包括内部制定的文件和外部文件）是保证其管理体系正常运作，规范各项质量活动，确保实验室活动有效性的重要内部法规。实验室应控制与满足《认可准则》要求有关的内部和外部文件，必须按《认可准则》要求制定文件控制程序，对文件的"发布批准""定期审查""文件更改""文件获取""文件标识"和"作废文件管理"等各个环节实施控制，以保证实验室文件体系的现行有效性和适应性。《认可准则》要求和实施的文件控制流程如图 3-10 所示。

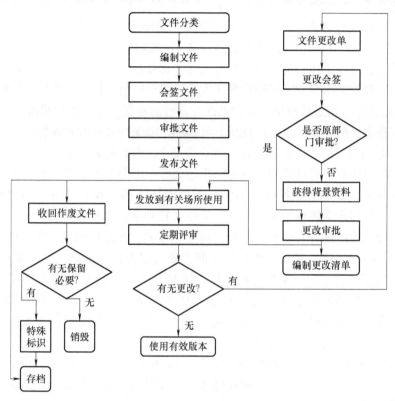

图 3-10　文件控制流程图

8.3 对应 2006 版的 4.3 文件控制，明确为管理体系文件的控制。

1.《认可准则》8.3.1 条款要点

《认可准则》8.3.1 条款对应 2006 版的 4.3.1，删除了建立和保持程序的要求；正文删除了文件的举例。注中增加了"制造商的说明书"（从原来的记录控制转过来）；修改了文件载体形式，只保留"硬拷贝或数字形式"，删除了模拟的、摄影的和书面的形式举例；删除注 2 关于数据控制和记录控制的条款指引。

实验室"文件"可以是政策声明、程序、规范、制造商的说明书、校准表格、图表、教科书、张贴品、通知、备忘录、软件、图纸、计划等。文件可承载在各种载体上，可以是纸张，也可以是数字存储设施（如光盘、硬盘等）或是模拟设备（如磁带、录像带或磁带机），还可以是硬拷贝等。文件控制范围应是与实验室满足准则要求有关的所有内部和外部文件。内部文件（内部产生的文件）主要包括方针声明、承诺、实验室编制和引用的质量手册、程序文件、作业指导书、规章制度、会议备忘录、宣传广告、通知、计划（规划、策划）、方案、记录表格（归档）等；外部文件（外部来源的文件）主要包括法律、法规、规章、认可规则、认可准则、公告、检测/校准和抽样标准、设备操作方法、软件或系统操作手册、教科书、参考数据库（手册）、设计图样、设计图表、合同及客户提供的方法或资料等。实验室应明确规定文件控制范围，对内部文件和外部文件进行控制。

2. 《认可准则》8.3.2 条款要点

《认可准则》8.3.2 条款对应 2006 版的 4.3.2.1、4.3.2.2、4.3.2.3。本条款是对实验室文件控制的要求，分别对文件的"发布批准""定期审查""文件更改""文件获取""文件标识"和"作废文件管理"六方面提出了具体控制要求。

《认可准则》8.3.2a）对应 2006 版的 4.3.2.1，内容无实质变化。为确保文件的充分性和适宜性，纳入管理体系控制范围内的所有文件（即受控文件），在发布之前，应经授权批准人员审批。实验室应明确规定对授权批准人员的职责权限。批准发布应由授权批准人来执行，"审查其充分性"是对授权批准人在批准发布时的责任要求，授权批准人应获得文件的背景资料，审查文件的正确性、适用性后方可批准，以保持文件的有效性。

《认可准则》8.2.3b）对应 2006 版的 4.3.2.2b），内容无实质变化。实验室应定期审查文件，必要时进行修订，修订后的文件必须重新批准。定期审查是实验室持续保持文件的适宜性、适用性和有效性的有效措施，不管是内部或是外部（来）文件均应进行定期审查。实验室应做好文件的定期评审记录。对外来文件（特别是技术标准规范），要建立跟踪查新渠道，定期审查文件的现行有效性；此处，也应关注 CNAS 认可准则应用说明的具体要求，例如，在 CNAS-CL01-A001：2018《检测和校准实验室能力认可准则在微生物检测领域的应用说明》中规定了"适用时，至少每两个月在国家卫生和计划生育委员会网站上对食品安全国家标准微生物检测方法进行方法查新"。对于内部制定的文件，当定期评审发现不适宜或不满足使用要求时应及时修订。为做好此项工作，实验室应就定期审查文件的职责予以明确，应对审查时机做出规定，审查情况和结果应有记录。

《认可准则》8.3.2c）对应 2006 版的 4.3.2.1，删除了建立控制清单或等效的文件控制程序的要求。文件要有唯一性标识，重在可区分和可识别。文件更改应有程序规定并方便识别，应标明修订状态。

《认可准则》8.3.2d）对应 2006 版的 4.3.2.2a），内容无实质变化。为确保实验室体系和技术的有效运作，在使用现场，即对实验室有效运作起重要作用的所有作业场所，都应能获得适用文件的相关版本，这里所说的"相关版本"肯定是授权版本，但不一定全部是"最新有效版本"。有时实验室根据需要可能会使用作废版本，如当按照作废版标准生产的产品产生质量纠纷、进行质量仲裁时，只能依据原作废版本进行产品性能校准或检测。

《认可准则》8.3.2e）对应 2006 版的 4.3.2.3，删除了唯一性标识的具体内容要求。实验室应对文件进行唯一性标识，以便于文件的识别和使用。标识方法多种多样，可以是数字、颜色、符号、受控章等，实验室应使用简易有效的、适合自己的方法。如实验室有多份相同和外来标准，就可以采用分发号作为唯一性标识加以识别和控制。

《认可准则》8.3.2f）对应 2006 版的 4.3.2.2c）、d），删除了所有使用或发布处应删除无效或作废文件的要求；标识过期文件的目的扩大为"出于任何目的"：为防止使用作废文件，无论出于任何目的而保留的作废文件，均应有适当的标识。为了防止非预期使用无效或作废文件，实验室应及时地从所有使用现场或发放场所撤除这些文件；或用其他方法，如对无效或作废文件做适当的标识。实验室应特别关注技术标准汇编本，通常其中有些是现行有效文件，有些是无效作废标准，往往需通过明确的标识加以区别，以有效防止误用作废文件。

《认可准则》删除了 2006 版中 4.4.3 文件变更的要求。

（三）评审重点

评审组组长负责文件控制程序的完整性和适应性，尤其是实验室编制的管理体系文件的评审，各专业评审员应按组长的评审计划对各相应层次的文件进行评审。典型文件和执行记录的抽样样本和比例应能全面反映实验室文件控制现状，评审时应重点查证以下内容。

1）实验室是否建立了文件控制程序，是否确定了文件控制范围并对内部和外部（来）文件进行了有效控制，文件控制范围是否涵盖了与满足《认可准则》要求有关的所有文件及其载体。实验室是否对电子文件明确了控制要求，是否对授权进入和定期备份等进行了有效控制。

2）实验室是否规定了授权批准人发布文件的职责和权限，文件发布前授权批准人是否审查其正确性、充分性和适用性。

3）实验室文件的定期审查是否有效，能否保持文件的适宜性、适用性和有效性。外部（来）文件的收集和查新渠道是否保持畅通，是否保持并使用现行有效的适用版本；内部文件是否规定了授权批准责任者定期审查文件，能否确保文件的适用性和有效性。

4）实验室文件的更改是否规范，是否方便识别其修订状态。实验室在使用地点是否可获得适用文件的相关版本，受控方法和发放是否有效。实验室是否对文件进行唯一性标识，以便于文件的识别和使用。无论出于任何目的而保留的作废文件，实验室是否均有适当的标识防止误用。

5）现场评审中应系统关注实验室文件的控制要求。文件是实验室保持其运作一致性和结果有效性的前提，是实验室管理层传递信息、沟通意图、保持一致的重要途径，实验室应通过建立文件控制程序，对文件的编制、审核、批准、发布、变更和废止、归档及保存等各个环节进行管理。

① 实验室应明确受控文件的范围。理论上不是实验室的所有文件都要受控，但与满足《认可准则》要求有关的所有管理体系文件均应纳入受控范围。这些文件包括内部制定的文件和来自外部的文件。

② 文件的批准、发布应注意以下两个方面：

a）为确保文件的充分性和适宜性，需要控制的文件在发布之前应经授权人员审批后方能使用。在文件控制程序中应对文件授权批准人的职责和要求做出明确规定。

b）为确保文件的规范性和完整性，文件应包括：文件名称、文件编号（唯一）；发布者及发布时间；文件内容要求；文件依据或来源；适用范围；起草人、审核人、批准人（适用于内部文件）；版本或当前版本的修订日期或修订号，或以上全部内容。

③ 实验室应对内部文件和外部（来）文件进行唯一性标识。其作用是区分不同文件并确保其完整性和有效性。标识方法有多种多样，实验室应选择简易有效、适合自己的方法。

④ 为防止使用无效作废的文件且便于查阅，实验室一方面可采用编制受控文件清单（能识别文件的更改和当前的修订状态，证明其现行有效）来管理和方便查询受控文件，另一方面也可采用"文件分发的控制清单"记录文件去向，以便于监督、核查和文件变化时及时更新。《认可准则》没有要求实验室建立文件控制清单和分发记录，实验室可结合自身

实际情况，采用合适的方法控制文件发放。

⑤ 文件的使用应注意以下方面：

a）为确保实验室管理体系的有效运作和方便操作人员正确使用，实验室应保证在重要作业场所都能得到相应的、适用的相关版本文件。

b）为了防止误用（指非预期使用）无效作废文件，实验室应及时从所有使用现场或发放场所撤除这些文件。实验室也可采用其他方法，如对无效作废文件做适当的标识。尤其是技术标准汇编本，其中有些是现行有效文件，有些是无效作废标准，往往需通过标识加以区别。

c）无论出于任何目的而保留的作废文件，都应有适当的标记。"适当的"在此指能有效识别。

⑥ 文件的定期及不定期审查：为确保文件的持续适宜性和有效性，实验室应定期审查文件，必要时进行修订，修订后的文件应重新批准。

a）外来文件的审查：为保证使用的外来文件现行有效，实验室应在文件控制程序中规定定期跟踪外来文件的审查程序要求，包括明确职责、明确跟踪文件名称、跟踪方式、查新频次及查新时间、规范识别变化及启动变化分析、评估、评价要求，以及对该文件使用处理建议等过程，审查情况和结果应有记录。

b）内部文件的审查：为保证使用内部文件的适宜性，实验室应在文件控制程序中规定内部审查程序要求，包括明确职责、文件名称、审查频次及日常发现不符合项需要采取纠正措施时，对内部文件的适宜性或不满足使用要求等进行识别、分析、评估，评价要求以及对该文件使用处理建议等。审查情况和结果应有记录。

⑦ 文件变更要求：除非另有特别指定，文件的变更应由原审查责任人进行审查和批准。若有特别指定，被指定的人员应获得进行审批所依据的有关背景资料（如为什么变更、变更内容、原来如何规定等）。可行的话，更新的内容应在文件或相应附件中标明。

如果实验室的文件控制体系允许手写修改，则应明确规定此类修改的程序和权限，修改之处应被清楚地表明并签名和注明日期；修改的文件应尽快正式发布。应制定程序来描述如何更改和控制保存在计算机系统中的文件。

四、《认可准则》"记录控制（方式A）"

（一）"记录控制（方式A）"原文

8.4 记录控制（方式A）

8.4.1 实验室应建立和保存清晰的记录以证明满足本准则的要求。

8.4.2 实验室应对记录的标识、存储、保护、备份、归档、检索、保存期和处置实施所需的控制。实验室记录保存期限应符合合同义务。记录的调阅应符合保密承诺，记录应易于获得。

注：对技术记录的其他要求见7.5。

（二）要点理解

记录是阐明所取得的结果或提供所完成活动的证据的文件，其目的是用于证实活动满足相关要求。记录是管理体系不可或缺的管控要素，是实验室活动满足质量要求和质量活动可追溯的重要依据，并为验证纠正措施、应对风险和机遇的措施及管理体系的持续改进提供重要信息。记录应是对"已完成活动"从开始到其结束的全过程运作进行记录，或对"所取得的结果"从初始启动条件直到产生结果的全过程操作进行记录，以证实实验室活动的规范，结果的可靠。实验室活动关键过程的运作条件、方法程序、发生的过程现象等均应予以记录。记录可存于任何媒体上。

此要素在《认可准则》中结构上有较大变化，将记录分成质量记录和技术记录两种。《认可准则》将 2006 版中"记录的控制"（4.13 条）的内容一分为二，"记录（档案）如何管"归于此（见 8.4 条），"如何记录技术记录"则归到过程要求（见《认可准则》7.5 条），而其他记录及其记录内容要求，则贯穿于《认可准则》中各个章节（见《认可准则》第 4~8 章）。实验室应对记录的标识、存储、保护、备份、归档、检索、保存期和处置进行控制和管理，严格保证记录的溯源性、即时性（原始性）、充分性（包括人、机、料、法、环、测等信息）、重现性和规范性，以证实管理体系运行的状况和实验室活动的结果。

记录的控制和管理流程如图 3-11 所示。

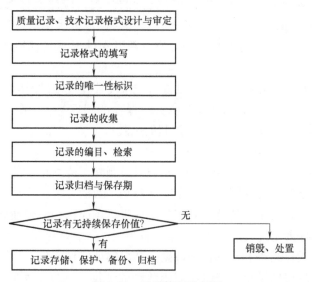

图 3-11　记录管理流程图

1.《认可准则》8.4.1 条款要点

《认可准则》8.4.1 是新增条款，也是对实验室记录的总体要求。记录是阐明所取得结果或提供所完成活动的证据的文件（GB/T 19000 中 3.8.10），其目的是用于证实活动并满足相关要求。记录是管理体系不可或缺的管控要素，实验室活动记录的可追溯性是记录管控的重点，实验室应确保所有员工及时、客观、清晰、准确、完整地记录活动情况。

"清晰的记录"，就是不但实验室活动的实施者自己要及时、客观、准确、完整地完成具体实验室活动的记录，还应让其他人员看得清、看得懂实验室活动的记录，并能够依据所完成的记录正确、全面地复现所完成的实验室活动的情况和细节。

"记录格式"是确保记录规范清晰的基础，是程序或操作规程的支持性文件，是管理体系文件的重要组成部分（见《认可准则》8.2.4 条）。实验室活动程序或操作规程均应有配套的、受控的记录格式（记录表格）和记录格式填写说明，以便确保操作人员记录规范和监督、监控、审核等评价规范。"记录格式"应是一个完整的输入、过程、输出活动点的"提示"，记录格式应科学详尽清晰地描述某项实验室活动的目的、时间、地点、责任人、依据什么、做什么、计算及结果（输出）、审核、批准等人、机、料、法、环、测各个环节详细内容，以确保记录能够证明实验室活动的真实性、完整性、准确性和可追溯性。

活动现场及时记录是记录管控的风险点之一。及时记录不仅可以避免回忆式记录造成的不准确或不真实问题，而且更重要的是避免实验室活动过程可能出现的根据结果人为修改原始记录的不公正行为。实验室应对原始记录中数据的转移（如从纸质转入 LIMS 或 Excel 等计算机软件）进行重点控制，实验室应同时保存转移前后的记录，并建立数据核对措施，确保使用的数据和信息的正确性。

记录修改也是记录管控的风险点之一，对电子记录的任何修改均应可以追溯到前一个版本或原始观察数据或结果，同时保存原始和修改后的数据和文档，包括标识修改的内容和责任人。对于原始记录的修改，应只允许在记录的当时修改，应注明修改内容和责任人。而在记录形成后，对于文字错误的修改和计算错误的修改，应注明修改的日期、修改的内容和负责修改的人员等信息。所有发出的报告应作为技术记录予以保存（见《认可准则》7.5.1、7.8.1 条），关于报告的更改、修订或重新发布的要求见修改报告要求（《认可准则》7.8.8 条）。

由于记录具有证明作用并应具备可追溯性，记录需要在规定的时间内予以保存，因此记录的工具和载体，如笔（严禁使用字迹不能长久保存的圆珠笔）、纸（严禁使用热敏纸）、电子媒体（保证识别人机一致）均是记录控制的风险点。

2.《认可准则》8.4.2 条款要点

《认可准则》8.4.2 条款对应 2006 版的 4.13.1，删除了建立程序的要求，只要求实施所需的控制；增加了记录的保存期限应与其合同义务相一致的要求；增加了记录获取权限应与保密承诺相一致的要求；对记录的范围和控制要求进行了简化和原则性处理；删除应有保护和备份电子记录的程序要求。

记录是管理体系运行结果和记载检测数据、结果的证实性文件，是实验室一切工作的有效证明，它是阐明所取得的结果或提供所完成活动的证据的文件。实验室应对记录的标识、存储、保护、备份、归档、检索、保存期和处置进行控制和管理，以证实管理体系运行的状况和检测工作的所有结果。

记录包括质量记录和技术记录两部分，但两者有时又是密不可分的。质量记录通常是指源自质量管理活动的记录，技术记录通常是指源自技术活动的记录。记录是受控文件的一类；实验室对记录（包括质量记录和技术记录）实行检索受控，而对文件实行版本的修改受控。记录一经填写即生效，不用批准发布；填写记录所用的表格有版本的区别，而记录没有，记录表格是记录的载体，属受控文件。

实验室的记录保存期限应符合合同义务。除非相关法规另有规定外，当实验室承担的检测或校准结果用于产品认证、行政许可等用途时，相关技术记录和报告副本的保存期不得少于相关产品认证、行政许可证书规定的有效期。

记录的调阅应符合保密承诺，对应《认可准则》的 4.2 保密性。因为实验室的记录涉及保护客户机密和所有权、保护实验室机密和所有权等问题。

记录应易于获得，这就要求记录的保管方式应便于检索，并应明确可以查阅、使用的人员范围和取用手续。

《认可准则》将技术记录的要求写入第 7.5 节。

CNAS-CL01-G001：2018《CNAS-CL01〈检测和校准实验室能力认可准则〉应用要求》中 8.4.2 规定，除特殊情况外，所有技术记录，包括检测或校准的原始记录，应至少保存 6 年。如果法律法规、CNAS 专业领域认可要求文件或客户规定了更长的保存期要求，则实验室应满足这些要求。人员或设备记录应随同人员工作期间或设备使用时限全程保留，在人员调离或设备停止使用后，人员或设备技术记录应再保存 6 年。技术记录，无论是电子记录还是纸面记录，应包括从样品的接收到出具检测报告或校准证书过程中观察到的信息和原始数据，并全程确保样品与报告/证书的对应性。

除非相关法规另有规定外，当实验室承担的检测或校准结果用于产品认证、行政许可等用途时，技术记录和报告副本的保存期应当考虑相关产品认证、行政许可证书规定的有效期。

CNAS-CL01-A025：2018《检测和校准实验室能力认可准则在校准领域的应用说明》中 8.4.2 规定，测量标准（设备、装置或系统）的技术记录（如溯源证书、质控数据、维修记录等）应长期保存，即使在标准设备报废后，也应至少保留 3 年。

（三）评审重点

记录是实验室完成的实验室活动或达到的结果的客观证据，因此是评审、评价实验室活动及其结果质量的重点要素之一。评审组长及其他成员必须对所评审每一领域的各项记录，综合本要素和《认可准则》7.5"技术记录"的全部要求进行全面系统评审，特别是对某些记录数量特别多的实验室，可根据科学合理的抽样方案进行抽样评审，并重点关注以下内容。

1）实验室是否建立和保持了识别、收集、索引、存取、存档、存放、维护和处置质量记录和技术记录的控制和管理要求或程序，并评价其完整性与适应性。

2）各类质量记录、技术记录格式设计栏目内容是否符合信息足够的原则，是否方便使用，是否包含质量管理、检测/校准活动记录、所用方法等相关的信息。记录的溯源性、即时性（原始性）、充分性、重现性和规范性是否符合《认可准则》的要求。

3）记录差错的更改是否符合规定要求，是否采用杠改方式；修改是否可追溯到前一个版本或原始观察结果，是否按要求保存原始的以及修改后的数据和文档，是否清晰标识修改的日期、修改的内容和负责修改的人员等信息。

4）记录的保存期是否都有明确的规定，是否符合合同义务、CNAS-CL01-G001：2018《CNAS-CL01〈检测和校准实验室能力认可准则〉应用要求》8.4.2 和 CNAS-CL01-A025：2018《检测和校准实验室能力认可准则在校准领域的应用说明》8.4.2 的相关需求（若适用）。

5）记录保存的环境是否符合要求，记录是否进行了很好的分类，存取、归档、检索是否方便。记录的保存、提取、调阅、使用是否都做到了妥善保护和安全保密。

6）实验室是否有控制要求或程序保护电子形式存储的记录，能否避免原始数据的丢失、防止未经授权的侵入和修改。

五、《认可准则》"应对风险和机遇的措施（方式A）"

（一）"应对风险和机遇的措施（方式A）"原文

> 8.5　应对风险和机遇的措施（方式A）
>
> 8.5.1　实验室应考虑与实验室活动相关的风险和机遇，以：
>
> a）确保管理体系能够实现其预期结果；
>
> b）增强实现实验室目的和目标的机遇；
>
> c）预防或减少实验室活动中的不利影响和可能的失败；
>
> d）实现改进。
>
> 8.5.2　实验室应策划：
>
> a）应对这些风险和机遇的措施；
>
> b）如何：
>
> ——在管理体系中整合并实施这些措施；
>
> ——评价这些措施的有效性。
>
> 注：虽然本准则规定实验室应策划应对风险的措施，但并未要求运用正式的风险管理方法或形成文件的风险管理过程。实验室可决定是否采用超出本准则要求的更广泛的风险管理方法，如：通过应用其他指南或标准。
>
> 8.5.3　应对风险和机遇的措施应与其对实验室结果有效性的潜在影响相适应。
>
> 注1：应对风险的方式包括识别和规避威胁，为寻求机遇承担风险，消除风险源，改变风险的可能性或后果，分担风险，或通过信息充分的决策而保留风险。
>
> 注2：机遇可能促使实验室扩展活动范围，赢得新客户，使用新技术和其他方式应对客户需求。

（二）要点理解

《认可准则》8.5为新增条款，以应对风险和机遇的措施代替2006版的4.12预防措施。8.5条款与GB/T 19001—2016中6.1的内容基本相同。

风险（risk）是指不确定性对目标的影响（ISO 31000）。机遇是对实验室有利的时机、境遇、条件、环境。检测和校准实验室的最终目标是为客户提供准确、可靠的结果，在实验室活动的全过程中则可能存在不确定性，因此实验室应建立基于风险思维的运作与管理系统，与利益相关方进行充分的沟通和协商，通过风险监测、收集、识别、分析、评价和处理，提出与实验室活动相关联科学合理的应对风险和机遇的措施，实现不断取得改进效果、有效预防负面影响以及持续提升管理体系有效性。

1.《认可准则》8.5.1条款要点

《认可准则》引言中声明："本准则要求实验室策划并采取措施应对风险和机遇。应对风险和机遇是提升管理体系有效性、取得改进效果以及预防负面影响的基础。实验室有责任确定要应对哪些风险和机遇。"《认可准则》参照ISO 9001:2015第6.1条款，增加这一新的条款"8.5应对风险和机遇的措施"，将ISO 9001:2015的相关要求纳入。对于实验室是否有必要单独建立风险管理体系，由实验室自己决定，ISO/IEC 17025并不要求，也未鼓励，实验室只需要满足《认可准则》即可。《认可准则》在起草过程中已充分纳入了风险管理的模式，比如设备校准、质量控制、人员培训和监督等均需要实验室根据自身的检测或校准活动范围、客户需求和测试技术的复杂性等风险分析，制定相应的程序。

实验室有责任确定要应对的风险和机遇，应运用风险管理的方法，对检测和校准全过程进行分析和梳理，识别和描述过程中不同节点的风险，策划并采取措施应对风险和机遇，将风险降低到最低程度。通过实施改进，保证结果和服务的符合性，不断增强客户满意度。通常，风险的例子可能包括：检测或校准结果、服务不能满足要求，或组织不能实现客户满意等。机遇的例子可能包括：潜在新客户或市场的识别，确定新检测或服务的需求，或确定通过采用新技术或替代技术使实验室活动更加便捷高效等。

2.《认可准则》8.5.2 条款要点

《认可准则》8.5.2 条款要求实验室策划应对风险和机遇的措施，在管理体系中整合并实施这些措施，评价这些措施的有效性。实验室可决定是否采用超出《认可准则》要求的更广泛的风险管理方法，如：通过应用其他指南或标准，例如：ISO 31000。在风险管理上有许多理论和模型可参考，实验室在运行这一条款时应将风险管理整合到实验室管理体系中，嵌入检测和校准实践之中，并针对实验室的运行过程策划和实施。

确定风险和机遇过程中，可以考虑 SWOT 或 PESTLE 等技术的输出。其他方法可能包括的技术有 FMEA（失效模式和影响分析）、FMECA（失效模式、影响及危害性分析）或 HACCP（危害分析及关键控制点）。由组织决定采用何种方法和工具。简单的方法包括诸如头脑风暴、SWIFT（结构性假设技术）、结果概率矩阵等技术。

风险管理过程可参考 ISO 31000《风险管理 原则和指南》，其给出了风险管理过程见图 3-12。

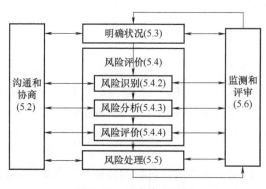

图 3-12 风险管理过程

风险管理过程中，风险评估是风险识别和风险分析及风险评价的总过程。

（1）风险识别 实验室应识别风险源（通常涉及人、机、料、法、环、测及法律、安全等各个层面）、影响区域、事件（包括环境变化）以及致因和潜在后果。

此步骤的目的是产生一个基于哪些可能产生增强、阻碍、加快或推迟目标实现的综合表格。识别相关的风险是重要的，因为此阶段没有识别的风险将不包含在进一步的分析中。

风险识别应包括考察特定后果直接影响，包括连锁和积累影响，所有重要的致因和后果都应予以考虑。即使风险源或致因可能不明显，也应识别风险源是否在组织的控制之下，也要识别可能发生什么，考虑后果的可能致因是必要的。

实验室应使用合适其目标、能力及所面临风险的风险识别工具和技术。在识别风险时，相关和最新的信息是重要的，包括可能的适当背景信息，具有适当知识的人员应参与到风险识别中。

（2）风险分析　风险分析是风险评估的关键。风险分析为风险评价和确定风险是否需要处理以及最适合的风险处理策略和方法提供输入。风险分析也可以为必须做出选择及选择涉及不同类型和程度的风险的决策提供输入。

风险分析包括考虑风险的致因和来源，所带来的正面和负面的后果以及这些后果发生的可能性。应识别影响后果的因素和可能性。可以通过确定后果和其可能性，以及其他风险特性来进行风险分析。一个事件可以有多种结果并可以影响多重目标。现存的控制措施，及其效果和效率也应被考虑在内。后果和可能性的表述方式，以及它们的组合是确定风险程度的方式。反映风险类型、可获得的信息，以及运用风险评价输出的结果应符合风险准则，必须考虑不同风险和其来源的相互依赖。风险程度的确定和对其前提或假设的敏感性信息，应在风险分析中予以考虑，并通过有效沟通传递给决策者以及适当的利益相关方。风险准则应考虑诸多专家间观点的分歧、不确定性、可用性、质量、数量、信息的相关持续性或模型的局限性等因素。上述这些因素，应予以阐述和重点关注。风险分析可以在不同程度进行，这取决于风险本身、分析目的、可用的信息、数据和来源。依据环境条件，分析可以是定性的、半定量的或定量的，也可以是组合的方式。后果和其可能性可以通过以模拟一个或一系列事件的结果，或由实验研究，或可用数据推断确定。后果可基于有形和无形的影响表述。可以用数值描述，需要界定对于不同时间、地点、团体或环境的后果和其可能性。组织可以借助风险矩阵，将危害绘制在图表上进行量化，从而计算风险。严重程度和频率的结果计算将成为风险分析的结果。一旦实验室利用风险矩阵进行分析，并确保其有效性后，就可以将此工具应用于风险管理过程。风险矩阵整合入运营过程后，不仅可以计算风险，还可以实现对高风险事件的及时补救。

（3）风险评价　风险评价的目的是，基于风险分析的结果，帮助做出有关风险需要处理和处理实施优先考虑的决策。风险评价包括将分析过程中确定的风险程度与在明确环境时建立的风险准则进行比较，将风险分析的结果与实验室已制定的风险评价标准进行比较，确定实验室现存风险严重程度和等级的过程（或不可接受风险），其目的是为风险规避和领导决策提供支持。

风险评估是评价风险对组织实现质量目标和预期结果的影响程度，组织可通过制定风险评价准则进而科学地确定现存风险的严重程度。实验室所制定的风险评价准则应与实验室对风险的承受能力、已制定的质量目标和方针、资源配置等因素相适应，并应满足法律法规、监管和利益相关方的要求，同时还必须考虑相关风险发生的性质、类型及后果的严重程度，风险发生的概率，风险级别。

以检测实验室为例，可从图 3-13 所示的检测过程实施风险分析。

首先，从内部影响和外部影响分析风险点，例如在合同评审中存在图 3-14 中的各风险点。

各风险点控制措施如下。

风险点 1：方法标准，合同评审人员应了解方法最新进展，方法近期的变更情况、方法适用范围、方法与判定规则间的关联性等。

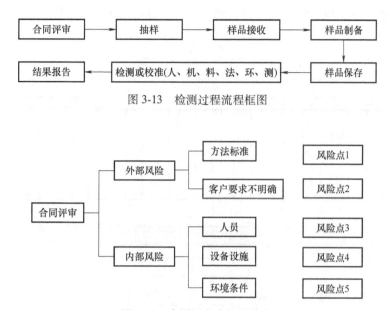

图 3-13　检测过程流程框图

图 3-14　合同评审中的风险点

风险点 2：客户要求不明确，与客户充分沟通，注意在技术上为客户提供建议并给予正确的引导，明确要求后签署书面说明，沟通记录要完整。

风险点 3：人员，合同评审人员应了解实验室技术能力现状，检测期间的人员状况。

风险点 4：设备设施，合同评审人应了解实验室设备运行状况，例如故障及维修情况。

风险点 5：环境条件，合同评审人员应与实验人员沟通，了解环境的临时变化情况等。

以上分析和措施应让相关人员知晓和执行。在实际运行中，根据具体情况定期评价措施是否合理和有效，适当调整风险点和措施。

3. 《认可准则》8.5.3 条款

《认可准则》8.5.3 是新增条款，来源于 ISO 9001 的 6.1.2 条款。

实验室经风险分析后识别出应控制的风险点，制定控制措施，措施应尽可能消除对结果产生不良影响的风险源，有时风险源不一定能够完全消除，应对风险的措施也不止一种。此时，应识别出对检测和校准结果影响最显著的风险源，采取最适宜的措施。应对机遇的措施实施后，可能发生风险改变或结果的变化，应通过风险评价，对效果进一步分析，开展新的风险决策。风险处理要求应予以决策考虑，包括考虑风险的容忍性。有时可能通过分担分险，或在了解相关信息的基础上决定承担风险。例如：针对具有挑战性的检测项目，实验室可通过人员能力提高和设备更新等，在一定的容忍程度上承担风险。

面对日新月异的科技发展成果和蓬勃发展的检验检测市场，实验室应运用风险管理的理念，善于使用新技术，提高自身能力，或采取互利共赢的合作方式，抓住发展的每一次契机，扩展活动范围，不断提升检验检测和校准技术能力，赢得新客户，应对客户不断变化和增长的需求。

（三）评审重点

《认可准则》从第 4 章到第 8 章都涉及风险和机遇，需要实验室根据自身规模和从业范围，从人、机、料、法、环（内部和外部）、测等各个层面结合实际逐一识别，系统科学地进行风险控制和风险管理，应对风险和机遇的控制流程如图 3-15 所示。

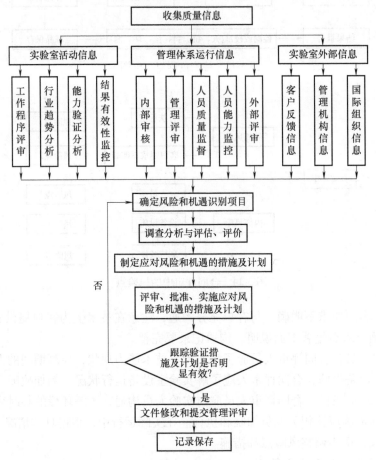

图 3-15 应对风险和机遇的控制流程图

在现场评审中应根据实验室的管理评审、内部审核、监督检查、外部评审和能力验证等活动的记录和信息，以及实验室针对各个实验室活动过程所进行的风险识别、分析、评价及所策划的应对风险和机遇的具体措施进行综合评审与评价。现场评审时应重点关注以下内容。

1）实验室是否建立基于风险思维的运作与管理系统，在管理体系建立、实施和保持过程中是否关注并识别了与实验室活动相关的内外部风险和机遇。实验室管理层在内部审核、管理评审时是否对相关风险和机遇进行了关注和评审。实验室基于风险思维的运作与管理系统，是否有助于实验室预防或减少实验室活动中的不利影响和可能的失败，是否确保管理体系实现预期结果，是否确保实现不断取得改进效果并增强实现实验室方针和目标的机遇。

2）实验室是否策划并采取措施应对风险和机遇，策划是否包括了风险监测、收集、识别、分析、评价和处理过程。在实验室活动中实验室是否实施了所策划的措施，相关措施能否有效利用机遇、有效消除或减小风险，实验室是否评价了相关措施的有效性。

3）实验室策划并采取的应对风险和机遇的措施，是否与其对实验室结果的有效性和潜在影响相适应。实验室应对风险和机遇的措施中是否包括消除风险源、改变风险的可能性或后果、扩展实验室活动范围、赢得新客户、满足客户新需求等的记录。

（四）专题关注——纠正、纠正措施和预防措施（应对风险和机遇的措施）

实验室在日常运行和现场评审中应系统关注纠正、纠正措施、预防措施（应对风险和机遇的措施）的定义和内涵，主要包括以下几个方面：

1）纠正是为消除已发现的不合格所采取的措施。纠正可连同纠正措施一起实施。

2）纠正措施是为消除已发现的不合格或其他不期望情况的原因所采取的措施。

3）预防措施是事先主动识别改进机会，为消除潜在不合格或其他潜在的不期望情况的原因所采取的措施。ISO/IEC 17025：2017 中"预防措施"被"应对风险和机遇的措施"所取代。

表 3-7 纠正、纠正措施和预防措施（应对风险和机遇的措施）**的主要区别**

项目	纠正	纠正措施	预防措施（应对风险和机遇的措施）
定义	纠正是为消除已发生的不合格所采取的措施。通常以对不合格进行处置的方式实现（如返工、返修等）	为消除已发现的不合格或其他不期望情况的原因所采取的措施	为消除潜在不合格或其他潜在不期望情况的原因所采取的措施
特点	是对不合格的一种处置，不分析原因，纠正可连同纠正措施一起实施	为消除现在的不合格分析原因，防止类似问题再次发生所采取的措施	为消除潜在的不合格分析原因，防止问题发生所采取的措施
性质	被动的措施	被动的措施	主动的措施

纠正措施和预防措施（应对风险和机遇的措施）的程序不一定要分别制定。可以建立一个纠正措施和预防措施（应对风险和机遇的措施）程序。纠正措施和预防措施（应对风险和机遇的措施）与改进的关系是：纠正措施和预防措施（应对风险和机遇的措施）是改进的方法、手段和途径。改进是纠正措施和预防措施（应对风险和机遇的措施）的目的和归宿。

《认可准则》及其应用要求中包含"识别风险"要求的条款如下：

1）持续识别影响公正性的风险（4.1.4），消除或最大程度降低这种风险（4.1.5）。

2）识别与管理体系或实验室活动程序的偏离［5.6b)］，采取措施预防或最大程度减少这类偏离［5.6c)］。

3）识别人员持续培训需求［CNAS-CL01-G001 6.2.5c)］。

4）识别需要控制的产品和服务需求［CNAS-CL01-G001 6.6.1a)］。

5）选择适当的方法或程序并能满足客户的要求（7.2.1.1）。

6）方法开发的过程中，定期评审方法是否满足客户需求（7.2.1.6）。

7）跟踪标准方法制修订情况，识别最新版本标准（CNAS - CL01 - G001 7.2.1.3）。

8）识别"人、机、料、法、环、测"对标准方法使用的风险（7.2.1）。

9）只要合理，抽样计划应基于适当的统计方法（7.3.1）。

10）实验室应有运输、接收、处置、保护、存储、保留、处理或归还检测或校准物品的程序（7.4.1）。

11）在可能时识别影响测量结果及其不确定度的因素（7.5.1）。

12）识别测量不确定度的贡献（7.6.1）。

13）通过内部质量监控识别结果可靠性风险（7.7.1）。

14）通过能力验证或实验室间比对识别实验室活动准确性风险（7.7.2）。

15）结果在发出前应经过审查和批准（7.8.1.1）。

16）接到投诉的实验室应负责收集并验证所有必要的信息，以便确认投诉是否有效（7.9.4）。

17）基于实验室建立的风险水平采取措施（包括必要时暂停或重复工作以及扣发报告）（7.10.1）。

18）以确保数据和信息完整性的方式进行维护（7.11.3）。

19）实验室应确保文件发布前由授权人员审查其充分性并批准（8.3.2）。

20）实验室应对记录的标识、存储、保护、备份、归档、检索、保存期和处置实施所需的控制（8.4.2）。

21）识别评审操作程序、实施方针、总体目标、审核结果、纠正措施、管理评审、人员建议、风险评估、数据分析和能力验证结果，识别改进机遇（8.6.1注）。

22）评审所采取的纠正措施的有效性［8.7.1d)］；必要时，更新在策划期间确定的风险和机遇［8.7.1e)］。

23）实验室应考虑实验室活动的重要性、影响实验室的变化和以前审核的结果，策划、制定、实施和保持审核方案［8.8.2a)］。

24）实验室管理评审包括风险识别的结果［8.9.2m)］。

六、《认可准则》"改进（方式 A）"

（一）"改进（方式 A）"原文

8.6　改进（方式 A）

8.6.1　实验室应识别和选择改进机遇，并采取必要措施。

注：实验室可通过评审操作程序、实施方针、总体目标、审核结果、纠正措施、管理评审、人员建议、风险评估、数据分析和能力验证结果识别改进机遇。

8.6.2　实验室应向客户征求反馈，无论是正面的还是负面的。应分析和利用这些反馈，以改进管理体系、实验室活动和客户服务。

注：反馈的类型示例包括：客户满意度调查、与客户的沟通记录和共同审查报告。

（二）要点理解

持续改进是实验室永恒的主题、永恒的目标、永恒的追求、永恒的活动，是实验室策划并采取应对风险和机遇措施的结果和目标。实验室管理体系的系统性、时序性和动态性决定了实验室管理层，必然要通过评审操作程序、实施方针、总体目标、审核结果、纠正措施、管理评审、人员建议、市场调查、客户反馈、风险评估、数据分析和能力验证结果等活动，充分识别改进机遇，适时调整质量方针、目标，或在质量方针、目标实现的全过程中坚持管理体系的持续改进，以不断提升管理体系的适宜性、充分性和有效性，以确保实验室更好地服务于客户和社会。《认可准则》要求实验室建立基于风险思维的运作与管理系统，本条款融合了 2006 版 4.10 改进和 4.7.2 服务客户的内容。

1.《认可准则》8.6.1 条款要点

《认可准则》8.6.1 条款对应 2006 版的 4.10，把识别改进的机会改成注，增加了评审操作程序、人员建议、风险评估、数据分析和能力验证结果等识别改进的机会。2006 版准则从 7 个方面寻求改进，而《认可准则》从 10 个方面寻求改进，因此《认可准则》寻求改进的方式方法更多、更完整。

改进不应仅仅是改正或纠正，而应是提高实验室活动有效性和效率的持续循环活动。改进的核心是与时俱进，是发展和创新，是实验室能力和水平的持续提升。

对于实验室而言，不仅要建立、实施、保持管理体系，更重要的是要持续改进管理体系。领导作用和全员参与是质量管理七项原则的重要组成部分，改进需要全员参与。因此实验室管理层应制定实施持续改进的相关政策，并营造实验室全员参与改进活动的氛围，使得全体员工能在自身工作范围内积极地识别改进机遇并得以实施完善。实验室应通过评价确立质量方针、总体目标，适时调整质量方针、总体目标，明确持续改进的方向；通过评价应用审核结果、纠正措施、管理评审、人员建议、市场调查、客户反馈、风险评估、数据分析和能力验证结果等活动充分识别改进需求与改进机遇，寻求改进机会和改进目标。实验室应遵循 PDCA 循环（从策划、实施、检查到处置的全过程控制）的工作原理，使实验室管理体系及实验室活动始终处于持续改进状态。通常，这种持续改进可按如下途径实施。

（1）日常例行改进   管理体系运行中的日常例行改进，例如质量监督和能力监控中所发现问题的即时改进等，通常可由技术管理层负责人和质量管理层负责人按照《认可准则》"8.5 应对风险和机遇的措施"和"8.7 纠正措施"等的要求组织实施。

（2）重大改进项目   管理体系运行中针对重大项目所实施的改进，例如实验室的机构整合重组、实验室活动范围调整、重要设备设施的配备采购、文件化管理体系的改换版等，通常由实验室管理层中最高领导批准立项，由技术管理层负责人或质量管理层负责人策划、制定改进计划并组织实施。实验室管理体系运行中质量方针、目标的调整以及实施过程中所需重大改进，通常由实验室管理层中最高领导通过管理评审来组织实施。

2.《认可准则》8.6.2 条款要点

《认可准则》8.6.2 条款对应 2006 版的 4.2.7，注中增加沟通记录作为一种客户反馈类型。

客户通常是指接受产品的组织或个人。政府部门、司法机关、认证机构、检查机构、制造商、生产厂、委托人（代理人）、消费者、最终使用者、零售商、采购方都可能成为客户。客户可以是外部的，也可以是内部的。服务客户不是仅指为客户提供检测/校准服务，更强调的是与客户的交流、配合、沟通合作；强调的是实验室应有为客户服务的意识，持续改进提升对客户的服务。

服务客户体现了以客户为关注焦点的原则，实验室在整个工作过程中，应当与客户保持沟通与合作，通过沟通与合作可使实验室深入、全面、正确地理解客户的要求，主动为客户服务。这种合作可包括：允许客户或其代表合理进入实验室的相关区域直接观察为其进行的检测/校准过程；客户有验证要求的，提供所需物品的准备、包装和发送；将检测/校准过程中的任何延误或主要偏离通知客户；在技术方面指导客户，提出建议以及意见和解释等。服务客户的重要前提是确保其他客户的机密不受损害，还要保证人员的人身安全，并且不会对检测/校准结果产生不利影响。

客户的反馈意见是实验室识别改进需求的重要信息。向客户征求反馈意见，分析并使用这些意见（无论是正面的还是负面的），有利于改进实验室的技术能力和管理水平，提升服务客户的能力和水平。客户意见反馈的形式包括：客户满意度调查，如定期采用问卷或调查表形式调查客户满意度；与客户的沟通记录：如在合同评审时、在客户进入实验室相关区域观察实验时、电话沟通时，都可能产生沟通记录；共同评价报告：实验室与客户一起讨论评价检测/校准结果报告。调查客户的满意度，与客户一起评价检测/校准结果，对于"过程控制"来说，是一种有效的外部监督手段，对提高实验室的管理水平和技术能力有较大的促进作用。

（三）评审重点

现场评审中，评审组应重点关注实验室基于风险思维建立的运作与管理体系的系统性和动态性，以及实验室在管理体系建立、运行和保持过程中关注、识别与实验室活动相关的内外部风险和机遇及所采取措施的适时性和有效性。评审中还应特别关注以下几点：

1）实验室是否通过评审操作程序、实施方针、总体目标、审核结果、纠正措施、管理评审、人员建议、市场调查、客户反馈、风险评估、数据分析和能力验证结果等活动充分识别改进机遇，是否针对识别和选择的改进机遇适时采取了必要的应对措施。

2）实验室是否向客户征求反馈意见，实验室是否提供了客户满意度调查的证据，是否提供了与客户沟通、交流的证据，是否提供了与客户一起分析评价检测结果、提供意见和解释等增值服务的证据。实验室是否分析并使用向客户征求的反馈意见，是否应用于提升实验室的技术能力和管理水平。

3）实验室管理层是否对持续改进管理体系的重要性有必要的认识，查证实验室管理层组织实施的相关改进活动的记录，评价改进工作的有效性和适时性。

七、《认可准则》"纠正措施（方式 A）"

（一）"纠正措施（方式 A）"原文

> 8.7 纠正措施（方式 A）［参考 9001］
>
> 8.7.1 当发生不符合时，实验室应：
>
> a）对不符合做出应对，并且适用时：
>
> ——采取措施以控制和纠正不符合；
>
> ——处置后果；
>
> b）通过下列活动评价是否需要采取措施，以消除产生不符合的原因，避免其再次发生或者在其他场合发生：
>
> ——评审和分析不符合；
>
> ——确定不符合的原因；
>
> ——确定是否存在或可能发生类似的不符合；
>
> c）实施所需的措施；
>
> d）评审所采取的纠正措施的有效性；

e）必要时，更新在策划期间确定的风险和机遇；

f）必要时，变更管理体系。

8.7.2 纠正措施应与不符合产生的影响相适应。

8.7.3 实验室应保存记录，作为下列事项的证据：

a）不符合的性质、产生原因和后续所采取的措施；

b）纠正措施的结果。

（二）要点理解

"纠正"和"纠正措施"有着本质的不同。简单地讲，"纠正"是消除已发现不符合所采取的行动或措施；而"纠正措施"是指为消除已发现的不符合或其他不期望发生的情况的原因所采取的措施，以防不符合再度发生。纠正措施程序实施流程如图 3-16 所示。

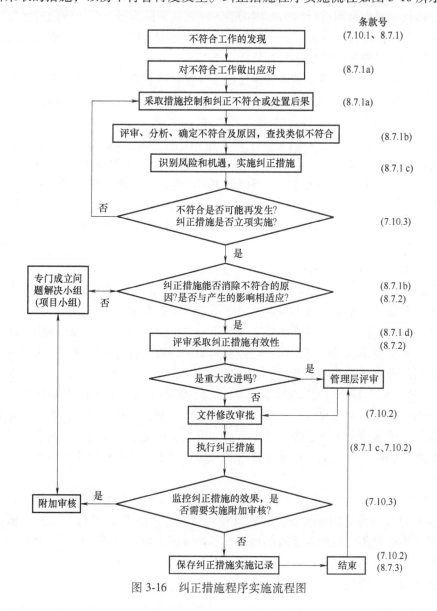

图 3-16 纠正措施程序实施流程图

发现（识别、鉴别）和确定需进入纠正措施程序的不符合工作的途径或环节有很多，包括不符合工作控制、内部或外部审核、管理评审、客户反馈、监督人员报告、投诉、内部或外部试验比对、能力验证、质量控制等。实验室应考虑与实验室活动有关的风险和机遇，以利于：确保管理体系能够实现其预期结果，把握实现目标的机遇，预防或减少实验室活动中的不利影响和潜在的失败，实现管理体系改进。实验室应策划：应对这些风险和机遇的措施，在管理体系中整合并实施这些措施，同时应评价这些措施的有效性。

纠正措施程序应从调查确定不符合可能再度发生的根本原因开始，实验室应针对分析的原因制定纠正措施，纠正措施应编制成文件并加以实施。根本原因调查分析是该程序最关键也是最困难的部分，所以在解决比较复杂的问题时，往往需要集中相关部门来研究分析造成不符合的根本原因（包括一些难发现的潜在原因），如客户要求、样品本身、工作程序、员工技能与培训、设备与标准物质管理、消耗品乃至标准物质本身的问题。不分析发现问题的根本原因，而仅对表面原因进行纠正，则可能无法保证消除问题并防止问题再次发生。若采取纠正措施后问题依然发生就说明纠正措施无效。为此实验室应对纠正措施的实施结果进行跟踪验证和监控，以确保纠正措施的有效性。

同时应注意的是，纠正措施实施结果往往会导致对原管理体系文件的修改，此时应遵循文件控制程序，按规定修订文件并经批准后发布实施。纠正措施程序实施流程如图 3-16 所示。

《认可准则》8.7 对应 2006 版的 4.11 纠正措施，对纠正和纠正措施的要求进行了简化和原则性处理，要求更加明确。本条款的内容与 GB/T 19001—2016 的 10.2 基本一致。本条款与《认可准则》7.10.3 直接衔接，"当评价表明不符合可能再次发生时，或对实验室的运行与其管理体系的符合性产生怀疑时，实验室应采取纠正措施。"同时，本条款还与《认可准则》8.5.2 直接相关，强调根据所采取纠正措施的有效性，必要时更新在策划期间确定的风险和机遇。

1. 《认可准则》8.7.1 条款要点

《认可准则》8.7.1a) 对应 2006 版的 4.11.1，删除了制定政策和程序的要求；删除了偏离的概念；明确了对需要应对不符合，只在适用时才需要采取措施和纠正；删除了关于识别问题的活动举例的注。本条款是实验室应对不符合的要求（除非未发生或不适用）。发生不符合时，实验室应采取措施进行针对性控制和纠正，将不符合的影响和损失降到最低，并对不符合的后果进行科学及时处置。

《认可准则》8.7.1b) 对应 2006 版的 4.11.2，明确实验室需要评审和分析不符合，分析确定不符合的原因，明确界定是否存在或可能发生类似的不符合，从而明确评估并识别采取措施的需求。通常情况下，若经过评价不符合可能再次发生或在其他场合发生时，实验室则需要采取纠正措施，用以消除产生不符合的原因。对不符合进行评审和分析时，应特别关注以下内容。

1）对不符合的评审和分析可从确定不符合的性质与严重程度（如：严重性不符合、一般性不符合）以及是否可能再次发生或在其他场合发生等多层面进行，以便分析确定不符合的影响及产生的原因，以确保采取的措施与不符合的影响程度相适应。若经过分析和判断确定为偶发、轻微且不可能再次发生（包括在其他场合）的不符合，则通常直接纠正即可，不一定需要采取纠正措施。

2）对于实验室经过分析和判断确定为可能再次发生（包括在其他场合发生）的不符合，实验室则应系统分析和确定不符合发生的原因，针对不符合的根本原因制定与不符合的影响程度相适应的适宜纠正措施。

3）对不符合的评审和分析应该做到举一反三，应系统分析和确定类似不符合是否可能在实验室的其他人员、部门、领域、活动中存在或可能发生，以确保在实验室内最大程度和最广范围彻底消除同类不符合。

《认可准则》8.7.1c）对应 2006 版的 4.11.3，删除了选择措施的要求。实验室实施的纠正措施通常可能是单个措施或是多个措施的组合，实验室应重点保证所有确定的纠正措施均应在规定的时间内得到实施，并应通过审查相关证据和记录适时跟踪验证所确定的纠正措施是否按计划得到实施。

《认可准则》8.7.1d）对应 2006 版的 4.11.4 和 4.11.5，删除了对纠正措施的结果进行监控以确保纠正措施有效，改为评审所采取的纠正措施的有效性；删除了附加审核的要求。对于发现的不符合，实验室不应仅仅纠正发生的不符合，而应进行全面、细致的分析评价，查找产生不符合的根本原因，按要求启动纠正措施，同时，实验室更应通过审查已实施措施或已采取纠正措施的相关证据和记录，跟踪验证并系统评审所采取的纠正措施的有效性。为确保纠正措施的及时有效实施，实验室应确定完成纠正措施的时间周期。根据所发现的不符合的特点、性质以及解决不符合的难易程度和所需的资源数量，纠正措施的时间周期可能有所不同。

《认可准则》8.7.1e）为新增条款，增加了必要时更新在策划时确定的风险和机遇的要求。实验室管理体系的运作涉及人、机、料、法、环、测各个方面，是一个动态的过程。针对特定的不符合，实验室依据当时所识别的风险和机遇所采取的纠正措施，可能会导致纠正措施策划和实施前期所识别的风险和机遇发生变化。此时，实验室应及时更新并识别新的风险和机遇，并采取最新有效的措施应对更新后的风险和机遇。

《认可准则》8.7.1f）对应 2006 版的 4.11.3，删除了将纠正措施调查所要求的任何变更制定成文件的要求。针对发生的不符合，通常很少仅进行纠正、无须采取纠正措施。在纠正措施实施的全过程中，通常需要实施质量方针、质量目标，应用审核结果、数据分析、内部审核、管理评审、人员建议、风险评估、能力验证和客户反馈等信息来持续改进管理体系的适宜性、充分性和有效性。

针对不符合采取纠正和纠正措施是持续改进的重要活动和手段，其目的是控制、纠正不符合，消除不符合的危害和影响，纠正产生不符合的原因，防止不符合的再次发生。对影响实验室活动结果准确性、管理体系运行有效性和客户满意度的不符合，实验室应予以重点关注。同时，实验室更应充分利用如下的信息来及时发现实验室活动中潜在的不符合。

1）内部或外部审核发现（8.8、8.9 条款）。

2）监视和测量结果。

3）不合格报告（7.8 条款）。

4）客户投诉（7.9 条款）。

5）不符合法律法规要求。

6）外部供方的问题（如交付产品的及时性和符合性）。

7）员工发现的问题。

CNAS-CL01-G001:2018《CNAS-CL01〈检测和校准实验室能力认可准则〉应用要求》中8.7.1规定，对于发现的不符合，实验室不应仅仅纠正发生的问题，还应进行全面、细致的分析，确定不符合是否为独立事件，是否还会再次发生，查找产生问题的根本原因，按本条款要求启动纠正措施。

对于不符合，仅进行纠正、无须采取纠正措施的情况很少发生。比如在认可评审中，经常发现实验室未按CNAS规定的要求参加能力验证，仅是提供事后参加能力验证的证据，这种措施是不充分的，实验室应当全面分析未参加能力验证的根本原因，如资金不足、能力验证计划不全面、缺乏对计划实施情况的有效监督等，从而采取有效的纠正措施。

2.《认可准则》8.7.2条款要点

《认可准则》8.7.2条款对应2006版的4.11.3，与2006版相比无实质性差异。实验室选择和实施纠正措施不仅需要针对不符合的根本原因，而且还应根据不符合所产生的影响（严重程度和风险大小）选择适宜的纠正措施。通常只要实验室经过验证，证实所采取的纠正措施能防止不符合在规定的时间内再次发生，就可以认为纠正措施是适宜的，不宜过分强调纠正措施的综合性和复杂性。

3.《认可准则》8.7.3条款要点

《认可准则》8.7.3条款对应2006版的4.13.1.1。实验室针对不符合按照《认可准则》7.10.1条和8.7.1条的要求做出应对，开展不符合分析和评审，实施纠正措施，对措施进行有效性评审，更新确定风险和机遇，变更管理体系等系列活动。实验室应按要求保留上述工作形成文件的信息和记录，以此作为评价实验室开展上述工作有效性的证据。

（三）评审重点

实验室管理体系的运作涉及人、机、料、法、环、测各个方面，针对实验室活动中的不符合采取纠正措施也是一个动态、系统的过程。现场评审中评审组应重点关注以下内容。

1）发生不符合时，实验室是否采取针对性措施进行控制和纠正，是否将不符合的影响和损失降到最低，是否对不符合的后果进行科学及时处置。实验室选择和实施纠正措施是否针对不符合的根本原因，是否根据不符合所产生的影响（严重程度和风险大小）选择适宜的纠正措施。

2）实验室是否评审分析不符合，是否分析确定不符合的原因及是否存在或可能发生类似的不符合，是否明确评估并及时识别采取措施的需求。若经过评价不符合可能再次发生或在其他场合发生时，实验室是否采取纠正措施消除产生不符合的原因。

3）实验室是否保证所有确定的纠正措施均能在规定的时间内得到实施，是否通过审查相关证据和记录适时跟踪验证并确保所确定的纠正措施能按计划得到实施。

4）实验室是否通过全面、细致的分析评价查找产生不符合的根本原因，实验室是否通过审查已实施措施或已采取纠正措施的相关证据和记录，跟踪验证并系统评审所采取的纠正措施的有效性。实验室是否及时更新并识别新的风险和机遇，是否采取最新有效的措施应对更新后的风险和机遇。

5）实验室是否在纠正措施实施的全过程中，通过评价分析实施质量方针、质量目标，应用审核结果、数据分析、内部审核、管理评审、人员建议、风险评估、能力验证和客户反馈等信息来持续改进管理体系的适宜性、充分性和有效性。

6）实验室是否按照《认可准则》7.10.1条和8.7.1条的要求针对不符合做出应对，是否开展不符合分析和评审、实施纠正措施、对措施有效性评审、更新确定风险和机遇、变更管理体系等系列活动，实验室是否按要求保留上述工作形成文件的信息和记录，是否以此作为评价实验室开展上述工作有效性的证据。

八、《认可准则》"内部审核（方式 A）"

（一）"内部审核（方式 A）"原文

> 8.8　内部审核（方式 A）
>
> 8.8.1　实验室应按照策划的时间间隔进行内部审核，以提供有关管理体系的下列信息：
>
> a）是否符合：
>
> ——实验室自身的管理体系要求，包括实验室活动；
>
> ——本准则的要求；
>
> b）是否得到有效的实施和保持。
>
> 8.8.2　实验室应：
>
> a）考虑实验室活动的重要性、影响实验室的变化和以前审核的结果，策划、制定、实施和保持审核方案，审核方案包括频次、方法、职责、策划要求和报告；
>
> b）规定每次审核的审核准则和范围；
>
> c）确保将审核结果报告给相关管理层；
>
> d）及时采取适当的纠正和纠正措施；
>
> e）保存纪录，作为实施审核方案和审核结果的证据。
>
> 注：内部审核相关指南参见 GB/T 19011（ISO 19011，IDT）。

（二）要点理解

审核（audit）是为获得审核证据并对其进行客观的评价，以确定满足审核准则的程度所进行的系统的、独立的并形成文件的过程。审核是由对被审核客体不承担责任的人员，按照程序对客体是否合格的确定。审核可以是内部（第一方）审核，或外部（第二方或第三方）审核，也可以是结合审核或联合审核。

内部审核，有时称为第一方审核，由组织自己或以组织的名义进行，用于管理评审和其他内部目的，可作为组织自我合格声明的基础。在许多情况下，尤其在中小型组织内，可以由与被审核活动无责任关系、无偏见以及无利益冲突的人员进行，以证实独立性。通常，外部审核包括第二方和第三方审核。第二方审核由组织的相关方，如顾客或由其他人员以相关方的名义进行。第三方审核由外部独立的审核组织进行，如提供合格认证/注册的组织或政府机构。

内部审核是实验室按照管理体系文件规定，对其管理体系和实验室活动的各个环节组织开展的有计划的、系统的、独立的审核活动。内部审核是管理体系自我诊断、自我审核、自我完善机制的关键要素，是实验室确保实验室活动准确、可靠、有效的重要保证，是实验室实现质量方针和目标的关键因素。

《认可准则》8.8 的内容来自 ISO 9001 的 9.2 条款。相比 2006 版，《认可准则》在内部审核方面的主要变化有：强调了对实验室活动（检测、校准、抽样）审核方案的策划；新增注"内部审核相关指南参见 GB/T 19011（ISO 19011，IDT）"等。

1.《认可准则》8.8.1 条款要点

《认可准则》8.8.1 条款对应 2006 版的 4.14.1，删除了 2006 版中以注释出现的内审周期（注：内部审核的周期通常应当为一年），改为在策划中体现频次。删除了"审核应由经过培训和具备资格的人员来执行，只要资源允许，审核人员应独立于被审核的活动。"

本条款明确要求实验室应策划并实施内部审核，并明确内部审核的目的是为了从公正的角度获取实验室管理体系运行绩效和有效性的有关信息。实验室应根据自身实验室活动的特点和需求策划内部审核的时机和频次（通常以 12 个月作为一个周期，每 12 个月的间隔内可以进行一次或多次内部审核），并对内部审核工作的方案、计划、筹备、实施、结果报告、不符合的纠正、纠正措施及验证等环节进行合理规范。

内部审核是评价管理体系符合性和有效性的一个重要手段，它能够识别管理体系的薄弱环节和潜在的改进机会。内部审核的目的通常包括：

1）通过内部审核来确定管理体系是否符合《认可准则》和实验室管理体系的要求。如管理体系的运行是否符合实验室内部程序的要求、实验室活动是否符合《认可准则》、相应规范、标准、作业指导书、图样、客户需求、法律法规的要求等。

2）通过内部审核来确定实验室管理体系是否得到有效的实施和保持。检查验证管理体系的实施和实验室活动是否获得预期的结果，及时发现问题并适时采取纠正措施持续改进和提升管理体系的符合性和有效性。

2.《认可准则》8.8.2 条款要点

《认可准则》8.8.2 条款对应 2006 版的 4.14.2、4.14.3、4.14.4，内容上增加了"规定每次审核的审核准则和范围""确保将审核的结果报告给相关管理层"。本条款对实验室如何实施内部审核提出了具体的要求，明确了了实验室实施内部审核的具体方案、程序、方法和步骤，用以确保实验室实施的内部审核能真正从公正的角度获取管理体系运行绩效和有效性的相关信息，从而实现检查验证实验室管理体系是否得到有效实施和保持，实施效果是否达到了规定的要求和策划的目标，最终确保及时发现问题并适时采取纠正措施持续改进和提升管理体系的符合性和有效性。

《认可准则》8.8.2a）条款对应 2006 版的 4.14.1 中的内部审核计划，并将 2006 版中对审核计划的要求转换为对审核方案的要求。审核方案是针对特定时间段所策划并具有特定目标的一组（一次或多次）审核安排。实验室应考虑并根据实验室活动的重要性、影响实验室的变化和以前审核的结果来策划、制定、实施和保持审核方案。审核方案包括频次、方法、职责、策划要求和报告。

实验室活动的重要性通常是指《认可准则》第 4~第 8 章对实验室活动的影响力和重要程度，《认可准则》第 6 章和第 7 章相对更为重要，同时，还应重点关注实验室活动的关键环节、重点任务、健康安全风险以及公正性和保密性等重要因素。

影响实验室的变化可能包括内部和外部环境的变化。外部变化包括 CNAS《认可准则》、评审要求系列文件的变化、客户和法定管理机构要求的变化、行业和领域发展的变化等；内部变化包括实验室人、机、料、法、环、测等各方面的变化。

"利用以往审核结果"包括以往内部审核和外部审核的结果，通过审核来跟踪验证原有问题是否得到彻底解决。

　　实验室应根据上述内容策划、建立、实施和保持审核方案，目的是及时发现问题并适时采取纠正措施持续改进和提升管理体系的符合性和有效性。审核方案确定了在规定时段（如12个月）内策划的一个审核或多个审核组合的安排，包括了实验室所有审核的策划、组织和实施活动，如审核的时间安排、特定时间段内审核的频次、审核的范围、审核的目的和重点、审核员的安排等。

　　在对审核方案进行策划时应重点关注那些重要的实验室活动和区域，关注对实验室可能产生影响的内外部变化（特别是受到变化影响的实验室活动和区域），以及以往审核发现问题的区域。实验室在策划和实施内部审核时，不能搞平均主义，一些实验室每年对每个部门审核的频次和时间基本相同，这应该不是最佳的方式，对需要重点关注的部门、实验室活动和区域适当加强审核的力度，例如增加频次和时间，派出较强的审核员等。

　　制定审核方案时，应根据实验室管理体系实施运行的具体情况和运作特点科学确定审核开展的时机和频次，可以一年（12个月）进行一次也可以进行多次。这可以通过建立审核进度计划（月度、季度、年度）来体现。在确定内部审核频次时，实验室应考虑实验室活动实施的频次、活动的成熟度或复杂度、活动变更以及内审方案的目标。例如，实验室活动越成熟，需要的内部审核时间可能就越少；实验室活动越复杂，需要的内部审核就越频繁，内部审核时间可能就越长。在策划内部审核时可考虑的输入信息包括但不限于：实验室活动的重要性；实验室活动的成熟度和复杂性；管理优先级；过程绩效；影响实验室的变更；之前审核的结果；顾客投诉趋势；法律法规问题。

　　审核方案中还应确定审核方法。方法可包括访谈、观察、抽样、现场试验和信息评审等。实验室应依据项目或实验室活动过程实施审核，而不应机械地依据管理体系标准的特定条款来实施审核。

　　尽管《认可准则》删除了"只要资源允许，审核人员应独立于被审核的活动"，但《认可准则》强调在安排审核的人员时，应确保审核过程的客观性和公正性。在通常情况下，内审员一般不应审核自身工作。但在某些情况下，尤其是小型实验室或该实验室活动领域需要特定的岗位知识和技术时，内审员可能会审核自身的工作领域。在这种情况下，实验室可让内审员和管理层、同事一起参与审核、共同评价审核结果，以确保审核结果的公正性。

　　《认可准则》8.8.2b）条款要求实验室应确定每次内部审核的审核准则和审核范围。审核准则是用于与审核证据进行比较的一组方针、程序或要求。审核准则可以是《认可准则》，也可以是具体的标准、要求或管理体系文件，审核范围应是具体的实验室活动、实验场所、部门和设施。在规定时段（如12个月）内，实验室实施的内部审核应当覆盖管理体系的所有要素，应当覆盖与实验室管理体系有关的所有场所、所有部门和所有活动。实验室在内部审核的审核方案和审核计划通常会体现上述信息。对于初次建立管理体系的实验室，首次内部审核应是一次全面的审核，唯有这样才能够全面掌握管理体系运行的整体情况，为今后科学策划内部审核提供依据，确保持续改进和提升管理体系的符合性和有效性。对于管理体系常态化正常运行的实验室，并不硬性要求每次审核都必须覆盖所有的内容，只要确保在实验室规定的时间段内能覆盖所有内容即可。对于实施了多个有相同或类似要求的管理体系标准的实验室，建议开展组合审核，这样能有效避免重复，减少冗余，提升效率，增强效果。

　　CNAS-CL01-G001：2018《CNAS-CL01〈检测和校准实验室能力认可准则〉应用要求》

中 8.8.2b）规定，实验室内部审核依据应包括 CNAS 发布的《认可准则》在相关领域的应用说明。

建议内部审核每 12 个月进行一次。内部审核的周期和覆盖范围应当基于风险分析。CNAS-GL011《实验室和检验机构内部审核指南》为内部审核的实施提供了指南。

《认可准则》8.8.2c）条款要求在每次内部审核结束后，审核组长会编制内部审核报告，列出所有的审核发现及要采取的措施。审核组应及时将内部审核结果呈报给实验室管理层和接受审核的部门负责人，并根据内部审核结果适时提出适宜的纠正要求或采取纠正措施。实验室应细化规定内部审核的实施要求，明确如何根据不符合的严重程度适时确定采取何种纠正或纠正措施，明确实施纠正或纠正措施的响应时间和完成时间，明确纠正不符合及整改效果验证的时间，确保及时发现问题与不符合，并通过适时采取纠正措施持续改进和提升管理体系的符合性和有效性。

在内部审核期间，审核组同时可能还会观察到一些尽管现阶段满足了审核准则的要求，但未来却可能是管理体系运行中潜在不符合的风险。在这种情况下，审核组应将这些信息一并纳入审核报告，为实验室管理层及时提供信息，以通过风险和机遇的分析与识别及时决定是否需要采取进一步的改进。

《认可准则》8.8.2d）条款"及时采取适当的纠正和纠正措施"的含义，同 2006 版 4.14.2 的"当审核中发现的问题导致对运作的有效性，或对实验室检测/校准结果的正确性或有效性产生怀疑时，实验室应及时采取纠正措施"，删除了"如果调查表明实验室的结果可能已受影响，应书面通知客户"。要求实验室当内部审核显示有不符合时，与该不符合有关的场所、部门和实验室活动相关的管理者和责任人，应根据《认可准则》7.10 和 8.7 条款的要求，针对不符合及时进行原因分析，依据举一反三的原则采取必要的、适宜的纠正和纠正措施，以消除不符合及其根本原因。同时，还应规定明确的整改时间期限，确保纠正措施能及时付诸实施，以避免类似不符合或问题的再次发生，或使不符合的影响或发生的可能性降到最低、最小。

《认可准则》8.8.2e）条款要求实验室应保留内部审核结果的相关记录，作为审核方案得以有效实施的证据。内部审核结果的相关记录通常包括：审核方案（包括内部审核目的、审核准则、审核方法、人员分工、审核重点、审核时间、审核区域、审核要求等）、审核计划、审核报告、不符合项报告、首末次会议签到表、内审核查表、采取的纠正或纠正措施的证据（如培训的记录、更新的管理体系的文件、改造的设施）等。内部审核的结果应作为管理评审的输入。

（三）评审重点

评审组长应亲自主持评审此要素，必要时组织相关评审员参与，评审时应结合实验室管理体系实际运行最近两次的内部审核案例来实施，并重点关注以下内容。

1）实验室是否按照策划的时间间隔实施内部审核，实验室在规定时段（如 12 个月）内实施的内部审核是否覆盖管理体系的所有要素，是否覆盖与实验室管理体系有关的所有场所、所有部门和所有活动。

2）实验室的内部审核是否对管理体系运作（包括实验室活动）的符合性进行了审核，是否对管理体系与《认可准则》的符合性及管理体系的运行有效性进行了审核。

3）实验室策划、建立、实施和保持的审核方案是否考虑了实验室活动的重要性、影响实验室的变化以及以往审核的结果；审核方案中的审核目标是否明确，是否包括了审核的频次、方法、职责、策划要求和报告等内容。审核方案中是否明确规定每次审核的审核准则和审核范围。

4）在内部审核结束后，审核组长是否编制内部审核报告，是否列出所有的审核发现及要采取的措施；是否及时将内部审核结果呈报给实验室管理层和接受审核的部门负责人，是否根据内部审核结果适时提出适宜的纠止或采取纠止措施要求。

5）与不符合有关的场所、部门和实验室活动相关的管理者和责任人，是否根据《认可准则》7.10 和 8.7 条款的要求，及时针对不符合进行原因分析；是否举一反三采取必要的、适宜的纠正和纠正措施；是否规定明确的整改时间期限；是否能消除不符合及其根本原因；是否能避免类似不符合或问题的再次发生。

6）实验室是否能提供审核方案按计划实施的证据，内部审核结果中是否包括下列内容：审核方案、审核计划、审核报告、不符合项报告、首末次会议签到表、内审核查表、纠正措施记录表等内容。内部审核的结果是否作为管理评审的输入。

九、《认可准则》"管理评审（方式 A）"

（一）"管理评审（方式 A）"原文

8.9　管理评审（方式 A）

8.9.1　实验室管理层应按照策划的时间间隔对实验室的管理体系进行评审，以确保其持续的适宜性、充分性和有效性，包括执行本准则的相关方针和目录。

8.9.2　实验室应记录管理评审的输入，并包括以下相关信息：

a）与实验室相关的内外部因素的变化；

b）目标实现；

c）政策和程序的适宜性；

d）以往管理评审所采取措施的情况；

e）近期内部审核的结果；

f）纠正措施；

g）由外部机构进行的评审；

h）工作量和工作类型的变化或实验室活动范围的变化；

i）客户和人员的反馈；

j）投诉；

k）实施改进的有效性；

l）资源的充分性；

m）风险识别的结果；

n）保证结果有效性的输出；

o）其他相关因素，如监控活动和培训。

8.9.3　管理评审的输出至少应记录与下列事项相关的决定和措施：

a）管理体系及其过程的有效性；

---

b) 履行本准则要求相关的实验室活动的改进；

c) 提供所需的资源；

d) 所需的变更。

(二) 要点理解

实验室的管理层应按策划的时间间隔组织管理评审，对实验室管理体系的适宜性、充分性、有效性以及是否能够保证质量方针和目标的实现进行系统评价，确保实验室管理体系的有效运行和持续改进。

管理评审与内部审核的主要区别在于：内部审核是对实验室开展的各项实验室活动的审核，主要是从管理体系文件与实验室认可文件（如：认可规则、认可准则、认可要求及认可技术文件等）的符合性，实验室活动的实施情况与管理体系文件规定的符合性和有效性，实施结果与预期效果的符合性等多方面来进行审核。要建立内部审核组，并对存在的不符合出具不符合项报告，由相关责任部门采取纠正措施并验证整改效果。管理评审则是由实验室管理层组织，是对实验室管理体系的全面评价，是对实验室管理体系的适宜性、充分性、有效性以及质量方针和目标的实现情况进行的系统评价。通常需要对管理体系、实验室活动及资源等重大问题做出决策。

《认可准则》8.9 来自 ISO 9001 的 9.3 条款。相比 2006 版，《认可准则》的管理评审条款主要变化有：取消了对管理评审周期的规定，实验室管理层应按照策划的时间间隔对实验室的管理体系进行评审；把最高管理者改为管理层，更具有广泛性和适应性，更强调团队的集体领导。

1. 《认可准则》8.9.1 条款要点

《认可准则》8.9.1 条款对应 2006 版的 4.15.1，内容上无显著差异。

管理评审的内容是对实验室管理体系的适宜性、充分性、有效性以及质量方针和目标的实现情况进行系统评价，并据此做出管理体系的改进决策，以确保实验室管理体系的有效运行和持续改进。

（1）适宜性　管理体系的适宜性是管理体系满足环境（广义角度）变化后要求的程度。环境包括内部环境和外部环境。内部环境包括实验室的组织文化和运行条件。运行条件是维持运行的必要条件，主要是指人员、组织结构、设备设施、薪酬、运行机制以及各种内部管理制度。实验室管理者对内部环境的营造起着重要作用。外部环境分为一般环境和任务环境，一般环境由政治、法律、社会、文化、科技和经济组成；任务环境由客户、供应商、同盟、对手、公众、政府和股东构成。

实验室的内部环境通常会处在不断的变化中，如实验室机构与职能的调整；人员流动；财务状况的变动；实验室规模随人员、设施的增加不断壮大；运营机制的变化；产品结构与类型的调整；采用新技术、新工艺、新设备引起的资源与方法的更新；实验室的宗旨和自身要求的变化；生产经营、财务、职业健康安全、环境等其他管理体系的变化等。实验室所处的外部环境同样是不断变化的，如相关法律法规和产品标准的修订；管理体系要求的变更；顾客要求和期望的变化；供方情况的改变；市场行情的变化；环保、节能等社会要求的改变；科学技术的不断进步等。管理体系应具备随内外部环境的改变而做相应动态调整和改进的能力。

评审管理体系的适宜性，通常需要评审包括质量方针、质量目标、质量手册、程序文件、管理规定是否与实验室承担的实验室活动相适应；实验室管理体系是否与外部情况变化相适应；实验室内部情况的变化，如资源、人员、工作类型等的变化是否满足委托方的要求等。实验室应根据评审结果，做出是否调整质量方针、质量目标，是否调整管理体系或增加资源等决策。

（2）充分性　管理体系的充分性是管理体系对实验室全部活动过程控制和覆盖的程度，即管理体系的要求、过程展开和受控是否全面，也可以理解为管理体系的完善程度，即符合性。

管理体系的充分性要求实验室的管理体系结构合理，过程控制满足管理的需要，程序完善，资源充足，具有充分满足顾客和市场不断变化的要求的能力。因此实验室在建立、运行和保持管理体系时，要考虑管理体系的结构和过程的科学性、合理性，评价是否符合实验室认可文件（如：认可规则、认可准则、认可要求及认可技术文件等）的要求，是否与客户需求和实验室活动范围相适应，是否具有自我发现问题、解决问题并实现持续改进的能力。具体讲，管理体系的充分性包括以下两个方面：

1）实验室是否识别了所有的管理体系过程，是否对已识别的管理体系过程进行了适当的表述，是否根据控制的需要对过程予以充分的展开。如果某一过程（特别是对管理体系有影响的过程）没有被识别，或者尽管识别了某一过程，但对如何确保过程的有效运行和控制没有给予适当的规定，或对过程控制和管理职责规定不明确，由此就会因过程不能得到有效控制而造成管理体系的不充分。

2）实验室在实施各种持续改进时，可能会发现管理体系存在诸多问题与不足，例如实验室活动考虑不全，管理体系结构不合理、规定的信息不充分、删减标准条款不恰当、职责权限接口规定不明确，资源配置不足、体系文件不能满足确保其过程有效策划、运行和控制的需要，采用的方法不当等，出现这些情况就是没有确保管理体系的充分性。

评审管理体系的充分性，通常需要评审包括管理体系是否能充分满足委托方的要求；是否充分满足实验室认可文件（如：认可规则、认可准则、认可要求及认可技术文件等）、有关技术标准和法律法规的要求；分析管理体系文件的规定是否充分、适宜；是否进行了有效的风险和机遇识别；实验室的组织机构及其职责划分是否科学、合适，是否需要修订管理体系文件等。实验室应根据评审结果及时修订管理体系文件并采取必要的改进措施。

（3）有效性　管理体系的有效性是实验室完成策划的活动达到策划结果的程度，即通过管理体系的运行，完成管理体系所需的过程或活动达到所设定的质量方针和质量目标的程度，包括与法律法规的符合程度、顾客满意程度等。在注重管理体系有效性的同时，还应考虑管理体系运行的经济性和合理性，考虑运行效果和所花费成本之间的关系。

为评价管理体系的有效性，实验室可将管理体系运行的相关信息与设定的质量方针、质量目标进行对比，判断管理体系过程是否达到预定的目标。这些信息主要有：①委托方的反馈，包括对委托方满意度的评价结果和顾客投诉；②过程的业绩，即实现直接增值或间接增值而达到预期结果的程度，包括委托方对员工服务态度满意程度的提升、生产效率的提高、市场占有率的增加、成本的降低等；③产品的符合性，包括与委托方要求、法律法规要求及实验室要求的符合程度；④审核的结果，包括内部审核和外部审核发现的产品、过程和体系的不符合等。因此评价管理体系的有效性通常包括质量目标量化是否得当，是否落实到部门和岗位；对质量目标的考核是否有效。委托方的满意程度、纠正措施和预防措施的效果。通过评审，对没有达到预期效果的情况，应分析原因，采取有效措施，以达到持续改进的目的。

适宜性、充分性和有效性是相互关联、不可分割的整体。有效性是实验室建立管理体系的根本目的，适宜性、充分性是实现管理体系有效性的重要保证。实验室管理层应按策划的时间间隔，围绕适宜性、充分性、有效性对管理体系进行系统的评审，根据评审结果及时做出改进决定并采取相应的措施，实现对管理体系、活动、过程和资源需求的持续改进；实现管理体系对内外部环境变化的持续适宜性，对满足规定要求的持续充分性，从而确保实现质量方针和质量目标的持续有效性。

CNAS-CL01-G001：2018《CNAS-CL01〈检测和校准实验室能力认可准则〉应用要求》中 8.9.1 规定，对规模较大的实验室，管理评审可以分级、分部门、分次进行。实验室应根据具体情况进行前期策划，确保管理评审输入和输出的完整性。

建议管理评审每 12 个月进行一次。CNAS-GL012《实验室和检验机构管理评审指南》为管理评审的实施提供了指南。

对于集团式管理的实验室，通常每个地点均为单独的法人机构，对从属于同一法人的实验室应按本条款实施完整的管理评审。

2.《认可准则》8.9.2 条款要点

《认可准则》8.9.2 条款对应 2006 版的 4.15.1，增加 a)、b)、d)、h)、i)、l)、m)的内容；删除了实验室间比对或能力验证结果；删除了 2006 版中的注 1、2、3。

管理评审的输入与《认可准则》的其他各个条款直接相关。管理评审的输入应用于确定趋势，以便做出有关质量管理体系的决策和采取措施。管理评审的输入应包括以下 15 个方面的内容，管理评审对这些内容的充分讨论和系统评价，有助于管理层正确判断管理体系的运行状况，并通过采取措施持续保证管理体系的适宜性、充分性和有效性。

（1）与实验室有关的内外部因素的变化 实验室内部人、机、料、法、环、测的变化，如每年内部人员的变动（老员工退休、新员工入职）、设备设施的更新、产品的升级换代、新方法的更替等；实验室外部因素的变化，如实验室外部评审准则变化、政策要求变化，新的法律法规的颁布，新标准代替旧标准以及新标准的实施等。

（2）质量方针和质量目标中各项指标的实际完成情况及相关运行数据的合理性 实验室不仅应设定总体质量目标，而且还应在实验室的各个工作层面上分解，设定各分项质量目标，以充分确保实验室的总体质量目标的实现。管理评审应包括对实验室质量方针、总体质量目标、分项质量目标等的全面系统评审，评价质量方针、总体质量目标、分项质量目标的实现情况，并作为年度管理评审的重要输入。

（3）政策和程序的适宜性和适用性 通常是指实验室的政策和程序应该与实验室的人员素质、工作量、范围和类型相适应，即管理体系文件、政策等是否需要变更。例如：管理体系文件中市场营销、开发新方法、人员培训等的政策及程序，是否与实验室活动范围、当前工作和预期任务相适应；如果人员流动性大、实验室活动复杂，则相关作业指导书就应制订得详细、具体，培训需要强化等，否则就不适宜。

（4）以往管理评审所采取措施的情况 通常是指前几次管理评审的输出，即以往管理评审所采取措施的情况跟踪，包括有效性判断；上次或者前几次管理评审提出来的改进问题，未完成的应作为本次管理评审的输入。例如管理评审输出是需要新建一个分地点实验室或引进一套先进的测试系统，如果当年完不成，则应作为下一年度管理评审的输入。

（5）近期内部审核的结果　实验室按照管理体系文件规定，对其管理体系和实验室活动的各个环节组织开展有计划的、系统的、独立的审核活动。当年内部审核完成后应将内部审核的结果作为当年度管理评审的输入。通常当对于内部审核发现的不符合所采取的纠正措施完成后，就可作为管理评审的一项有效输入。

（6）管理体系运行中所采取纠正措施的实施情况和有效性　启动并实施纠正措施程序的途径或环节很多，包括不符合工作控制、内部或外部审核、管理评审、客户反馈、监督人员报告、投诉、内部或外部试验比对、能力验证、质量控制等。纠正措施应从调查确定不符合可能再度发生问题的根本原因开始，纠正措施应编制成文件并加以实施，并对纠正措施的实施结果进行跟踪验证和监控，以确保纠正措施的有效性。纠正措施实施结果往往会导致对原管理体系文件的修改，此时应遵循文件控制程序，按规定修订文件并经批准后发布实施。

（7）外部机构进行的评审情况　不仅仅是按照《认可准则》进行的外部评审，也包括实验室建立管理体系时涉及的其他要求，如资质认定评审、其他行业评审等。

（8）工作量、工作类型或实验室活动范围的变化　实验室的管理体系要结合自身特点，与其活动范围（即实验室的工作类型、工作范围、专业领域、工作量）相适应。实验室活动范围是实验室进行人、机、料、法、环、测等各个环节资源配置的重要依据。管理评审需要充分关注实验室工作类型、工作范围、专业领域、工作量等的动态变化。

（9）客户和员工的反馈　客户和员工的反馈通常包括正面建议、负面意见、经验总结、错误纠正等。收集客户和员工的反馈将有助于实验室多渠道识别管理体系存在的问题和所需的改进，以确保持续引领正面的改进。

（10）投诉（《认可准则》7.9条）　投诉是客户或组织向实验室对其实验室活动或结果表达不满并期望得到回复的行为，既是客户维护自身权益的权利，也是实验室保证实验室活动规范、公正的重要措施，对客户意见及时进行反馈处理是实验室服务客户的重要承诺。

（11）实施的改进（《认可准则》8.6条）措施的有效性　一般是指当年的改进。实验室活动质量评价通常可以从运行的规范性、行为的公正性、结果的准确性、服务的时效性等多方面进行综合评价。《认可准则》从2006版的7个方面拓展为10个方面寻求改进，因此《认可准则》寻求改进的方式方法更多、更完整。

（12）资源的充分性　是指实验室人力资源、设备资源、环境资源、计量溯源性资源、外部提供的产品和服务资源等是否满足《认可准则》的要求和今后的发展需求（《认可准则》6资源要求）。实验室管理层应根据实验室活动范围，即实验室的工作类型、工作范围、专业领域、工作量等统筹合理配置所需的人员、设施、设备、系统及支持服务等资源，为实施实验室活动提供有效的资源保障。

（13）风险识别的结果（《认可准则》8.5.1条）　实验室在管理体系的建立、实施和保持过程中是否关注了内外部风险和机遇，是否建立了风险控制程序，是否策划了风险监测、收集、识别、评估，是否提出、实施了应对措施并做好记录；作为管理评审的输入是否实施了动态管理，实验室管理层是否考虑了这些风险并进行了评审。实验室的风险从合同评审就开始了，因此作为实验室的管理层应预先识别风险、管理风险，使风险得以消除或降低至可控制范围内，这是实验室管理层必须要做的一项工作。通过管理评审的系统分析，可以判断识别新的风险和机遇，通常可以用于更新以往确认的风险识别结果，并采取相应的应对措施。

（14）保证结果有效性的输出　实验室通过制定质量监控程序，编制质量监控方案和计划，依据《认可准则》7.7.1列举的11种内部质量监控方法和《认可准则》7.7.2列举的2种外部质量监控方法，对实验室活动（含各检测/校准系统等）进行针对性的质量监控。及时发现实验室活动（含各检测/校准系统等）出现的不良趋势，采取有计划的措施予以纠正，使实验室活动（含各检测/校准系统等）回归正常与有效，从而全面保证检测/校准结果的有效性。为了使质量监控活动的可操作性和有效性不断提高，实验室应对质量监控方案和计划的执行情况定期进行评审，并将其执行情况和结果作为实验室年度管理评审的一项重要输入。

（15）其他相关因素，如监控活动和培训　主要指管理体系运行过程中人、机、料、法、环、测各个关键环节的监控情况，如实验室设施和环境的监控情况是否符合《认可准则》和技术要求；从人员能力要求、人员选择、人员监督、人员授权、人员能力监控等方面，综合评价实验室的培训政策和实施结果能否满足人员岗位能力的需求、法律法规规章的需求、行政监管部门的需求、行业持续发展的需求、当前和未来客户的需求，培训内容是否与培训需求相适应，培训结果是否达到了预定目标和要求等。

管理评审的输入信息要求与管理评审的策划密切相关，就某次单一目的的专项管理评审而言，并非需要本条款要求的全部输入和评价。对于首次进行的管理评审，本条款要求的部分条款也将无法涉及。实验室在其策划的管理评审周期内，应确保有完整输入的管理评审，或管理评审周期内几次管理评审的输入能够形成本条款要求的完整输入，唯有这样方能对管理体系的适宜性、充分性和有效性进行全面系统评价，确保实验室管理体系的有效运行和持续改进。

3. 《认可准则》8.9.3条款要点

《认可准则》8.9.3条款对应2006版的4.15.2，增加了管理评审的输出，删除了2006版中4.15.2的内容。

（1）管理评审的输出　管理评审的输出应至少记录与下列事项相关的决定和措施。

1）管理体系及其过程的有效性。通过对输入性信息分析，对管理体系及其过程有效性进行的评价。

2）履行《认可准则》要求相关的实验室活动的改进。管理评审如果发现相关的实验室活动存在不符合，则应分析原因并确定纠正措施，以改进相关工作。

3）提供所需的资源。管理评审通过对输入内容进行全面系统的分析评价，针对管理评审所发现的问题和实验室活动所需的改进，确定并提供必要的资源。为降低风险、抓住机遇，确保实验室管理体系的有效运行和持续改进，通常需要增加人力资源、设备资源、环境资源、计量溯源性资源、外部提供的产品和服务资源等。

4）所需的变更。通过对管理体系的适宜性、充分性和有效性的系统评价，管理评审做出的变更决定可能包括修订管理体系文件、修改方针和目标、调整部门职责、优化关键岗位、重新配置资源、扩大实验室活动范围等。

（2）应确保实施的内容　由于管理评审一般是对重大的、全局性的问题做出决策，因此对管理评审提出的改进措施进行跟踪验证和对内审中发现的不符合项的纠正措施进行跟踪验证有很大不同。为保证管理评审提出的改进措施真正落实，应确保以下内容得以实施。

1）实验室管理层签发管理评审报告：管理评审的现场会议结束后要形成决议，明确管理评审中提出的问题以及针对该问题采取的对策和措施，对相关责任部门提出要求，经实验室管理层签发后发布。

2）制定改进措施实施表：由实验室质量主管制定改进措施实施日程表，明确责任部门、责任人、要达到的要求和完成期限。

3）对改进措施的实施情况进行跟踪：按要求组织责任部门进行改进，并对改进措施的实施情况进行跟踪。验证结束后应形成验证报告，向实验室管理层报告。

4）对改进措施的实施效果进行评价，获得改进措施是否有效的结论：纠正或预防措施未达到预期效果，不符合的原因或潜在的原因仍然存在，类似问题仍重复出现或不希望产生的问题仍发生，则可判定纠正或预防措施无效，需重新采取措施。如果客观证据不足以判断纠正或预防措施是否有效，则需要继续跟踪验证，收集进一步的证据。

管理评审报告应按照实验室管理体系的规定进行编写，内容应当完整、齐全。一般包括管理评审的目的、时间、参加的人员、评审的输入、评审的内容和评审的输出等内容。评审报告中包含的对改进管理体系、提高技术能力、调整资源等重大问题所做出的决议，应明确其具体措施、责任人和完成时间等信息。

（三）评审重点

依据 CNAS-GL012《实验室和检验机构管理评审指南》和管理评审程序的要求，以评审组长为主，技术评审员协助评审本要素。结合实验室管理体系整体运行的实际情况及实验室近期两次管理评审的完整记录进行评审，评审中应重点关注以下内容。

1）管理评审程序与《认可准则》、CNAS-GL012《实验室和检验机构管理评审指南》要求的符合性，以及与实验室管理体系、实验室活动范围（即实验室的工作类型、工作范围、专业领域、工作量）的适应性。

2）管理评审的策划和实施是否符合《认可准则》和 CNAS-GL012《实验室和检验机构管理评审指南》的要求，能否确保管理评审输入和输出的完整性；实验室管理评审的时间间隔是否与其策划相符且具有合理性；对规模较大的实验室，分级、分部门、分次进行的管理评审，实验室是否根据具体情况进行科学合理的策划，管理评审输入和输出是否完整。

3）实验室管理评审是否对实验室管理体系的适宜性、充分性、有效性以及质量方针和目标的实现情况进行系统评价；管理评审的输入是否包括《认可准则》8.9.2 条款要求的15 方面内容（适用时），管理评审的输入是否完整；管理评审的输入是否符合策划的要求，是否在策划的时间周期内完成信息输入；管理评审的输入信息是否与实验室的实际情况相符；实验室管理评审是否据此做出实验管理体系的改进对策和决议，能否确保实验室管理体系的有效运行和持续改进。

4）管理评审的输出是否包括：管理体系及其过程的有效性，履行《认可准则》要求相关的实验室活动的改进、提供所需的资源、所需的变更四大方面内容。管理评审的结果（包括各项决策、决议、管理体系的修改决定、纠正措施等）是否制定实施计划并形成文件，实验室管理层是否确保在规定的时间内按规定执行管理评审的各项决策、决议、决定和纠正措施等；实验室管理评审及其持续改进实施过程中的相关记录是否完整，是否按要求及时归档保存。

（四）专题关注——管理评审和内部审核

实验室在日常运行和现场评审中应系统关注管理评审和内部审核的内涵和控制要求。

1. 管理评审的内涵和控制要求

管理评审是实验室管理层按策划的时间间隔，对实验室管理体系的适宜性、充分性、有效性以及是否能够保证质量方针和目标的实现进行的系统评价，以确保实验室管理体系的有效运行和持续改进。这种评审可包括考虑修改质量方针和目标，以适应有关方需求和期望的变化。从系统学上讲，它是实验室管理层，特别是最高管理者，全面、及时地认识、了解其管理体系动态变化的重要手段。因此具有时序性。上至质量方针和目标，下至每一过程活动，必须随着时间的延伸，环境条件（外部的、内部的）变化，适时地、系统地调整，从而使其具有充分的活力，形成管理体系持续改进、自我完善的最高决策机制。这种机制应以文件形式固定下来，形成专门的程序——管理评审程序。

归纳起来实验室管理评审应对以下三方面进行系统分析讨论。

（1）分析管理体系的充分性　管理体系是否能充分满足客户的要求、实验室认可文件、相关技术标准和法律、法规等的要求。对内部管理体系审核结果的分析，分析对象包括内部管理体系审核报告、纠正措施实施情况，结合管理体系运行需要对管理体系文件提出修改、补充意见等。

（2）分析管理体系的有效性　包括检测/校准结果质量情况、客户投诉、能力验证结果等，分析管理体系运行的有效性，并提出相关的纠正和预防措施的建议。

（3）分析管理体系的适宜性　对于出现的新情况，如市场需求，是否要新开项目，新标准或标准更改，技术手段、组织机构、客户要求等是否发生变化；对出现的新需求、新变化、分析方针目标、资源设施、人员控制等适应性并提出建议。

现场需要评审其管理评审程序的符合性和适应性。评审其管理评审程序的实施，包括管理评审的目的、组织者、参加者和管理评审的输入等符合性的评审。管理评审的组织者为实验室的执行管理层，管理评审的参加者通常为实验室的各层次管理人员，可包括监督人员。管理评审的输入（技术管理者、质量负责人及相关部门等向最高管理者提出的书面报告）包括方针和程序的适用性、总体目标实现情况、管理和监督人员的报告、近期内部审核的结果、纠正和预防措施、外部机构的评定、实验室间比对或能力验证的结果、工作量和类型的变化、客户反馈、投诉、质量控制活动情况、资源及人员培训问题等，同时还应包括对日常管理层会议上有关问题的考虑。管理评审输入是否充分、完整是本节评审的重点。

2. 内部审核和管理评审的主要区别

为持续确保管理体系的有效运行，不断完善和改进管理体系，实验室必须进行内部审核和管理评审。两者的不同之处主要体现在以下五个方面。

（1）目的　内部审核目的在于验证管理体系运行的持续符合性和有效性，对发现的不符合项采取纠正措施。管理评审目的在于评价管理体系和实验室活动的持续适宜性、充分性、有效性，并进行必要的改动和改进。

（2）组织者和执行者　内部审核由质量主管组织，与被审核活动无直接责任关系的审核员具体实施。管理评审由管理层最高管理者主持，技术管理者、质量主管、各部门负责人、关键管理人员参与。

（3）依据　内部审核主要依据实验室制定和使用的体系文件，包括管理体系标准、质量手册、程序文件、作业指导书、合同以及相关的国家法律、法规和规章。管理评审主要考虑受益者（管理者、员工、供方、分包方、客户、社会）的期望。实验室开展内审应依据 CNAS-GL011：2018《实验室和检验机构内部审核指南》，开展管理评审依据 CNAS-GL012：2018《实验室和检验机构管理评审指南》。

（4）程序　内部审核由内审员按照一套系统的方法对体系所涉及的部门、活动进行现场审核，得到符合或不符合体系文件的证据。管理评审由最高管理者召集，研究来自内审、外审、客户、能力验证等各方面的信息，解决体系适宜性、充分性、有效性方面的问题。

（5）输出　内审时，对双方确认的不符合项，由被审核方提出并实施纠正措施，由审核组长编制内审报告。内审的输出是管理评审输入的重要内容。管理评审往往涉及文件修改、机构或职责调整、资源增加等，其输出是实验室计划系统（包括下年度的目标、目的和活动计划）的输入，是对管理体系及其过程有效性和与客户要求有关的检测/校准活动的改进。

第十一节　《认可准则》的资料性附录

一、《认可准则》附录 A 计量溯源性

（一）"计量溯源性"原文

A.1　总则

计量溯源性是确保测量结果在国内和国际上可比性的重要概念，本附录给出了计量溯源性更详细的信息。

A.2　建立计量溯源性

A.2.1　建立计量溯源性需考虑并确保以下内容：

a）规定被测量（被测量的量）；

b）一个形成文件的不间断的校准链，可以溯源到声明的适当参考对象（适当参考对象包括国家标准或国际标准以及自然基准）；

c）按照约定的方法评定溯源链中每次校准的测量不确定度；

d）溯源链中每次校准均按照适当的方法进行，并有测量结果及相关的已记录的测量不确定度；

e）在溯源链中实施一次或多次校准的实验室应提供其技术能力的证据。

A.2.2　当使用被校准的设备将计量溯源性传递至实验室的测量结果时，需考虑该设备的系统测量误差（有时称为偏倚）。有几种方法来考虑测量计量溯源性传递中的系统测量误差。

A.2.3　具备能力的实验室报告测量标准的信息中，如果只有与规范的符合性声明（省略了测量结果和相关不确定度），该测量标准有时也可用于传递计量溯源性，其规范限是不确定度的来源，但此方法取决于：

——使用适当的判定规则确定符合性；

——在后续的不确定度评估中，以技术上适当的方式来处理规范限。

此方法的技术基础在于与规范符合性声明确定了测量值的范围，预计真值以规定的置信度在该范围内，该范围考虑了真值的偏倚以及测量不确定度。

例：使用国际法制计量组织（OIML）R111各种等级砝码校准天平。

A.3 证明计量溯源性

A.3.1 实验室负责按本准则建立计量溯源性。符合本准则的实验室提供的校准结果具有计量溯源性。符合 ISO 17034 的标准物质生产者提供的有证标准物质的标准值具有计量溯源性。有不同的方式来证明与本准则的符合性，即第三方承认（如认可机构）、客户进行的外部评审或自我评审。国际上承认的途径包括但不限于：

a）已通过适当同行评审的国家计量院及其指定机构提供的校准和测量能力。该同行评审是在国际计量委员会相互承认协议（CIPM MRA）下实施的。CIPM MRA 所覆盖的服务可以在国际计量局的关键比对数据库（BIPM KCDB）附录 C 中查询，其给出了每项服务的范围和测量不确定度。

b）签署国际实验室认可合作组织（ILAC）协议或 ILAC 承认的区域协议的认可机构认可的校准和测量能力能够证明具有计量溯源性。获认可的实验室的能力范围可从相关认可机构公开获得。

A.3.2 当需要证明计量溯源链在国际上被承认的情况时，BIPM、OIML（国际法制计量组织）、ILAC 和 ISO 关于计量溯源性的联合声明提供了专门指南。

（二）要点理解

计量溯源性（VIM 2.41）是指通过文件规定的不间断的校准链，将测量结果与参照对象联系起来的测量结果的特性，校准链中的每项校准均会引入测量不确定度。

参照对象可以是实际实现的测量单位的定义，或包括无序量测量单位的测量程序或测量标准。计量溯源性要求建立校准等级序列。参照对象的技术规范必须包括在建立校准等级序列时使用该参照对象的时间，以及关于该参照对象的计量信息，如在这个校准等级序列中进行第一次校准的时间。

对于在测量模型中有一个以上输入量的测量，每个输入量值本身应当是经过计量溯源的，并且校准等级序列可形成一个分支结构或网络。为每个输入量值建立计量溯源性所做的努力应与对测量结果的贡献相适应。

测量结果的计量溯源性不能保证其测量不确定度满足给定的目的，也不能保证不发生错误。测量结果的计量溯源性不能保证测量不确定度满足给定的目的，也不能保证不发生错误。国际实验室认可合作组织（ILAC）认为确认计量溯源性的要素是向国际测量标准或国家测量标准的不间断的溯源链、文件规定的测量不确定度、文件规定的测量程序、认可的技术能力、向 SI 的计量溯源性以及校准间隔。

如果两个测量标准的比较用于检查，必要时用于对量值进行修正，以及对其中一个测量标准赋予测量不确定度时，测量标准间的比较可看作一种校准。两台测量标准之间的比较，如果用于对其中一台测量标准进行核查以及必要时修正量值并给出测量不确定度，则可视为一次校准。

"溯源性"有时是指"计量溯源性"，有时也用于其他概念，诸如"样品可追溯性"

"文件可追溯性"或"仪器可追溯性"等，其含义是指某项目的历程（"轨迹"）。所以当有产生混淆的风险时，最好使用全称"计量溯源性"。

《认可准则》采用计量术语中规定的"计量溯源性"取代2006版中"测量溯源性"，并且不再区分检测和校准的溯源要求。要全面系统理解掌握《认可准则》规定的"计量溯源性"要求，需要重点关注以下理解要点。

（三）专题关注——计量溯源性的内涵和实施要求

1. 计量溯源性

（1）计量及其溯源性 计量是为实现单位统一和量值准确可靠，而进行的科技、法制和管理活动。准确性、一致性、溯源性及法制性，是计量工作的基本特点。

1）准确性是指测量结果与被测量真值的一致程度。由于实际上不存在完全准确无误的测量，因此在给出测量结果量值的同时，必须给出其测量不确定度（或误差范围）。所谓量值的"准确"，是指在一定的不确定度、误差极限或允许误差范围内的准确。只有测量结果的准确，计量才具有一致性，测量结果才具有使用价值，才能为社会提供计量保证。

2）一致性是指量值在一定的不确定度范围内，在统一计量单位的基础上，无论在何时、何地，采用何种方法，使用何种测量仪器，以及由何人测量，只要符合有关的要求，其测量结果就应在给定的区间内一致，测量结果是可重复、可再现（复现）、可比较的。计量单位统一和单位量值一致是计量一致性的两个方面，单位统一是量值一致的前提。通过量值的一致性可证明测量结果的准确可靠。国际计量组织非常关注各国计量的一致性，通常采取国际关键比对和辅助比对等措施来验证各国的测量结果在等效区间或协议区间内的一致性。

3）溯源性是指测量结果或测量标准的值，能够通过一条具有规定不确定度的连续比较链，与测量基准联系起来。这种特性使所有的同种量值都可以按这条比较链通过校准向测量的源头追溯，也就是溯源到同一个测量基准（国家基准或国际基准），或通过检定按比较链进行量值传递，从而使准确性和一致性得到技术保证。溯源性是确保单位统一和量值准确可靠的重要途径。

4）法制性来自于计量的社会性，因为量值的准确可靠不仅依赖于科学技术手段，还要有相应的法律、法规和行政管理。特别是对国计民生有明显影响，涉及公众利益和可持续发展或需要特殊信任的领域，如贸易结算、安全防护、环境监测、医疗卫生，必须由政府主导建立起法制保障。否则，量值的准确性、一致性及溯源性就不可能实现，计量的作用也难以发挥。

5）校准等级序列（VIM 2.40），从参照对象到最终测量系统之间校准的次序，其中每一等级校准的结果取决于前一等级校准的结果。校准等级序列由一台或多台测量标准和按测量程序操作的测量系统组成。沿着校准的次序，测量不确定度必然逐级增加。参照对象可以是通过实际复现的测量单位的定义，或测量程序，或测量标准。

6）计量溯源链（VIM2.42）简称溯源链，用于将测量结果与参照对象联系起来的测量标准和校准的次序。计量溯源链用于建立测量结果的计量溯源性，是通过校准等级关系规定的。两台测量标准之间的比较，如果用于对其中一台测量标准进行核查以及必要时修正量值并给出测量不确定度，则可视为一次校准。

7）向测量单位的计量溯源性（VIM 2.43）简称向单位的计量溯源性，参照对象是实际实现的测量单位定义时的计量溯源性。"向SI的溯源性"是指溯源到国际单位制测量单位的计量溯源性。

（2）计量与测量

1）计量的定义：计量（metrology）是"实现单位统一、量值准确可靠的活动"。计量曾经被定义为"实现单位统一和量值可靠的测量"，而目前的定义不再把计量单纯地理解为某种特定量的测量，而把测量操作活动以外的其他活动，如法制活动、管理活动等包括在计量范畴之内。

计量的定义反映了计量的本质特征——国家计量单位制度的统一和全国量值的准确可靠，这是我国计量立法的基本点，明确了计量工作的目的和基本任务。

计量工作就是为经济有效地满足社会对测量的需要而进行的一项法制、技术和管理方面的有组织的活动。

2）测量的定义：在JJF 1001—2011《通用计量术语及定义》中，测量（measurement）是指"通过实验获得并可合理赋予某量一个或多个量值的过程"。它可以是一个简单的徒手动作或半自动操作，如称体重、量体温或量血压等，对测量准确度要求不高；也可以是一组复杂的科学实验过程。

测量意味着量的比较，并包括实体的计数。其先决条件是对测量结果预期用途相适应的量的描述、测量程序以及根据规定测量程序（包括测量条件）进行操作的经校准的测量系统，目的在于赋予量值，这是测量的核心内涵，也是有别于其他操作的本质特征。

由此可见，计量属于测量的范畴，是被测量的单位量值在允差范围内溯源到基本单位的一种特殊形式的测量。实现测量的统一，即要求在一定准确度内对一物体在不同地点达到其测量结果的一致。计量的本质特征是测量，但其测量的对象不是一般产品，而是具有某一准确度等级和要求的被测物。在技术管理和法制管理的要求上，计量高于一般的测量。实际上，科技、经济和社会越发展，对单位统一、量值溯源的要求越高，计量的作用也就越显重要。

（3）计量标准与测量标准

1）计量标准：在JJF 1033—2016《计量标准考核规范》中，计量标准是指"具有确定的量值和相关联的测量不确定度，实现给定量定义的参照对象"，JJF 1033—2016《计量标准考核规范》所指的计量标准约定由计量标准器具及配套设备组成。

2）测量标准：在JJF1001—2011《通用计量术语及定义》中，测量标准（measurement standard，etalon，VIM 5.1）定义为"具有确定的量值和相关联的测量不确定度，实现给定义的参照对象。"测量标准经常作为参照对象用于为其他同类量确定量值及其测量不确定度。通过其他测量标准、测量仪器或测量系统对其进行校准，确立其计量溯源性。给定量的定义可通过测量系统、实物量具或有证标准物质复现。在我国，测量标准按其用途分为计量基准（national standard）和计量标准，即计量标准被定义为测量标准的一种。计量基准又称国家计量基准，是"经国家权威机构承认，在一个国家或经济体内作为同类量的其他测量标准定值依据的测量标准。"实物量具、有证标准物质或标准溶液都属于测量标准。

3）参量测量标准：在JJF 1001—2011《通用计量术语及定义》中参考测量标准（reference measurement standard）定义为"在给定组织或给定地区内指定用于校准或检定同类量其他测量标准的测量标准"，简称参考标准（reference standard）。在我国，这类标准称为计量标准，或在特定地区或组织中通常称为最高计量标准。2006 版《认可准则》5.6.3.1 条款阐述了对"参考测量标准"的控制要求，新版《认可准则》的描述有所变化：首先强调"设备"是实现实验室活动的重要技术手段，是测量仪器、软件、测量标准、标准物质、参考数据、试剂、消耗品、辅助设备或相应组合装置的总称。"设备"的概念与内涵和 JJF 1001—2011《通用计量术语及定义》中"测量设备"（measuring equipment）的定义（为实现测量过程所必需的测量仪器、软件、测量标准、标准物质、辅助设备或其组合）更为统一。其次，在相关条款（如 6.4.1 条款）的描述中由 2006 版侧重对"参考标准"的控制变更为强调对"测量标准"的控制，内涵和范围更为广泛。

国际测量标准（international measurement standard）是"由国际协议签约方承认的并旨在世界范围使用的测量标准"；国家测量标准（national measurement standard）简称国家标准，在我国称计量基准或国家计量标准，是"经国家权威机构承认，在一个国家或经济体内作为同类量的其他测量标准定值依据的测量标准"；社会公用计量标准（measurement standard for social use）是"在社会上实施计量监督时具有公证作用，作为统一本地区量值依据的测量标准"。在处理计量纠纷时，社会公用计量标准仲裁检定后的数据可以作为仲裁依据，具有法律效力。国际测量标准、国家测量标准、社会公用计量标准都属于参考标准。

4）工作测量标准：与参考标准相对应，工作测量标准（working measurement standard）是"用于日常校准或检定测量仪器或测量系统的测量标准"，简称工作标准（working standard）。工作测量标准通常用参考测量标准校准或检定。

5）参考物质（reference material，RM，VIM 5.13）又称标准物质，具有足够均匀和稳定的特定特性的物质，其特性被证实适用于测量中或标称特性检查中的预期用途。参考物质可以是纯的或混合的气体、液体或固体。标称特性的检查提供一个标称特性值及其不确定度（该不确定度不是测量不确定度）。

6）标准物质：赋值或未赋值的标准物质都可用于测量精密度控制，但只有赋值的标准物质才可用于校准或测量正确度控制［测量正确度（measurement trueness，trueness of measurement，VIM 2.14）简称正确度（trueness），无穷多次重复测量所得量值的平均值与一个参考量值间的一致程度。测量正确度不是一个量，不能用数值表示。测量正确度与系统测量误差有关，与随机测量误差无关］。

"标准物质"既包括具有量的物质，也包括具有标称特性的物质。①具有量的标准物质，例如，给出了纯度的水，其动力学黏度用于校准黏度计；②具有标称特性的标准物质，例如，一种或多种指定颜色的色图；含有特定核酸序列的 DNA 化合物。标准物质有时与特制装置是一体的，例如，置于透射滤光器支架上已知光密度的玻璃。

有些标准物质的量值计量溯源到 SI 制外的某个测量单位，这类物质包括量值溯源到由世界卫生组织指定的国际单位（IU）的疫苗。

在某个特定测量中，所给定的标准物质只能用于校准或质量保证两者中的一种用途。对标准物质的说明应该包括其物质的追溯性，指明其来源和加工过程。

国际标准化组织/标准物质委员会有类似定义，但采用术语"测量过程"意指"检查"，它既包含了量的测量，也包含了标称特性的检查。

有证标准物质（certified reference material，CRM，VIM 5.14）又称有证参考物质，附有由权威机构发布的文件，提供使用有效程序获得的具有不确定度和溯源性的一个或多个特性值的标准物质。"文件"是以"证书"的形式给出（见 ISO Guide 31：2000）。有证标准物质制备和颁发证书的程序是有规定的（例如 ISO Guide 34 和 ISO Guide 35）。其中"不确定度"包含了测量不确定度和标称特性值的不确定度两个含义。"溯源性"既包含量值的计量溯源性，也包含标称特性值的追溯性，"有证标准物质"的特定量值要求附有测量不确定度的计量溯源性。

7）国家计量院（NMI）：《认可准则》中的国家计量院，既包括全球范围内维持一个国家（或地区、经济体）测量标准的国家计量院，也包括其他指定机构。

（4）全球测量的一致性与国家测量标准的互认　　1998 年国际计量委员会（CIPM）向米制公约组织做了题为《国家与国际对于计量的需求：国际合作与国际计量局的作用》的报告，报告中对能力验证与溯源对于保证测量一致性的作用进行了阐述。

图 3-17 为两个国家或经济体的溯源等级图，即检测实验室使用的检测设备或计量标准溯源至校准实验室，校准实验室使用的校准设备或计量标准溯源至国家计量院的计量标准或工作基准，直至国家计量基准。

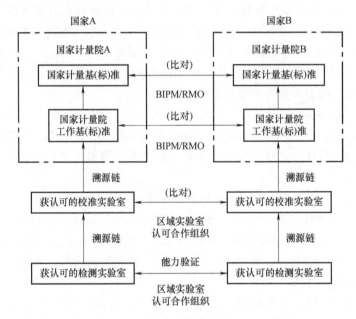

图 3-17　两个国家或经济体的溯源等级图

注：通过国际计量局（BIPM）、区域计量组织（RMO）和区域实验室认可合作组织
（如 APLAC、EA 等）横向核查处于不同溯源等级的实验室间的测量等效性。

为检查或验证这种纵向溯源路径的有效性和连续性，区域实验室认可合作组织，如亚太实验室认可合作组织（The Asia Pacific Laboratory Accreditation Cooperation，APLAC）、欧洲认可合作组织（European Co-operation for Accreditation，EA）必须对该区域内国家或经济体进行校准实验室间的横向比对和检测实验室间的能力验证。通常所说的能力验证，包括了校准实验室间的比对和检测实验室间的能力验证，比对是通过对测量结果的量值的比较来评价实验室的校准能力，能力验证则通过对实验室检测结果的分析对其能力予以确认。由于校准仅仅是对测量仪器计量特性的确认，实验室是否具有相应的校准能力还需通过比对来确认。

　　由于能力验证与溯源在保证测量一致性中的地位与作用不同，因此不能相互替代。但是当量值难以或无法溯源时，参加适当的实验室间比对可增强人们对测量一致性的信任，由国际计量局（BIPM）或区域计量组织（Regional Metrology Organizations，RMO）组织实施的国家计量院（National Metrology Institutes，NMI）计量基准的比对即属于这一情形，关键项的比对为国家计量院出具的校准证书提供了互认基础。

　　为提供对国家计量院复现的国际单位制单位进行国际互认的牢固技术基础，减少由于缺乏溯源性和等效度而引起的贸易技术壁垒，支持国际实验室认可合作组织（The International Laboratory Accreditation Cooperation，ILAC）的互认协议，国际计量委员会草拟了《国家测量标准互认和国家计量院签发的校准及测量证书互认协议》（Mutual Recognition Arrangement of the CIPM，CIPM MRA），该协议提供一个框架，让参与的国家计量院彼此承认对方测量标准的等效度及其校准及测量证书的有效性。

　　国家测量标准的等效度及其有关电学、时间及频率、温度、长度、质量及相关量的校准和测量能力（Calibration and Measurement Capabilities，CMC）刊载于国际计量局关键比对数据库（The BIPM Key Comparison Database，KCDB），作为国际计量委员会互认协议的附录 B 和附录 C，给出了每项服务的范围和测量不确定度并获得国际认可。协议于 1999 年 10 月 14 日在米制公约成员国国家计量院院长会议上签署。根据这一协议，印有国际计量委员会互认协议标识的校准证书获签署国国家计量院及相关机构的认可。

　　国际计量委员会衡量国家计量院能力的标准有三条：

　　1）参加国际比对并获得等效结果。

　　2）建立符合国际标准的管理体系，接受和参加国际同行评审，以验证质量管理的水平和有效性。

　　3）积极参加区域计量组织（RMO）的活动并有能力主导特定的技术活动。

　　2. 量值溯源与量值传递

　　（1）量值传递

　　1）量值传递是指通过对测量器具的校准或检定，将国家测量标准所实现的单位量值通过各等级的测量标准传递到工作测量器具的活动，以保证测量所得的量值准确一致，是一种自上而下的强制过程。

　　2）量值传递方式主要有：实物计量标准、发放标准物质、发播标准信号、发布标准（参考）数据、计量保证方案（MAP）进行量值传递。

　　目前，用"实物标准"进行逐级量值传递是量值传递的主要方式，而对于运输不便的大型计量器具，一般由上级计量技术机构派出计量检定人员携带计量标准器具到现场进行检定。这种方式往往花费较大的人力物力，有时检定合格的计量器具由于受到运输过程中的振动、撞击和受潮等因素的影响，到工作现场后可能已丧失了原有的计量性能。

　　针对这些问题，世界各国的计量技术机构开始研究新的量值传递方式，以解决大型计量器具的量值传递问题。美国国家标准局（NBS）于 20 世纪 70 年代初，在某些计量领域中提出了通过传递标准全面考核的"计量保证方案"（Measurement Assurance Program）即 MAP 法进行量值传递，然后将其送到地方计量部门进行检定/校准，传递标准返回国家计量部门后再做检定/校准，并分别将国家计量部门与地方计量部门的检定/校准数据，运用数理统计的方法进行分析比较，同时出具检定/校准报告，定量地给出检定/校准过程的总测量不确定度。MAP 法既能反映检定/校准过程的随机误差，也能反映出系统误差。

（2）量值溯源

1）量值溯源是通过具有规定不确定度的不间断比较链，使测量结果或测量标准的量值与规定的参考标准（通常是国家测量标准或国际测量标准）联系起来。量值溯源是量值传递的逆过程，是自下而上的自发过程。

2）溯源等级图是一种代表等级顺序的框图，用以表明测量仪器的计量特性与给定量的测量标准之间的关系。溯源等级图是对给定量或给定类别的测量仪器所用比较链的一种说明，以此作为其溯源性的证据。

国家溯源等级图是指在一个国家内，对给定量的测量仪器有效的一种溯源等级图，包括推荐（或允许）的比较方法或手段。在我国，也称国家计量检定系统表。它是国务院计量行政部门为了规定量值传递程序而编制的法定技术文件，其目的是保证单位量值由国家基准经过各级计量标准，准确可靠地传递到工作计量器具。国家计量检定系统表规定了从国家计量基准到工作计量器具的各级传递关系，测量方法和仪器设备，以及国家基准和各级计量标准的计量性能。量值传递和量值溯源的具体工作，除了依据相应专业的有关技术规范外，都必须遵循国家检定系统表中各专业的量值传递和量值溯源等级图。

在校准实验室通常采用量值溯源框图，如图 3-18 所示。

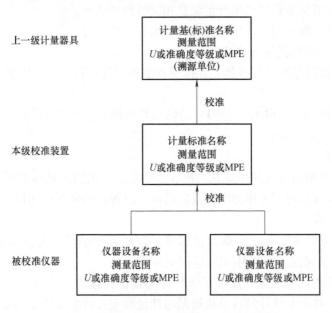

U—扩展不确定度；MPE—准确度等级或最大允许误差。

图 3-18　校准实验室通常采用的量值溯源框图

3）实现量值溯源/传递的途径主要有以下六种：

① 依据计量法规建立的内部最高计量标准即参考标准，通过校准实验室或法定计量检定机构所建立的适当等级的计量标准的校准或定期检定，实现量值溯源/传递。

② 工作计量器具送至被认可的校准实验室或法定计量检定机构，通过使用相应等级的社会公用计量标准进行定期计量检定或校准实现量值溯源/传递。

③ 工作计量器具，需要时，按照国家量值溯源体系的要求，溯源至本部门本行业的最高计量标准，进而溯源至国家计量基准（或标准）。

④ 必要时，工作计量器具的量值可直接溯源至工作基准、国家副计量基准或国家计量基准。

⑤ 当使用标准物质进行测量时，只要可能，标准物质必须追溯至 SI 单位或有证标准物质。

⑥ 当不可能溯源至国家计量基准、标准或国家计量标准不适用时，则应溯源至公认实物标准或通过比对、能力验证等途径提供证明。

a）使用有资格的供应商提供的有证标准物质来给出材料的可靠物理或化学特性。

例如，长度线宽标准样板，国际上多采用美国标准与技术研究院（NIST）提供的有证线宽样板。在我国，有证标准物质可向中国计量科学研究院等标准物质提供者（RMP）购买。

b）使用描述清晰并被有关各方接受的规定方法/标准。

例如，材料硬度目前尚不能严格溯源到国际单位制（SI），其计量溯源性来自各国同行接受的一致的测量方法。由于经各方商定，是包容、妥协的产物，各方的测量结果理应"合群"，因此有必要参加实验室间比对，以便及时发现是否"离群"。

4）实验室可以通过多种途径直接或间接实现量值溯源。

① 对外开展校准服务的校准实验室建立的最高计量标准（参考标准），应通过使用校准实验室或法定计量检定机构所建立的适当等级的计量标准的定期检定或校准，确保量值溯源至国家计量基（标）准或国际测量标准。

② 实验室建立的其他等级的计量标准和工作计量器具，应当按照国家量值溯源体系的要求，将量值溯源至本单位或者本部门的最高计量标准（即参考标准），进而溯源至国家计量基（标）准；也可以送至被认可的校准实验室或法定计量检定机构，通过使用相应等级计量标准或社会公用计量标准进行定期计量检定或校准来实现量值溯源；必要时，还可以将量值直接溯源至工作基准、国家副计量基准或国家计量基准。

③ 当实验室使用标准物质进行测量时，只要可能，标准物质必须追溯至 SI 测量单位或有证标准物质，CNAS 承认经国务院计量行政部门批准的机构提供的有证标准物质。

需要强调的是，当不可能溯源至国家计量基（标）准或国际计量基（标）准或这些基（标）准不适用时，则应溯源至公认实物标准，或通过比对试验、参加能力验证等途径，证明其测量结果与同类实验室的一致性。

3. 检定和校准

测量仪器的检定又称计量器具的检定，简称计量检定或检定，是指查明和确认测量仪器符合法定要求的活动，包括检查、加标记/出具检定证书。校准是指在规定条件下的一组操作，其第一步是确定由测量标准提供的量值与相应示值之间的关系，第二步则是用此信息确定由示值获得测量结果的关系，这里测量标准提供的量值与相应示值都具有测量不确定度。

（1）检定和校准的联系

1）检定和校准都是测量仪器特性的评定形式，是确保仪器示值正确的两种最重要的方式。

2）检定和校准都是实现单位统一、量值准确可靠的活动，即都属于计量范畴。

3）在大多数情况下，两者是按照相同的测量程序进行的。

（2）检定和校准的区别

1）法制性：无论强制检定和非强制检定，都属于法制检定，属法制计量管理范畴的执法行为，执行人员应取得计量行政部门颁发的检定员证，收费执行国家规定。而校准无法制性要求，它是客户的自愿行为，服务范围、服务费用以双方协议形式确定。

2）符合性：检定必须依据检定规程（JJG），检定机构需对被检器具做出合格与否的结论，根据检定规程给出有效期。校准依据校准规范（JJF）、校准方法或双方认同的其他技术文件，可以是技术规则、规范或客户要求，也可以由校准机构自行制定，校准主要是确定示值、示值误差及其不确定度，一般不需要做出符合性声明，而是由仪器的使用者评价其是否符合预期要求。

3）溯源性：从保证量值准确一致的方式上，检定是自上而下地将国家计量基（标）准所复现的量值逐级传递给各级计量标准直至工作计量器具，严格执行国家检定系统表和检定规程。校准是自下而上地将量值溯源到国家基准，可以越级，可根据需要选择提供溯源服务的实验室、溯源时间和方式。

4）开展项目：检定包含定性试验和定量试验两部分内容，是对测量仪器计量特性及技术要求符合性的全面评定。校准一般仅涉及定量试验，只评定示值误差。

5）结果报告：检定出具检定证书或不合格通知书，校准通常发给校准证书。检定证书上需要提供测量仪器所满足的准确度等级或最大允许误差，一般不给出测量结果的不确定度。为了对所得测量结果的正确性提供量化的声明，校准证书上需要通过计量溯源性提供测量不确定度，以建立校准结果的可信度。

综上所述，校准和检定的区别主要如下：

1）性质不同。校准不具有法制性，是企事业单位自愿的溯源行为，而检定具有法制性，属计量管理范畴的执法行为。

2）内容不同。校准主要确定测量设备的示值误差或给出修正值，检定则是对其计量特性和技术要求符合性的全面评定。

3）依据不同。校准依据的是校准规范/方法，检定依据检定规程。

4）结果不同。校准通常不判断测量设备合格与否（由于客户千差万别，同一设备用在不同场合，计量要求就不同，校准机构无法按统一要求进行合格性判定），若客户明确使用目的和计量要求时，也可确定某一特性是否符合预期要求，检定则必须做出合格与否的结论。

5）证书不同。校准结果出具校准证书/报告，一般不给校准周期，故不考虑校准对象的性能今后可能产生的变化，该变化由客户自己考虑。检定结果若合格，则出具检定证书，给出检定周期，故不确定度要包括有效期可能产生的变化对检定结果的影响。

检定合格的设备不一定适用于用户特定的检测/校准项目的要求，检定不合格的设备有时可降级使用，这取决于对检测/校准项目的要求（测量范围、准确度等）。实验室在送校/送检时，应明确哪些参数应校准，关键量或值应制定校准计划。校准机构在接受任务时，也应问清客户的需求。校准完成后，实验室应对校准结果进行审查，确定设备是否满足要求，必要时应考虑修正值/修正因子。

4. 测量结果的计量溯源性要求

计量溯源性是国际相互承认测量结果的前提条件，中国合格评定国家认可委员会（CNAS）将计量溯源性视为测量结果有效性的基础，并要求确保获认可测量活动的计量溯源性需符合并满足国际计量局（BIPM）、国际法制计量组织（OIML）、国际实验室认可合作组织（ILAC）和国际标准化组织（ISO）2011 年共同发布的《BIPM、OIML、ILAC、ISO 对计量溯源性的联合声明》，以及 ILAC-P10：2013《ILAC 关于测量结果溯源性的政策》的要求。

（1）认可要求

1）根据《认可准则》6.4.6 条的规定，当测量准确度或测量不确定度影响报告结果的有效性时，或为建立所报告结果的计量溯源性时，测量设备应进行校准。影响报告结果有效性的设备类型可包括：

① 用于直接测量被测量的设备，例如使用天平测量质量。

② 用于修正测量值的设备，例如温度测量。

③ 用于从多个量计算获得测量结果的设备。

2）实验室应对须校准的测量设备制定校准方案，并进行复审和必要的调整，以保持对校准状态的信心。

3）为建立并保持测量结果的计量溯源性，实验室应评价和选择满足相关溯源要求的溯源途径，并形成文件，以确保测量结果的计量溯源性能通过不间断的校准链与适当参考标准相链接。

4）实验室应通过以下方式确保测量结果可溯源到国际单位制（SI）：

① 具备能力的校准实验室提供的校准（满足 ISO/IEC 17025 标准要求的校准实验室可视为是有能力的）。

② 具备能力的标准物质生产者提供并声明计量溯源至 SI 的有证标准物质的标准值（满足 ISO 17034 要求的标准物质生产者被认为是有能力的）。

③ SI 单位的直接复现，并通过直接或间接与国家或国际标准比对来保证。

5）CNAS 承认以下机构提供校准或检定服务的计量溯源性：

① 中国计量科学研究院或其他签署国际计量委员会（CIPM）《国家计量基（标）准和 NMI 签发的校准与测量证书互认协议》（CIPM MRA）的国家计量院（NMI）在互认范围内提供的校准服务。

a）NMI 的互认范围可在国际计量局关键比对数据库（BIPM/KCDB）附件 C 中查阅（网址：http：//kcdb. bipm. org/appendixC/default. asp），其中包括测量范围和不确定度。

b）有些 NMI 在其校准证书上使用 CIPM MRA 标识，以证明其校准能力在 CIPM MRA 范围以内。但使用 CIPM MRA 标识并非强制性要求，BIPM/KCDB 仍为最准确的核查途径。

c）米制公约组织成员国的 NMI 可以直接溯源至 BIPM，在 KCDB 中可以自动链接到 BIPM 提供的相关校准服务（包括测量范围和不确定度），以及由 BIPM 签发的校准证书。

d）中国计量科学研究院的校准领域已获得认可，其认可能力范围按照 BIPM/KCDB 中规定的校准和测量能力（CMC）表述方式进行表述。该机构校准能力范围内的测量仪器清单可通过其网站获得。

② 获得 CNAS 认可的，或由签署国际实验室认可合作组织互认协议（ILAC MRA）的认

可机构所认可的校准实验室，在其认可范围内提供的校准服务。需要说明的是，《认可准则》发布时，签署 ILAC MRA 的区域认可组织有亚太实验室认可合作组织（APLAC）、泛美认可合作组织（IAAC）、欧洲认可合作组织（EA）。有些认可机构仅签署上述区域合作组织的互认协议，但未签署 ILAC 互认协议，其认可的校准实验室所提供的校准服务也在被承认之列。

③ 我国的法定计量机构依据相关法律法规对属于强制检定管理的计量器具实施的检定。实验室应索取并保存该法定计量机构的资质证明与授权范围。"检定证书"通常包含溯源性信息，如果未包含测量结果的不确定度信息，实验室应索取或评估测量结果的不确定度。

a）校准结果的测量不确定度及其溯源性信息是证明计量溯源性的必要内容。

b）CNAS 承认的"法定计量机构"包括取得计量行政主管部门颁发的法定计量检定机构《计量授权证书》（考核依据 JJF 1069）的机构和获得国防计量主管部门国防计量技术机构行政许可的机构。

④ 当①至③所规定的溯源机构无法获得时，也可溯源至我国法定计量机构或计量行政主管部门授权的其他机构在其授权范围内提供的校准服务，其提供的"校准证书"应至少包含溯源性信息、校准结果及校准结果的测量不确定度等。

⑤ 当①至④所规定的溯源机构均无法获得时，实验室可选择能够确保计量溯源性的其他机构的校准服务。此时，实验室应至少保留以下满足《认可准则》相关要求的溯源性证据：校准方法确认的记录；测量不确定度评估程序；测量溯源性的相关文件或记录；校准结果质量保证的相关文件或记录；人员能力的相关文件或记录；设施和环境条件的相关文件或记录；校准服务机构的审核记录。

6）技术上不可能计量溯源到 SI 单位时，实验室应通过下列方式证明可溯源至适当的参考标准，如：

① 具备能力的标准物质生产者提供的有证标准物质的标准值。

② 使用参考测量程序、规定方法或描述清晰的协议标准，其测量结果满足预期用途，并通过适当比对予以保证。

7）当测量结果溯源至公认的或约定的测量方法/标准时，实验室应提供该方法/标准的来源和溯源性的相关证据。例如：在医学检验认可领域，制造商建议的常规测量程序属于公认的测量方法/标准；在医学参考实验室认可领域，国际检验医学溯源性联合委员会（JCTLM）批准的参考测量程序属于公认的测量方法/标准。

8）当使用标准物质（Reference Material，RM）建立溯源性时，实验室应选用以下 RM：

① NMI 生产的且在 BIPM/KCDB 范围内的有证标准物质（Certified Reference Material，CRM）。

② 获得 CNAS 认可的，或由签署 APLAC MRA（RMP）的认可机构所认可的标准物质/标准样品生产者（Reference Material Producer，RMP）在认可范围内生产的 RM。

③ JCTLM 数据库中公布的 CRM。

④ 我国计量行政主管部门批准的 CRM。

⑤ 我国标准化行政主管部门批准的 CRM。

当上述 RM 不可获得时，实验室也可根据测量方法选用其他适当的 RM，并保留溯源性信息。

RM 的选择和使用，可参照 ILAC G9《RM 的选择和使用指南》、APLAC TC012《化学检测中校准设备的化学 RM 和商业化学试剂选用指南》、ISO 指南 33：2015《标准物质——标准物质的使用》，以及我国的 GB/T 15000 系列标准中的相关标准。

9）实验室应对作为计量溯源性证据的文件（如校准证书）进行确认。确认应至少包含以下几个方面（以校准证书为例）。

① 校准证书的完整性和规范性。

② 根据校准结果做出与预期使用要求的符合性判定。

③ 适用时，根据校准结果对相关设备进行调整、导入校准因子或在使用中修正。

（2）检测实验室内部校准控制要求 内部校准是指在实验室或其所在组织内部实施的，使用自有的设施和测量标准，校准结果仅用于内部需要，为实现获认可的检测活动相关的测量设备的量值溯源而实施的校准。检测实验室实施的内部校准应满足 CNAS-CL01-G004《内部校准要求》。

检测实验室对使用的与认可能力相关的测量设备实施的内部校准，应满足《认可准则》和 CNAS-CL01-A025《检测和校准实验室能力认可准则在校准领域的应用说明》的相关要求。

实验室的管理体系应覆盖开展的内部校准活动，并对内部校准活动的范围建立文件清单。实验室的质量控制程序、质量监督计划应覆盖内部校准活动。

实施内部校准的人员，应经过相关计量知识、校准技能等必要的培训、考核合格并持证或经授权。实验室实施内部校准的校准环境、设施应满足校准方法的要求。

实施内部校准应按照校准方法要求配置和使用测量标准（含测量仪器、校准系统或装置、测量软件及标准物质等）和辅助设备，其中测量设备的计量溯源性应满足《认可准则》第 6.5 条和 CNAS-CL01-G002《测量结果的计量溯源性要求》的规定。

实验室实施内部校准应优先采用标准方法，当没有标准方法时，可以使用自编方法、测量设备制造商推荐的方法等非标方法。使用外部非标方法时应转化为实验室文件。非标方法使用前应经过确认。实验室制定的校准方法应符合 CNAS-CL01-A025 第 7.1.2.6 条的规定。

实验室应对全部内部校准的测量结果评定测量不确定度，适用时，应在校准证书中报告测量不确定度。内部校准的校准证书可以简化，或不出具校准证书，但校准记录的内容应符合校准方法和《认可准则》的要求。

对相关内部校准活动的确认，是 CNAS 对检测结果的量值溯源有效性评价的需要，但这些内部校准能力不属于认可范围。实验室不得在内部校准活动的校准证书中宣称获得 CNAS 认可或使用认可标识，也不得在对外宣传的认可范围中包含内部校准能力。

二、《认可准则》附录 B 管理体系方式

（一）"管理体系方式"原文

B.1 随着管理体系的广泛应用，日益需要实验室运行的管理体系既符合 GB/T 19001，又符合本准则。因此，本准则提供了实施管理体系相关要求的两种方式。

B.2 方式 A（见 8.1.2）给出了实施实验室管理体系的最低要求，其已纳入 GB/T 19001 中与实验室活动范围相关的管理体系所有要求。因此，符合本准则第 4 章至第 7 章，并实施第 8 章方式 A 的实验室，通常也是按照 GB/T 19001 的原则运作的。

B.3　方式 B（见 8.1.3）允许实验室按照 GB/T 19001 的要求建立和保持管理体系，并能支持和证明持续符合第 4 章至第 7 章的要求。因此实验室实施第 8 章的方式 B，也是按照 GB/T 19001 运作的。实验室管理体系符合 GB/T 19001 的要求，并不证明实验室在技术上具备出具有效的数据和结果的能力。实验室还应符合第 4 章至第 7 章。

B.4　两种方式的目的都是为了在管理体系的运行，以及符合第 4 章至第 7 章的要求方面达到同样的结果。

注：如同 GB/T 19001 和其他管理体系标准，文件、数据和记录是成文信息的组成部分。8.3 规定文件控制。8.4 和 7.5 规定了记录控制。7.11 规定了有关实验室活动的数据控制。

B.5　图 B.1 给出了一种展示第 7 章所描述的实验室运作过程的示意图。

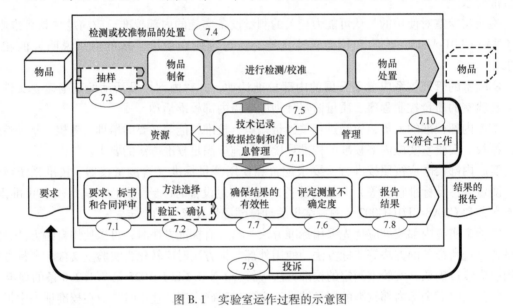

图 B.1　实验室运作过程的示意图

（二）要点理解

ISO/IEC17025:2017《检测和校准实验室能力的通用要求》是依据 ISO 9001:2015 进行的换版修订，所以《认可准则》强调："符合本准则的实验室通常也是依据 GB/T 19001（ISO 9001，IDT）的原则运作。"但是"实验室管理体系符合 GB/T 19001 的要求，并不证明实验室具有出具技术上有效数据和结果的能力。"

随着认证认可工作的多元化，管理体系已被广泛地推广与应用；越来越多的实验室按照既满足 GB/T 19001《质量管理体系要求》（ISO 9001，IDT），又符合《认可准则》要求来建立、编制、实施和运作管理体系。因此《认可准则》第 8 章"管理体系要求"成为变化最大的部分之一。《认可准则》提供了方式 A 和方式 B 两种方式来实施管理体系，两种方式的目的都是为了达到相同的结果——既符合管理体系的要求又遵循《认可准则》第 4~第 7 章的要求，以保持和实现实验室的能力、公正性以及一致运作。

方式 A（见《认可准则》8.1.2）给出了实施实验室管理体系的最低要求，其已纳入 GB/T 19001 中与实验室活动范围相关的管理体系所有要求。因此符合《认可准则》第 4~

第7章，并实施第8章方式A的实验室，其运作也基本符合GB/T 19001的原则。

方式B（见《认可准则》8.1.3）允许实验室按照GB/T 19001的要求建立和保持管理体系，并能支持和证明持续符合第4~第7章的要求。因此实验室实施第8章的方式B，也是按照GB/T 19001运作的。实验室管理体系符合GB/T 19001的要求，并不证明实验室在技术上具备出具有效的数据和结果的能力。实验室还应符合第4~第7章的规定。

综上所述，实验室本身不应寻求单独的ISO 9001质量管理体系认证。在通常情况下，实验室的母体组织若已获得ISO 9001系列质量管理体系的认证，则实验室对母体体系认证的部分成果可以予以利用。但需要强调的是，也不能一味完全搬用，因为实验室更强调具体技术，而管理只是保证与支持。实验室无论是以方式A或者以方式B来实施管理体系，都需要满足《认可准则》第4~第7章的要求。方式A同时还需要满足《认可准则》8.2~8.9条款的要求；方式B是因为实验室所在的母体组织已经按照ISO 9001要求建立了质量管理体系并覆盖了实验室，因此实验室在提供能够支持或证明持续符合《认可准则》第4~第7章要求的证据的同时，也说明实验室至少满足了《认可准则》8.2~8.9条款中规定的管理体系要求的目的。

《认可准则》附录B图B.1给出了第7章所阐述的实验室运作过程的示意图，实验室活动的具体运作过程如《认可准则》第7章"过程要求"中7.1~7.11所描述。就其流程分类来说，实验室活动的整体运作过程可分解成三个流：物品流、过程流和信息流。物品流是实验室开展活动的前提，没有物品流，其他两个流就流转不起来；信息流是实验室活动实施和控制的主脉络，贯穿物品流和过程流全过程；过程流是三个流的核心，它是实验室活动形成的关键过程。

实验室管理体系方式A应包括的内容：

1）管理体系文件（见《认可准则》8.2）。

2）管理体系文件的控制（见《认可准则》8.3）。

3）记录控制（见《认可准则》8.4）。

4）应对风险和机遇的措施（见《认可准则》8.5）。

5）改进（见《认可准则》8.6）。

6）纠正措施（见《认可准则》8.7）。

7）内部审核（见《认可准则》8.8）。

8）管理评审（见《认可准则》8.9）。

实验室应建立、编制和保持符合自身实验室状况，适应自身实验室活动要求，并能确保实验室能力、公正性和一致运作的管理体系。实验室管理者应建立、编制和保持符合《认可准则》要求的方针和目标，并为实现这些方针和目标制定政策和程序，包括质量管理、技术运作和支持服务的相关政策和程序等。实验室应全面系统地识别和管理实验室活动中所包含的众多相互作用和相互关联的过程，用"过程方法"科学建立管理体系，并按照实验室的方针和目标，依据相关的政策和程序实现实验室能力、公正性和一致运作所要求的预期结果。实验室日常运行过程中应充分关注整个管理体系层次与架构的科学性与严谨性，并持续提升实验室管理体系的适宜性、充分性和有效性。

第四章

计量确认实施要点

第一节 概　述

一、计量确认的概念

GB/T 19022—2003《测量管理体系　测量过程和测量设备的要求》中对"计量确认（metrological confirmation）"的定义为："为确保测量设备符合预期使用要求所需的一组操作。"从定义可知，计量确认的前提是已经明确预期的使用要求，是根据测量设备的使用目的，在测量设备的使用要求已经明确的基础上进行的活动。通过计量确认，可以确定该测量设备是否符合预期的使用要求。而为了实现这个判断，计量确认的关键过程包括校准、计量验证和合格判定，如图 4-1 所示。

GB/T 19022—2003 的总要求中明确提出"测量管理体系内所有的测量设备应经确认"，并强调"满足规定的计量要求是测量管理体系的根本目的"。测量管理体系一般由"计量确认""测量的实现""管理职责""资源管理"四个关键过程构成，计量确认和测量的实现过程是测量管理体系的主要基本过程，即测量设备的计量确认过程和持续有效控制的测量过程。

1）计量确认通常包括：校准和验证、各种必要的调整或维修及随后的再校准、与设备预期使用的计量要求相比较以及所要求的封印和标签。

2）只有测量设备已被证实适合预期使用并形成文件，计量确认才算完成。

3）预期用途要求包括：测量范围、分辨力、最大允许误差等。

4）计量要求通常与产品要求不同，并不在产品要求中规定。

实际上计量确认就是指对测量设备进行的校准、调整、修理、验证、封印和标签等一系列活动，当然也包括检定、比对等工作。它的实质是为了保证测量设备处于满足使用需要的状态而进行的活动。由于所有测量设备在使用中随着时间的变化误差都会发生偏移，不可能总保持在某一个误差范围内，为了使它们保持原有误差，必须在使用一定时间后对它们进行校准→调试或修理→再校准、加封印和标签等，通过这些活动，使测量设备在相当长的一段时间内保持满足使用要求的准确度。计量确认首先是在考虑成本与错误测量风险的基础上，用最大允许误差（MPE，Maximum Permissible Errors）来表达测量设备的计量要求；其次对设备进行校准，以确定其计量特性；最后将设备的示值误差与 MPE 相比较。如果示值误差不超出 MPE，说明符合要求，确认该设备可以使用；反之，则需进行调整、维修、再校准或更新，直至符合计量要求。

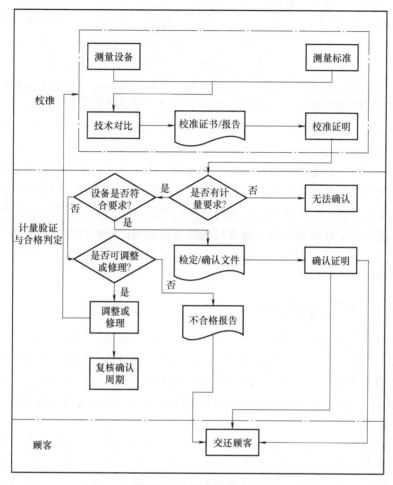

图 4-1　计量确认概念图

　　计量确认所实施的这组操作不是单纯的技术操作，而是要综合考虑满足规定的计量要求，同时在防止和避免测量设备失控的原则下进行的一系列技术管理活动。测量设备的计量确认应满足顾客、组织和法律法规所规定的计量要求。顾客的测量要求应通过企业内部顾客，如技术、工艺部门，将外部顾客对产品的质量要求转化为用技术、工艺文件（含图样）表示的可测量的计量要求。组织应根据自身设备状况和工艺能力选择和配备满足内部顾客规定计量要求的测量设备。在选择和配备测量设备时，企业技术、工艺部门和计量部门首先应考虑充分满足顾客对产品的质量要求及相应的计量要求，同时也应考虑生产成本，不应一味地追求测量设备的"高、精、尖"。同时必须充分考虑不满足规定的计量要求可能造成的风险，如生产工艺过程失控、测量设备超差失准等。

　　当然，测量设备的计量确认还必须符合国家计量法律法规的要求，如采用法定计量单位，强检测量设备的定期送检，最高计量标准的建标考核，计量检定人员持证上岗等。

二、校准与计量确认的关系

　　由图 4-1 可以看出，校准是计量确认中的一个部分，是计量确认的第一个阶段。校准将测量设备与测量标准进行技术比较，目的是确定测量设备示值误差的大小。同时，校准通过测量标准将测量设备的量值与整个量值溯源体系相联系，使测量设备的量值具有溯源性。

计量验证是计量确认的第二个阶段，通常包括使用校准结果与计量要求进行比较，判定该测量设备是否符合预期的使用要求。当校准结果表明测量设备准确度不满足计量要求时，进行必要的调整或维修及随后的再校准；而当测量设备的准确度满足设备预期使用的计量要求时，出具计量确认报告或文件，按照要求适当标识，如封印和（或）贴标签。

校准是计量确认的技术基础，计量确认是将校准结果与计量要求比较的过程。计量要求与测量设备的预期使用目的有关。明确的计量要求与合理的校准结果进行比较，才能完成计量确认，确定该测量设备是否适合用于特定的应用。从这个意义上说，校准则不需要判断是否合格。尤其是对于为社会提供服务的校准机构，其客户千差万别，同样的仪器用在不同场合，计量要求就会不同，校准机构无法按照统一的要求进行合格性判断。但是当用户明确告知使用目的，或给出了计量要求时，校准机构就可以根据已知的计量要求或相关标准判断被校测量设备合格与否。这个判断是协助企业完成计量验证工作，包含了合格性判断的校准证书，具有计量确认报告的功能。

三、校准与计量确认的应用

为了保证测量设备的计量确认，用户必须通过生产过程管理和测量过程管理，提出测量设备的计量要求。委托有能力的实验室进行计量校准，获得具有足够准确度的校准结果。校准实验室声称的校准测量能力是用户选择实验室的依据，校准报告中的测量不确定度是用户对测量设备进行计量确认，使用测量设备时评估测量结果不确定度的重要依据，因此校准必须给出测量不确定度。

受传统的影响，少数测量设备用户不分析自己的计量需求，将测量设备按照检定规程送检，拿到检定证书后即投入使用；或者将测量设备送校后，不进行计量确认，往往造成超差仪器的误用，影响产品的质量。这些现象说明用户没有掌握计量概念，无法通过计量活动保证产品质量，其质量活动是失控的。

第二节 《认可准则》计量确认要求

《认可准则》6.4.4 条规定"当设备投入使用或重新投入使用前，实验室应验证其符合规定的要求"，CNAS-CL01-G001：2018《CNAS-CL01〈检测和校准实验室能力认可准则〉应用要求》6.4.4 条还规定"因校准或维修等原因又返回实验室的设备，在返回后实验室也应对其进行验证"。上述条款要求用于实验室活动的设备，包括测量仪器、软件、测量标准、标准物质、参考数据、试剂、消耗品或辅助装置等在投入使用前和重新投入使用前，应验证其是否满足实验室活动所依据的相应规程、规范、标准或方法的要求。验证即要求实验室通过校准/检定和（或）核查提供客观有效证据，证明用于实验室活动的设备满足实验室活动所依据的规程、规范、标准或方法的要求。验证的手段根据设备类型不同，通常可以是校准/检定、核查、比对等多种方式。

《认可准则》6.4.4 条中规定"当设备投入使用前，实验室应验证其符合规定的要求"，即新设备购入后首次投入使用前应进行校准/检定和（或）核查，实验室新设备购入后应该按合同、订单或验收协议的要求，有量值控制要求的设备（即影响报告结果有效性的设备和需要建立报告结果的计量溯源性的设备），必须送至合格的溯源服务供应商进行校准/检定；没有量值要求仅有功能性要求的，则应该进行功能性核查。实验室应根据溯源结果以及功能性核查结论，核查确认设备是否满足合同、订单或协议规定要求。同时，还应根据溯源结果以及功能性核查结论核查证实测量设备是否能够满足实验室活动所依据的相应规程、规范、标准或方法的要求，即测量设备在校准/检定后，将通过校准/检定获得的测量设备的计量特性（MEMC）与测量过程对测量设备的计量要求相比较，核查证实测量设备的计量特性是否满足预期使用要求。

CNAS-CL01-G001：2018《CNAS-CL01〈检测和校准实验室能力认可准则〉应用要求》6.4.4 条还规定"因校准或维修等原因又返回实验室的设备，在返回后实验室也应对其进行验证"，上述条款强调的是在有效期内的设备故障修复后、设备搬迁移动后、设备脱离实验室控制后、设备校准返回后、设备由实验室以外人员使用后、设备长期停用后重新投入使用前应验证是否符合规定的要求。验证主要是通过校准/检定和（或）核查，同时还可以通过检查、调零、调整、自校准等辅助方式，核查证实测量设备的计量特性是否满足预期使用要求。设备在每次使用前通常先检查其功能和性能是否正常，即进行设备的功能性核查和量值核查。如果带自校准的设备，应进行自校准。

需要强调的是，通常设备故障修复后、大型设备搬迁移动后、设备脱离实验室控制后、设备长期停用后重新投入使用前，首先应进行校准/检定，然后按照计量确认的要求核查证实测量设备的计量特性是否满足预期使用要求。设备校准返回后、设备由实验室以外人员使用后重新投入使用前，首先检查其功能和性能是否正常，然后按照计量确认的要求核查证实测量设备的计量特性是否满足预期使用要求。

第三节　计量确认的主要过程

GB/T 19022—2003 中采用了"过程方法"，把计量确认设计成一个"过程"，将有助于提高和保证计量确认结果的有效性。例如，校准是计量确认的一个方面，如果只注意校准结果，不注意校准的过程，当发现校准结果有误时，再去重新寻找问题的原因、重新校准，就已经造成了人力、物力的浪费；如果从校准一开始就注重每一个操作过程，把校准当成一个过程认真对待，发现问题及早纠正，就可以减少很多人力、物力、财力的浪费，这就体现了"过程方法"的优越性。计量确认过程如图 4-2 所示。

从图 4-2 中可以看出计量确认过程中包括许多子过程。

（1）测量设备的校准过程　其输入是被校测量设备和上一等级标准器，输出是校准结果及校准状态的标识。活动是校准，即被校测量设备与上一等级标准器的比较。所需资源是校准人员、校准方法、校准的环境条件等。

（2）导出计量要求的过程　其输入是顾客或生产要求，输出是计量要求。活动是查找顾客要求，可以从合同、产品标准、产品技术要求或生产过程控制文件中找出，或从其他相关的法律规定、规范或文件中找出。

（3）验证过程　验证过程有两个输入，一个是计量要求，一个是测量设备本身的计量特性，其输出是验证证书，记录不能验证或不符合计量要求的验证结论；其活动是将计量要

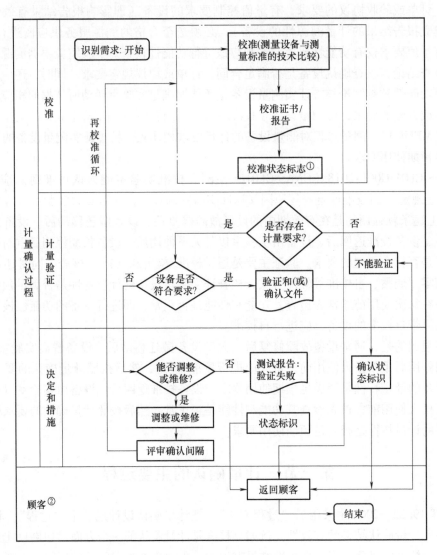

图 4-2　计量确认过程框图

① 校准状态标识和（或）标签可用计量确认标识代替。

② 顾客是接收产品或服务的组织或个人（例如：消费者、委托人、最终使用者、零售商、受益者和
采购方）。顾客可以是组织内部的或外部的（见 GB/T 19000—2016 的 3.2.4）。

求与计量特性进行比较。所需资源是验证人员、资料等。此过程一般不需要测量设备等硬件
条件。

（4）调整或维修过程　如果校准结果不能符合计量要求，该测量设备还要经过调整或
维修过程。调整或维修过程的输入过程是验证过程的一种输出，即不符合计量要求的验证结
论。其输出是调整或维修报告。活动是调整或维修。所需资源是调整或维修的设备、设施、
人员、方法等。

（5）再校准（或称复核）过程　输入是调整或维修后的测量设备及其报告，输出是再
校准状态的证书和标识。活动是校准以及校准前对校准间隔的评审。资源是再校准用的测量

标准装置、人员、校准规范等。

（6）确认状态标识的标注过程　确认状态标识共有两种：一种是确认合格标识，另一种是确认失效标识（无法维修或调整）。该过程的输入是验证/确认文件，或验证失败记录；输出是确认合格标识，或确认失效标识。活动是领取标识，张贴或挂在测量设备上。所需资源是人员、登记等文件。

由上述六个过程构成了一个完整的计量确认过程（如果一次验证合格，则只有四个过程），因此计量确认过程不能理解为单一的校准过程。概括地说，计量确认过程的输入有两个：一个是测量过程对测量设备的计量要求，一个是测量设备具有的计量特性。计量确认过程的输出是测量设备处于计量确认状态。计量确认活动始终围绕保证测量设备能处于满足使用需要状态而进行。

需要强调的是，测量过程和计量确认过程是两个不同的概念。测量过程针对的是进行测量的全过程；计量确认过程针对的是测量设备。测量过程要考虑测量设备的配备、测量方法的选择、测量人员的素质确定、测量设施和测量环境条件的配置等方面；计量确认过程要考虑的是如何保证在每个测量点所使用的测量设备都是准确、可靠、有效的。可以说，对测量设备的计量要求应从测量过程设计中导出。为了确保测量过程所用测量设备能够满足计量要求，测量过程设计时必须根据被测量对象参数、测量环境条件、测量方法、测量设施、测量影响量和测量者技能等情况，对每个测量过程中使用的测量设备提出相应的计量要求。计量确认过程中的计量要求侧重于对测量设备的计量特性要求。

第四节　计量确认的主要内容

计量确认的流程如图 4-3 所示，包括计量确认设计、测量设备的校准、计量验证、决定和行动、计量确认记录与状态标识。

一、计量确认过程设计

计量确认过程设计的流程如图 4-4 所示，计量确认过程设计包括选择校准方法、分析校准的不确定度、确定计量确认间隔、确定设备调整控制方法等步骤。计量确认设计的输入是测量过程对测量设备的计量要求，设计的输出是形成计量确认程序文件和计划。

（一）选择校准方法

（1）使用公开发布的校准方法　校准方法是为进行校准而规定的技术程序。对测量设备进行校准前，应选择适宜的校准方法或校准规范。尽可能使用公开发布的校准规范，如国际的、地区的或国家的标准或技术规范，或参考相应的计量检定规程。应确保使用的标准或技术规范是现行有效的版本。必要时，应采用附加细则对标准或技术规范加以补充，以确保应用的一致性。

（2）自行制定校准方法的确认　如果无公开发布的校准规范，则根据需要自行制定校准方法，或者必须使用在校准规范中未包含的方法或超出其预定的使用范围，应对方法进行确认，以证实该方法适用于预期的用途。对校准方法的确认是通过核查并提供客观证据，以证实某一特定预期用途的特殊要求得到满足。

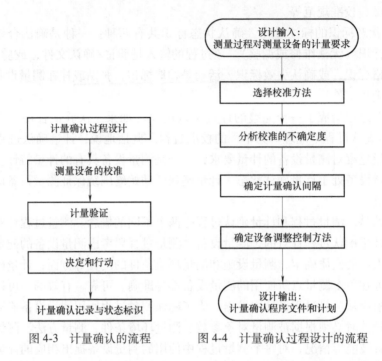

图 4-3 计量确认的流程　　　　图 4-4 计量确认过程设计的流程

（3）委托校准时，校准方法的确认　如果将校准工作委托给其他计量检定或校准机构进行时，该机构所选择的校准方法应取得实验室的同意，以确保所用的方法满足测量设备的预期使用要求。

（二）分析校准的不确定度

（1）提出不确定度的要求　为了确保校准结果的不确定度满足预期使用的要求，在开展校准前，用户应提出不确定度的要求。

（2）确定不确定度的评定方法　在评定不确定度时，对给定条件下的所有重要的不确定度分量，均应采用国家计量技术规范 JJF 1059.1—2012《测量不确定度评定与表示》所推荐的方法或其他规范规定的方法进行评定和表示。如果将校准工作委托给其他计量检定或校准机构进行，则应要求接受委托的机构提供相应的不确定度分析报告。

（三）确定计量确认间隔

1. 确定计量确认间隔的意义

合理地确定测量设备的计量确认间隔是计量确认设计中的重要环节。如果计量确认间隔过短，不仅会增加对确认人员和设备的要求，从而增加测量管理的成本，而且会影响生产的正常进行或增加测量设备的需要量，造成浪费。而计量确认间隔过长，则会增加使用不合格测量设备的风险，甚至因不准确的测量结果而产生废品，造成经济损失。首次计量确认间隔的选择，应全面考虑 GB/T 19022—2003 附录 A "计量确认过程概述" 中的顾客的计量要求（CMR）、测量设备的计量特性（MEMC）、验证与计量确认三项要点。合理地确定计量确认间隔是一件非常重要而细致的工作。

2. 计量确认间隔的确定方法

虽然体系的有效性可依靠验证实现，但也必须包括对整个测量过程的体系考虑和评审，以确保测量设备是否符合顾客要求。为规范确认工作，选择确认间隔时应考虑有关的数据和资料，并制定专门的判定准则。制定计量确认间隔管理程序，并按程序规定的方法合理确定测量设备的计量确认间隔。计量确认间隔确定的方法可参考国际法制计量组织文件 OIML D10《用于检测实验室的测量设备的校准间隔的确定指南》。在计量确认实施过程中，测量设备的校准间隔和计量确认间隔是一致的。

选择计量确认间隔应考虑的相关因素一般包括测量设备的稳定性、测量准确度、测量结果的重要性、使用情况、环境条件等。其具体的确定原则：①通常结构简单的测量设备比结构复杂的稳定性要好，稳定性好的测量设备的计量确认间隔可适当延长；②测量设备的准确度要求高，确认间隔应缩短，这样才能保证测量能力；③用于企业贸易结算、安全防护、环境监测、产品质量检测等的测量设备，测量数据要求高，失准数据将引起后续昂贵代价，此类测量设备的计量确认间隔应适当缩短，并且还应在计量确认间隔时间内，在测量设备的准确度变化对其使用可能产生明显影响之前再次进行计量确认；④测量设备的使用频次高，操作者缺乏良好素质，计量确认间隔应缩短；⑤测量设备环境条件恶劣，如：高温、高粉尘、强烈振动、磨损等，或环境条件变化剧烈，应缩短计量确认间隔。

计量确认间隔的确定，一般可由所在单位的测量管理部门统一编制"计量确认间隔评定标准"，根据其稳定性、使用的环境条件、使用的频次及对测量准确度的要求，初步确定计量确认间隔。编制相关的"测量设备分类管理目录"，并将确定后的测量设备计量确认间隔在测量设备台账中明确。

初步确定计量确认间隔后，计量管理人员应根据测量数据结果、测量设备的使用状况等及时调整。调整原则：①符合法规的原则，强制检定类测量设备的计量确认间隔应不超过相应检定规程的最长间隔；②结合实际的原则，诸如：测量设备制造商的建议；工艺、工序对测量结果有特殊要求或高准确度要求；拆卸的难易程度、是否关系到测量设备寿命、安全、风险等因素；③经济合理的原则，根据应用统计技术分析得到的测量设备计量特性的保持情况，最大限度地避免测量设备产生错误数据进而产生技术风险的前提下，可适当延长计量确认间隔，以维持最少的计量确认费用。

3. 计量确认间隔的调整方法

为使测量风险和年度费用两者达到最佳平衡，必须采用科学的方法，积累大量的试验数据，使所确定的时间间隔趋于科学合理。此外，参照检定/校准人员填写的测量设备调整或维修记录，为该测量设备的计量确认间隔调整和产品性能评价提供数据依据。

目前各类测量设备的计量确认间隔通用的调整方法有五种：阶梯式调整法、控制图法、日程表时间法、"在用"时间法、"黑匣子"测试法。

（1）阶梯式调整法　当设备按常规确认时，如果误差在允许范围内，应延长下一次计量确认间隔时间；如超出允许误差，则应缩短确认间隔。这种"阶梯式"方法可以迅速调整确认间隔，不需要花费更多的时间，容易进行。当保存和使用记录时，处理成组设备可能出现的麻烦是较难指明适应需求的技术性改进或预防性维护。

单个处理设备的方法，其缺点是难以保持计量确认工作负荷的稳定和平衡，而且需要事前制定详细的计划。

（2）控制图法　从每次确认中选择同一校准点，将校准结果按时间间隔描点绘图，根据这些点的分散性和漂移曲线计算出有效漂移。漂移可以是一个计量确认间隔内的平均漂移，或是在设备很稳定的情况下几个间隔内的漂移。

应用这种方法一般需要基于对设备或类似设备变化规律的熟知，事实上只有在采用自动数据处理时才能使用。并且这种方法对复杂设备的应用及实现均衡的工作负荷均比较困难。如果能计算可靠性，并且至少在理论上可给出有效的确认间隔，那么只要计算有效，允许对计量确认间隔做较大的改动。而且，分散性计算可表明制造商技术规范的要求是否合理，漂移分析可帮助找出漂移的原因。

（3）日程表时间法　根据测量设备的结构、预期可靠性和稳定性的情况，将测量设备初步分组，然后根据工程直观知识初步决定各组的计量确认间隔。

对每一组设备，统计在规定间隔内返回并发现其超差的设备数或其他不合格的设备数，计算在给定的间隔内这些设备与该组被确认的设备总数之比。在确定不合格设备时，应排除明显损坏或由用户因可疑或有缺陷而返回的设备，因为这些设备不大可能产生测量误差。

如果不合格设备所占的比例很高，应缩短确认间隔。如果发现某一分组的设备（如某一厂家制造的或某一型号）不能像组内其他设备一样工作时，应将该组划为具有不同计量确认间隔的其他组。

对一组设备来说，评定性能的时间应尽可能短，应与该组被确认的设备的统计平均值相匹配。如果证明不合格设备所占的比例很低，则延长计量确认间隔应该是经济合理的。

概括地说，日程表时间法就是根据测量设备在规定的间隔内不合格数和被确认设备总数之比，科学确认设备的确认间隔的方法。若不合格数所占的比例过高，缩短计量确认间隔；反之，延长计量确认间隔。

（4）"在用"时间法　这种方法由日程表时间法演变而来的，基本方法不变，只是计量确认间隔使用小时表示，而不用日历月数表示。将设备与计时指示器相连，当指示器达到规定值时，将该设备送回确认。这种方法的理论优点是进行确认的设备数和确认费用与设备使用的时间成正比，此外可自动核对设备的使用时间。但是这种方法在实践中有如下缺点与不足：

1）不能与被动式测量器具（如衰减器），或被动式测量标准（如电阻、电容等）一起使用。

2）当设备在储存、搬运或承受多次短时开关循环而发生漂移或损坏时，则不应使用本方法，而应返回使用日程表时间法。

3）提供和安装合适的计时器，起点费用高，而且由于可能受到使用者干扰，因此需要在监督下进行，增加了费用。

4）由于校准实验室不了解设备确认间隔的结束日期，因而比上述其他方法更难平衡校准实验室的工作负荷。

（5）"黑匣子"测试法　这种方法是选用便携式校准装置频繁地检查关键参数，或采用特制的"黑匣子"检查经过选择的参数。发现测量设备不合格，就重新全部计量确认。这种方法由阶梯调整法和控制图法演变而来，是对全面计量确认的一个补充，它能对两次全面计量确认间隔期内的测量设备提供有用的使用信息，并能对计量确认计划的合理性提供指导，尤其适合复杂的仪器和试验台。

这种方法最大的优点是为用户提供了最大的可用性，实用性强，非常适合设备与校准实验室不在同一地点的情况，因为只有当认为有必要时或延长了计量确认间隔时才进行全面计量确认。这种方法的难点是如何确定关键参数和如何设计"黑匣子"。

虽然在理论上这种方法能提供非常高的可用性，但是由于设备可能在某些没有用"黑匣子"测量的参数上发生问题，而使其可靠性受到怀疑。另外，"黑匣子"本身的特性也有可能发生变化，而且也需要定期确认。

以上五种方法各有利弊，应根据自身的具体情况，综合考虑后选择适合的方法，并在实践中不断加以完善。此外，需要特别强调的是，计量管理人员在计量确认间隔的确定和调整中，需具有丰富的计量学知识和实践经验，熟悉本单位测量设备，并累积一定数量的检定、校准数据，才能进行计量确认间隔的科学调整。

（四）确定设备调整控制的方法

（1）调整控制的目的　在被计量确认的测量设备中，有些测量设备上具有计量性能的调整装置（硬件调整）或调整程序（软件调整）。在设计计量确认过程时，应对调整控制的方法和措施进行认真的设计，以防止未经授权擅自调整测量设备的计量性能，并且一旦被改动即可发现。

（2）设计的具体内容　确定哪些测量设备的调整装置应当实施保护，应采取哪些保护措施；一旦保护措施被损坏应采取哪些行动。

二、测量设备的校准

（一）校准的目的

校准是在规定条件下，为确定测量设备所指示的量值与对应的由标准所复现的量值之间关系的一组操作。校准结果既可赋予被测量以示值，又可确定示值的修正值。同时，校准也可确定其他计量特性，如影响量的作用等。因此在计量确认过程中对测量设备进行校准的目的就是为了确定测量设备的计量特性。

（二）校准的要求

1）测量设备的校准是实现计量确认的关键环节。校准应按规定的确认间隔和校准规范进行。

2）用于校准的计量标准的量值必须溯源至国家计量基准或社会公用计量标准。

3）校准结果应形成文件，例如校准证书或校准报告（当校准是由外部完成时）或校准结果记录（当校准全部是由组织内部的计量实验室完成时）。校准结果是下一步实施计量验证的重要输入，因此校准结果的信息应该完整、准确，以便于计量验证工作的顺利进行。由于测量设备的计量特性（MEMC）常常是由校准（或几次校准）决定的，计量确认体系中的计量职能部门应规范并控制所有这类必要的活动。校准过程的输入是测量设备、测量标准和说明环境条件的程序。

4）校准结果必须包括测量不确定度表述。这是一个重要的特性，因为当使用这种设备进行测量时会产生测量过程的不确定度，而校准不确定度是测量不确定度的一个输入要素。

（三）校准的注意事项

1）校准工作可以由实验室自己实施，也可以委托社会其他检定或校准机构进行。所委托的机构必须取得国家规定的相应资格，并具备所承担的校准项目的能力。

2）按照《中华人民共和国计量法》和计量法规、规章的规定，组织的最高计量标准器具和用于贸易结算、安全防护、环境检测和医疗卫生的工作计量器具应按规定实施强制检定。强制检定必须按国家检定系统表和检定规程进行，检定周期由人民政府计量行政部门或其授权的计量检定机构按检定规程确定。

三、测量设备的计量特性（MEMC）

校准结果得到的是测量设备的计量特性。测量设备的计量特性是指测量设备影响测量结果的可区分的特性。测量设备通常有若干个计量特性。测量设备的计量特性包括准确度等级（accuracy class）、示值误差（error of indication）、最大允许测量误差（maximum permissible measurement errors）、基值测量误差（datum measurement error）、零值误差（zero error）、固有误差（intrinsic error）、仪器偏移（instrument bias）、引用误差（fiducially error）、测量系统的灵敏度（sensitivity of a measuring system）、鉴别阈（discrimination threshold）、响应特性（response characteristic）、仪器的测量不确定度（instrumental measurement uncertainty）、显示装置的分辨力（resolution of a displaying device）、测量仪器的稳定性（stability of a measurement instrument）、仪器漂移（instrument drift）、阶跃响应时间（step response time）、死区（dead band）等参数。

四、计量验证

（一）计量验证的概念

GB/T 19000—2016 标准对"验证（verification）"的定义为："通过提供客观证据对规定要求已得到满足的认定。"

1）验证所需的客观证据可以是检验结果或其他形式的确定结果，如：变换方法进行计算或文件评审。

2）为验证所进行的活动，有时计量验证被称为鉴定过程。

3）"已验证"一词用于表明相应的状态。

GB/T 19022—2003 标准指出：顾客的计量要求（CMR）与测量设备的计量特性（MEMC）的直接比较，常常被称为验证。

测量设备在校准后，将通过校准获得的测量设备的计量特性与测量过程对测量设备的计量要求（测量过程的计量要求）相比较，以评定测量设备是否能满足预期用途，这种比较常常被称为计量验证。

（二）测量过程计量要求的导出

计量要求是为满足被测对象量值的测量而提出的要求。根据 GB/T 19022—2003 标准，测量管理体系应确保满足规定的计量要求。规定的计量要求由产品要求导出。计量职能的管理者应确保：①确定顾客的测量要求并转化为计量要求；②测量管理体系满足顾客的计量要求；③能证明符合顾客的计量要求。应根据顾客、组织和法律法规的要求确定计量要求。企业建立测量管理体系的目的就是为了满足预期的计量要求，而控制测量过程的前提首先要明确测量要求，从测量要求中正确导出计量要求是测量过程控制的基础。

计量要求可以说是对测量过程各要素提出的要求，这些要求可从顾客的产品要求和组织的要求、能源、经营管理、法律法规的测量要求中导出。顾客的计量要求往往是通过产品的要求，以产品的技术规范、合同书和技术标准的形式表现出来；组织的计量要求往往是通过对企业生产控制、监视、物料交接、能源计量管理等需要提出；法律法规的计量要求往往是通过对企业生产安全、环境保护、贸易结算等需要提出。这些要求对具体测量设备来说，可表示为常用的测量范围、分辨力、准确度等级、扩展不确定度（或最大允许误差）等；对一个测量过程来说，计量要求不仅针对测量设备，还包括测量方法、环境条件、操作者技能等。

实践证明，利用测量能力指数的概念，从测量要求中导出测量过程对测量设备的计量要求（测量过程的计量要求）是一种行之有效的方法。

1. 测量能力指数

测量能力指数是为了保证测量数据的准确而提出的一种评定指标，通常称为 Mcp 值（measuring capability parameter）。它的本质是被测对象的允许误差与测量误差的比值。

测量设备的测量能力指数（Mcp 值），不仅是衡量计量器具和测量方法准确度能否满足生产和管理中参数范围要求的重要质量指标，也是合理选用计量器具的科学依据。Mcp 值的计算和评定，需要根据生产实际情况，具体问题具体分析。从测量过程的综合情况（表 4-1）分析，被测参数一般可分为以下两大类：

表 4-1　测量系统（设备）Mcp_0 评价情况

类　别	级　别				
	A	B	C	D	E
参数检验与监控 Mcp_0	3~5	2~3	1.5~2	1~1.5	<1
参数测量 Mcp_0	1.7~2	1.3~1.7	1~1.3	0.7~1	<0.7
能力评价	高	足够	基本满足	不足	低

注：1. 参数检验与监控是通过检测将参数控制在某个事先规定的范围内；而参数测量仅要求测定参数的具体数值，只对测量准确度提出要求。

2. 根据参数的重要程度，尽量选取 Mcp_0 在 B 级以上的测量系统（设备）；测量系统（设备）Mcp_0 不得低于 C 级的规定。

（1）质量检验、工艺控制等数据（检验与监控类）　这一类被测参数本身的量值是确定的，如（10±0.5）mm 等，测量的目的是判定这个量值是否在允许的误差范围内，也就是说，10mm 是确定的，要计量它们是否在 ±0.5mm 公差范围之内。

（2）物资量、能源量等检测数据（参数测量类）　这类被测参数是不确定的，只对测量提出准确度要求，例如：在电子产品测量中，数字电压表测得的电压值是不确定的，只是要求测量的误差不超过多少，这种误差称为允许误差，记作"$\delta_允$"。

2. 测量能力指数 Mcp 值的计算公式

（1）检验与监控类 Mcp 值用下述公式计算：

$$Mcp = \frac{T}{6\sigma} = \frac{T}{2U} = \frac{T}{2\sqrt{2}U_1} \approx \frac{T}{3U_1}$$

则　　　　　　　　　　$$U_1 = \frac{T}{3Mcp}, U = \frac{T}{2Mcp} \qquad (4\text{-}1)$$

式中　σ——测量的标准偏差；

T——产品加工制造允许的误差范围，或工艺过程监测控制参数允许变化范围，或参数测量允许测量误差范围；

U_1——在检验与监控类中所希望得到的测量设备的计量要求；

U——测量过程的计量要求。

参数检验与监控的共同之处有两点：一是对参数都事先规定出允许的范围，给出 T 值；二是校准/检测准确度要与 T 保持一定的关系。通常测量的极限误差 U 比范围 T 应尽量小，以保证检验与监控的可靠性。

（2）参数测量类 Mcp 值一般用下述公式计算：

$$\mathrm{Mcp} = \frac{\delta_{允}}{U} = \frac{\delta_{允}}{\sqrt{2}U_1} \approx \frac{2\delta_{允}}{3U_1}$$

可得

$$U_1 = \frac{2\delta_{允}}{3\mathrm{Mcp}} \qquad\qquad (4\text{-}2)$$

式中　$\delta_{允}$——测量的允许误差；

　　　U_1——在检验与监控类中所希望得到的测量设备的计量要求；

　　　U——测量过程的计量要求。

当选定 Mcp 值后，通过式（4-2）即可求得 U_1，即所希望得到的参数测量类被测设备的计量要求。

3. 应用实例

例 1：加工一件直径为 100.00mm 的轴，图样标注的公差为 0.02mm，试求出此测量过程的 U_1 和 U。

解：显然，公差带为 $T = |T_U - T_L| = |0.02 - (-0.02)|\mathrm{mm} = 0.04\mathrm{mm}$（$T_U$ 和 T_L 分别公差的上偏差和下偏差）

选测量能力指数 Mcp = 2，根据式（4-1）求出

测量设备的计量要求：$U_1 = \dfrac{T}{3\mathrm{Mcp}} = \dfrac{0.04\mathrm{mm}}{3 \times 2} \approx 0.007\mathrm{mm}$

测量过程的计量要求：$U = \dfrac{T}{2\mathrm{Mcp}} = \dfrac{0.04\mathrm{mm}}{2 \times 2} = 0.01\mathrm{mm}$

由此，测量设备和测量过程的计量要求都得到了。

例 2：企业收购某原材料的计量误差不得超过 ±0.3%，需配备地中衡进行计量，求地中衡的最大允许误差。

解：此为参数测量类，根据题意 $\delta_{允} = \pm 0.3\%$。选 Mcp = 1.3，根据式（4-2）可求出地中衡的准确度要求。

$$U_1 = \frac{2\delta_{允}}{3\mathrm{Mcp}} = \frac{2 \times 0.3\%}{3 \times 1.3} \approx 0.15\%$$

例 3：工艺文件规定，某压力测量点的测量范围为（12~14）MPa，试导出此测量点的 U_1 和 U。

解：将（12~14）MPa 视为公差带 T，则 $T = 14\ \mathrm{MPa} - 12\mathrm{MPa} = 2\mathrm{MPa}$。

选 Mcp = 2，根据式（4-1）可求出此测量过程的 U 和测量设备的 U_1 分别为：

$$U = \frac{T}{2\mathrm{Mcp}} = \frac{2\mathrm{MPa}}{2 \times 2} = 0.5\mathrm{MPa}$$

$$U_1 = \frac{T}{3\mathrm{Mcp}} = \frac{2\mathrm{MPa}}{3 \times 2} \approx 0.3\mathrm{MPa}$$

（三）计量验证的过程

计量验证是计量确认过程中最为关键的环节。正如 GB/T 19022—2003 标准中所描述的：
"只有测量设备已被证实适合预期使用要求并形成文件，计量确认才算完成"。计量验证的
过程就是把测量设备的计量特性与测量设备的计量要求相比较。例如，测量设备的误差
（计量特性）与最大允许误差（计量要求）比较，如果误差小于最大允许误差，说明设备的
准确度指标符合要求，能够确认使用；如果误差大于最大允许误差。就说明准确度指标不符
合要求。为此，计量验证结果的输出有两种可能：一是当测量设备的计量特性符合计量要求
时，应给出验证确认文件；二是当测量设备的计量特性不满足计量要求时，则应转入下一过
程，对测量设备采取纠正措施。

测量设备计量特性主要包括测量范围、分辨力、准确度等级、扩展不确定度（或最大
允许误差等，具体可参考 GB/T 19022—2003 的 7.1.1）；测量设备预期使用要求通常以测量
过程（产品加工、工艺控制、质量检测等）控制量允许公差范围（控制限）以及测量过程
所选用测量设备最低准确度等级等方式来体现。

下面分别以测量设备计量特性中较为常用的测量范围、分辨力、准确度等级、扩展不确
定度（或最大允许误差）四种参数为例来谈谈测量设备的计量验证。

（1）测量范围　测量设备所能显示的测量范围应不低于其预期使用的实际测量范围；
鉴于测量准确性和安全性的考虑，测量设备预期使用的实际测量范围建议处于测量设备所能
显示测量范围的 $1/3 \sim 2/3$ 为宜。

（2）分辨力　测量设备的分辨力应处于其预期使用测量过程控制量允许公差（控制限
变动范围）的 $1/10$ 为宜。

（3）准确度等级　当测量设备预期使用要求以测量过程所选用测量设备最低准确度等
级来表示时，测量设备的实际准确度等级应不低于其预期使用要求所规定的最低准确度
等级。

GB 17167—2006《用能单位能源计量器具配备和管理通则》的 4.3.8 款规定：作为Ⅲ
类用户，用于进出本单位有功交流电能计量的电能表的准确度等级为 1.0 级；作为该类用
户，实际使用的进出本单位有功交流电能计量的电能表准确度等级应不低于 1.0 级，故该项
目实际使用的电能表可选用 1.0 级、0.5 级及以上级别。

GB/T 19022—2003 的附录 A 中举了一例：对于一个关键操作，要求反应堆中的压力控
制在（200~250）kPa。这个要求必须转换并表达成压力测量的计量要求 CMR。这可能得出
的结论是：需要一台压力测量范围为（150~300）kPa，最大允许误差为 2kPa，测量不确定
度为 0.3kPa（不包括与时间有关的影响）和在每个规定的时间周期的漂移不大于 0.1kPa 的
测量设备。顾客将 CMR 与设备制造者规定的特性（明显的或隐含的）比较并选择与 CMR
匹配最好的测量设备和程序。顾客可规定一个准确度等级为 0.5% 级、量程为（0~400）
kPa 的特定供方的压力计。按照这个例子，假设经过校准，发现在 200kPa 时，误差为 3kPa，
而校准不确定度为 0.3kPa，因此仪器不满足最大允许误差的要求。在调整后，经校准发现
误差为 0.6kPa，校准过程的测量不确定度是 0.3kPa。仪器现在满足最大允许误差，可以被
确认能够使用（假设证明符合漂移要求的证据已经获得）。仪器在提交重新确认时，应告知
顾客第一次校准的结果，因为在仪器被撤出使用以进行重新校准前，在产品生产中已经过一
定时期的使用，可能需要采取纠正措施。

（4）扩展不确定度（或最大允许误差）　当测量设备预期使用要求以测量过程（产品加工、工艺控制、质量检测等）控制量允许公差范围（控制限）来表示时，可以通过计算求得实际测量系统测量能力指数（Mcp_1）与测量设备预期使用要求应达到的理论测量能力指数（Mcp_0）进行比较的方法来验证。

对于一个实际的测量系统，存在如下函数关系：

$$\mathrm{Mcp}_1=\frac{T}{6u_c}=\frac{T}{2U} \tag{4-3}$$

式中　Mcp_1——测量系统实际测量能力指数；

　　　　T——产品加工制造允许公差范围，或工艺过程监测控制参数允许变化范围，或参数测量允许误差范围；

　　　　u_c——测量系统实际合成标准不确定度；

　　　　U——测量设备（装置或系统）的扩展不确定度（包含概率 $p=99.73\%$）。

对于单台（件）测量设备组成的简单测量系统，其实际合成标准不确定度仅由其示值误差测量不确定度决定（其他因素引起的测量不确定度可以忽略），式（4-3）可以简化为

$$\mathrm{Mcp}_1=\frac{T}{6u_c}=\frac{T}{6(\delta_{\max}/\sqrt{3})}\approx\frac{T}{3\delta_{\max}} \tag{4-4}$$

式中　$\delta_{\max}$——测量设备最大允许误差。

理论测量能力指数（Mcp_0）应符合表 4-1 的规定。

例 4：现有试金用熔炼炉，要求工作时的温度控制在 (1120 ± 20)℃。现计划应用经计量检定合格的 XMTA（H）-2000 型温度显示控制仪和 S 型热电偶组成的测量控制系统进行控制，如图 4-5 所示。温度显示控制仪使用说明书给出的参数：测量范围为 $(0\sim1600)$℃，准确度为 0.5 级，分辨力为 1℃。S 型热电偶使用说明书给出的参数：测量范围为 $(0\sim1600)$℃，准确度为 Ⅱ 级。试问，该测量系统是否满足预期使用要求？

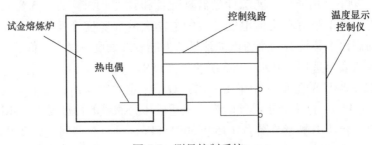

图 4-5　测量控制系统

解：依据表 4-1 的规定容易得到理论测量能力指数（Mcp_0）的最小值 $\mathrm{Mcp}_{0\min}=1.5$。

对于所选用的实际测量系统，由于温度显示控制仪显示的温度 t_0 就是炉温的实际温度 t，因此相应的数学模型为：$t=t_0$；t 的扩展不确定度（U_1）主要来源于计量检定时标准设备和环境条件带来的标准不确定度 $u(t_1)$、温度显示控制仪的分辨力带来的标准不确定度 $u(t_0)$ 以及温度显示控制仪和 S 型热电偶示值误差带来的标准不确定度 $u(d)$ 和 $u(b)$。

由于检定时计量标准设备和环境条件满足相关检定规程的要求，所以 $u(t_1)$ 可以忽略。下面着重对温度显示控制仪的分辨力带来的标准不确定度 $u(t_0)$、温度显示控制仪和 S 型热

电偶示值误差带来的标准不确定度 $u(d)$ 和 $u(b)$ 进行分析。

对于温度显示控制仪，采用 B 类评定方法，参考 JJF 1059.1—2012《测量不确定度评定与表示》，不难得到：

$$u(t_0) = \frac{1}{\sqrt{3}} \times \frac{1}{2} \times 1℃ = 0.29 \times 1℃ = 0.29℃$$

$$u(d) = |\delta_{Dmax}| / \sqrt{3} = (1600 \times 0.5\%)℃ / \sqrt{3} = 4.62℃$$

由于 $u(t_0) \ll \frac{1}{3} u(d)$，因此可以忽略。

根据 JJG 141—2013《工作用贵金属热电偶检定规程》的规定，Ⅱ级 S 型热电偶的最大允许误差 $\delta_{Smax} = \pm 0.25\% t$（$t$ 表示实际测量温度），得到：

$$\delta_{Smax} = \pm 0.25\% \times 1120℃ = \pm 2.8℃$$

依据 JJF 1059.1—2012 可得

$$u(b) = |\delta_{Smax}| / \sqrt{3} = 2.8℃ / \sqrt{3} = 1.62℃$$

由于 $u(d)$ 和 $u(b)$ 相互独立，因此得出测量系统合成不确定度

$$u_c(t) = \sqrt{u^2(d) + u^2(b)} = \sqrt{4.62^2 + 1.62^2}℃ = 4.9℃$$

实际选用测量系统的扩展不确定度 $U_1 = k u_c(t) = 3 \times 4.9℃ = 14.7℃ \approx 15℃$（$k$ 为包含因子，这里取 $k = 3$，包含概率 $p = 99.73\%$）。故得到：

$$Mcp_1 = \frac{T}{2U_1} = 40℃ / (2 \times 15℃) \approx 1.33$$

可以看出 $Mcp_1 < Mcp_{0min}$，选用的测量系统不能满足预期使用要求。

例5：假如对以上测量系统进行了校准，温度显示控制仪校准证书上给出 1120℃ 测量点的修正值为 3℃，扩展不确定度 $U_D = 2℃$，包含因子 $k = 2$；Ⅱ级 S 型热电偶校准证书上给出了 1120℃ 测量点的修正值为 2℃，扩展不确定度 $U_S = 1.8℃$，包含因子 $k = 2$；其中，两台测量设备校准所使用计量标准设备的测量不确定度可以忽略。

那么就可对以上测量系统进行修正，修正后的数学模型为 $t = t_0 + \Delta t_1 + \Delta t_2$（$\Delta t_1$、$\Delta t_2$ 分别为温度显示控制仪和 S 型热电偶的温度修正值）；修正后测量系统的扩展不确定度（U_2）主要来源于温度显示控制仪的分辨力带来的标准不确定度 $u(t_0)$ 以及温度显示控制仪和 S 型热电偶修正值带来的标准不确定度 $u(\Delta t_1)$ 和 $u(\Delta t_2)$。

根据相应的校准证书不难得到：

$$u(\Delta t_1) = U_D / 2 = 1℃, \quad u(\Delta t_2) = U_S / 2 = 0.9℃$$

由此得出：$U_2 = k\sqrt{u^2(t_0) + u^2(\Delta t_1) + u^2(\Delta t_2)} = 4.13℃ \approx 4.2℃$（$k$ 为包含因子，这里取 $k = 3$，包含概率 $p = 99.73\%$）。从而可以得到：

$$Mcp_1 = \frac{T}{2U_2} = 40℃ / (2 \times 4.2℃) \approx 4.76$$

由 $Mcp_1 > Mcp_{0min}$，所以采用修正值后测量系统满足预期使用要求。

在实际工作中建议优先选取满足预期使用要求的测量系统；当实际的测量系统无法满足预期使用要求或经济上不适用时，可考虑对原测量系统进行修正，修正后设法满足预期使用要求。

五、决定和行动

计量验证的本质是评价测量设备是否满足测量过程的计量要求，作为计量确认来说将根据计量验证的结果采取相应的决定和行动。决定和采取措施的过程有一个输入，即验证结论，其输出是计量确认标识。在这个过程中，又包含了调整或维修、检定/校准、确认状态标识的标注三个小过程。

（一）计量验证合格状态

对验证合格的测量设备，应在设备上给出计量确认合格状态标识，以清楚地表明该设备可使用于某测量过程。

（二）计量验证不合格状态

对验证不合格的测量设备，如果该设备能够进行调整或修理，就应进行调整或修理，并在调整和修理后重新对该设备进行计量验证，如果经过重新验证符合要求，则可按合格的设备采取相应的行动。但是应对该设备的计量确认间隔重新进行评定，必要时应对计量确认间隔进行调整，以确保在计量确认间隔期间的正确使用。如果该设备已经不能进行调整或修理，则给出验证不合格的报告，并在设备上清楚地给出不合格状态标识，以防止不合格设备的错误使用。

由于不同测量过程对测量设备的计量要求不同，因此被确认的测量设备只能用于被确认的测量过程。为防止测量设备的误用，必须在验证确认结果中明确说明，并在测量设备的确认状态标识中清楚地表述。

测量设备在调整或维修前，经计量验证不满足预期使用要求时，计量确认部门应组织对不合格原因进行分析，并应制定相应的措施。这些措施通常包括：

1）对不合格造成的影响和后果进行评价，并对以往的测量结果或任何受影响的产品做一次性追溯处理。必要时，应通知相关顾客。

2）同类测量设备（或同类测量设备中相同准确度、同一参量）存在批量性异常时（如同类测量设备测量可靠性目标明显低于90%），应对其计量确认间隔进行重新评审；具体可参照 JJF 1139—2005《计量器具检定周期确定原则和方法》执行，本文不再做详细描述。

六、计量确认记录与状态标识

（一）计量确认记录

由于不同测量过程对测量设备的计量要求不同，测量设备可确认用于某些特定的测量过程，而不用于其他测量过程。为防止此类设备的误用，必须进行计量确认记录，并在验证确认文件中明确说明。

测量设备的计量确认可由测量设备的使用人员或相关指定人员来负责实施，建议单独设计计量确认记录表，并将测量设备的计量要求、计量特性和计量验证的结论记录在计量确认记录表中，记录内容一般应包括：设备制造者的表述和唯一性标识、型号、系列号等，完成计量确认的日期，计量确认结果，评定的计量确认间隔，计量确认程序的标识，规定的最大允许误差，相关的环境条件和必要的修正说明，设备校准引入的测量不确定度，调整和维修情况，使用限制，执行计量确认的人员标识，对信息记录正确性负责的人员标识，校准证书或报告以及其他相关文件的唯一性标识（如编号），校准结果的溯源性证明，预期使用的计量要求；调整、修改或维修后的校准结果以及要求时的调整、修改或维修前的校准结果。

计量确认记录表参考格式见表4-2。

表4-2　计量确认记录表（参考格式）

测量设备名称		型号/规格		设备编号	
溯源机构				记录编号	
溯源证书编号			使用部门		
溯源证书类型			溯源日期		
计量确认间隔			服务供应商评价		
溯源证书的正确性和有效性			是否符合要求		
被检测量设备的名称、型号、序列号、日期等信息的正确性					
溯源机构所选用的方法（规程、规范）的名称及正确性					
量值溯源活动与溯源等级图（量值溯源和传递框图）的符合性					
技术指标名称	测量过程的计量要求 （使用技术指标要求）		测量设备的计量特性 （检定/校准结果）		计量验证 （确认分析）
（测量范围及测量参数/分辨力/准确度等级/测量不确定度/最大允许误差等）	（逐一列出"测量过程的计量要求"所对应的测量范围及测量参数/测量不确定度/最大允许误差/准确度等级等指标）		（逐一列出"测量过程的计量要求"与"测量设备的计量特性"所对应的测量范围及测量参数/测量不确定度/最大允许误差/准确度等级等指标）		（逐一对"测量过程的计量要求"和"测量设备的计量特性"所对应的测量范围及测量参数/测量不确定度/最大允许误差/准确度等级进行定量对比分析）
确认结论					
确认人员			确认日期		
核验人员			核验日期		
批准人员			批准日期		

（二）计量确认状态标识

计量确认状态标识是指测量设备经过验证，确定其是否符合使用要求，是否可以用于某特定测量过程所给出的管理标识。对于经过验证的测量设备，均应加贴计量确认状态标识。其目的主要是表明测量设备被确认的状态，使测量设备的使用者根据标识直观判断其是否能够使用，方便计量检测现场管理。

计量确认状态标识一般包括：合格、准用、限用、禁用等。

（1）合格　测量设备的计量特性满足计量要求。经验证合格后确认为"合格"状态。

（2）准用　在某一段范围内可以合格，但在靠近最大量程（或限用）或最小量程的范围时，测量设备的计量特性可能不满足计量要求，这时就有一定的限制使用范围；或者虽然能满足顾客的计量要求，但不一定满足计量检定规程要求，这就要限制该测量设备可作为企业生产和管理使用，不能作为对外贸易等涉及法定要求的场合使用，或者该测量设备只能降级使用在要求较低的场合，不能按其原来标称的高等级准确度使用，这也必须加以特别说明；有些测量设备对操作人员的经验和经历要求较高，对新操作人员来说可能就达不到原指标要求（理化仪器往往具有这些特点），也需要有特别说明等。因此对于有特别限制或特殊用处的测量设备，其确认状态应该是"限用"或"准用"，并必须同时在其确认状态的标识上注明其限用的场合、范围或条件。包括：限制使用条件或特殊要求等。

（3）禁用　是对不合格测量设备的确认状态。

以上各种确认状态，特别是限用或准用状态的信息，通过校准、验证、调整、修理等过程可以获得。操作人员应该获得与计量确认状态有关的信息。

第五节　计量确认常见问题

结合计量技术机构或实验室出具的设备溯源证书，对设备的符合性（是否满足预期使用要求）进行验证，是保证实验室活动质量的重要环节。验证工作通常由被校测量设备的使用部门指定专人进行，使用部门负责人审核验证结论，唯有经过验证满足预期使用要求的测量设备才能应用于具体的实验室活动。对验证不合格的测量设备还应进行必要的追溯，判定对已开展的实验室活动的影响程度。计量确认是设备符合性验证的重要方式，在实际的实施过程中也存在不少问题。

一、计量检定或校准与计量确认概念界定不清

计量确认包括测量设备校准和测量设备验证，测量设备在确认有效前应处于有效的检定或校准状态。

（一）目的不同

检定是为了查明和确认测量仪器符合法定要求，依据计量检定规程，对检定结果做出合格与否的结论，具有法制性，属法制计量管理范畴。校准是在规定条件下的一组操作，第一步是确定由测量标准提供的量值与相应示值之间的关系，即测量仪器通过接受高等级测量标准的检定或校准，得到复现的量值即约定真值（通常也称为标准值或实际值）；第二步是用所得到的测量仪器约定真值的相关信息，来确定与由测量仪器示值获得的测量结果之间的关系，即由测量仪器示值与对应输入量的约定真值之差来得到测量仪器的示值误差。测量标准提供的量值与相应示值都具有特定的测量不确定度。

检定、校准都完成了测量仪器的量值溯源，但在测量仪器特性评定上却有很大区别。检定合格的测量仪器是全面符合国家计量检定规程要求的，而校准一般不给出评定结论，只给出对应标准量值的示值及其不确定度。

计量确认的目的是确保满足规定的计量要求，测量数据准确，测量结果可靠。计量确认是要验证测量设备是否能满足实际的使用要求。

（二）计量检定周期与计量确认间隔相混淆

计量检定的周期由检定规程规定，计量确认间隔由计量管理部门规定。计量确认间隔可以大于也可以小于检定周期。但可以肯定地说计量确认标识的签发日期一般与计量检定标识的签发日期相同或滞后，不可能提前。

（三）计量确认标识不规范、信息不完整

计量确认标识必须是唯一的，同一个测量设备不能同时使用计量检定标识和计量确认标识。计量确认合格的测量设备贴计量确认合格标识，不可贴测量设备合格的状态标识；计量确认不合格的测量设备进行必要的调整或维修，进行再校准、再计量验证。

计量确认状态标识的内容一般应包括：确认（检定、校准）的结果，包括确认结论，使用是否有限制等。确认（检定、校准）情况，包括本次确认时间，下次确认时间、确认负责人等。备注，可以注明需要特别加以说明的其他问题，如测量设备一部分重要能力没有被确认。

为便于管理，在标识中还应增加其他的内容，如测量设备名称、统一编号等，具体应由其程序文件做出规定。

二、预期使用要求导出不完整

（一）测量设备和测量过程的计量要求缺失

测量设备和测量过程都有计量要求，所以计量要求又分为测量设备的计量要求和测量过程的计量要求。测量设备的计量要求包括：量程、分辨力、最大允许误差、示值误差、稳定性、量程、测量范围等与测量设备的计量特性有关的参数；测量过程的计量要求包括：最大允许误差、测量结果的不确定度、环境条件、操作人员技能等与测量过程相关的要求。

（二）计量要求导出不充分

计量要求中有一部分是定量的，有一部分是定性的，往往是这些定性的计量要求容易遗漏或计量不完全，如只导出了环境条件中的温度、湿度、防振等计量要求，未导出环境条件中的防尘、防爆、防腐等计量要求，从而导致此项计量要求导出是不充分的。计量要求一般根据顾客需求、法律法规和企业规定来导出，但是当顾客的计量要求与相关法律法规所规定的计量要求相矛盾的时候，不能取代法律法规的要求，同时该计量也要满足企业自身所制定的计量要求。

三、计量验证过程中的常见问题

（一）与测量设备计量要求的比较

将测量设备的计量特性与测量设备的计量要求进行比较时，需要满足以下内容：测量设备的最大允许误差不大于测量设备的计量要求；测量设备的测量范围大于测量设备的计量要求。

如油田选择标准孔板流量装置作为油田天然气贸易交接计量，选择了1.0级标准孔板流量装置，且检定合格。计量验证：测量设备的计量特性为1.0级，测量设备的计量要求为1.0级，测量设备的准确度级别不大于测量设备的计量要求，计量验证通过，计量确认合格。

（二）与测量过程计量要求的比较

当测量设备的计量特性与测量过程的计量要求比较时，一般需满足：测量设备的最大允许误差不大于测量过程的计量要求的三分之一，特殊情况下测量设备的最大允许误差不大于测量过程计量要求的二分之一。如何确定应采用几分之一，判断的依据是以测量过程的不确定度不大于测量过程的计量要求为准。在对测量结果的不确定度进行评定的过程中，如果测

量设备引入的不确定度分量占主导作用，则测量设备的最大允许误差不大于测量过程的计量要求的二分之一就能满足要求，否则可能测量设备的最大允许误差就要以不大于测量过程的计量要求的三分之一为准。

如某水泥厂在化验室对三氧化硫进行测定，依据 GB/T 176—2017《水泥化学分析方法》对称量的规定要求为：称取约 0.5g 试样，精确至 0.1mg，这就是对测量过程的计量要求。如果水泥厂化验室配备了 AL204 级电子天平，测量范围为 1mg~200g，经检定合格，计量特性在称量小于 50g 时，最大允许误差为±0.5g，计量验证：在此计量过程中得到的结果是计量确认不合格。

附录　实验室能力认可准则和相关应用要求、应用说明条款对照表

本表中：
1）下划线文字内容为新版《认可准则》增加的内容。
2）灰色底纹文字内容为《认可准则》对文件（含程序）的要求。
3）下点线文字内容为《认可准则》中应重点关注的内容。

CNAS-CL01:2018《检测和校准实验室能力认可准则》（ISO/IEC 17025:2017）	CNAS-CL01:2006《检测和校准实验室能力认可准则》（ISO/IEC 17025:2005）	CNAS-CL01-G001:2018《CNAS-CL01〈检测和校准实验室能力认可准则〉应用要求》	CNAS-CL01-A025:2018《检测和校准实验室能力认可准则在校准领域的应用说明》
CNAS-CL01:2018《检测和校准实验室能力认可准则》前言中解释了准则中使用的助动词："应"表示要求；"宜"表示建议；"可"表示允许；"能"表示可能或能够。"注"的内容是理解要求和说明有关要求的指南	—	—	附录 A A.1　定义与范围 现场校准是由实验室的校准人员携带实验室的测量标准到客户现场对被校测量设备实施的校准 "客户现场"是区别于实验室的固定场所，由客户指定的地点 本附录适用于实施现场校准的校准实验室，实验室应在申请认可时声明开展现场校准，并满足本附录的要求。申请认可时未声明开展现场校准，现场评审未对满足本附录要求进行评审的校准实验室，其开展的现场校准活动不属于认可范围 本附录需与 CNAS-CL01:2018《检测和校准实验室能力认可准则》以及本文件的正文同时使用 A.2　对 CNAS-CL01:2018 相关条款的应用说明以下为对应 CNAS-CL01 的具体条款，对实施现场校准的补充说明
4　通用要求 4.1　公正性 4.1.1　实验室应公正地实施实验室活动，并从组织结构和管理上保证公正性	4.1　组织 4.1.5　实验室应： …… d）有政策和程序以避免卷入任何会降低其在能力、公正性、判断力或运作诚实性方面的可信度的活动	4　通用要求	4　通用要求
4.1.2　实验室管理层应做出公正性承诺		—	—

（续）

CNAS-CL01:2018《检测和校准实验室能力认可准则》（ISO/IEC 17025:2017）	CNAS-CL01:2006《检测和校准实验室能力认可准则》（ISO/IEC 17025:2005）	CNAS-CL01-G001:2018《CNAS-CL01〈检测和校准实验室能力认可准则〉应用要求》	CNAS-CL01-A025:2018《检测和校准实验室能力认可准则在校准领域的应用说明》
4.1.3　实验室应对实验室活动的公正性负责，不允许商业、财务或其他方面的压力损害公正性	4.1.5　实验室应： …… b）有措施确保其管理层和员工不受任何对工作质量有不良影响的、来自内外部的不正当的商业、财务和其他方面的压力和影响	—	—
4.1.4　实验室应持续识别影响公正性的风险。这些风险应包括实验室活动、实验室的各种关系，或者实验室人员的关系而引发的风险。然而，这些关系并非一定会对实验室的公正性产生风险 注：危及实验室公正性的关系可能基于所有权、控制权、管理、人员、共享资源、财务、合同、市场营销（包括品牌推广）、给介绍新客户的人销售佣金或其他好处等	4.1.5　实验室应： …… d）有政策和程序以避免卷入任何会降低其在能力、公正性、判断力或运作诚实性方面的可信度的活动	—	—
4.1.5　如果识别出公正性风险，实验室应能够证明如何消除或最大程度降低这种风险		—	—
4.2　保密性 4.2.1　实验室应通过做出具有法律效力的承诺，对在实验室活动中获得或产生的所有信息承担管理责任。实验室应将其准备公开的信息事先通知客户。除非客户公开的信息，或实验室与客户有约定（例如：为回应投诉的目的），其他所有信息都被视为专有信息，应予以保密	4.1.5　实验室应： …… c）有保护客户的机密信息和所有权的政策和程序，包括保护电子存储和传输结果的程序	—	—
4.2.2　实验室依据法律要求或合同授权透露保密信息时，应将所提供的信息通知到相关客户或个人，除非法律禁止		—	—

（续）

CNAS-CL01:2018《检测和校准实验室能力认可准则》（ISO/IEC 17025:2017）	CNAS-CL01:2006《检测和校准实验室能力认可准则》（ISO/IEC 17025:2005）	CNAS-CL01-G001:2018《CNAS-CL01〈检测和校准实验室能力认可准则〉应用要求》	CNAS-CL01-A025:2018《检测和校准实验室能力认可准则在校准领域的应用说明》
4.2.3　实验室从客户以外渠道（如投诉人、监管机构）获取有关客户的信息时，应在客户和实验室间保密。除非信息的提供方同意，实验室应为信息提供方（来源）保密，且不应告知客户	4.1.5　实验室应： …… c）有保护客户的机密信息和所有权的政策和程序，包括保护电子存储和传输结果的程序	—	—
4.2.4　人员，包括委员会委员、签约人员、外部机构人员或代表实验室的个人，应对在实施实验室活动过程中获得或产生的所有信息保密，法律要求除外		—	—
5　结构要求 5.1　实验室应为法律实体，或法律实体中被明确界定的一部分，该实体对实验室活动承担法律责任 注：在本准则中，政府实验室基于其政府地位被视为法律实体	4.1.1　实验室或其所在组织应是一个能够承担法律责任的实体	5　结构要求 5.1　实验室或其母体机构应是法定机构登记注册的法人机构，一般为企业法人、机关法人、事业单位法人或社会团体法人 a）实验室为独立注册法人机构时，认可的实验室名称应为其法人注册证明文件上所载明的名称；实验室为注册法人机构的一部分时，其认可的实验室名称中应包含注册的法人机构名称。政府或其他部门授予实验室的名称如果不是法人注册名称，不能作为认可的实验室名称 b）实验室为独立法人机构时，检测或校准业务应为其主要业务，检测或校准活动应在法人注册核准的经营范围内开展 c）实验室是某个组织的一部分时，申请的检测或校准能力应与法人机构核准注册的业务范围密切相关	5　结构要求
5.2　实验室应确定对实验室全权负责的管理层	4.1.5　实验室应： a）有管理人员和技术人员，不考虑他们的其他职责，他们应具有所需的权力和资源来履行包括实施、保持和改进管理体系的职责、识别对管理体系或检测和/或校准程序的偏离，以及采取预防或减少这些偏离的措施（见5.2）	5.2　实验室应明确对实验室活动全面负责的人员，可以是一个人，也可以是由负责不同技术领域的多名技术人员组成的团队，其技术能力应覆盖实验室所从事的检测或校准活动的全部技术领域	—

（续）

CNAS-CL01：2018《检测和校准实验室能力认可准则》（ISO/IEC 17025：2017）	CNAS-CL01：2006《检测和校准实验室能力认可准则》（ISO/IEC 17025：2005）	CNAS-CL01-G001：2018《CNAS-CL01〈检测和校准实验室能力认可准则〉应用要求》	CNAS-CL01-A025：2018《检测和校准实验室能力认可准则在校准领域的应用说明》
5.2　实验室应确定对实验室全权负责的管理层	b）有措施确保其管理层和员工不受任何对工作质量有不良影响的、来自内外部的不正当的商业、财务和其他方面的压力和影响 c）有保护客户的机密信息和所有权的政策和程序，包括保护电子存储和传输结果的程序 d）有政策和程序以避免卷入任何会降低其在能力、公正性、判断力或运作诚实性方面的可信度的活动 e）确定实验室的组织和管理结构、其在母体组织中的地位，以及质量管理、技术运作和支持服务之间的关系 f）规定对检测和/或校准质量有影响的所有管理、操作和核查人员的职责、权力和相互关系 g）由熟悉各项检测和/或校准的方法、程序、目的和结果评价的人员，对检测和校准人员包括在培员工，进行充分的监督 h）有技术管理者，全面负责技术运作和提供确保实验室运作质量所需的资源 i）指定一名员工作为质量主管（不论如何称谓），不管其他职责，应赋予其在任何时候都能确保与质量有关的管理体系得到实施和遵循的责任和权力。质量主管应有直接渠道接触决定实验室政策或资源的最高管理者 j）指定关键管理人员的代理人（见注） k）确保实验室人员理解他们活动的相互关系和重要性，以及如何为管理体系质量目标的实现做出贡献 注：个别人可能有多项职能，对每项职能都指定代理人可能是不现实的	5.2　实验室应明确对实验室活动全面负责的人员，可以是一个人，也可以是由负责不同技术领域的多名技术人员组成的团队，其技术能力应覆盖实验室所从事的检测或校准活动的全部技术领域	—

（续）

CNAS-CL01:2018《检测和校准实验室能力认可准则》（ISO/IEC 17025:2017）	CNAS-CL01:2006《检测和校准实验室能力认可准则》（ISO/IEC 17025:2005）	CNAS-CL01-G001:2018《CNAS-CL01〈检测和校准实验室能力认可准则〉应用要求》	CNAS-CL01-A025:2018《检测和校准实验室能力认可准则在校准领域的应用说明》
5.3　实验室应规定符合本准则的实验室活动范围，并形成文件。实验室应仅声明符合本准则的实验室活动范围，不应包括持续从外部获得的实验室活动	—	—	5.3　实验室应以文件的形式对依据 CNAS-CL01:2018《检测和校准实验室能力认可准则》运作的实验室活动的范围予以界定
5.4　实验室应以满足本准则、实验室客户、法定管理机构和提供承认的组织的要求的方式开展实验室活动，包括在固定设施、固定设施以外的场所、临时或移动设施、客户的设施中实施的实验室活动	4.1.2　实验室有责任确保所从事检测和校准工作符合本准则的要求，并能满足客户、法定管理机构或对其提供承认的组织的需求 4.1.3　实验室的管理体系应覆盖实验室在固定设施内、离开固定设施的场所，或在相关的临时或移动设施中进行的工作	—	5.4　实验室的管理体系应覆盖其开展的特殊类型的校准活动，比如现场校准、在线校准、远程校准等，以及在临时或移动设施内进行的校准。必要时，应对特殊类型的校准活动制定专门的文件
5.5　实验室应： a）确定实验室的组织和管理结构、其在母体组织中的位置，以及管理、技术运作和支持服务间的关系	4.1.5　实验室应： …… e）确定实验室的组织和管理结构、其在母体组织中的地位，以及质量管理、技术运作和支持服务之间的关系	5.5　a）当实验室所在的母体机构还从事检测或校准以外的活动时，实验室管理体系文件中不仅应明确实验室自身的组织结构，还应明确母体机构的组织结构图，显示实验室在母体机构中的位置，并说明母体机构所从事的其他活动	—
b）规定对实验室活动结果有影响的所有管理、操作或验证人员的职责、权力和相互关系	f）规定对检测和/或校准质量有影响的所有管理、操作和核查人员的职责、权力和相互关系		
c）将程序形成文件，其详略程度需确保实验室活动实施的一致性和结果有效性	4.2.1　实验室应建立、实施和保持与其活动范围相适应的管理体系；应将其政策、制度、计划、程序和指导书制订成文件，并达到确保实验室检测和/或校准结果质量所需的要求。体系文件应传达至有关人员，并被其理解、获取和执行		
5.6　实验室应有人员具有所需的权力和资源履行以下（不论其是否被赋予其他职责）： a）实施、保持和改进管理体系 b）识别与管理体系或实验室活动程序的偏离 c）采取措施以预防或最大程度减少这类偏离	4.1.5　实验室应： a）有管理人员和技术人员，不考虑他们的其他职责，他们应具有所需的权力和资源来履行包括实施、保持和改进管理体系的职责、识别对管理体系或检测和/或校准程序的偏离，以及采取预防或减少这些偏离的措施（见5.2）	—	—

（续）

CNAS-CL01:2018《检测和校准实验室能力认可准则》（ISO/IEC 17025:2017）	CNAS-CL01:2006《检测和校准实验室能力认可准则》（ISO/IEC 17025:2005）	CNAS-CL01-G001:2018《CNAS-CL01〈检测和校准实验室能力认可准则〉应用要求》	CNAS-CL01-A025:2018《检测和校准实验室能力认可准则在校准领域的应用说明》
d）向实验室管理层报告管理体系运行状况和改进需求	4.1.5 实验室应： …… i）指定一名员工作为质量主管（不论如何称谓），不管其他职责，应赋予其在任何时候都能确保与质量有关的管理体系得到实施和遵循的责任和权力。质量主管应有直接渠道接触决定实验室政策或资源的最高管理者	—	—
e）确保实验室活动的有效性	4.1.5 实验室名 …… h）有技术管理者，全面负责技术运作和提供确保实验室运作质量所需的资源		
5.7 实验室管理层应确保： a）针对管理体系有效性、满足客户和其他要求的重要性进行沟通	4.1.6 最高管理者应确保在实验室内部建立适宜的沟通机制，并就确保与管理体系有效性的事宜进行沟通 4.2.4 最高管理者应将满足客户要求和法定要求的重要性传达到组织	—	—
b）当策划和实施管理体系变更时，保持管理体系的完整性	4.2.7 当策划和实施管理体系的变更时，最高管理者应确保保持管理体系的完整性		
6 资源要求 6.1 总则 实验室应获得管理和实施实验室活动所需的人员、设施、设备、系统及支持服务	—	6 资源要求	6 资源要求
6.2 人员 6.2.1 所有可能影响实验室活动的人员，无论是内部人员还是外部人员，应行为公正、有能力并按照实验室管理体系要求工作	5.2 人员 5.2.3 实验室应使用长期雇佣人员或签约人员。在使用签约人员及其他的技术人员及关键支持人员时，实验室应确保这些人员是胜任的且受到监督，并按照实验室管理体系要求工作	6.2 人员	附录 A A.6.2.1 现场校准应由实验室人员实施。当现场校准需要由客户人员或其他非实验室人员协助完成时，应对这些协助人员参与现场校准的具体活动范围予以规定，并在实施前，对其进行必要的培训

（续）

CNAS-CL01:2018《检测和校准实验室能力认可准则》（ISO/IEC 17025:2017）	CNAS-CL01:2006《检测和校准实验室能力认可准则》（ISO/IEC 17025:2005）	CNAS-CL01-G001:2018《CNAS-CL01〈检测和校准实验室能力认可准则〉应用要求》	CNAS-CL01-A025:2018《检测和校准实验室能力认可准则在校准领域的应用说明》
6.2.2　实验室应将影响实验室活动结果的各职能的能力要求形成文件，包括对教育、资格、培训、技术知识、技能和经验的要求	5.2.1　实验室管理者应确保所有操作专门设备、从事检测和/或校准、评价结果、签署检测报告和校准证书的人员的能力。当使用在培员工时，应对其安排适当的监督。对从事特定工作的人员，应按要求根据相应的教育、培训、经验和/或可证明的技能进行资格确认 注1：某些技术领域（如无损检测）可能要求从事某些工作的人员持有个人资格证书，实验室有责任满足这些指定人员持证上岗的要求。人员持证上岗的要求可能是法定的、特殊技术领域标准包含的，或是客户要求的 注2：对检测报告所含意见和解释负责的人员，除了具备相应的资格、培训、经验以及所进行的检测方面的充分知识外，还需具有： ——制造被检测物品、材料、产品等所用的相关技术知识、已使用或拟使用方法的知识，以及在使用过程中可能出现的缺陷或降级等方面的知识 ——法规和标准中阐明的通用要求的知识 ——对物品、材料和产品等正常使用中发现的偏离所产生影响程度的了解 5.2.4　对与检测和/或校准有关的管理人员、技术人员和关键支持人员，实验室应保留其当前工作的描述 注：工作描述可用多种方式规定。但至少应当规定以下内容 ——从事检测和/或校准工作方面的职责 ——检测和/或校准策划和结果评价方面的职责 ——提交意见和解释的职责 ——方法改进、新方法制定和确认方面的职责 ——所需的专业知识和经验 ——资格和培训计划 ——管理职责	6.2.2　除非法律法规或CNAS对特定领域的应用要求有其他规定，实验室人员应满足以下要求： a）从事实验室活动的人员不得在其他同类型实验室从事同类的实验室活动 b）从事检测或校准活动的人员应具备相关专业大专以上学历。如果学历或专业不满足要求，应有10年以上相关检测或校准经验。关键技术人员，如进行检测或校准结果复核、检测或校准方法验证或确认的人员，除满足上述要求外，还应有3年以上本专业领域的检测或校准经历 注：关键技术人员还应包括签发证书或报告的人员（包括授权签字人），但CNAS对授权签字人的要求更为严格 c）授权签字人除满足b）要求外，还应熟悉CNAS所有相关的认可要求，并具有本专业中级以上（含中级）技术职称或同等能力 注1："同等能力"指需满足以下条件： a）大专毕业后，从事专业技术工作8年及以上 b）大学本科毕业，从事相关专业5年及以上 c）硕士学位以上（含）从事相关专业3年及以上 d）博士学位以上（含）从事相关专业1年及以上 注2：授权签字人指被CNAS认可的可以签发带有认可标识证书或报告的人员，其在被授权的范围内应有相应的技术能力和工作经验。实验室负责人可以不是授权签字人，授权范围也可以不是全部认可范围，授权范围应根据其实际技术能力确定	6.2.2　实验室在制定影响实验室活动结果的各岗位的能力要求时，应考虑以下要求： a）校准人员、校核人员、授权签字人等关键技术人员应具备所从事校准项目或专业相关的技术知识和技能，包括但不限于以下方面 1）了解测量标准以及被校设备的工作原理 2）熟悉测量标准和被校设备的使用方法 3）掌握校准方法涉及的测量原理 4）掌握测量结果相关的数据处理，能够正确应用和报告测量不确定度 5）能够正确使用规范的计量学名词术语和计量单位 b）校准人员的培训应至少包含计量基础知识、专业技术知识、操作技能培训三部分培训应由具备资质或能力的机构或人员实施 附录　A A.6.2.2　实验室对实施现场校准的人员的培训应包含确保现场校准可靠实施的相关知识和技能，比如测量标准的包装、运输要求，现场校准工作条件的确认等

（续）

CNAS-CL01：2018《检测和校准实验室能力认可准则》（ISO/IEC 17025：2017）	CNAS-CL01：2006《检测和校准实验室能力认可准则》（ISO/IEC 17025：2005）	CNAS-CL01-G001：2018《CNAS-CL01〈检测和校准实验室能力认可准则〉应用要求》	CNAS-CL01-A025：2018《检测和校准实验室能力认可准则在校准领域的应用说明》
6.2.3 实验室应确保人员具备其负责的实验室活动的能力，以及评估偏离影响程度的能力	5.2.1 实验室管理者应确保所有操作专门设备、从事检测和/或校准、评价结果、签署检测报告和校准证书的人员的能力。当使用在培员工时，应对其安排适当的监督。对从事特定工作的人员，应按要求根据相应的教育、培训、经验和/或可证明的技能进行资格确认 注1：某些技术领域（如无损检测）可能要求从事某些工作的人员持有个人资格证书，实验室有责任满足这些指定人员持证上岗的要求。人员持证上岗的要求可能是法定的、特殊技术领域标准包含的，或是客户要求的 注2：对检测报告所含意见和解释负责的人员，除了具备相应的资格、培训、经验以及所进行的检测方面的充分知识外，还需具有： ——制造被检测物品、材料、产品等所用的相关技术知识、已使用或拟使用方法的知识，以及在使用过程中可能出现的缺陷或降级等方面的知识 ——法规和标准中阐明的通用要求的知识 ——对物品、材料和产品等正常使用中发现的偏离所产生影响程度的了解 4.1.5 实验室应： a）有管理人员和技术人员，不考虑他们的其他职责，他们应具有所需的权力和资源来履行包括实施、保持和改进管理体系的职责、识别对管理体系或检测和/或校准程序的偏离，以及采取预防或减少这些偏离的措施（见5.2）	—	—

（续）

CNAS-CL01:2018《检测和校准实验室能力认可准则》（ISO/IEC 17025:2017）	CNAS-CL01:2006《检测和校准实验室能力认可准则》（ISO/IEC 17025:2005）	CNAS-CL01-G001:2018《CNAS-CL01〈检测和校准实验室能力认可准则〉应用要求》	CNAS-CL01-A025:2018《检测和校准实验室能力认可准则在校准领域的应用说明》
6.2.4　实验室管理层应向实验室人员传达其职责和权限	5.2.4　对与检测和/或校准有关的管理人员、技术人员和关键支持人员，实验室应保留其当前工作的描述 注：工作描述可用多种方式规定。但至少应当规定以下内容： ——从事检测和/或校准工作方面的职责 ——检测和/或校准策划和结果评价方面的职责 ——提交意见和解释的职责 ——方法改进、新方法制定和确认方面的职责 ——所需的专业知识和经验 ——资格和培训计划 ——管理职责 4.1.6　最高管理者应确保在实验室内部建立适宜的沟通机制，并就确保与管理体系有效性的事宜进行沟通	—	—
6.2.5　实验室应有以下活动的程序，并保存相关记录： a) 确定能力要求 b) 人员选择 c) 人员培训 d) 人员监督 e) 人员授权 f) 人员能力监控	5.2.2　实验室管理者应制订实验室人员的教育、培训和技能目标。应有确定培训需求和提供人员培训的政策和程序。培训计划应与实验室当前和预期的任务相适应。应评价这些培训活动的有效性 5.2.5　管理层应授权专门人员进行特定类型的抽样、检测和/或校准、签发检测报告和校准证书、提出意见和解释以及操作特定类型的设备。实验室应保留所有技术人员（包括签约人员）的相关授权、能力、教育和专业资格、培训、技能和经验的记录，并包含授权和/或能力确认的日期。这些信息应易于获取	6.2.5 c)　实验室应制订程序对新进技术人员和现有技术人员新的技术活动进行培训。实验室应识别对实验室人员的持续培训需求，对培训活动进行适当安排，并保留培训记录 6.2.5 d)　实验室应关注对人员能力的监督模式，确定可以独立承担实验室活动人员，以及需要在指导和监督下工作的人员。负责监督的人员应有相应的检测或校准能力 6.2.5 f)　实验室可以通过质量控制结果（见 CNAS-CL01 中 7.7 条款），包括盲样测试、实验室内部比对、能力验证和实验室间比对结果、现场监督实际操作过程、核查记录等方式对人员能力实施监控，做好监控记录并进行评价	附录　A A.6.2.5 f)　实验室应有适当的方式以对现场校准人员实施必要的监控

（续）

CNAS-CL01:2018《检测和校准实验室能力认可准则》（ISO/IEC 17025:2017）	CNAS-CL01:2006《检测和校准实验室能力认可准则》（ISO/IEC 17025:2005）	CNAS-CL01-G001:2018《CNAS-CL01〈检测和校准实验室能力认可准则〉应用要求》	CNAS-CL01-A025:2018《检测和校准实验室能力认可准则在校准领域的应用说明》
6.2.6　实验室应授权人员从事特定的实验室活动，包括但不限于下列活动： a）开发、修改、验证和确认方法 b）分析结果，包括符合性声明或意见和解释 c）报告、审查和批准结果	5.2.5　管理层应授权专门人员进行特定类型的抽样、检测和/或校准、签发检测报告和校准证书、提出意见和解释以及操作特定类型的设备。实验室应保留所有技术人员（包括签约人员）的相关授权、能力、教育和专业资格、培训、技能和经验的记录，并包含授权和/或能力确认的日期。这些信息应易于获取	—	—
6.3　设施和环境条件 6.3.1　设施和环境条件应适合实验室活动，不应对结果有效性产生不利影响 注：对结果有效性有不利影响的因素可能包括但不限于：微生物污染、灰尘、电磁干扰、辐射、湿度、供电、温度、声音和振动	5.3　设施和环境条件 5.3.1　用于检测和/或校准的实验室设施，包括但不限于能源、照明和环境条件，应有利于检测和/或校准的正确实施 　实验室应确保其环境条件不会使结果无效，或对所要求的测量质量产生不良影响。在实验室固定设施以外的场所进行抽样、检测和/或校准时，应予特别注意。对影响检测和校准结果的设施和环境条件的技术要求应制定成文件 5.3.2　相关的规范、方法和程序有要求，或对结果的质量有影响时，实验室应监测、控制和记录环境条件。对诸如生物消毒、灰尘、电磁干扰、辐射、湿度、供电、温度、声级和振级等应予重视，使其适合于相关的技术活动。当环境条件危及检测和/或校准的结果时，应停止检测和校准	6.3　设施和环境条件 6.3.1　实验室的设施应为自有设施，并拥有设施的全部使用权和支配权；应有充足的设施和场地实施检测或校准活动，包括样品储存空间；对相互干扰的设备必须进行有效的隔离 注1：自有设施是指购买或长期租赁（至少2年）并拥有完全使用权和支配权的设施。如果实验室通过签订合同，在有检测或校准任务时临时使用其他机构的设施，不能视为自有设施，将不予认可 注2：如果实验室仅租借场地，不涉及仪器设备，如汽车试验场或类似情况则允许租借	6.3　设施和环境条件 6.3.1　校准实验室的设施和环境条件应满足相关校准方法和程序的要求 　附录　A A.6.3.1　当现场校准的设施和环境条件不满足校准方法等的要求时，实验室应评估其对校准结果有效性的影响。当其对校准结果有不利影响时，应停止校准或将评估结果告知客户，经客户同意方可开展校准。适用时，应在校准证书中注明相关信息和评估结果
6.3.2　实验室应将从事实验室活动所必需的设施及环境条件的要求形成文件	5.3.1　用于检测和/或校准的实验室设施，包括但不限于能源、照明和环境条件，应有利于检测和/或校准的正确实施 　实验室应确保其环境条件不会使结果无效，或对所要求的测量质量产生不良影响。在实验室固定设施以外的场所进行抽样、检测和/或校准时，应予特别注意。对影响检测和校准结果的设施和环境条件的技术要求应制定成文件	—	附录　A A.6.3.2　实验室应对实施现场校准所需的设施、环境条件和资源予以明确规定，包括满足现场校准的前提条件的规定，以及当有证据证明环境条件偏离了规定要求时，应采取的措施

（续）

CNAS-CL01:2018《检测和校准实验室能力认可准则》（ISO/IEC 17025:2017）	CNAS-CL01:2006《检测和校准实验室能力认可准则》（ISO/IEC 17025:2005）	CNAS-CL01-G001:2018《CNAS-CL01〈检测和校准实验室能力认可准则〉应用要求》	CNAS-CL01-A025:2018《检测和校准实验室能力认可准则在校准领域的应用说明》
6.3.3　当相关规范、方法或程序对环境条件有要求时，或环境条件影响结果的有效性时，实验室应监测、控制和记录环境条件	5.3.2　相关的规范、方法和程序有要求，或对结果的质量有影响时，实验室应监测、控制和记录环境条件。对诸如生物消毒、灰尘、电磁干扰、辐射、湿度、供电、温度、声级和振级等给予重视，使其适应于相关的技术活动。当环境条件危及检测和/或校准的结果时，应停止检测和校准	—	6.3.3　当相关校准规范、方法或程序对环境条件有要求时，或环境条件影响结果的有效性时，实验室应监测、控制和记录环境条件。尤其是温度、湿度、振动、供电、电磁干扰、噪声、灰尘等影响因素。对于准确度要求较高的校准活动，或相关校准方法或程序有要求时，实验室应： a）对于灵敏度较高的仪器，应该隔离可能影响校准结果的机械振动和冲击来源，比如升降机、机械车间、建筑工地、繁忙的公路等 b）墙壁、天花板、地面使用光滑、抗静电的材料处理，必要时，使用空气过滤装置，以提高对灰尘的控制 c）防止阳光直射的措施，如遮光布、附加的墙壁 d）按照相关规范、校准方法和程序等规定的温度和湿度范围进行控制，如（20±1）℃，35%RH~70%RH e）对废气予以适当的控制，如强制排风或回收装置，防止其对设备的不利影响，如对开关触点的腐蚀 f）电磁干扰的隔离。对于无线电测量，以及一些精密电子仪器的校准，对电磁干扰进行适当的屏蔽是必要的 g）对电源附加稳压或滤波装置，确保提供波形纯净、电压稳定的电源供应 h）为保证对灰尘、温度、通风等环境条件满足要求，可能需要制定专门的内务要求 注：实验室制定的校准方法，应根据需要对上述（但不限于）环境条件对校准结果质量的影响进行评估 附录A A.6.3.3　实验室应监测和记录现场校准的工作条件（如环境条件）。当现场校准的环境条件不符合方法要求时，应预先告知客户，并经其书面同意，否则应停止校准 注：一般情况下，监测现场校准的工作条件所使用的测量设备，也应为实验室的设备

（续）

CNAS-CL01:2018《检测和校准实验室能力认可准则》（ISO/IEC 17025:2017）	CNAS-CL01:2006《检测和校准实验室能力认可准则》（ISO/IEC 17025:2005）	CNAS-CL01-G001:2018《CNAS-CL01〈检测和校准实验室能力认可准则〉应用要求》	CNAS-CL01-A025:2018《检测和校准实验室能力认可准则在校准领域的应用说明》
6.3.4 实验室应实施、监控并定期评审控制设施的措施，这些措施应包括但不限于： a）进入和使用影响实验室活动的区域 b）预防对实验室活动的污染、干扰或不利影响 c）有效隔离不相容的实验室活动区域	5.3.4 应对影响检测和/或校准质量的区域的进入和使用加以控制。实验室应根据其特定情况确定控制的范围 5.3.3 应将不相容活动的相邻区域进行有效隔离。应采取措施以防止交叉污染	—	—
6.3.5 当实验室在永久控制之外的场所或设施中实施实验室活动时，应确保满足本准则中有关设施和环境条件的要求	5.3.1 用于检测和/或校准的实验室设施，包括但不限于能源、照明和环境条件，应有利于检测和/或校准的正确实施 实验室应确保其环境条件不会使结果无效，或对所要求的测量质量产生不良影响。在实验室固定设施以外的场所进行抽样、检测和/或校准时，应予特别注意。对影响检测和校准结果的设施和环境条件的技术要求应制定成文件		
6.4 设备 6.4.1 实验室应获得正确开展实验室活动所需的并影响结果的设备，包括但不限于：测量仪器、软件、测量标准、标准物质、参考数据、试剂、消耗品或辅助装置 注1：标准物质和有证标准物质有多种名称，包括标准样品、参考标准、校准标准、标准参考物质和质量控制物质。ISO 17034 给出了标准物质生产者的更多信息。满足 ISO 17034 要求的标准物质生产者被视为是有能力的。满足 ISO17034 要求的标准物质生产者提供的标准物质会提供产品信息单/证书，除其他特性外至少包含规定特性的均匀性和稳定性，对于有证标准物质，信息中包含规定特性的标准值、相关的测量不确定度和计量溯源性 注2：ISO 指南 33 给出了标准物质选择和使用指南。ISO 指南 80 给出了内部制备质量控制物质的指南	5.5 设备 5.5.1 实验室应配备正确进行检测和/或校准（包括抽样、物品制备、数据处理与分析）所要求的所有抽样、测量和检测设备。当实验室需要使用永久控制之外的设备时，应确保满足本准则的要求	6.4 设备 6.4.1 a）实验室配置的设备应在其申报认可的地点内，并对其有完全的支配权和使用权 b）有些设备，特别是化学分析中一些常用设备，通常是用标准物质来校准，实验室应有充足的标准物质来对设备的预期使用范围进行校准	6.4 设备 6.4.1 校准用的主要设备（如测量标准、参考标准和标准物质）应是实验室自有设备或长期租赁设备，不应使用永久控制以外的设备，如临时租赁或由客户等提供的设备 附录 A A.6.4.1 校准实验室应配备满足校准方法要求的、适于实施现场校准的测量设备，包括辅助设备

（续）

CNAS-CL01:2018《检测和校准实验室能力认可准则》（ISO/IEC 17025:2017）	CNAS-CL01:2006《检测和校准实验室能力认可准则》（ISO/IEC 17025:2005）	CNAS-CL01-G001:2018《CNAS-CL01〈检测和校准实验室能力认可准则〉应用要求》	CNAS-CL01-A025:2018《检测和校准实验室能力认可准则在校准领域的应用说明》
6.4.2 实验室使用永久控制以外的设备时，应确保满足本准则对设备的要求	5.5.1 实验室应配备正确进行检测和/或校准（包括抽样、物品制备、数据处理与分析）所要求的所有抽样、测量和检测设备。当实验室需要使用永久控制之外的设备时，应确保满足本准则的要求	—	附录 A A.6.4.2 对现场校准的结果有直接影响的测量设备不应由客户提供，一般可由客户提供的仅限必要的工作条件（如场地、环境设施、电源等）和辅助工具
6.4.3 实验室应有处理、运输、储存、使用和按计划维护设备的程序，以确保其功能正常并防止污染或性能退化	5.5.6 实验室应具有安全处置、运输、存放、使用和有计划维护测量设备的程序，以确保其功能正常并防止污染或性能退化 注：在实验室固定场所外使用测量设备进行检测、校准或抽样时，可能需要附加的程序	6.4.3 实验室应指定专人负责设备的管理，包括校准、维护和期间核查等。实验室应建立机制以提示对到期设备进行校准、核查和维护 注：因设备使用者最了解设备的使用状态，因此建议其参与设备管理	附录 A A.6.4.3 校准实验室应对现场校准用设备的使用和管理制定程序，包括其包装、运输、安装、校准、期间核查等的要求
6.4.4 当设备投入使用或重新投入使用前，实验室应验证其符合规定要求	5.5.2 用于检测、校准和抽样的设备及其软件应达到要求的准确度，并符合检测和/或校准相应的规范要求。对结果有重要影响的仪器的关键量或值，应制定校准计划。设备（包括用于抽样的设备）在投入服务前应进行校准或核查，以证实其能够满足实验室的规范要求和相应的标准规范。设备在使用前应进行核查和/或校准（见5.6）	6.4.4 因校准或维修等原因又返回实验室的设备，在返回后实验室也应对其进行验证	—
6.4.5 用于测量的设备应能达到所需的测量准确度和（或）测量不确定度，以提供有效结果		—	6.4.5 实验室使用的测量标准的测量不确定度（或准确度等级、最大允许误差）应满足校准方法（如检定规程或校准规范）和国家溯源等级图（国家检定系统表）等的要求，当没有相关规定时，其与被校设备的测量不确定度（或最大允许误差）之比应小于或等于1/3 注：某些专业可能无法满足测量标准与被校设备测量不确定度（或最大允许误差）之比小于或等于1/3，实验室应能够提供相关技术证明材料（如相关文献），证明其测量标准配置的合理性

(续)

CNAS-CL01：2018《检测和校准实验室能力认可准则》（ISO/IEC 17025：2017）	CNAS-CL01：2006《检测和校准实验室能力认可准则》（ISO/IEC 17025：2005）	CNAS-CL01-G001：2018《CNAS-CL01〈检测和校准实验室能力认可准则〉应用要求》	CNAS-CL01-A025：2018《检测和校准实验室能力认可准则在校准领域的应用说明》
6.4.6 在下列情况下，测量设备应进行校准： ——当测量准确度或测量不确定度影响报告结果的有效性；和（或） ——为建立报告结果的计量溯源性，要求对设备进行校准 注：影响报告结果有效性的设备类型可包括： ——用于直接测量被测量的设备，例如使用天平测量质量 ——用于修正测量值的设备，例如温度测量 ——用于从多个量计算获得测量结果的设备	5.5.2 用于检测、校准和抽样的设备及其软件应达到要求的准确度，并符合检测和/或校准相应的规范要求。对结果有重要影响的仪器的关键量或值，应制定校准计划。设备（包括用于抽样的设备）在投入服务前应进行校准或核查，以证实其能够满足实验室的规范要求和相应的标准规范。设备在使用前应进行核查和/或校准（见5.6）	6.4.6 应注意到并非实验室的每台设备都需要校准，实验室应评估该设备对结果有效性和计量溯源性的影响，合理地确定是否需要校准。对不需要校准的设备，实验室应核查其状态是否满足使用要求。实验室应根据校准证书的信息，判断设备是否满足方法要求。 注：依据校准结果判断设备是否满足方法要求是实验室自身的工作，不宜由校准服务提供者来做出	—
6.4.7 实验室应制定校准方案，并应进行复核和必要的调整，以保持对校准状态的信心	5.6.1 总则 用于检测和（或）校准的对检测、校准和抽样结果的准确性或有效性有显著影响的所有设备，包括辅助测量设备（例如用于测量环境条件的设备），在投入使用前应进行校准。实验室应制定设备校准的计划和程序 注：该计划应当包含一个对测量标准、用作测量标准的标准物质（参考物质）以及用于检测和校准的测量与检测设备进行选择、使用、校准、核查、控制和维护的系统	6.4.7 对需要校准的设备，实验室应建立校准方案，方案中应包括该设备校准的参数、范围、不确定度和校准周期等，以便送校时提出明确的、针对性的要求	—
6.4.8 所有需要校准或具有规定有效期的设备应使用标签、编码或以其他方式标识，使设备使用人方便地识别校准状态或有效期	5.5.8 实验室控制下的需校准的所有设备，只要可行，应使用标签、编码或其他标识表明其校准状态，包括上次校准的日期、再校准或失效日期	—	
6.4.9 如果设备有过载或处置不当、给出可疑结果、已显示有缺陷或超出规定要求时，应停止使用。这些设备应予以隔离以防误用，或加贴标签/标记以清晰表明该设备已停用，直至经过验证表明能正常工作。实验室应检查设备缺陷或偏离规定要求的影响，并应启动不符合工作管理程序（见7.10）	5.5.7 曾经过载或处置不当、给出可疑结果，或已显示出缺陷、超出规定限度的设备，均应停止使用。这些设备应予隔离以防误用，或加贴标签、标记以清晰表明该设备已停用，直至修复并通过校准或测试表明能正常工作为止。实验室应核查这些缺陷或偏离规定极限对先前的检测和/或校准的影响，并执行"不符合工作控制"程序（见4.9）	—	附录 A A.6.4.9 应详细记录现场校准用设备的任何调整和可能导致其损坏或故障的偶然事件

（续）

CNAS-CL01:2018《检测和校准实验室能力认可准则》（ISO/IEC 17025:2017）	CNAS-CL01:2006《检测和校准实验室能力认可准则》（ISO/IEC 17025:2005）	CNAS-CL01-G001:2018《CNAS-CL01〈检测和校准实验室能力认可准则〉应用要求》	CNAS-CL01-A025:2018《检测和校准实验室能力认可准则在校准领域的应用说明》
6.4.10　当需要利用期间核查以保持对设备性能的信心时，应按程序进行核查	5.5.10　当需要利用期间核查以保持设备校准状态的可信度时，应按照规定的程序进行	6.4.10　实验室应根据设备的稳定性和使用情况来确定是否需要进行期间核查。实验室应确定期间核查的方法与周期，并保存记录 注：并不是所有设备均需要进行期间核查。判断设备是否需要期间核查至少需考虑以下因素： ● 设备校准周期 ● 历次校准结果 ● 质量控制结果 ● 设备使用频率和性能稳定性 ● 设备维护情况 ● 设备操作人员及环境的变化 ● 设备使用范围的变化等	6.4.10　对设备的期间核查应符合以下要求： a）实验室应制定实施测量设备期间核查的文件，规定期间核查的范围、方法、人员、结果分析、判定和处理方式等 b）应根据必要性和有效性的原则确定实施期间核查的范围以及核查方式 注1：可以使用休哈特控制图统计测量标准的历次校准结果，分析测量标准的长期稳定性，以确定其是否需要进行期间核查 注2：只要可能，应选择测量不确定度优于测量标准或与其相当的测量设备作为核查标准。当没有这样的测量设备时，可选择稳定性和重复性较好，分辨力满足要求的其他测量设备作为核查标准 注3：期间核查不需要对测量标准的全部参数和测量范围进行核查，可以只选取一个或多个典型点核查。通常情况下，可根据核查标准选点，比如使用1kΩ标准电阻核查直流电阻标准（数字多用表或多功能源的直流电阻参量） 注4：当对测量标准的性能产生怀疑时，如果没有适当的核查标准或有效的期间核查方式，实验室应考虑提前校准（缩短校准周期） 注5：在有效期内正常储存和使用的有证标准物质通常不需要进行期间核查，除非有信息表明其可能被污染或变质 注6：应妥善使用、保存和维护核查标准，当发生可能影响其测量结果准确性、稳定性的情况时，应对其是否仍适合作为核查标准进行评估 c）为保证测量标准的性能满足相关规范的要求，实验室对其最高测量标准的核查还应包括测量标准的重复性和稳定性

（续）

CNAS-CL01：2018《检测和校准实验室能力认可准则》（ISO/IEC 17025：2017）	CNAS-CL01：2006《检测和校准实验室能力认可准则》（ISO/IEC 17025：2005）	CNAS-CL01-G001：2018《CNAS-CL01〈检测和校准实验室能力认可准则〉应用要求》	CNAS-CL01-A025：2018《检测和校准实验室能力认可准则在校准领域的应用说明》
			注1：测量标准的重复性和稳定性也是评定其测量不确定度的重要分量，因此实验室应定期核查测量标准的重复性和稳定性，以确保所评定的测量不确定度与测量标准的性能相适应 注2：测量标准的重复性和稳定性核查的试验方法可参考JJF 1033《计量标准考核规范》 注3：对测量标准的稳定性和重复性核查数据或结果，适用时，可以用于对该测量标准的期间核查
6.4.11 如果校准和标准物质数据中包含参考值或修正因子，实验室应确保该参考值和修正因子得到适当的更新和应用，以满足规定要求	5.5.11 当校准产生了一组修正因子时，实验室应有程序确保其所有备份（例如计算机软件中的备份）得到正确更新	—	—
6.4.12 实验室应有切实可行的措施，防止设备被意外调整而导致结果无效	5.5.12 检测和校准设备包括硬件和软件得到保护，以避免发生致使检测和/或校准结果失效的调整	—	6.4.12 实验室应有切实可行的措施，防止设备被意外调整而导致结果无效 注：相关"措施"可参考本文件7.4.1条的规定
6.4.13 实验室应保存对实验室活动有影响的设备记录。适用时，记录应包括以下内容： a）设备的识别，包括软件和固件版本 b）制造商名称、型号、序列号或其他唯一性标识 c）设备符合规定要求的验证证据 d）当前的位置 e）校准日期、校准结果、设备调整、验收准则、下次校准的预定日期或校准周期 f）标准物质的文件、结果、验收准则、相关日期和有效期 g）与设备性能相关的维护计划和已进行的维护 h）设备的损坏、故障、改装或维修的详细信息	5.5.5 应保存对检测和/或校准具有重要影响的每一设备及其软件的记录。该记录至少应包括： a）设备及其软件的识别 b）制造商名称、型式标识、系列号或其他唯一性标识 c）对设备是否符合规范的核查（见5.5.2） d）当前的位置（如果适用） e）制造商的说明书（如果有），或指明其地点 f）所有校准报告和证书的日期、结果及复印件，设备调整、验收准则和下次校准的预定日期 g）设备维护计划，以及已进行的维护（适当时） h）设备的任何损坏、故障、改装或修理	—	—

（续）

CNAS-CL01:2018《检测和校准实验室能力认可准则》（ISO/IEC 17025:2017）	CNAS-CL01:2006《检测和校准实验室能力认可准则》（ISO/IEC 17025:2005）	CNAS-CL01-G001:2018《CNAS-CL01〈检测和校准实验室能力认可准则〉应用要求》	CNAS-CL01-A025:2018《检测和校准实验室能力认可准则在校准领域的应用说明》
6.5　计量溯源性 6.5.1　实验室应通过形成文件的不间断的校准链，将测量结果与适当的参考对象相关联，建立并保持测量结果的计量溯源性，每次校准均会引入测量不确定度 注1：在ISO/IEC指南99中，计量溯源性定义为"测量结果的特性，结果可以通过形成文件的不间断的校准链，将测量结果与参考对象相关联，每次校准均会引入测量不确定度" 注2：关于计量溯源性的更多信息见附录A	**5.6　测量溯源性** 5.6.2.1.1　对于校准实验室，设备校准计划的制定和实施应确保实验室所进行的校准和测量可溯源到国际单位制（SI） 校准实验通过不间断的校准链或比较链与相应测量的SI单位基准相连接，以建立测量标准和测量仪器对SI的溯源性。对SI的链接可以通过参比国家测量标准来达到。国家测量标准可以是基准，它们是SI单位的原级实现或是以基本物理常量为根据的SI单位约定的表达式，或是由其他国家计量院所校准的次级标准。当使用外部校准服务时，应使用能够证明资格、测量能力和溯源性的实验室的校准服务，以保证测量的溯源性。由这些实验室发布的校准证书应有包括测量不确定度和/或符合确定的计量规范声明的测量结果（见5.10.4.2） 注1：满足本准则要求的校准实验室即被认为是有资格的。由依据本准则认可的校准实验室发布的带有认可机构标识的校准证书，对相关校准来说，是所报告校准数据溯源性的充分证明 注2：对测量SI单位的溯源可以通过参比适当的基准（见VIM:1993.6.4），或参比一个自然常数来达到，用相对SI单位表示的该常数的值是已知的，并由国际计量大会（CGPM）和国际计量委员会（CIPM）推荐 注3：持有自己的基准或基于基本物理常量的SI单位表达式的校准实验室，只有在将这些标准直接或间接地与国家计量院的类似标准进行比对之后，方能宣称溯源到SI单位制 注4："确定的计量规范"是指在校准证书中必须清楚	**6.5　计量溯源性**	**6.5　计量溯源性**

（续）

CNAS-CL01:2018《检测和校准实验室能力认可准则》（ISO/IEC 17025:2017）	CNAS-CL01:2006《检测和校准实验室能力认可准则》（ISO/IEC 17025:2005）	CNAS-CL01-G001:2018《CNAS-CL01〈检测和校准实验室能力认可准则〉应用要求》	CNAS-CL01-A025:2018《检测和校准实验室能力认可准则在校准领域的应用说明》
	表明该测量已与何种规范进行过比对，这可以通过在证书中包含该规范或明确指出已参照了该规范来达到 注5：当"国际标准"和"国家标准"与溯源性关联使用时，则是假定这些标准满足了实现SI单位基准的性能 注6：对国家测量标准的溯源不要求必须使用实验室所在国的国家计量院 注7：如果校准实验室希望或需要溯源到本国以外的其他国家计量院，应当选择直接参与或通过区域组织积极参与国际计量局（BIPM）活动的国家计量院 注8：不间断的校准或比较链，可以通过不同的、能证明溯源性的实验室经过若干步骤来实现		
6.5.2 实验室应通过以下方式确保测量结果溯源到国际单位制（SI）： a）具备能力的实验室提供的校准；或 注1：满足本准则要求的实验室，视为具备能力	5.6.2.1.1 ……当使用外部校准服务时，应使用能够证明资格、测量能力和溯源性的实验室的校准服务，以保证测量的溯源性。由这些实验室发布的校准证书应有包括测量不确定度和/或符合确定的计量规范声明的测量结果（见5.10.4.2）		
b）具备能力的标准物质生产者提供并声明计量溯源至SI的有证标准物质的标准值；或 注2：满足ISO 17034要求的标准物质生产者被视为是有能力的	5.6.2.1.2 某些校准目前尚不能严格按照SI单位进行，这种情况下，校准应通过建立对适当测量标准的溯源来提供测量的可信度，例如： ——使用有能力的供应者提供的有证标准物质（参考物质）来对某种材料给出可靠的物理或化学特性 ——使用规定的方法和/或被有关各方接受并且描述清晰的协议标准 可能时，要求参加适当的实验室间比对计划	—	—

（续）

CNAS-CL01:2018《检测和校准实验室能力认可准则》（ISO/IEC 17025:2017）	CNAS-CL01:2006《检测和校准实验室能力认可准则》（ISO/IEC 17025:2005）	CNAS-CL01-G001:2018《CNAS-CL01〈检测和校准实验室能力认可准则〉应用要求》	CNAS-CL01-A025:2018《检测和校准实验室能力认可准则在校准领域的应用说明》
c）SI 单位的直接复现，并通过直接或间接与国家或国际标准比对来保证 注3：SI 手册给出了一些重要单位定义的实际复现的详细信息	5.6.2.1.1　对于校准实验室，设备校准计划的制定和实施应确保实验室所进行的校准和测量可溯源到国际单位制（SI） 校准实验室通过不间断的校准链或比较链与相应测量的 SI 单位基准相连接，以建立测量标准和测量仪器对 SI 的溯源性。对 SI 的链接可以通过参比国家测量标准来达到。国家测量标准可以是基准，它们是 SI 单位的原级实现或是以基本物理常量为根据的 SI 单位约定的表达式，或是由其他国家计量院所校准的次级标准。当使用外部校准服务时，应使用能够证明资格、测量能力和溯源性的实验室的校准服务，以保证测量的溯源性。由这些实验室发布的校准证书应有包括测量不确定度和/或符合确定的计量规范声明的测量结果（见 5.10.4.2）	—	—
6.5.3　技术上不可能计量溯源到 SI 单位时，实验室应证明可计量溯源至适当的参考对象，如： a）具备能力的标准物质生产者提供的有证标准物质的标准值 b）描述清晰、满足预期用途并通过适当对比予以保证的参考测量程序、规定方法或协议标准的结果	5.6.2.1.2　某些校准目前尚不能严格按照 SI 单位进行，这种情况下，校准应通过建立对适当测量标准的溯源来提供测量的可信度，例如： ——使用有能力的供应者提供的有证标准物质（参考物质）来对某种材料给出可靠的物理或化学特性 ——使用规定的方法和/或被有关各方接受并且描述清晰的协议标准 可能时，要求参加适当的实验室间比对计划	—	—
6.6　外部提供的产品和服务	4.5　检测和校准的分包/4.6服务和供应品的采购	6.6　外部提供的产品和服务	6.6　外部提供的产品和服务

（续）

CNAS-CL01：2018《检测和校准实验室能力认可准则》（ISO/IEC 17025：2017）	CNAS-CL01：2006《检测和校准实验室能力认可准则》（ISO/IEC 17025：2005）	CNAS-CL01-G001：2018《CNAS-CL01〈检测和校准实验室能力认可准则〉应用要求》	CNAS-CL01-A025：2018《检测和校准实验室能力认可准则在校准领域的应用说明》
6.6.1 实验室应确保影响实验室活动的外部提供的产品和服务的适宜性，这些产品和服务包括： a) 用于实验室自身的活动 b) 部分或全部直接提供给客户 c) 用于支持实验室的运作 注：产品可包括测量标准和设备、辅助设备、消耗材料和标准物质。服务可包括校准服务、抽样服务、检测服务、设施和设备维护服务、能力验证服务以及评审和审核服务	—	6.6.1 a) 实验室应根据自身需求，对需要控制的产品和服务进行识别，并采取有效的控制措施。通常情况下，实验室至少采购3种类型的产品和服务： • 易耗品：易耗品可包括培养基、标准物质、化学试剂、试剂盒和玻璃器皿。适用时，实验室应对其品名、规格、等级、生产日期、保质期、成分、包装、贮存、数量、合格证明等进行符合性检查或验证。对商品化的试剂盒，实验室应核查该试剂盒已经过技术评价，并有相应的信息或记录予以证明。当某一品牌的物品验收的不合格比例较高时，实验室应考虑更换该产品的品牌或制造商 • 设备及维护：选择设备时应考虑满足检测、校准或抽样方法以及 CNAS-CL01的相关要求；应单独保留主要设备的制造商记录；对于设备性能不能持续满足要求或不能提供良好售后服务和设备维护的供应商，实验室应考虑更换供应商 • 选择校准服务、标准物质和参考标准时，应满足CNAS-CL01-G002《测量结果的计量溯源性要求》以及检测、校准或抽样方法对计量溯源性的要求 6.6.1 c) 可能影响实验室活动的用于支持实验室运作的产品和服务主要包括能力验证、审核或评审服务	—

（续）

CNAS-CL01:2018《检测和校准实验室能力认可准则》（ISO/IEC 17025:2017）	CNAS-CL01:2006《检测和校准实验室能力认可准则》（ISO/IEC 17025:2005）	CNAS-CL01-G001:2018《CNAS-CL01〈检测和校准实验室能力认可准则〉应用要求》	CNAS-CL01-A025:2018《检测和校准实验室能力认可准则在校准领域的应用说明》
6.6.2　实验室应有以下活动的程序，并保存相关记录： a) 确定、审查和批准实验室对外部提供的产品和服务的要求	4.6.1　实验室应有选择和购买对检测和/或校准质量有影响的服务和供应品的政策和程序。还应有与检测和校准有关的试剂和消耗材料的购买、接收和存储的程序 4.6.3　影响实验室输出质量的物品的采购文件，应包含描述所购服务和供应品的资料。这些采购文件在发出之前，其技术内容应经过审查和批准 注：该描述可包括形式、类别、等级、准确的标识、规格、图纸、检查说明、包括检测结果批准在内的其他技术资料、质量要求和进行这些工作所依据的管理体系标准	6.6.2 h)　当实验室需从外部机构获得实验室活动服务时，应尽可能选择相关项目已获认可的实验室（经CNAS认可或其他签署ILAC互认协议的认可机构认可）。对于实验室自身没有能力而需从外部获得的实验室活动，CNAS不将其纳入认可范围 注1：CNAS仅认可通常是由实验室独立实施的实验室活动。对于实验室具备能力但自己不实施，而是长期从外部机构获得的项目不予认可 注2：如果实验室通过租赁合同将另一家机构的全部人员、设施和设备等纳入自身体系管理，则这部分能力视为由外部机构提供，不予认可	
b) 确定评价、选择、监控表现和再次评价外部供应商的准则	4.6.3　影响实验室输出质量的物品的采购文件，应包含描述所购服务和供应品的资料。这些采购文件在发出之前，其技术内容应经过审查和批准 注：该描述可包括形式、类别、等级、准确的标识、规格、图纸、检查说明、包括检测结果批准在内的其他技术资料、质量要求和进行这些工作所依据的管理体系标准 4.6.4　实验室应对影响检测和校准质量的重要消耗品、供应品和服务的供应商进行评价，并保存这些评价的记录和获批准的供应商名单		—
c) 在使用外部提供的产品和服务前，或直接提供给客户之前，应确保符合实验室规定的要求，或适用时满足本准则的相关要求	4.6.2　实验室应确保所购买的、影响检测和/或校准质量的供应品、试剂和消耗材料，只有在经检查或以其他方式验证了符合有关检测和/或校准方法中规定的标准规范或要求之后才投入使用。所使用的服务和供应品应符合规定的要求。应保存所采取的符合性检查活动的记录		

（续）

CNAS-CL01：2018《检测和校准实验室能力认可准则》（ISO/IEC 17025：2017）	CNAS-CL01：2006《检测和校准实验室能力认可准则》（ISO/IEC 17025：2005）	CNAS-CL01-G001：2018《CNAS-CL01〈检测和校准实验室能力认可准则〉应用要求》	CNAS-CL01-A025：2018《检测和校准实验室能力认可准则在校准领域的应用说明》
	4.5.1　实验室由于未预料的原因（如工作量、需要更多专业技术或暂时不具备能力）或持续性的原因（如通过长期分包、代理或特殊协议）需将工作分包时，应分包给有能力的分包方，例如能够按照本准则开展工作的分包方 4.5.4　实验室应保存检测和/或校准中使用的所有分包方的注册记录，并保存其工作符合本准则的证明记录		
d）根据对外部供应商的评价、监控表现和再次评价的结果采取措施	4.6.4　实验室应对影响检测和校准质量的重要消耗品、供应品和服务的供应商进行评价，并保存这些评价的记录和获批准的供应商名单	—	—
6.6.3　实验室应与外部供应商沟通，明确以下要求： a）需提供的产品和服务	4.6.3　影响实验室输出质量的物品的采购文件，应包含描述所购服务和供应品的资料。这些采购文件在发出之前，其技术内容应经过审查和批准 注：该描述可包括形式、类别、等级、准确的标识、规格、图纸、检查说明、包括检测结果批准在内的其他技术资料、质量要求和进行这些工作所依据的管理体系标准	—	—
b）验收准则 c）能力，包括人员需具备的资格	4.5.1　实验室由于未预料的原因（如工作量、需要更多专业技术或暂时不具备能力）或持续性的原因（如通过长期分包、代理或特殊协议）需将工作分包时，应分包给有能力的分包方，例如能够按照本准则开展工作的分包方		
d）实验室或其客户拟在外部供应商的场所进行的活动	—		

（续）

CNAS-CL01:2018《检测和校准实验室能力认可准则》（ISO/IEC 17025:2017）	CNAS-CL01:2006《检测和校准实验室能力认可准则》（ISO/IEC 17025:2005）	CNAS-CL01-G001:2018《CNAS-CL01〈检测和校准实验室能力认可准则〉应用要求》	CNAS-CL01-A025:2018《检测和校准实验室能力认可准则在校准领域的应用说明》
7　过程要求 　7.1　要求、标书和合同评审 　7.1.1　实验室应有要求、标书和合同评审程序。该程序应确保： 　a）要求应予充分规定，形成文件，并易于理解	4.4　要求、标书和合同的评审 　4.4.1　实验室应建立和保持评审客户要求、标书和合同的程序。这些为签订检测和/或校准合同而进行评审的政策和程序应确保： 　a）对包括所用方法在内的要求应予充分规定，形成文件，并易于理解（见5.4.2）	7　过程要求 　7.1　要求、标书和合同的评审	附录　A 　A.7.1.1　对现场校准任务的合同评审应包含对客户现场的工作条件、设施和环境条件等是否满足开展现场校准的要求的评审
b）实验室有能力和资源满足这些要求	b）实验室有能力和资源满足这些要求		
c）当使用外部供应商时，应满足6.6的要求，实验室应告知客户由外部供应商实施的实验室活动，并获得客户同意	4.5.2　实验室应将分包安排以书面形式通知客户，适当时应得到客户的准许，最好是书面的同意 　4.4.3　评审的内容应包括被实验室分包出去的任何工作		
注1：在下列情况下，可能使用外部提供的实验室活动： ——实验室有实施活动的资源和能力，但由于不可预见的原因不能承担部分或全部活动 ——实验室没有实施活动的资源和能力	4.5.1　实验室由于未预料的原因（如工作量、需要更多专业技术或暂时不具备能力）或持续性的原因（如通过长期分包、代理或特殊协议）需将工作分包时，应分包给有能力的分包方，例如能够按照本准则开展工作的分包方		
d）选择适当的方法或程序，并能满足客户的要求	4.4.1…… …… 　c）选择适当的、能满足客户要求的检测和/或校准方法（见5.4.2） 　客户的要求或标书与合同之间的任何差异，应在工作开始之前得到解决。每项合同应得到实验室和客户双方的接收		
注2：对于内部或例行客户，要求、标书和合同评审可简化进行	注1：对要求、标书和合同的评审应当以可行和有效的方式进行，并考虑财务、法律和时间安排等方面的影响。对内部客户的要求、标书和合同的评审可以简化方式进行		
—	注2：对实验室能力的评审，应当证实实验室具备了必要的物力、人力和信息资源，且实验室人员对所从事的检测和/或校准具有必要的技能和专业技术。该评审也可包括以前参加的实验室间比对或能力验证的结果和/		

（续）

CNAS-CL01：2018《检测和校准实验室能力认可准则》（ISO/IEC 17025：2017）	CNAS-CL01：2006《检测和校准实验室能力认可准则》（ISO/IEC 17025：2005）	CNAS-CL01-G001：2018《CNAS-CL01〈检测和校准实验室能力认可准则〉应用要求》	CNAS-CL01-A025：2018《检测和校准实验室能力认可准则在校准领域的应用说明》
—	或为确定测量不确定度、检出限、置信限等而使用的已知值样品或物品所做的试验性检测或校准计划的结果 注3：合同可以是为客户提供检测和/或校准服务的任何书面或口头的协议		
7.1.2 当客户要求的方法不合适或是过期的，实验室应通知客户	5.4.2 方法的选择 实验室应采用满足客户需求并适用于所进行的检测和/或校准的方法，包括抽样的方法。应优先使用以国际、区域或国家标准发布的方法。实验室应确保使用标准的最新有效版本，除非该版本不适宜或不可能使用。必要时，应采用附加细则对标准加以补充，以确保应用的一致性 当客户未指定所用方法时，实验室应选择以国际、区域或国家标准发布的，或由知名的技术组织或有关科学书籍和期刊公布的，或由设备制造商指定的方法。实验室制定的或采用的方法如能满足预期用途并经过确认，也可使用。所选用的方法应通知客户。在引入检测或校准之前，实验室应证实能够正确地运用这些标准方法。如果标准方法发生了变化，应重新进行证实 当认为客户建议的方法不适合或已过期时，实验室应通知客户	—	—
7.1.3 当客户要求针对检测或校准做出与规范或标准符合性的声明时（如通过/未通过，在允许限内/超出允许限），应明确规定规范或标准以及判定规则。选择的判定规则应通知客户并得到同意，除非规范或标准本身已包含判定规则 注：符合性声明的详细指南见ISO/IEC指南98-4	—	—	—
7.1.4 要求或标书与合同之间的任何差异，应在实施实验室活动前解决。每项合同应被实验室和客户双方接受。客户要求的偏离不应影响实验室的诚信或结果的有效性	4.4.1 实验室应建立和保持评审客户要求、标书和合同的程序。这些为签订检测和/或校准合同而进行评审的政策和程序应确保：	—	

（续）

CNAS-CL01:2018《检测和校准实验室能力认可准则》（ISO/IEC 17025:2017）	CNAS-CL01:2006《检测和校准实验室能力认可准则》（ISO/IEC 17025:2005）	CNAS-CL01-G001:2018《CNAS-CL01〈检测和校准实验室能力认可准则〉应用要求》	CNAS-CL01-A025:2018《检测和校准实验室能力认可准则在校准领域的应用说明》
7.1.4　要求或标书与合同之间的任何差异，应在实施实验室活动前解决。每项合同应被实验室和客户双方接受。客户要求的偏离不应影响实验室的诚信或结果的有效性	a）对包括所用方法在内的要求应予充分规定，形成文件，并易于理解（见5.4.2） b）实验室有能力和资源满足这些要求 c）选择适当的、能满足客户要求的检测和/或校准方法（见5.4.2） 客户的要求或标书与合同之间的任何差异，应在工作开始之前得到解决。每项合同应得到实验室和客户双方的接受 注1：对要求、标书和合同的评审应当以可行和有效的方式进行，并考虑财务、法律和时间安排等方面的影响。对内部客户的要求、标书和合同的评审可以简化方式进行 注2：对实验室能力的评审，应当证实实验室具备了必要的物力、人力和信息资源，且实验室人员对所从事的检测和/或校准具有必要的技能和专业技术。该评审也可包括以前参加的实验室间比对或能力验证的结果和/或为确定测量不确定度、检出限、置信限等而使用的已知值样品或物品所做的试验性检测或校准计划的结果 注3：合同可以是为客户提供检测和/或校准服务的任何书面的或口头的协议	—	—
7.1.5　与合同的任何偏离应通知客户	4.4.4　对合同的任何偏离均应通知客户	—	—
7.1.6　如果工作开始后修改合同，应重新进行合同评审，并将修改内容通知所有受到影响的人员	4.4.5　工作开始后如果需要修改合同，应重复进行同样的合同评审过程，并将所有修改内容通知所有受到影响的人员	—	—

（续）

CNAS-CL01:2018《检测和校准实验室能力认可准则》（ISO/IEC 17025:2017）	CNAS-CL01:2006《检测和校准实验室能力认可准则》（ISO/IEC 17025:2005）	CNAS-CL01-G001:2018《CNAS-CL01〈检测和校准实验室能力认可准则〉应用要求》	CNAS-CL01-A025:2018《检测和校准实验室能力认可准则在校准领域的应用说明》
7.1.7 在澄清客户要求和允许客户监控其相关工作表现方面，实验室应与客户或其代表合作 注：这种合作可包括： a）允许客户合理进入实验室相关区域，以见证与该客户相关的实验室活动 b）客户出于验证目的所需物品的准备、包装和发送	4.7.1 在确保其他客户机密的前提下，实验室应在明确客户要求、监视实验室中与工作相关操作方面积极与客户或其代表合作 注1：这种合作可包括： a）允许客户或其代表合理进入实验室的相关区域直接观察为其进行的检测和/或校准 b）客户出于验证目的所需的检测和/或校准物品的准备、包装和发送 注2：客户非常重视与实验室保持技术方面的良好沟并获得建议和指导，以及根据结果得出的意见和解释。实验室在整个工作过程中，应当与客户尤其是大宗业务客户保持沟通。实验室应当将检测和/或校准过程中的任何延误或主要偏离通知客户	7.1.7 必要时，实验室应给客户提供充分说明，以便客户在申请检测或校准项目时能更加适合自身的需求与用途	—
7.1.8 实验室应保存评审记录，包括任何重大变化的评审记录。针对客户要求或实验室活动结果与客户的讨论，也应作为记录予以保存	4.4.2 应保存包括任何重大变化在内的评审的记录。在执行合同期间，就客户的要求或工作结果与客户进行讨论的有关记录，也应予以保存 注：对例行和其他简单任务的评审，由实验室中负责合同工作的人员注明日期并加以标识（如签名缩写）即可。对于重复性的例行工作，如果客户要求不变，仅需在初期调查阶段，或在与客户的总协议下对持续进行的例行工作合同批准时进行评审。对于新的、复杂的或先进的检测和/或校准任务，则应当保存更为全面的记录	—	—

（续）

CNAS-CL01:2018《检测和校准实验室能力认可准则》（ISO/IEC 17025:2017）	CNAS-CL01:2006《检测和校准实验室能力认可准则》（ISO/IEC 17025:2005）	CNAS-CL01-G001:2018《CNAS-CL01〈检测和校准实验室能力认可准则〉应用要求》	CNAS-CL01-A025:2018《检测和校准实验室能力认可准则在校准领域的应用说明》
7.2 方法的选择、验证和确认 7.2.1 方法的选择和验证 7.2.1.1 实验室应使用适当的方法和程序开展所有实验室活动，适当时，包括测量不确定度的评定以及使用统计技术进行数据分析。 注：本准则所用"方法"可视为是 ISO/IEC 指南 99 定义的"测量程序"的同义词。	5.4 检测和校准方法及方法的确认 5.4.1 总则 实验室应使用适合的方法和程序进行所有检测和/或校准，包括被检测和/或校准物品的抽样、处理、运输、存储和准备，适当时，还应包括测量不确定度的评定和分析检测和/或校准数据的统计技术 如果缺少指导书可能影响检测和/或校准结果，实验室应具有所有相关设备的使用和操作指导书以及处置、准备检测和/或校准物品的指导书，或者二者兼有。所有与实验室工作有关的指导书、标准、手册和参考资料应保持现行有效并易于员工取阅（见4.3）。对检测和校准方法的偏离，仅应在该偏离已被文件规定、经技术判断、授权和客户接受的情况	7.2 方法的选择、验证和确认 7.2.1 方法的选择和验证 7.2.1.1 实验室应对使用的检测或校准方法实施有效的控制与管理，明确每种新方法投入使用的时间，并及时跟进检测或校准技术的发展，定期评审方法能否满足检测或校准需求	7.2 方法的选择、验证和确认 7.2.1 方法的选择和验证 7.2.1.1 实验室应对采用的校准方法建立控制清单，并根据校准方法的变化及校准工作的需要及时修订该清单。该清单应至少包含以下信息： ——校准方法的名称、编号和版本号（如发布年号、修订标识等类似信息） ——校准方法批准（包括自行批准）使用的日期 ——清单的修订记录（包括对方法的变更、增加和停用等） 清单修订的记录应长期保存 注：本条中的"清单"可以是单独的文件，也可以包含在其他文件中；可以是纸质的，也可以是电子方式的
7.2.1.2 所有方法、程序和支持文件，例如与实验室活动相关的指导书、标准、手册和参考数据，应保持现行有效并易于人员取阅（见8.3）	下才允许发生 注：如果国际的、区域的或国家的标准，或其他公认的规范已包含了如何进行检测和/或校准的简明和充分信息，并且这些标准是以可被实验室操作人员作为公开文件使用的方式书写时，则不需再进行补充或改写为内部程序。对方法中的可选择步骤，可能有必要制定附加细则或补充文件	—	—

（续）

CNAS-CL01:2018《检测和校准实验室能力认可准则》（ISO/IEC 17025:2017）	CNAS-CL01:2006《检测和校准实验室能力认可准则》（ISO/IEC 17025:2005）	CNAS-CL01-G001:2018《CNAS-CL01〈检测和校准实验室能力认可准则〉应用要求》	CNAS-CL01-A025:2018《检测和校准实验室能力认可准则在校准领域的应用说明》
7.2.1.3 实验室应确保使用最新有效版本的方法，除非不合适或不可能做到。必要时，应补充方法使用的细则以确保应用的一致性	5.4.2 方法的选择 实验室应采用满足客户需求并适用于所进行的检测和/或校准的方法，包括抽样的方法。应优先使用以国际、区域或国家标准发布的方法。实验室应确保使用标准的最新有效版本，除非该版本不适宜或不可能使用。必要时，应采用附加细则对标准加以补充，以确保应用的一致性 当客户未指定所用方法时，实验室应选择以国际、区域或国家标准发布的，或由知名的技术组织或有关科学书籍和期刊公布的，或由设备制造商指定的方法。实验室制定的或采用的方法如能满足预期用途并经过确认，也可使用。所选用的方法应通知客户。在引入检测或校准之前，实验室应证实能够正确地运用这些标准方法。如果标准方法发生了变化，应重新进行证实 当认为客户建议的方法不适合或已过期时，实验室应通知客户	7.2.1.3 对于标准方法，应定期跟踪标准的制修订情况，及时采用最新版本标准	7.2.1.3 依据"检定规程"进行校准时，由于"校准项目"一般情况下不等同于"检定项目"，因此，必要时实验室应编制补充文件（如××校准作业指导书、××校准细则），对校准项目、校准方法（程序）、测量标准、原始记录格式等予以规定 注1：一般情况下，校准项目应限于被校设备的"计量（测量）特性"相关的项目 注2：当"××校准作业指导书"、"××校准细则"仅作为对校准方法的补充文件时，应与相关校准方法同时使用
注：如果国际、区域或国家标准，或其他公认的规范文本包含了实施实验室活动充分且简明的信息，并便于实验室操作人员使用时，则不需再进行补充或改写为内部程序。可能有必要制定实施细则，或对方法中的可选择步骤提供补充文件	5.4.1 总则 …… 注：如果国际的、区域的或国家的标准，或其他公认的规范已包含了如何进行检测和/或校准的简明和充分信息，并且这些标准是以可被实验室操作人员作为公开文件使用的方式书写时，则不需再进行补充或改写为内部程序。对方法中的可选择步骤，可能有必要制定附加细则或补充文件	—	—

（续）

CNAS-CL01:2018《检测和校准实验室能力认可准则》（ISO/IEC 17025:2017）	CNAS-CL01:2006《检测和校准实验室能力认可准则》（ISO/IEC 17025:2005）	CNAS-CL01-G001:2018《CNAS-CL01〈检测和校准实验室能力认可准则〉应用要求》	CNAS-CL01-A025:2018《检测和校准实验室能力认可准则在校准领域的应用说明》
7.2.1.4 当客户未指定所用的方法时，实验室应选择适当的方法并通知客户。推荐使用以国际标准、区域标准或国家标准发布的方法，或由知名技术组织或有关科技文献或期刊中公布的方法，或设备制造商规定的方法。实验室制定或修改的方法也可使用	5.4.2 方法的选择 实验室应采用满足客户需求并适用于所进行的检测和/或校准的方法，包括抽样的方法。应优先使用以国际、区域或国家标准发布的方法。实验室应确保使用标准的最新有效版本，除非该版本不适宜或不可能使用。必要时，应采用附加细则对标准加以补充，以确保应用的一致性 当客户未指定所用方法时，实验室应选择以国际、区域或国家标准发布的，或由知名的技术组织或有关科学书籍和期刊公布的，或由设备制造商指定的方法。实验室制定的或采用的方法如能满足预期用途并经过确认，也可使用。所选用的方法应通知客户。在引入检测或校准之前，实验室应证实能够正确地运用这些标准方法。如果标准方法发生了变化，应重新进行证实 当认为客户建议的方法不适合或已过期时，实验室应通知客户	—	—
7.2.1.5 实验室在引入方法前，应验证能够正确地运用该方法，以确保实现所需的方法性能。应保存验证记录。如果发布机构修订了方法，应依据方法变化的内容重新进行验证		7.2.1.5 在引入检测或校准方法之前，实验室应对其能否正确运用这些标准方法的能力进行验证，验证不仅需要识别相应的人员、设施和环境、设备等，还应通过试验证明结果的准确性和可靠性，如精密度、线性范围、检出限和定量限等方法特性指标，必要时应进行实验室间比对	
7.2.1.6 当需要开发方法时，应予以策划，指定具备能力的人员，并为其配备足够的资源。在方法开发的过程中，应进行定期评审，以确定持续满足客户需求。开发计划的任何变更应得到批准和授权	5.4.3 实验室制定的方法 实验室为其应用而制定检测和校准方法的过程应是有计划的活动，并应指定具有足够资源的有资格的人员进行 计划应随方法制定的进度加以更新，并确保所有有关人员之间的有效沟通 …… 5.4.5.3 …… …… 注2：在方法制定过程中，需进行定期的评审，以证实客户的需求仍得到满足。要求中的认可变更需要对方法制定计划进行调整时，应当得到批准和授权	—	7.2.1.6 实验室制定的校准方法，应至少包含以下适用的内容： a）文件编号及版本号 b）适用范围 c）校准方法所用的测量方法（或测量原理） d）校准的量（或参数）及其测量范围 e）使用的测量标准及辅助设备的名称、主要技术性能要求。必要时可包含测量标准的溯源要求或途径等内容 f）对环境条件和工作条件的要求，如温度、电源等的要求 g）校准前的准备，如标准设备或被校设备开机预热的要求等 h）校准程序的内容，包括：

（续）

CNAS-CL01：2018《检测和校准实验室能力认可准则》（ISO/IEC 17025：2017）	CNAS-CL01：2006《检测和校准实验室能力认可准则》（ISO/IEC 17025：2005）	CNAS-CL01-G001：2018《CNAS-CL01〈检测和校准实验室能力认可准则〉应用要求》	CNAS-CL01-A025：2018《检测和校准实验室能力认可准则在校准领域的应用说明》
		—	——校准开始前对被校设备进行的正常性检查的要求及方法 ——校准步骤以及操作方法 ——对观察结果和校准数据记录的要求 ——校准时应遵循的安全措施 ——数据处理的要求和方法 ——需要时，应包含对符合性判定、校准间隔确定的原则和方法 ——不确定度的评定方法或程序 注：实验室制定校准方法时可参考 JJF 1071《国家计量校准规范编写规则》
7.2.1.7 对所有实验室活动方法的偏离，应事先将该偏离形成文件，经技术判断，获得授权并被客户接受。 注：客户接受偏离可以事先在合同中约定	5.4.1 总则 实验室应使用适合的方法和程序进行所有检测和/或校准，包括被检测和/或校准物品的抽样、处理、运输、存储和准备，适当时，还应包括测量不确定度的评定和分析检测和/或校准数据的统计技术 如果缺少指导书可能影响检测和/或校准结果，实验室应具有所有相关设备的使用和操作指导书以及处置、准备检测和/或校准物品的指导书，或者二者兼有。所有与实验室工作有关的指导书、标准、手册和参考资料应保持现行有效并易于员工取阅（见4.3）。对检测和校准方法的偏离，仅应在该偏离已被文件规定、经技术判断、授权和客户接受的情况下才允许发生 注：如果国际的、区域的或国家的标准，或其他公认的规范已包含了如何进行检测和/或校准的简明和充分信息，并且这些标准是以可被实验室操作人员作为公开文件使用的方式书写时，则不需再进行补充或改写为内部程序。对方法中的可选择步骤，可能有必要制定附加细则或补充文件	—	7.2.1.7 实验室不应由于其测量标准的技术性能低于相关规范或校准方法的要求而发生偏离；设施、环境条件、校准操作方法等与相关规范和校准方法的规定不一致而发生偏离时，仅应在该偏离已被文件规定、经技术判断、授权和客户接受的情况下才允许发生 附录 A A.7.2.1.7 当现场校准偏离标准方法（检定规程或校准规范）或实验室制定的方法时，偏离的程度不应超出实验室预先制定的文件，并在实施校准前征得客户同意。对校准方法的偏离应仅限因客户现场的客观条件限制而发生，且不应影响校准结果的有效性。如有温度平衡时间要求的校准项目（如直流电阻器），应在校准前将测量标准和被校设备在规定的校准环境下放置规定时间后，方可开始校准。这一要求的实施通常不受现场客观条件限制，不应省略

（续）

CNAS-CL01:2018《检测和校准实验室能力认可准则》（ISO/IEC 17025:2017）	CNAS-CL01:2006《检测和校准实验室能力认可准则》（ISO/IEC 17025:2005）	CNAS-CL01-G001:2018《CNAS-CL01〈检测和校准实验室能力认可准则〉应用要求》	CNAS-CL01-A025:2018《检测和校准实验室能力认可准则在校准领域的应用说明》
7.2.2　方法确认 7.2.2.1　实验室应对非标准方法、实验室开发的方法、超出预定范围使用的标准方法，或其他修改的标准方法进行确认。确认应尽可能全面，以满足预期用途或应用领域的需要 注1：确认可包括检测或校准物品的抽样、处置和运输程序	5.4.5　方法的确认 5.4.5.2　实验室应对非标准方法、实验室设计（制定）的方法、超出其预定范围使用的标准方法、扩充和修改过的标准方法进行确认，以证实该方法适用于预期的用途。确认应尽可能全面，以满足预定用途或应用领域的需要。实验室应记录所获得的结果、使用的确认程序以及该方法是否适合预期用途的声明 注1：确认可包括对抽样、处置和运输程序的确认		
注2：可用以下一种或多种技术进行方法确认： a）使用参考标准或标准物质进行校准或评估偏倚和精密度 b）对影响结果的因素进行系统性评审 c）通过改变受控参数（如培养箱温度、加样体积等）来检验方法的稳健度 d）与其他已确认的方法进行结果比对 e）实验室间比对 f）根据对方法原理的理解以及抽样或检测方法的实践经验，评定结果的测量不确定度	5.4.5.2…… …… 注2：用于确定某方法性能的技术应当是下列之一，或是其组合： ——使用参考标准或标准物质（参考物质）进行校准 ——与其他方法所得的结果进行比较 ——实验室间比对 ——对影响结果的因素作系统性评审 ——根据对方法的理论原理和实践经验的科学理解，对所得结果不确定度进行的评定	—	—
7.2.2.2　当修改已确认过的方法时，应确定这些修改的影响。当发现影响原有的确认时，应重新进行方法确认	5.4.5.2　…… …… 注3：当对已确认的非标准方法作某些改动时，应当将这些改动的影响制订成文件，适当时应当重新进行确认	—	—

（续）

CNAS-CL01：2018《检测和校准实验室能力认可准则》（ISO/IEC 17025：2017）	CNAS-CL01：2006《检测和校准实验室能力认可准则》（ISO/IEC 17025：2005）	CNAS-CL01-G001：2018《CNAS-CL01〈检测和校准实验室能力认可准则〉应用要求》	CNAS-CL01-A025：2018《检测和校准实验室能力认可准则在校准领域的应用说明》
7.2.2.3 当按预期用途评估被确认方法的性能特性时，应确保与客户需求相关，并符合规定要求 注：方法性能特性可包括但不限于：测量范围、准确度、结果的测量不确定度、检出限、定量限、方法的选择性、线性、重复性或复现性、抵御外部影响的稳健度或抵御来自样品或测试物基体干扰的交互灵敏度以及偏倚	5.4.5.3 按预期用途进行评价所确认的方法得到的值的范围和准确度，应与客户的需求紧密相关。这些值诸如：结果的不确定度、检出限、方法的选择性、线性、重复性限和/或复现性限、抵御外来影响的稳健度和/或抵御来自样品（或检测物）基体干扰的交互灵敏度 注1：确认包括对要求的详细说明、对方法特性量的测定、对利用该方法能满足要求的核查以及对有效性的声明 注2：在方法制定过程中，需进行定期的评审，以证实客户的需求仍能得到满足。要求中的认可变更需要对方法制定计划进行调整时，应当得到批准和授权 注3：确认通常是成本、风险和技术可行性之间的一种平衡。许多情况下，由于缺乏信息，数值（如：准确度、检出限、选择性、线性、重复性、复现性、稳健度和交互灵敏度）的范围和不确定度只能以简化的方式给出	—	—
7.2.2.4 实验室应保存以下方法确认记录： a）使用的确认程序；	5.4.5.2 实验室应对非标准方法、实验室设计（制定）的方法、超出其预定范围使用的标准方法、扩充和修改过的标准方法进行确认，以证实该方法适用于预期的用途。确认应尽可能全面，以满足预定用途或应用领域的需要 实验室应记录所获得的结果、使用的确认程序以及该方法是否适合预期用途的声明 注1：确认可包括对抽样、处置和运输程序的确认 注2：用于确定某方法性能的技术应当是下列之一，或是其组合：	—	—

（续）

CNAS-CL01:2018《检测和校准实验室能力认可准则》（ISO/IEC 17025:2017）	CNAS-CL01:2006《检测和校准实验室能力认可准则》（ISO/IEC 17025:2005）	CNAS-CL01-G001:2018《CNAS-CL01〈检测和校准实验室能力认可准则〉应用要求》	CNAS-CL01-A025:2018《检测和校准实验室能力认可准则在校准领域的应用说明》
	——使用参考标准或标准物质（参考物质）进行校准 ——与其他方法所得的结果进行比较 ——实验室间比对 ——对影响结果的因素作系统性评审 ——根据对方法的理论原理和实践经验的科学理解，对所得结果不确定度进行的评定 注3：当对已确认的非标准方法作某些改动时，应当将这些改动的影响制订成文件，适当时应当重新进行确认		
b）要求的详细说明 c）方法性能特性的确定	5.4.5.3 …… …… 注1：确认包括对要求的详细说明、对方法特性量的测定、对利用该方法能满足要求的核查以及对有效性的声明		
d）获得的结果 e）方法有效性声明，并详述与预期用途的适宜性	5.4.5.2 实验室应对非标准方法、实验室设计（制定）的方法、超出其预定范围使用的标准方法、扩充和修改过的标准方法进行确认，以证实该方法适用于预期的用途。确认应尽可能全面，以满足预定用途或应用领域的需要。实验室应记录所获得的结果、使用的确认程序以及该方法是否适合预期用途的声明 注1：确认可包括对抽样、处置和运输程序的确认 注2：用于确定某方法性能的技术应当是下列之一，或是其组合： ——使用参考标准或标准物质（参考物质）进行校准 ——与其他方法所得的结果进行比较 ——实验室间比对 ——对影响结果的因素作系统性评审 ——根据对方法的理论原理和实践经验的科学理解，对所得结果不确定度进行的评定 注3：当对已确认的非标准方法作某些改动时，应当将这些改动的影响制订成文件，适当时应当重新进行确认	—	—

(续)

CNAS-CL01:2018《检测和校准实验室能力认可准则》（ISO/IEC 17025:2017）	CNAS-CL01:2006《检测和校准实验室能力认可准则》（ISO/IEC 17025:2005）	CNAS-CL01-G001:2018《CNAS-CL01〈检测和校准实验室能力认可准则〉应用要求》	CNAS-CL01-A025:2018《检测和校准实验室能力认可准则在校准领域的应用说明》
7.3　抽样 7.3.1　当实验室为后续检测或校准对物质、材料或产品实施抽样时，应有抽样计划和方法。抽样方法应明确需要控制的因素，以确保后续检测或校准结果的有效性。在抽样地点应能得到抽样计划和方法。只要合理，抽样计划应基于适当的统计方法 说明：本准则中，抽样包含采样和取样	5.7　抽样 5.7.1　实验室为后续检测或校准而对物质、材料或产品进行抽样时，应有用于抽样的抽样计划和程序。抽样计划和程序在抽样的地点应能够得到。只要合理，抽样计划应根据适当的统计方法制定。抽样过程应注意需要控制的因素，以确保检测和校准结果的有效性 注1：抽样是取出物质、材料或产品的一部分作为其整体的代表性样品进行检测或校准的一种规定程序。抽样也可能是由检测或校准该物质、材料或产品的相关规范要求的。某些情况下（如法庭科学分析），样品可能不具备代表性，而是由其可获性所决定	7.3　抽样 7.3.1a）如果实验室仅进行抽样，而不从事后续的检测或校准活动，CNAS 将不认可该抽样项目 b）实验室如需从客户提供的样品中取出部分样品进行后续的检测或校准活动时，应有书面的取样程序或记录，并确保样品的均匀性和代表性 注：抽样除包含从一个批次抽取样品的活动外，还包含检测领域常用的概念"采样"和"取样"	7.3　抽样
7.3.2　抽样方法应描述： a）样品或地点的选择 b）抽样计划 c）从物质、材料或产品中取得样品的制备和处理，以作为后续检测或校准的物品 注：实验室接收样品后，进一步处置要求见7.4的规定	5.7.1　…… …… 注2：抽样程序应当对取自某个物质、材料或产品的一个或多个样品的选择、抽样计划、提取和制备进行描述，以提供所需的信息	—	—
7.3.3　实验室应将抽样数据作为检测或校准工作记录的一部分予以保存。相关时，这些记录应包括以下信息： a）所用的抽样方法	5.7.3　当抽样作为检测或校准工作的一部分时，实验室应有程序记录与抽样有关的资料和操作。这些记录应包括所用的抽样程序、抽样人的识别、环境条件（如果相关）、必要时有抽样位置的图示或其他等效方法，如果合适，还应包括抽样程序所依据的统计方法		
b）抽样日期和时间 c）识别和描述样品的数据（如编号、数量和名称）	—	—	—
d）抽样人的识别	5.7.3　当抽样作为检测或校准工作的一部分时，实验室应有程序记录与抽样有关的资料和操作。这些记录应包括所用的抽样程序、抽样人的识别、环境条件（如果相关）、必要时有抽样位置的图示或其他等效方法，如果合适，还应包括抽样程序所依据的统计方法		

（续）

CNAS-CL01:2018《检测和校准实验室能力认可准则》（ISO/IEC 17025:2017）	CNAS-CL01:2006《检测和校准实验室能力认可准则》（ISO/IEC 17025:2005）	CNAS-CL01-G001:2018《CNAS-CL01〈检测和校准实验室能力认可准则〉应用要求》	CNAS-CL01-A025:2018《检测和校准实验室能力认可准则在校准领域的应用说明》
e）所用设备的识别	—		
f）环境或运输条件 g）适当时，标识抽样位置的图示或其他等效方式	5.7.3 当抽样作为检测或校准工作的一部分时，实验室应有程序记录与抽样有关的资料和操作。这些记录应包括所用的抽样程序、抽样人的识别、环境条件（如果相关）、必要时有抽样位置的图示或其他等效方法，如果合适，还应包括抽样程序所依据的统计方法	—	—
h）对抽样方法和抽样计划的偏离或增减	5.7.2 当客户对文件规定的抽样程序有偏离、添加或删节的要求时，应详细记录这些要求和相关的抽样资料，并记入包含检测和/或校准结果的所有文件中，同时告知相关人员		
7.4 检测或校准物品的处置 7.4.1 实验室应有运输、接收、处置、保护、存储、保留、清理或返还检测或校准物品的程序，包括为保护检测或校准物品的完整性以及实验室与客户利益需要的所有规定。在处置、运输、保存/等候和制备过程中，应注意避免物品变质、污染、丢失或损坏。应遵守随物品提供的操作说明	5.8 检测和校准物品（样品）的处置 5.8.1 实验室应有用于检测和/或校准物品的运输、接收、处置、保护、保留和/或清理的程序，包括为保护检测和/或校准物品的完整性以及实验室与客户利益所需的全部条款 5.8.4 实验室应有程序和适当的设施避免检测或校准物品在存储、处置和准备过程中发生退化、丢失或损坏。应遵守随物品提供的处理说明。当物品需要被存放或在规定的环境条件下养护时，应保持、监控和记录这些条件。当一个检测或校准物品或其一部分需要安全保护时，实验室应对存放和安全做出安排，以保护该物品或其有关部分的状态和完整性 注1：在检测之后要重新投入使用的测试物，需特别注意确保物品的处置、检测或存储/等待过程中不被破坏或损伤 注2：应当向负责抽样和运输样品的人员提供抽样程序，及有关样品存储和运输的信息，包括影响检测或校准结果的抽样因素的信息 注3：维护检测或校准样品安全的原因可能出自记录、安全或价值的原因，或是为了日后进行补充的检测和/或校准	7.4 检测或校准物品的处置 7.4.1 已检测或校准过的样品处理程序应保障客户的信息安全，确保客户的所有权和专利权。适当时，实验室应在合同评审时明确对样品的处理方式	7.4 检测或校准物品的处置 7.4.1 被校测量设备的操作面板以及其他外部可触及的部位上如果有调整装置（如调校器），且该装置仅限在校准时调整，实验室在校准完成后，无论校准时是否调整该装置，应对该装置采取适当的措施以防止其被意外调整。这些措施应能提示接触或使用设备的人不得调整或改动相关调整装置，以及在下次校准时能够识别设备是否已被调整。这些措施不应破坏相关调整装置 注1：对于有些仪器，使用时本身就需要操作人员进行调整，则上述要求不适用。如某些仪器使用前对指针零位的调整 注2：本条中的"措施"，包含诸如封印、漆封、封签、铅封等

（续）

CNAS-CL01：2018《检测和校准实验室能力认可准则》（ISO/IEC 17025：2017）	CNAS-CL01：2006《检测和校准实验室能力认可准则》（ISO/IEC 17025：2005）	CNAS-CL01-G001：2018《CNAS-CL01〈检测和校准实验室能力认可准则〉应用要求》	CNAS-CL01-A025：2018《检测和校准实验室能力认可准则在校准领域的应用说明》
7.4.2　实验室应有清晰标识检测或校准物品的系统。物品在实验室负责的期间内应保留该标识。标识系统应确保物品在实物上、记录或其他文件中不被混淆。适当时，标识系统应包含一个物品或一组物品的细分和物品的传递	5.8.2　实验室应具有检测和/或校准物品的标识系统。物品在实验室的整个期间内应保留该标识。标识系统的设计和使用应确保物品不会在实物上或在涉及的记录和其他文件中混淆。如果合适，标识系统应包含物品群组的细分和物品在实验室内外部的传递	7.4.2　通常情况下，样品标识不应粘贴在容易与盛装样品容器分离的部件上，如容器盖，因其可能会导致样品的混淆	7.4.2　实验室加贴在校准物品上的标识（标签），不应影响被校准物品的使用
			附录A A.7.4.2　实验室的校准样品的标识系统应包含对现场校准的要求，如使用某种简化的方式。应确保被校物品不会在实物、记录和报告中混淆 注：当被校样品自身具有清晰的标牌、编号等易于唯一性识别的特征时，校准记录和证书中可记录和利用这些信息，这种情况下，现场校准可不使用实验室的标识系统
7.4.3　接收检测或校准物品时，应记录与规定条件的偏离。当对物品是否适于检测或校准有疑问，或当物品不符合所提供的描述时，实验室应在开始工作之前询问客户，以得到进一步的说明，并记录询问的结果。当客户知道偏离了规定条件仍要求进行检测或校准时，实验室应在报告中做出免责声明，并指出偏离可能影响的结果	5.8.3　在接收检测或校准物品时，应记录异常情况或对检测或校准方法中所述正常（或规定）条件的偏离。当对物品是否适合于检测或校准存有疑问，或当物品不符合所提供的描述，或对所要求的检测或校准规定得不够详尽时，实验室应在开始工作之前询问客户，以得到进一步的说明，并记录下讨论的内容 5.7.2　当客户对文件规定的抽样程序有偏离、添加或删节的要求时，应详细记录这些要求和相关的抽样资料，并记入包含检测和/或校准结果的所有文件中，同时告知相关人员	—	—

（续）

CNAS-CL01:2018《检测和校准实验室能力认可准则》（ISO/IEC 17025:2017）	CNAS-CL01:2006《检测和校准实验室能力认可准则》（ISO/IEC 17025:2005）	CNAS-CL01-G001:2018《CNAS-CL01〈检测和校准实验室能力认可准则〉应用要求》	CNAS-CL01-A025:2018《检测和校准实验室能力认可准则在校准领域的应用说明》
7.4.4 如物品需要在规定环境条件下储存或状态调置时，应保持、监控和记录这些环境条件	5.8.4 实验室应有程序和适当的设施避免检测或校准物品在存储、处置和准备过程中发生退化、丢失或损坏。应遵守随物品提供的处理说明。当物品需要被存放或在规定的环境条件下养护时，应保持、监控和记录这些条件。当一个检测或校准物品或其一部分需要安全保护时，实验室应对存放和安全做出安排，以保护该物品或其有关部分的状态和完整性 注1：在检测之后要重新投入使用的测试物，需特别注意确保物品的处置、检测或存储/等待过程中不被破坏或损伤 注2：应当向负责抽样和运输样品的人员提供抽样程序，及有关样品存储和运输的信息，包括影响检测或校准结果的抽样因素的信息 注3：维护检测或校准样品安全的原因可能出自记录、安全或价值的原因，或是为了日后进行补充的检测和/或校准	—	—
7.5 技术记录 7.5.1 实验室应确保每一项实验室活动的技术记录包含结果、报告和足够的信息，以便在可能时识别影响测量结果及其测量不确定度的因素，并确保能在尽可能接近原条件的情况下重复该实验室活动。技术记录应包括每项实验室活动以及审查数据结果的日期和责任人。原始的观察结果、数据和计算应在观察或获得时予以记录，并应按特定任务予以识别	4.13.2 技术记录 4.13.2.1 实验室应将原始观察、导出资料和建立审核路径的充分信息的记录、校准记录、员工记录以及发出的每份检测报告或校准证书的副本按规定的时间保存。每项检测或校准的记录应包含充分的信息，以便在可能时识别不确定度的影响因素，并确保该检测或校准在尽可能接近原条件的情况下能够重复。记录应包括负责抽样的人员、每项检测和/或校准的操作人员和结果校核人员的标识 注1：在某些领域，保留所有的原始观察记录也许是不可能或不实际的	7.5 技术记录 7.5.1 a）实验室应确保能方便获得所有的原始记录和数据，记录的详细程度应确保在尽可能接近条件的情况下能够重复实验室活动。只要适用，记录内容应包括但不限于以下信息： • 样品描述 • 样品唯一性标识 • 所用的检测、校准和抽样方法 • 环境条件，特别是实验室以外的地点实施的实验室活动 • 所用设备和标准物质的信息，包括使用客户的设备 • 检测或校准过程中的原始观察记录以及根据观察结果所进行的计算	7.5 技术记录 7.5.1a）校准记录应包含所用测量标准的名称、唯一性编号、溯源信息、校准条件等必要的信息 b）校准人员的校准结果必须经过校核人员的核验 注：校准人员不应作为校核人员核验自己的工作 附录A A.7.5.1 实验室应有适当措施确保现场校准的相关记录真实可靠，并保留现场校准期间形成的原始观察数据及相关记录

（续）

CNAS-CL01:2018《检测和校准实验室能力认可准则》（ISO/IEC 17025:2017）	CNAS-CL01:2006《检测和校准实验室能力认可准则》（ISO/IEC 17025:2005）	CNAS-CL01-G001:2018《CNAS-CL01〈检测和校准实验室能力认可准则〉应用要求》	CNAS-CL01-A025:2018《检测和校准实验室能力认可准则在校准领域的应用说明》
	注2：技术记录是进行检测和/或校准所得数据（见5.4.7）和信息的累积，它们表明检测和/或校准是否达到了规定的质量或规定的过程参数。技术记录可包括表格、合同、工作单、工作手册、核查表、工作笔记、控制图、外部和内部的检测报告及校准证书、客户信函、文件和反馈 4.13.2.2 观察结果、数据和计算应在产生的当时予以记录，并能按照特定任务分类识别	• 实施实验室活动的人员 • 实施实验室活动的地点（如果未在实验室固定地点实施） • 检测报告或校准证书的副本 • 其他重要信息 注：检测报告或校准证书的副本是指实验室发给客户的报告或证书版本的副本，可以是纸质版本或不可更改的电子版本，其中应包含报告或证书的签发人、认可标识（如使用）等信息 b）实验室应在记录表格中或成册的记录本上保存检测或校准的原始数据和信息，也可直接录入信息管理系统中，也可以是设备或信息系统自动采集的数据。对自动采集或直接录入信息管理系统中的数据的任何更改，应满足7.5.2的要求 注1：原始记录为试验人员在试验过程中记录的原始观察数据和信息，而不是试验后所誊抄的数据。当需要另行整理或誊抄时，应保留对应的原始记录 注2：实验室不能随意用一页白纸来保存原始记录	
7.5.2 实验室应确保技术记录的修改可以追溯到前一个版本或原始观察结果。应保存原始的以及修改后的数据和文档，包括修改的日期、标识修改的内容和负责修改的人员	4.13.2.3 当记录中出现错误时，每一错误应划改，不可擦涂掉，以免字迹模糊或消失，并将正确值填写在其旁边。对记录的所有改动应有改动人的签名或签名缩写。对电子存储的记录也应采取同等措施，以避免原始数据的丢失或改动	—	7.5.2 a）当用电子方式储存记录时，对记录的修改应由授权人员进行，并记录修改人、修改时间、修改前和修改后的内容，必要时，应注明修改的原因 b）当使用电子方式记录或（和）存储原始记录时，应满足以下要求： 1）自动校准或测量（装置）系统通过电子等自动方式生成的原始记录，应有措施防止其被人为地修改 2）校准过程中，将原始观察数据经人工直接输入到计算机或其他自动存储设备中生成的原始记录，一般情况下，应由原校准人员或其授权的人员修改

（续）

CNAS-CL01:2018《检测和校准实验室能力认可准则》（ISO/IEC 17025:2017）	CNAS-CL01:2006《检测和校准实验室能力认可准则》（ISO/IEC 17025:2005）	CNAS-CL01-G001:2018《CNAS-CL01〈检测和校准实验室能力认可准则〉应用要求》	CNAS-CL01-A025:2018《检测和校准实验室能力认可准则在校准领域的应用说明》
		—	3）先在纸质材料上记录原始观察数据，再输入计算机或其他自动存储设备中生成的校准记录，应同时保存原纸质记录或通过扫描、复印、照相等方式转化为电子记录保存
7.6 测量不确定度的评定 7.6.1 实验室应识别测量不确定度的贡献。评定测量不确定度时，应采用适当的分析方法考虑所有显著贡献，包括来自抽样的贡献	5.4.6 测量不确定度的评定 …… 5.4.6.3 在评定测量不确定度时，对给定情况下的所有重要不确定度分量，均应采用适当的分析方法加以考虑 注1：不确定度的来源包括（但不限于）所用的参考标准和标准物质（参考物质）、方法和设备、环境条件、被检测或校准物品的性能和状态以及操作人员 注2：在评定测量不确定度时，通常不考虑被检测和/或校准物品预计的长期性能 注3：进一步信息参见ISO 5725和"测量不确定度表述指南"（见参考文献）	7.6 测量不确定度的评定	附录A A.7.6.1 需要时，应对现场校准结果的测量不确定度进行评定，如所用标准设备不同、设施和环境条件不同等，应识别这些不确定度的来源并评估其对校准结果不确定度的影响
7.6.2 开展校准的实验室，包括校准自有设备的实验室，应评定所有校准的测量不确定度	5.4.6.1 校准实验室或进行自校准的检测实验室，对所有的校准和各种校准类型都应具有并应用评定测量不确定度的程序	—	—
7.6.3 开展检测的实验室应评定测量不确定度。当由于检测方法的原因难以严格评定测量不确定度时，实验室应基于对理论原理的理解或使用该方法的实践经验进行评估	5.4.6.2 检测实验室应具有并应用评定测量不确定度的程序。某些情况下，检测方法的性质会妨碍对测量不确定度进行严密的计量学和统计学上的有效计算。这种情况下，实验室至少应努力找出不确定度的所有分量且做出合理评定，并确保结果的报告方式不会对不确定度造成错觉。合理的评定应依据对方法特性的理解和测量范围，并利用诸如过去的经验和确认的数据 注1：测量不确定度评定所需的严密程度取决于某些因素，诸如： ——检测方法的要求 ——客户的要求 ——据以做出满足某规范决定的窄限	—	—

（续）

CNAS-CL01:2018《检测和校准实验室能力认可准则》（ISO/IEC 17025:2017）	CNAS-CL01:2006《检测和校准实验室能力认可准则》（ISO/IEC 17025:2005）	CNAS-CL01-G001:2018《CNAS-CL01〈检测和校准实验室能力认可准则〉应用要求》	CNAS-CL01-A025:2018《检测和校准实验室能力认可准则在校准领域的应用说明》
注1：某些情况下，公认的检测方法对测量不确定度主要来源规定了限值，并规定了计算结果的表示方式，实验室只要遵守检测方法和报告要求，即满足7.6.3的要求	注2：某些情况下，公认的检测方法规定了测量不确定度主要来源的值的极限，并规定了计算结果的表示方式，这时，实验室只要遵守该检测方法和报告的说明（5.10），即被认为符合本款的要求		
注2：对一特定方法，如果已确定并验证了结果的测量不确定度，实验室只要证明已识别的关键影响因素受控，则不需要对每个结果评定测量不确定度 注3：更多信息参见ISO/IEC 指南 98-3、ISO 21748 和 ISO 5725 系列标准	—	—	—
7.7 确保结果有效性 7.7.1 实验室应有监控结果有效性的程序。记录结果数据的方式应便于发现其发展趋势，如可行，应采用统计技术审查结果。实验室应对监控进行策划和审查，适当时，监控应包括但不限于以下方式： a）使用标准物质或质量控制物质	5.9 检测和校准结果质量的保证 5.9.1 实验室应有质量控制程序以监控检测和校准的有效性。所得数据的记录方式应便于可发现其发展趋势，如可行，应采用统计技术对结果进行审查。这种监控应有计划并加以评审，可包括（但不限于）下列内容： a）定期使用有证标准物质（参考物质）进行监控和/或使用次级标准物质（参考物质）开展内部质量控制	7.7 确保结果的有效性 7.7.1 a）实验室对结果的监控应覆盖到认可范围内的所有检测或校准（包括内部校准）项目，确保检测或校准结果的准确性和稳定性。当检测或校准方法中规定了质量监控制要求时，实验室应符合该要求。适用时，实验室应在检测方法中或其他文件中规定对应检测或校准方法的质量监控制方案。实验室制定内部质量监控方案时应考虑以下因素： • 检测或校准业务量 • 检测或校准结果的用途 • 检测或校准方法本身的稳定性与复杂性 • 对技术人员经验的依赖程度 • 参加外部比对（包含能力验证）的频次与结果 • 人员的能力和经验、人员数量及变动情况 • 新采用的方法或变更的方法等 注：实验室可以采取多种适用的质量监控手段，如： • 定期使用标准物质、核查标准或工作标准来监控结果的准确性	7.7 确保结果的有效性
b）使用其他已校准能够提供可溯源结果的仪器 c）测量和检测设备的功能核查 d）适用时，使用核查或工作标准，并制作控制图 e）测量设备的期间核查	—		
f）使用相同或不同方法重复检测或校准	5.9.1…… …… c）使用相同或不同方法进行重复检测或校准		
g）留存样品的重复检测或重复校准	d）对存留物品进行再检测或再校准		

(续)

CNAS-CL01:2018《检测和校准实验室能力认可准则》（ISO/IEC 17025:2017）	CNAS-CL01:2006《检测和校准实验室能力认可准则》（ISO/IEC 17025:2005）	CNAS-CL01-G001:2018《CNAS-CL01〈检测和校准实验室能力认可准则〉应用要求》	CNAS-CL01-A025:2018《检测和校准实验室能力认可准则在校准领域的应用说明》
h) 物品不同特性结果之间的相关性	e) 分析一个物品不同特性结果的相关性 注：选用的方法应当与所进行工作的类型和工作量相适应	• 通过使用质量控制物质制作质控图持续监控精密度 • 通过获得足够的标准物质，评估在不同浓度下检测结果的准确性 • 定期留样再测或重复测量以及实验室内比对，监控同一操作人员的精密度或不同操作人员间的精密度 • 采用不同的检测方法或设备测试同一样品，监控方法之间的一致性 • 通过分析一个物品不同特性结果的相关性，以识别错误 • 进行盲样测试，监控实验室日常检测的准确度或精密度水平 b) 适用时，实验室应使用质量控制图来监控检测或校准结果的准确性和精密度 c) 一些特殊的检测活动，检测结果无法复现，难以按照7.7.1a) 进行质量控制，实验室应关注人员的能力、培训、监督以及与同行的技术交流	7.7 确保结果的有效性
i) 报告结果的审查 j) 实验室内比对 k) 盲样测试	—	7.7.2 外部质量监控方案不仅包括 CNAS-RL02《能力验证规则》中要求参加的能力验证计划，适当时，还应包含实验室间比对计划。实验室制定外部质量监控计划除应考虑7.7.1a) 中描述的因素外，还应考虑以下因素： • 内部质量监控结果 • 实验室间比对（包含能力验证）的可获得性，对没有能力验证的领域，实验室应有其他措施来确保结果的准确性和可靠性 • CNAS、客户和管理机构对实验室间比对（包含能力验证）的要求 注：CNAS-RL02《能力验证规则》要求参加的能力验证领域和频次只是 CNAS 对能力验证的最低要求。实验室应关注对于没有能力验证的领域，可以采取有何措施确保结果的准确性和可靠性	

（续）

CNAS-CL01:2018《检测和校准实验室能力认可准则》（ISO/IEC 17025:2017）	CNAS-CL01:2006《检测和校准实验室能力认可准则》（ISO/IEC 17025:2005）	CNAS-CL01-G001:2018《CNAS-CL01〈检测和校准实验室能力认可准则〉应用要求》	CNAS-CL01-A025:2018《检测和校准实验室能力认可准则在校准领域的应用说明》
7.7.2 可行和适当时，实验室应通过与其他实验室的结果比对监控能力水平。监控应予以策划和审查，包括但不限于以下一种或两种措施： a）参加能力验证 注：GB/T 27043 包含能力验证和能力验证提供者的详细信息。满足 GB/T 27043 要求的能力验证提供者被认为是有能力的 b）参加除能力验证之外的实验室间比对	5.9.1 …… b）参加实验室间的比对或能力验证计划	—	7.7.2 a）只要存在可获得的能力验证，实验室的能力验证活动应满足 CNAS-RL02《能力验证规则》规定的领域和频次要求
7.7.3 实验室应分析监控活动的数据用于控制实验室活动，适用时实施改进。如果发现监控活动数据分析结果超出预定的准则时，应采取适当措施防止报告不正确的结果	5.9.2 应分析质量控制的数据，当发现质量控制数据将要超出预先确定的判据时，应采取有计划的措施来纠正出现的问题，并防止报告错误的结果	—	
7.8 报告结果 7.8.1 总则 7.8.1.1 结果在发出前应经过审查和批准	5.10 结果报告 5.10.1 总则	7.8 报告结果 7.8.1 总则 7.8.1.1 a）除检测方法、法律法规另有要求外，实验室应在同一份报告上出具特定样品不同检测项目的结果，如果检测项目覆盖了不同的专业技术领域，也可分专业领域出具检测报告 注：即使客户有要求，实验室也不得随意拆分检测报告，如将"满足规定限值"的结果与"不满足规定限值"的结果分别出具报告，或只报告"满足规定限量"的检测结果 b）一般情况下，实验室应按 GB/T 8170《数值修约规则与极限数值的表示和判定》进行数值修约	7.8 报告结果

（续）

CNAS-CL01:2018《检测和校准实验室能力认可准则》（ISO/IEC 17025:2017）	CNAS-CL01:2006《检测和校准实验室能力认可准则》（ISO/IEC 17025:2005）	CNAS-CL01-G001:2018《CNAS-CL01〈检测和校准实验室能力认可准则〉应用要求》	CNAS-CL01-A025:2018《检测和校准实验室能力认可准则在校准领域的应用说明》
7.8.1.2 实验室应准确、清晰、明确和客观地出具结果，并且应包括客户同意的、解释结果所必需的以及所用方法要求的全部信息。实验室通常以报告的形式提供结果（例如检测报告、校准证书或抽样报告）。所有发出的报告应作为技术记录予以保存	5.10.1 总则 实验室应准确、清晰、明确和客观地报告每一项检测、校准，或一系列的检测或校准的结果，并符合检测或校准方法中规定的要求 结果通常应以检测报告或校准证书的形式出具，并且应包括客户要求的、说明检测或校准结果所必需的和所用方法要求的全部信息。这些信息通常是 5.10.2 和 5.10.3 或 5.10.4 中要求的内容 在为内部客户进行检测和校准或与客户有书面协议的情况下，可用简化的方式报告结果。对于 5.10.2 至 5.10.4 中所列却未向客户报告的信息，应能方便地从进行检测和/或校准的实验室中获得	—	—
注1：检测报告和校准证书有时称为检测证书和校准报告	注1：检测报告和校准证书有时分别称为检测证书和校准报告		
注2：只要满足本准则的要求，报告可以硬拷贝或电子方式发布	注2：只要满足本准则的要求，检测报告或校准证书可用硬拷贝或电子数据传输的方式发布		
7.8.1.3 如客户同意，可用简化方式报告结果。如果未向客户报告 7.8.2 至 7.8.7 中所列的信息，客户应能方便地获得	5.10.1 总则 实验室应准确、清晰、明确和客观地报告每一项检测、校准，或一系列的检测或校准的结果，并符合检测或校准方法中规定的要求 结果通常应以检测报告或校准证书的形式出具，并且应包括客户要求的、说明检测或校准结果所必需的和所用方法要求的全部信息。这些信息通常是 5.10.2 和 5.10.3 或 5.10.4 中要求的内容 在为内部客户进行检测和校准或与客户有书面协议的情况下，可用简化的方式报告结果。对于 5.10.2 至 5.10.4 中所列却未向客户报告的信息，应能方便地从进行检测和/或校准的实验室中获得	—	—

（续）

CNAS-CL01：2018《检测和校准实验室能力认可准则》（ISO/IEC 17025：2017）	CNAS-CL01：2006《检测和校准实验室能力认可准则》（ISO/IEC 17025：2005）	CNAS-CL01-G001：2018《CNAS-CL01〈检测和校准实验室能力认可准则〉应用要求》	CNAS-CL01-A025：2018《检测和校准实验室能力认可准则在校准领域的应用说明》
	注1：检测报告和校准证书有时分别称为检测证书和校准报告 注2：只要满足本准则的要求，检测报告或校准证书可用硬拷贝或电子数据传输的方式发布	—	
7.8.2 （检测、校准或抽样）报告的通用要求 7.8.2.1 除非实验室有有效的理由，每份报告应至少包括下列信息，以最大限度地减少误解或误用的可能性： a）标题（例如"检测报告"、"校准证书"或"抽样报告"）	5.10.2 检测报告和校准证书 除非实验室有充分的理由，否则每份检测报告或校准证书应至少包括下列信息： a）标题（例如"检测报告"或"校准证书"）		附录 A A.7.8.2 通用要求 A.7.8.2.1 c）应在校准记录和校准证书中详细描述现场校准的地点 注：现场校准的地点不应使用"客户现场"等模糊的描述，只要可能，应具体到实施现场校准的建筑物、房间的名称或编号，以实现对该现场校准活动的可追溯性
b）实验室的名称和地址 c）实施实验室活动的地点，包括客户设施、实验室固定设施以外的场所，相关的临时或移动设施	b）实验室的名称和地址，进行检测和/或校准的地点（如果与实验室的地址不同）		
d）将报告中所有部分标记为完整报告一部分的唯一性标识，以及表明报告结束的清晰标识	c）检测报告或校准证书的唯一性标识（如系列号）和每一页上的标识，以确保能够识别该页是属于检测报告或校准证书的一部分，以及表明检测报告或校准证书结束的清晰标识	—	
e）客户的名称和联络信息	d）客户的名称和地址		
f）所用方法的识别	e）所用方法的识别		
g）物品的描述、明确的标识，以及必要时，物品的状态	f）检测或校准物品的描述、状态和明确的标识		
h）检测或校准物品的接收日期，以及对结果的有效性和应用至关重要的抽样日期 i）实施实验室活动的日期	g）对结果的有效性和应用至关重要的检测或校准物品的接收日期和进行检测或校准的日期		
j）报告的发布日期	—		
k）如与结果的有效性或应用相关时，实验室或其他机构所用的抽样计划和抽样方法	h）如与结果的有效性或应用相关时，实验室或其他机构所用的抽样计划和程序的说明		

（续）

CNAS-CL01:2018《检测和校准实验室能力认可准则》（ISO/IEC 17025:2017）	CNAS-CL01:2006《检测和校准实验室能力认可准则》（ISO/IEC 17025:2005）	CNAS-CL01-G001:2018《CNAS-CL01〈检测和校准实验室能力认可准则〉应用要求》	CNAS-CL01-A025:2018《检测和校准实验室能力认可准则在校准领域的应用说明》
l）结果仅与被检测、被校准或被抽样物品有关的声明	k）相关时，结果仅与被检测或被校准物品有关的声明		
m）结果，适当时，带有测量单位	i）检测和校准的结果，适用时，带有测量单位		
n）对方法的补充、偏离或删减	—		
o）报告批准人的识别	j）检测报告或校准证书批准人的姓名、职务、签字或等效的标识		
p）当结果来自于外部供应商时，清晰标识	5.10.6　从分包方获得的检测和校准结果当检测报告包含了由分包方所出具的检测结果时，这些结果应予清晰标明。分包方应以书面或电子方式报告结果　当校准工作被分包时，执行该工作的实验室应向分包给其工作的实验室出具校准证书　注1：检测报告和校准证书的硬拷贝应当有页码和总页数	—	
注：报告中声明除全文复制外，未经实验室批准不得部分复制报告，可以确保报告不被部分摘用	注2：建议实验室做出未经实验室书面批准，不得复制（全文复制除外）检测报告或校准证书的声明		
7.8.2.2　实验室对报告中的所有信息负责，客户提供的信息除外。客户提供的数据应予明确标识。此外，当客户提供的信息可能影响结果的有效性时，报告中应有免责声明。当实验室不负责抽样（如样品由客户提供），应在报告中声明结果仅适用于收到的样品	—	—	—
7.8.3　检测报告的特定要求　7.8.3.1　除7.8.2所列要求之外，当解释检测结果需要时，检测报告还应包含以下信息：a）特定的检测条件信息，如环境条件	5.10.3　检测报告　5.10.3.1　当需对检测结果做出解释时，除5.10.2中所列的要求之外，检测报告中还应包括下列内容　a）对检测方法的偏离、增添或删节，以及特定检测条件的信息，如环境条件	—	—

295

（续）

CNAS-CL01：2018《检测和校准实验室能力认可准则》（ISO/IEC 17025：2017）	CNAS-CL01：2006《检测和校准实验室能力认可准则》（ISO/IEC 17025：2005）	CNAS-CL01-G001：2018《CNAS-CL01〈检测和校准实验室能力认可准则〉应用要求》	CNAS-CL01-A025：2018《检测和校准实验室能力认可准则在校准领域的应用说明》
b）相关时，与要求或规范的符合性声明（见7.8.6）	b）相关时，符合（或不符合）要求和/或规范的声明		
c）适用时，在下列情况下，带有与被测量相同单位的测量不确定度或被测量相对形式的测量不确定度（如百分比） ——测量不确定度与检测结果的有效性或应用相关时 ——客户有要求时 ——测量不确定度影响与规范限的符合性时	c）适用时，评定测量不确定度的声明。当不确定度与检测结果的有效性或应用有关，或客户的指令中有要求，或当不确定度影响到对规范限度的符合性时，检测报告中还需要包括有关不确定度的信息	—	—
d）适当时，意见和解释（见7.8.7）；	d）适用且需要时，提出意见和解释（见5.10.5）		
e）特定方法、法定管理机构或客户要求的其他信息	e）特定方法、客户或客户群体要求的附加信息		
7.8.3.2　如果实验室负责抽样活动，当解释检测结果需要时，检测报告还应满足7.8.5的要求	5.10.3.2　当需对检测结果作解释时，对含抽样结果在内的检测报告，除了5.10.2和5.10.3.1所列的要求之外，还应包括下列内容： a）抽样日期 b）抽取的物质、材料或产品的清晰标识（适当时，包括制造者的名称、标示的型号或类型和相应的系列号） c）抽样位置，包括任何简图、草图或照片 d）列出所用的抽样计划和程序 e）抽样过程中可能影响检测结果解释的环境条件的详细信息 f）与抽样方法或程序有关的标准或规范，以及对这些规范的偏离、增添或删节	—	—
7.8.4　校准证书的特定要求 7.8.4.1　除7.8.2的要求外，校准证书应包含以下信息：	5.10.4　校准证书 5.10.4.1　如需对校准结果进行解释时，除5.10.2中所列的要求之外，校准证书还应包含下列内容：	—	7.8.4　校准证书的特定要求 7.8.4.1　a）校准证书中报告的测量不确定度应符合CNAS-CL01-G003《测量不确定度的要求》的相关要求

（续）

CNAS-CL01：2018《检测和校准实验室能力认可准则》（ISO/IEC 17025：2017）	CNAS-CL01：2006《检测和校准实验室能力认可准则》（ISO/IEC 17025：2005）	CNAS-CL01-G001：2018《CNAS-CL01〈检测和校准实验室能力认可准则〉应用要求》	CNAS-CL01-A025：2018《检测和校准实验室能力认可准则在校准领域的应用说明》
a）与被测量相同单位的测量不确定度或被测量相对形式的测量不确定度（如百分比） 注：根据 ISO/IEC 指南99，测量结果通常表示为一个被测量值，包括测量单位和测量不确定度	b）测量不确定度和/或符合确定的计量规范或条款的声明	—	b）计量溯源性声明应能明确识别溯源的途径。通过校准实现计量溯源性的测量设备，其计量溯源性声明应至少包含上一级溯源机构的名称、溯源证书编号。注1：测量标准的校准由自己实验室提供时，也应符合本规定 注2：计量溯源性声明不宜描述为"溯源至国家计量基准"，除非实验室有足够的信息能证明其最终溯源至国家计量基准
b）校准过程中对测量结果有影响的条件（如环境条件）	a）校准活动中对测量结果有影响的条件（例如环境条件）		
c）测量如何计量溯源的声明（见附录A）	c）测量可溯源的证据（见 5.6.2.1.1 注2）		c）当校准实验室对被校设备进行校准后，对被校设备进行了调整或修理（无论由谁进行了调整或修理），调整或修理后应重新校准，可获得时，应在校准证书中报告调整或修理前后的校准结果 注：调整或修理前的校准结果主要是有助于客户获知仪器的校准状态是否影响到以前所进行的测量，以便其采取有效的纠正和纠正措施
d）如可获得，任何调整或修理前后的结果	5.10.4.3　当被校准的仪器已被调整或修理时，如果可获得，应报告调整或修理前后的校准结果		
e）相关时，与要求或规范的符合性声明（见7.8.6）	5.10.4.2　校准证书应仅与量和功能性测试的结果有关。如欲作出符合某规范的声明，应指明符合或不符合该规范的哪些条款 当符合某规范的声明中略去了测量结果和相关的不确定度时，实验室应记录并保存这些结果，以备日后查阅 作出符合性声明时，应考虑测量不确定度		
f）适当时，意见和解释（见7.8.7）	5.10.5　意见和解释 当含有意见和解释时，实验室应把作出意见和解释的依据制定成文件。意见和解释应象在检测报告中的一样被清晰标注 注1：意见和解释不应与 ISO/IEC 17020 和 ISO/IEC 指南 65 中所指的检查和产品认证相混淆 注2：检测报告中包含的意见和解释可以包括（但不限于）下列内容： ——对结果符合（或不符合）要求的声明的意见 ——合同要求的履行 ——如何使用结果的建议 ——用于改进的指导 注3：许多情况下，通过与客户直接对话来传达意见和解释或许更为恰当，但这些对话应当有文字记录	—	

（续）

CNAS-CL01:2018《检测和校准实验室能力认可准则》（ISO/IEC 17025:2017）	CNAS-CL01:2006《检测和校准实验室能力认可准则》（ISO/IEC 17025:2005）	CNAS-CL01-G001:2018《CNAS-CL01〈检测和校准实验室能力认可准则〉应用要求》	CNAS-CL01-A025:2018《检测和校准实验室能力认可准则在校准领域的应用说明》
7.8.4.2　如果实验室负责抽样活动，当解释校准结果需要时，校准证书还应满足7.8.5的要求	—	—	—
7.8.4.3　校准证书或校准标签不应包含校准周期的建议，除非已与客户达成协议	5.10.4.4　校准证书（或校准标签）不应包含对校准时间间隔的建议，除非已与客户达成协议。该要求可能被法规取代	—	7.8.4.3　校准证书或校准标签不应包含对校准周期的建议，除非已与客户达成协议 注1：一般情况下，确定校准周期的原则和方法可参照ILAC G24：2007《测量仪器校准周期的确定指南》或JJF 1139《计量器具检定周期确定原则和方法》；注2：根据CNAS-R01《认可标识和认可状态声明管理规则》的规定，带CNAS认可标识的校准标签通常应包含以下信息： 1）认可标识 2）获准认可的校准实验室的名称或注册号 3）仪器唯一性标识 4）本次校准日期 5）校准标签引用的校准证书
7.8.5　报告抽样——特定要求 　如果实验室负责抽样活动，除7.8.2中的要求外，当解释结果需要时，报告还应包含以下信息：	5.10.3.2　当需对检测结果作解释时，对含抽样结果在内的检测报告，除了5.10.2和5.10.3.1所列的要求之外，还应包括下列内容： …… f) 与抽样方法或程序有关的标准或规范，以及对这些规范的偏离、增添或删节	—	—
a) 抽样日期	a) 抽样日期		
b) 抽取的物品或物质的唯一性标识（适当时，包括制造商的名称、标示的型号或类型以及序列号）	b) 抽取的物质、材料或产品的清晰标识（适当时，包括制造者的名称、标示的型号或类型和相应的系列号）		
c) 抽样位置，包括图示、草图或照片	c) 抽样位置，包括任何简图、草图或照片		
d) 抽样计划和抽样方法	d) 列出所用的抽样计划和程序		
e) 抽样过程中影响结果解释的环境条件的详细信息	e) 抽样过程中可能影响检测结果解释的环境条件的详细信息		
f) 评定后续检测或校准测量不确定度所需的信息	—		

（续）

CNAS-CL01：2018《检测和校准实验室能力认可准则》（ISO/IEC 17025：2017）	CNAS-CL01：2006《检测和校准实验室能力认可准则》（ISO/IEC 17025：2005）	CNAS-CL01-G001：2018《CNAS-CL01〈检测和校准实验室能力认可准则〉应用要求》	CNAS-CL01-A025：2018《检测和校准实验室能力认可准则在校准领域的应用说明》
7.8.6　报告符合性声明 　7.8.6.1　当做出与规范或标准符合性声明时，实验室应考虑与所用判定规则相关的风险水平（如错误接受、错误拒绝以及统计假设），将所使用的判定规则形成文件，并应用判定规则 　注：如果客户、法规或规范性文件规定了判定规则，无须进一步考虑风险水平	—	—	—
7.8.6.2　实验室在报告符合性声明时应清晰标示： 　a）符合性声明适用的结果 　b）满足或不满足的规范、标准或其中条款	5.10.4.2　校准证书应仅与量和功能性测试的结果有关。如欲做出符合某规范的声明，应指明符合或不符合该规范的哪些条款。 　当符合某规范的声明中略去了测量结果和相关的不确定度时，实验室应记录并保存这些结果，以备日后查阅。 　做出符合性声明时，应考虑测量不确定度。	—	—
c）应用的判定规则（除非规范或标准中已包含） 　注：详细信息见 ISO/IEC 指南98-4	—		
7.8.7　报告意见和解释 　7.8.7.1　当表述意见和解释时，实验室应确保只有授权人员才能发布相关意见和解释。实验室应将意见和解释的依据形成文件 　注：应注意区分意见和解释与 GB/T 27020（ISO/IEC 17020，IDT）中的检验声明、GB/T 27065（ISO/IEC 17065，IDT）中的产品认证声明以及 7.8.6 条款中符合性声明的差异	5.10.5　意见和解释 　当含有意见和解释时，实验室应把做出意见和解释的依据制定成文件。意见和解释应象在检测报告中的一样被清晰标注 　注1：意见和解释不应与 ISO/IEC 17020 和 ISO/IEC 指南 65 中所指的检查和产品认证相混清 　注2：检测报告中包含的意见和解释可以包括（但不限于）下列内容： 　——对结果符合（或不符合）要求的声明的意见 　——合同要求的履行 　——如何使用结果的建议 　——用于改进的指导	7.8.7　报告意见和解释 　7.8.7.1　实验室可以选择是否做出意见和解释，并在管理体系中予以明确，并对其进行有效控制，包括合同评审 　注1：根据检测或校准结果，与规范或客户的规定限量做出的符合性判断，不属于本准则所规定的"意见和解释"。"意见和解释"的示例： 　● 对被测结果或其分布范围的原因分析，比如在环境中毒素的检测报告中对毒素来源的分析	—

（续）

CNAS-CL01:2018《检测和校准实验室能力认可准则》（ISO/IEC 17025:2017）	CNAS-CL01:2006《检测和校准实验室能力认可准则》（ISO/IEC 17025:2005）	CNAS-CL01-G001:2018《CNAS-CL01〈检测和校准实验室能力认可准则〉应用要求》	CNAS-CL01-A025:2018《检测和校准实验室能力认可准则在校准领域的应用说明》
	注3：许多情况下，通过与客户直接对话来传达意见和解释或许更为恰当，但这些对话应当有文字记录	• 根据检测结果对被测样品特性的分析 • 根据检测结果对被测样品设计、生产工艺、材料或结构等的改进建议 注2：在校准报告中，一般不需要做出意见和解释。CNAS暂不开展对校准结果的意见和解释能力的认可。必要时，CNAS将根据客户需求和相关技术专家的意见，修订此政策。 注3：对于检测活动，实验室如果申请对某些特定检测项目的"意见和解释"能力的认可，应在申请书中予以明确，并说明针对哪些检测项目做出哪类的意见和解释，并提供以往做出"意见和解释"时所依据的文件、记录及报告。相关人员能力信息应随同申请一同提交。实验室人员如果仅从事过相关的检测活动，而不熟悉检测对象的设计、制造和使用，则不予认可其"意见和解释"能力	—
7.8.7.2 报告中的意见和解释应基于被检测或校准物品的结果，并清晰地予以标注	5.10.5 意见和解释 当含有意见和解释时，实验室应把做出意见和解释的依据制定成文件。意见和解释应象在检测报告中的一样被清晰标注	—	—
7.8.7.3 当以对话方式直接与客户沟通意见和解释时，应保存对话记录	5.10.5 意见和解释 …… 注3：许多情况下，通过与客户直接对话来传达意见和解释或许更为恰当，但这些对话应当有文字记录	—	—
7.8.8 修改报告 7.8.8.1 当更改、修订或重新发布已发出的报告时，应在报告中清晰标识修改的信息，适当时标注修改的原因	5.10.9 检测报告和校准证书的修改	—	—

（续）

CNAS-CL01:2018《检测和校准实验室能力认可准则》（ISO/IEC 17025:2017）	CNAS-CL01:2006《检测和校准实验室能力认可准则》（ISO/IEC 17025:2005）	CNAS-CL01-G001:2018《CNAS-CL01〈检测和校准实验室能力认可准则〉应用要求》	CNAS-CL01-A025:2018《检测和校准实验室能力认可准则在校准领域的应用说明》
7.8.8.2　修改已发出的报告时，应仅以追加文件或数据传送的形式，并包含以下声明："对序列号为……（或其他标识）报告的修改"，或其他等效文字这类修改应满足本准则的所有要求	5.10.9　检测报告和校准证书的修改对已发布的检测报告或校准证书的实质性修改，应仅以追加文件或资料更换的形式，并包括如下声明："对检测报告（或校准证书）的补充，系列号……（或其他标识）"，或其他等效的文字形式这种修改应满足本准则的所有要求。当有必要发布全新的检测报告或校准证书时，应注以唯一性标识，并注明所替代的原件	—	—
7.8.8.3　当有必要发布全新的报告时，应予以唯一性标识，并注明所替代的原报告		—	—
7.9　投诉7.9.1　实验室应有形成文件的过程来接收和评价投诉，并对投诉做出决定	—	7.9　投诉7.9.1　实验室应及时处理收到的投诉。如果实验室收到 CNAS 转交的投诉，应在 2 个月内向 CNAS 反馈投诉处理结果注：CNAS 在收到对实验室的投诉时，通常情况下将转交给实验室进行处理。如果投诉内容是针对实验室能力和诚信时，CNAS 将直接处理。处理方式包括安排不定期监督评审等，不定期监督评审可不预先通知实验室	7.9　投诉
7.9.2　利益相关方有要求时，应可获得对投诉处理过程的说明。在接到投诉后，实验室应证实投诉是否与其负责的实验室活动相关，如相关，则应处理。实验室应对投诉处理过程中的所有决定负责	—	—	—
7.9.3　投诉处理过程应至少包括以下要素和方法：a）对投诉的接收、确认、调查以及决定采取处理措施过程的说明b）跟踪并记录投诉，包括为解决投诉所采取的措施c）确保采取适当的措施	—	—	—
7.9.4　接到投诉的实验室应负责收集并验证所有必要的信息，以便确认投诉是否有效	—	—	—

（续）

CNAS-CL01:2018《检测和校准实验室能力认可准则》（ISO/IEC 17025:2017）	CNAS-CL01:2006《检测和校准实验室能力认可准则》（ISO/IEC 17025:2005）	CNAS-CL01-G001:2018《CNAS-CL01〈检测和校准实验室能力认可准则〉应用要求》	CNAS-CL01-A025:2018《检测和校准实验室能力认可准则在校准领域的应用说明》
7.9.5 只要可能，实验室应告知投诉人已收到投诉，并向投诉人提供处理进程的报告和结果	—	—	—
7.9.6 通知投诉人的处理结果应由与所涉及的实验室活动无关的人员做出，或审查和批准 注：可由外部人员实施。	—	—	—
7.9.7 只要可能，实验室应正式通知投诉人投诉处理完毕	—	—	—
7.10 不符合工作 7.10.1 当实验室活动或结果不符合自身的程序或与客户协商一致的要求时（例如，设备或环境条件超出规定限值，监控结果不能满足规定的准则），实验室应有程序予以实施。该程序应确保： a）确定不符合工作管理的职责和权力 b）基于实验室建立的风险水平采取措施（包括必要时暂停或重复工作以及扣发报告）	4.9 不符合检测和/或校准工作的控制 4.9.1 实验室应有政策和程序，当检测和/或校准工作的任何方面，或该工作的结果不符合其程序或与客户达成一致的要求时，予以实施。该政策和程序应确保： a）确定对不符合工作进行管理的责任和权力，规定当识别出不符合工作时所采取的措施（包括必要时暂停工作、扣发检测报告和校准证书）	7.10 不符合工作 7.10.1 实验室常见的不符合工作包括（但不限于）实验室环境条件不满足要求、试验样品的处置时间不满足要求、试样未在规定的时间内检测、质量监控结果超过规定的限制、能力验证或实验室间比对结果不满意等。实验室所有人员均应熟悉不符合工作控制程序，尤其是直接从事检测、校准和抽样活动的人员。实验室在内部审核中应特别关注不符合工作控制程序的执行情况	7.10 不符合工作
c）评价不符合工作的严重性，包括分析对先前结果的影响	b）对不符合工作的严重性进行评价		
d）对不符合工作的可接受性做出决定	c）立即进行纠正，同时对不符合工作的可接受性做出决定		
e）必要时，通知客户并召回	d）必要时，通知客户并取消工作		
f）规定批准恢复工作的职责	e）规定批准恢复工作的职责 注：对管理体系或检测和/或校准活动的不符合工作或问题的识别，可能发生在管理体系和技术运作的各个环节，例如客户投诉、质量控制、仪器校准、消耗材料的核查、对员工的考察或监督、检测报告和校准证书的核查、管理评审和内部或外部审核		

（续）

CNAS-CL01:2018《检测和校准实验室能力认可准则》（ISO/IEC 17025:2017）	CNAS-CL01:2006《检测和校准实验室能力认可准则》（ISO/IEC 17025:2005）	CNAS-CL01-G001:2018《CNAS-CL01〈检测和校准实验室能力认可准则〉应用要求》	CNAS-CL01-A025:2018《检测和校准实验室能力认可准则在校准领域的应用说明》
7.10.2　实验室应保存不符合工作和7.10.1中 b) 至 f) 规定措施的记录	—	—	—
7.10.3　当评价表明不符合工作可能再次发生时，或对实验室的运行与其管理体系的符合性产生怀疑时，实验室应采取纠正措施	4.9.2　当评价表明不符合工作可能再度发生，或对实验室的运行与其政策和程序的符合性产生怀疑时，应立即执行4.11中规定的纠正措施程序	7.10.3　实验室应对发生的不符合工作的原因进行分析，对于不是偶发的、个案的问题，不应仅仅纠正发生的问题，还应按本条款要求启动纠正措施	—
7.11　数据控制和信息管理 　7.11.1　实验室应获得开展实验室活动所需的数据和信息	5.4.7　数据控制	7.11　数据控制和信息管理	7.11　数据控制和信息管理
7.11.2　用于收集、处理、记录、报告、存储或检索数据的实验室信息管理系统，在投入使用前应进行功能确认，包括实验室信息管理系统中界面的适当运行。当对管理系统的任何变更，包括修改实验室软件配置或现成的商业化软件，在实施前应被批准、形成文件并确认	5.4.7.2　当利用计算机或自动设备对检测或校准数据进行采集、处理、记录、报告、存储或检索时，实验室应确保： a) 由使用者开发的计算机软件应被制定成足够详细的文件，并对其适用性进行适当确认 …… 注：通用的商业现成软件（如文字处理、数据库和统计程序），在其设计的应用范围内可认为是经充分确认的，但实验室对软件进行了配置或调整，则应当按5.4.7.2 a)进行确认	7.11.2　实验室使用信息管理系统（LIMS）时，应确保该系统满足所有相关要求，包括审核路径、数据安全和完整性等。实验室应对LIMS与相关认可要求的符合性和适宜性进行完整的确认，并保留确认记录；对LIMS的改进和维护应确保可以获得先前产生的记录	—
注1：本准则中"实验室信息管理系统"包括计算机化和非计算机化系统中的数据和信息管理。相比非计算机化的系统，有些要求更适用于计算机化的系统	—		
注2：常用的现成商业化软件在其设计的应用范围内使用可视为已经过充分的确认	注：通用的商业现成软件（如文字处理、数据库和统计程序），在其设计的应用范围内可认为是经充分确认的，但实验室对软件进行了配置或调整，则应当按5.4.7.2 a)进行确认		

（续）

CNAS-CL01:2018《检测和校准实验室能力认可准则》（ISO/IEC 17025:2017）	CNAS-CL01:2006《检测和校准实验室能力认可准则》（ISO/IEC 17025:2005）	CNAS-CL01-G001:2018《CNAS-CL01〈检测和校准实验室能力认可准则〉应用要求》	CNAS-CL01-A025:2018《检测和校准实验室能力认可准则在校准领域的应用说明》
7.11.3 实验室信息管理系统应： a) 防止未经授权的访问 b) 安全保护以防止篡改和丢失	5.4.7.2 当利用计算机或自动设备对检测或校准数据进行采集、处理、记录、报告、存储或检索时，实验室应确保： …… b) 建立并实施数据保护的程序。这些程序应包括（但不限于）：数据输入或采集、数据存储、数据转移和数据处理的完整性和保密性		
c) 在符合系统供应商或实验室规定的环境中运行，或对于非计算机化的系统，提供保护人工记录和转录准确性的条件	—	—	—
d) 以确保数据和信息完整性的方式进行维护	5.4.7.2…… …… c) 维护计算机和自动设备以确保其功能正常，并提供保护检测和校准数据完整性所必需的环境和运行条件 注：通用的商业现成软件（如文字处理、数据库和统计程序），在其设计的应用范围内可认为是经充分确认的，但实验室对软件进行了配置或调整，则应当按5.4.7.2 a) 进行确认		
e) 包括记录系统失效和适当的紧急措施及纠正措施	—		
7.11.4 当实验室信息管理系统在异地或由外部供应商进行管理和维护时，实验室应确保系统的供应商或运营商符合本准则的所有适用要求	—	—	—
7.11.5 实验室应确保员工易于获取与实验室信息管理系统相关的说明书、手册和参考数据	—	—	—
7.11.6 应对计算和数据传送进行适当和系统地检查	5.4.7.1 应对计算和数据转移进行系统和适当的检查	—	—

（续）

CNAS-CL01:2018《检测和校准实验室能力认可准则》（ISO/IEC 17025:2017）	CNAS-CL01:2006《检测和校准实验室能力认可准则》（ISO/IEC 17025:2005）	CNAS-CL01-G001:2018《CNAS-CL01〈检测和校准实验室能力认可准则〉应用要求》	CNAS-CL01-A025:2018《检测和校准实验室能力认可准则在校准领域的应用说明》
8　管理体系要求 8.1　方式 8.1.1　总则 　实验室应建立、实施和保持文件化的管理体系，该管理体系应能够支持和证明实验室持续满足本准则要求，并且保证实验室结果的质量。除满足第4章至第7章的要求，实验室应按方式A或方式B实施管理体系 　注：更多信息参见附录B	4.2　管理体系 　4.2.1　实验室应建立、实施和保持与其活动范围相适应的管理体系；应将其政策、制度、计划、程序和指导书制订成文件，并达到确保实验室检测和/或校准结果质量所需的要求。体系文件应传达至有关人员，并被其理解、获取和执行	8　管理体系要求 8.1　方式 8.1.1　如果实验室是某个机构的一部分，该机构的管理体系已覆盖了实验室的活动，实验室应将该组织管理体系中有关实验室的规定予以提炼和汇总，形成针对实验室活动的文件，并明确相关的支持性文件；如果针对实验室建立单独的管理体系，管理体系还应覆盖为支撑体系运作的所有相关部门，管理体系中有关实验室和相关支持部门工作职责的文件应由对实验室和相关部门承担管理职责的该组织的负责人批准	8　管理体系要求 8.1　方式
8.1.2　方式A 　实验室管理体系至少应包括下列内容 　——管理体系文件（见8.2） 　——管理体系文件的控制（见8.3） 　——记录控制（见8.4） 　——应对风险和机遇的措施（见8.5） 　——改进（见8.6） 　——纠正措施（见8.7） 　——内部审核（见8.8） 　——管理评审（见8.9）	—	—	—
8.1.3　方式B 　实验室按照GB/T 19001的要求建立并保持管理体系，能够支持和证明持续符合第4章至第7章要求，也至少满足了8.2至8.9中规定的管理体系要求的目的	—	8.1.3　如果实验室采用方式B建立和运行管理体系，实验室也应提供证据证明实验室活动的管理和运作满足CNAS-CL01中第8.2条款至第8.9条款中规定的管理体系要求	—
8.2　管理体系文件（方式A） 　8.2.1　实验室管理层应建立、编制和保持符合本准则目的的方针和目标，并确保该方针和目标在实验室组织的各级人员得到理解和执行	4.2　管理体系 　4.2.2　实验室管理体系中与质量有关的政策，包括质量方针声明，应在质量手册（不论如何称谓）中阐明。应制定总体目标并在管理评审时加以评审。质量方针声明应在最高管理者的授权下发布，至少包括下列内容：	8.2　管理体系文件（方式A）	8.2　管理体系文件（方式A）

（续）

CNAS-CL01:2018《检测和校准实验室能力认可准则》（ISO/IEC 17025:2017）	CNAS-CL01:2006《检测和校准实验室能力认可准则》（ISO/IEC 17025:2005）	CNAS-CL01-G001:2018《CNAS-CL01〈检测和校准实验室能力认可准则〉应用要求》	CNAS-CL01-A025:2018《检测和校准实验室能力认可准则在校准领域的应用说明》
	a) 实验室管理层对良好职业行为和为客户提供检测和校准服务质量的承诺 b) 管理层关于实验室服务标准的声明 c) 与质量有关的管理体系的目的 d) 要求实验室所有与检测和校准活动有关的人员熟悉质量文件，并在工作中执行这些政策和程序 e) 实验室管理者对遵循本准则及持续改进管理体系有效性的承诺 注：质量方针声明应当简明，可包括应始终按照声明的方法和客户的要求来进行检测和/或校准的要求。当检测和/或校准实验室是某个较大组织的一部分时，某些质量方针要素可以列于其他文件之中 4.2.3 最高管理者应提供建立和实施管理体系以及持续改进其有效性承诺的证据 4.2.4 最高管理者应将满足客户要求和法定要求的重要性传达到组织		
8.2.2 方针和目标应能体现实验室的能力、公正性和一致运作	4.2.2 实验室管理体系中与质量有关的政策，包括质量方针声明，应在质量手册（不论如何称谓）中阐明。应制定总体目标并在管理评审时加以评审。质量方针声明应在最高管理者的授权下发布，至少包括下列内容： a) 实验室管理层对良好职业行为和为客户提供检测和校准服务质量的承诺 b) 管理层关于实验室服务标准的声明 c) 与质量有关的管理体系的目的 d) 要求实验室所有与检测和校准活动有关的人员熟悉质量文件，并在工作中执行这些政策和程序	—	—

（续）

CNAS-CL01:2018《检测和校准实验室能力认可准则》（ISO/IEC 17025:2017）	CNAS-CL01:2006《检测和校准实验室能力认可准则》（ISO/IEC 17025:2005）	CNAS-CL01-G001:2018《CNAS-CL01〈检测和校准实验室能力认可准则〉应用要求》	CNAS-CL01-A025:2018《检测和校准实验室能力认可准则在校准领域的应用说明》
	e）实验室管理者对遵循本准则及持续改进管理体系有效性的承诺 注：质量方针声明应当简明，可包括应始终按照声明的方法和客户的要求来进行检测和/或校准的要求。当检测和/或校准实验室是某个较大组织的一部分时，某些质量方针要素可以列于其他文件之中	—	
8.2.3 实验室管理层应提供建立和实施管理体系以及持续改进其有效性承诺的证据	4.2.3 最高管理者应提供建立和实施管理体系以及持续改进其有效性承诺的证据	—	
8.2.4 管理体系应包含、引用或链接与满足本准则要求相关的所有文件、过程、系统和记录等	4.2.5 质量手册应包括或指明含技术程序在内的支持性程序，并概述管理体系中所用文件的架构	—	附录A A.8.2.4 实验室应建立现场校准管理或控制程序，对现场校准的管理、实施程序和相关人员的活动予以规定，并保证客户或辅助人员对校准结果不产生不利影响。该程序应包含对关键活动控制的具体措施，如标准设备的包装、运输、现场安装、环境条件的确认和监测要求，或者防止客户人员干预校准过程和结果的措施。只要适用，管理体系文件还应包括以下文件： a）可提供现场校准的项目列表 b）现场校准需要使用测量标准、辅助设备 c）对现场的设施和环境条件要求 d）现场校准的校准方法及补充规定、作业文件 e）对在客户现场获得的校准结果的记录、处理和修改的要求（应包括防止未经授权修改数据的措施） f）检查、确认和监测客户现场的配套设备的性能和环境条件的方法 g）现场校准的有关人员的职责和授权 h）其他相关文件，如现场校准费用和相关费用的文件

（续）

CNAS-CL01:2018《检测和校准实验室能力认可准则》（ISO/IEC 17025:2017）	CNAS-CL01:2006《检测和校准实验室能力认可准则》（ISO/IEC 17025:2005）	CNAS-CL01-G001:2018《CNAS-CL01〈检测和校准实验室能力认可准则〉应用要求》	CNAS-CL01-A025:2018《检测和校准实验室能力认可准则在校准领域的应用说明》
8.2.5 参与实验室活动的所有人员应可获得适用其职责的管理体系文件和相关信息	4.2.1 实验室应建立、实施和保持与其活动范围相适应的管理体系；应将其政策、制度、计划、程序和指导书制订成文件，并达到确保实验室检测和/或校准结果质量所需的要求。体系文件应传达至有关人员，并被其理解、获取和执行	—	—
8.3 管理体系文件的控制（方式A） 8.3.1 实验室应控制与满足本准则要求有关的内部和外部文件 注：本准则中，"文件"可以是政策声明、程序、规范、制造商的说明书、校准表格、图表、教科书、张贴品、通知、备忘录、图纸、计划等。这些文件可能承载在各种载体上，例如硬拷贝或数字形式	4.3 文件控制 4.3.1 总则 实验室应建立和保持程序来控制构成其管理体系的所有文件（内部制订或来自外部的），诸如法规、标准、其他规范化文件、检测和/或校准方法，以及图纸、软件、规范、指导书和手册 注1：本文中的"文件"可以是方针声明、程序、规范、校准表格、图表、教科书、张贴品、通知、备忘录、软件、图纸、计划等。这些文件可能承载在各种载体上，无论是硬拷贝或是电子媒体，并且可以是数字的、模拟的、摄影的或书面的形式 注2：有关检测和校准数据的控制在5.4.7条中规定。记录的控制在4.13中规定	8.3 管理体系文件的控制（方式A）	8.3 管理体系文件的控制（方式A）
8.3.2 实验室应确保： a）文件发布前由授权人员审查其充分性并批准	4.3.2.1 凡作为管理体系组成部分分给实验室人员的所有文件，在发布之前应由授权人员审查并批准使用。应建立识别管理体系中文件当前的修订状态和分发的控制清单或等效的文件控制程序并使之易于获得，以防止使用无效和/或作废的文件	—	—
b）定期审查文件，必要时更新	4.3.2.2 所用程序应确保： …… b）定期审查文件，必要时进行修订，以确保其持续适用和满足使用的要求		

（续）

CNAS-CL01:2018《检测和校准实验室能力认可准则》（ISO/IEC 17025:2017）	CNAS-CL01:2006《检测和校准实验室能力认可准则》（ISO/IEC 17025:2005）	CNAS-CL01-G001:2018《CNAS-CL01〈检测和校准实验室能力认可准则〉应用要求》	CNAS-CL01-A025:2018《检测和校准实验室能力认可准则在校准领域的应用说明》
c）识别文件更改和当前修订状态	4.3.2.1　凡作为管理体系组成部分发给实验室人员的所有文件，在发布之前应由授权人员审查并批准使用。应建立识别管理体系中文件当前的修订状态和分发的控制清单或等效的文件控制程序并使之易于获得，以防止使用无效和/或作废的文件		
d）在使用地点应可获得适用文件的相关版本，必要时，应控制其发放	4.3.2.2　所用程序应确保： a）在对实验室有效运作起重要作用的所有作业场所都能得到相应文件的授权版本	——	——
e）对文件进行唯一性标识	4.3.2.3　实验室制订的管理体系文件应有唯一性标识。该标识应包括发布日期和/或修订标识、页码、总页数或表示文件结束的标记和发布机构		
f）防止误用作废文件，无论出于任何目的而保留的作废文件，应有适当标识	4.3.2.2　所用程序应确保： c）及时地从所有使用或发布处撤除无效或作废文件，或用其他方法保证防止误用 d）出于法律或知识保存目的而保留的作废文件，应有适当的标记		
8.4　记录控制（方式A） 8.4.1　实验室应建立和保存清晰的记录以证明满足本准则的要求。	4.13　记录的控制 4.13.1.1　实验室应建立和保持识别、收集、索引、存取、存档、存放、维护和清理质量记录和技术记录的程序。质量记录应包括内部审核报告和管理评审报告以及纠正措施和预防措施的记录	8.4　记录控制（方式A）	8.4　记录控制（方式A）

（续）

CNAS-CL01：2018《检测和校准实验室能力认可准则》（ISO/IEC 17025：2017）	CNAS-CL01：2006《检测和校准实验室能力认可准则》（ISO/IEC 17025：2005）	CNAS-CL01-G001：2018《CNAS-CL01〈检测和校准实验室能力认可准则〉应用要求》	CNAS-CL01-A025：2018《检测和校准实验室能力认可准则在校准领域的应用说明》
8.4.2 实验室应对记录的标识、存储、保护、备份、归档、检索、保存期和处置实施所需的控制。实验室记录保存期限应符合合同义务。记录的调阅应符合保密承诺，记录应易于获得 注：对技术记录的其他要求见7.5	4.13.1 总则 4.13.1.1 实验室应建立和保持识别、收集、索引、存取、存档、存放、维护和清理质量记录和技术记录的程序。质量记录应包括内部审核报告和管理评审报告以及纠正措施和预防措施的记录 4.13.1.2 所有记录应清晰明了，并以便于存取的方式存放和保存在具有防止损坏、变质、丢失的适宜环境的设施中。应规定记录的保存期 注：记录可存于任何媒体上，例如硬拷贝或电子媒体 4.13.1.3 所有记录应予安全保护和保密 4.13.1.4 实验室应有程序来保护和备份以电子形式存储的记录，并防止未经授权的侵入或修改	8.4.2 除特殊情况外，所有技术记录，包括检测或校准的原始记录，应至少保存6年。如果法律法规、CNAS专业领域认可要求文件或客户规定了更长的保存要求，则实验室应满足这些要求。人员或设备记录应随同人员工作期间或设备使用时限全程保留，在人员调离或设备停止使用后，人员或设备技术记录应再保存6年。技术记录，无论是电子记录还是纸面记录，应包括从样品的接收到出具检测报告或校准证书过程中观察到的信息和原始数据，并全程确保样品与报告/证书的对应性 注：除非相关法规另有规定外，当实验室承担的检测或校准结果用于产品认证、行政许可等用途时，相关技术记录和报告副本的保存期应当考虑相关产品认证、行政许可证书规定的有效期	8.4.2 测量标准（设备、装置或系统）的技术记录（如溯源证书、质控数据、维修记录等）应长期保存，即使在标准设备报废后，也应至少保留3年
8.5 应对风险和机遇的措施（方式A） 8.5.1 实验室应考虑与实验室活动相关的风险和机遇，以： a）确保管理体系能够实现其预期结果 b）增强实现实验室目的和目标的机遇 c）预防或减少实验室活动中的不利影响和可能的失败 d）实现改进	—	8.5 应对风险和机遇的措施（方式A）	8.5 应对风险和机遇的措施（方式A）
8.5.2 实验室应策划： a）应对这些风险和机遇的措施 b）如何 ——在管理体系中整合并实施这些措施 ——评价这些措施的有效性	—	—	—

（续）

CNAS-CL01:2018《检测和校准实验室能力认可准则》（ISO/IEC 17025:2017）	CNAS-CL01:2006《检测和校准实验室能力认可准则》（ISO/IEC 17025:2005）	CNAS-CL01-G001:2018《CNAS-CL01〈检测和校准实验室能力认可准则〉应用要求》	CNAS-CL01-A025:2018《检测和校准实验室能力认可准则在校准领域的应用说明》
注：虽然本准则规定实验室应策划应对风险的措施，但并未要求运用正式的风险管理方法或形成文件的风险管理过程。实验室可决定是否采用超出本准则要求的更广泛的风险管理方法，如：通过应用其他指南或标准	—		
8.5.3　应对风险和机遇的措施应与其对实验室结果有效性的潜在影响相适应 注1：应对风险的方式包括识别和规避威胁，为寻求机遇承担风险，消除风险源，改变风险的可能性或后果，分担风险，或通过信息充分的决策而保留风险 注2：机遇可能促使实验室扩展活动范围，赢得新客户，使用新技术和其他方式应对客户需求	—	—	
8.6　改进（方式A） 8.6.1　实验室应识别和选择改进机遇，并采取必要措施 注：实验室可通过评审操作程序、实施方针、总体目标、审核结果、纠正措施、管理评审、人员建议、风险评估、数据分析和能力验证结果识别改进机遇	4.10　改进 实验室应通过实施质量方针和质量目标，应用审核结果、数据分析、纠正措施和预防措施以及管理评审来持续改进管理体系的有效性	8.6　改进（方式A）	8.6　改进（方式A）
8.6.2　实验室应向客户征求反馈，无论是正面的还是负面的。应分析和利用这些反馈，以改进管理体系、实验室活动和客户服务 注：反馈的类型示例包括：客户满意度调查、与客户的沟通记录和共同审查报告	4.7.2　实验室应向客户征求反馈，无论是正面的还是负面的。应使用和分析这些意见并以改进管理体系、检测和校准活动及客户服务 注：反馈的类型示例包括：客户满意度调查、与客户一起评价检测或校准报告	—	—

（续）

CNAS-CL01：2018《检测和校准实验室能力认可准则》（ISO/IEC 17025：2017）	CNAS-CL01：2006《检测和校准实验室能力认可准则》（ISO/IEC 17025：2005）	CNAS-CL01-G001：2018《CNAS-CL01〈检测和校准实验室能力认可准则〉应用要求》	CNAS-CL01-A025：2018《检测和校准实验室能力认可准则在校准领域的应用说明》
8.7 纠正措施（方式A） 8.7.1 当发生不符合时，实验室应： a）对不符合做出应对，并且适用时： ——采取措施以控制和纠正不符合 ——处置后果	4.11 纠正措施 4.11.1 总则 实验室应制定政策和程序并规定相应的权力，以便在识别不符合工作、偏离管理体系或技术运作中的政策和程序后实施纠正措施 注：实验室管理体系或技术运作中的问题可以通过各种活动来识别，例如不符合工作的控制、内部或外部审核、管理评审、客户的反馈或员工的观察	8.7 纠正措施（方式A） 8.7.1 对于发现的不符合，实验室不应仅仅纠正发生的问题，还应进行全面、细致的分析，确定不符合是否为独立事件，是否还会再次发生，查找产生问题的根本原因，按本条款要求启动纠正措施 注：对于不符合，仅进行纠正、无须采取纠正措施的情况很少发生。比如在认可评审中，经常发现实验室未按CNAS规定的要求参加能力验证，仅是提供事后参加能力验证的证据，这种措施是不充分的，实验室应当全面分析未参加能力验证的根本原因，如资金不足、能力验证计划不全面、缺乏对计划实施情况的有效监督等，从而采取有效的纠正措施	8.7 纠正措施（方式A）
b）通过下列活动评价是否需要采取措施，以消除产生不符合的原因，避免其再次发生或者在其他场合发生： ——评审和分析不符合 ——确定不符合的原因 ——确定是否存在或可能发生类似的不符合	4.11.2 原因分析 纠正措施程序应从确定问题根本原因的调查开始。 注：原因分析是纠正措施程序中最关键有时也是最困难的部分。根本原因通常并不明显，因此需要仔细分析产生问题的所有潜在原因。潜在原因可包括：客户要求、样品、样品规格、方法和程序、员工的技能和培训、消耗品、设备及其校准		
c）实施所需的措施	4.11.3 纠正措施的选择和实施 需要采取纠正措施时，实验室应对潜在的各项纠正措施进行识别，并选择和实施最可能消除问题和防止问题再次发生的措施 纠正措施应与问题的严重程度和风险大小相适应 实验室应将纠正措施调查所要求的任何变更制定成文件并加以实施		
d）评审所采取的纠正措施的有效性	4.11.4 纠正措施的监控 实验室应对纠正措施的结果进行监控，以确保所采取的纠正措施是有效的 4.11.5 附加审核 当对不符合或偏离的识别引起对实验室符合其政策和程序，或符合本准则产生怀疑时，实验室应尽快依据4.14条的规定对相关活动区域进行审核		

（续）

CNAS-CL01:2018《检测和校准实验室能力认可准则》（ISO/IEC 17025:2017）	CNAS-CL01:2006《检测和校准实验室能力认可准则》（ISO/IEC 17025:2005）	CNAS-CL01-G001:2018《CNAS-CL01〈检测和校准实验室能力认可准则〉应用要求》	CNAS-CL01-A025:2018《检测和校准实验室能力认可准则在校准领域的应用说明》
	注：附加审核常在纠正措施实施后进行，以确定纠正措施的有效性。仅在识别出问题严重或对业务有危害时，才有必要进行附加审核		
e）必要时，更新在策划期间确定的风险和机遇	—		
f）必要时，变更管理体系	4.11.3　纠正措施的选择和实施 需要采取纠正措施时，实验室应对潜在的各项纠正措施进行识别，并选择和实施最可能消除问题和防止问题再次发生的措施 纠正措施应与问题的严重程度和风险大小相适应 实验室应将纠正措施调查所要求的任何变更制定成文件并加以实施		
8.7.2　纠正措施应与不符合产生的影响相适应		—	—
8.7.3　实验室应保存记录，作为下列事项的证据： a）不符合的性质、产生原因和后续所采取的措施 b）纠正措施的结果	4.13.1.1　实验室应建立和保持识别、收集、索引、存取、存档、存放、维护和清理质量记录和技术记录的程序。质量记录应包括内部审核报告和管理评审报告以及纠正措施和预防措施的记录	—	—
8.8　内部审核（方式A） 8.8.1　实验室应按照策划的时间间隔进行内部审核，以提供有关管理体系的下列信息： a）是否符合： ——实验室自身的管理体系要求，包括实验室活动 ——本准则的要求 b）是否得到有效的实施和保持	4.14　内部审核 4.14.1　实验室应根据预定的日程表和程序，定期地对其活动进行内部审核，以验证其运作持续符合管理体系和本准则的要求。内部审核计划应涉及管理体系的全部要素，包括检测和/或校准活动。质量主管负责按照日程表的要求和管理层的需要策划和组织内部审核。审核应由经过培训和具备资格的人员来执行，只要资源允许，审核人员应独立于被审核的活动 注：内部审核的周期通常应当为一年	8.8　内部审核（方式A）	8.8　内部审核（方式A）

（续）

CNAS-CL01:2018《检测和校准实验室能力认可准则》（ISO/IEC 17025:2017）	CNAS-CL01:2006《检测和校准实验室能力认可准则》（ISO/IEC 17025:2005）	CNAS-CL01-G001:2018《CNAS-CL01〈检测和校准实验室能力认可准则〉应用要求》	CNAS-CL01-A025:2018《检测和校准实验室能力认可准则在校准领域的应用说明》
8.8.2 实验室应： a）考虑实验室活动的重要性、影响实验室的变化和以前审核的结果，策划、制定、实施和保持审核方案，审核方案包括频次、方法、职责、策划要求和报告 b）规定每次审核的审核准则和范围 c）确保将审核结果报告给相关管理层 d）及时采取适当的纠正和纠正措施 e）保存记录，作为实施审核方案和审核结果的证据 注：内部审核相关指南参见 GB/T 19011（ISO 19011，IDT）	4.14.2 当审核中发现的问题导致对运作的有效性，或对实验室检测和/或校准结果的正确性或有效性产生怀疑时，实验室应及时采取纠正措施。如果调查表明实验室的结果可能已受影响，应书面通知客户 4.14.3 审核活动的领域、审核发现的情况和因此采取的纠正措施，应予以记录 4.14.4 跟踪审核活动应验证和记录纠正措施的实施情况及有效性	8.8.2b）实验室内部审核依据应包括 CNAS 发布的 CNAS-CL01 在相关领域的应用说明 注：建议内部审核每 12 个月进行一次。内部审核的周期和覆盖范围应当基于风险分析。CNAS-GL 011《实验室和检验机构内部审核指南》为内部审核的实施提供了指南	—
8.9 管理评审（方式 A） 8.9.1 实验室管理层应按照策划的时间间隔对实验室的管理体系进行评审，以确保其持续的适宜性、充分性和有效性，包括执行本准则的相关方针和目标	4.15 管理评审 4.15.1 实验室的最高管理者应根据预定的日程表和程序，定期地对实验室的管理体系和检测和/或校准活动进行评审，以确保其持续适用和有效，并进行必要的变更或改进。评审应考虑到： ——政策和程序的适用性 ——管理和监督人员的报告 ——近期内部审核的结果 ——纠正措施和预防措施 ——由外部机构进行的评审 ——实验室间比对或能力验证的结果 ——工作量和工作类型的变化 ——客户反馈 ——投诉 ——改进的建议 ——其他相关因素，如质量控制活动、资源以及员工培训 注1：管理评审的典型周期为 12 个月 注2：评审结果应当输入实验室策划系统，并包括下年度的目的、目标和活动计划 注3：管理评审包括对日常管理会议中有关议题的研究	8.9 管理评审（方式 A） 8.9.1 对规模较大的实验室，管理评审可以分级、分部门、分次进行。实验室应根据具体情况进行前期策划，确保管理评审输入和输出的完整性 注1：建议管理评审每 12 个月进行一次。CNAS-GL 012《实验室和检验机构管理评审指南》为管理评审的实施提供了指南 注2：对于集团式管理的实验室，通常每个地点均为单独的法人机构，对从属于同一法人的实验室应按本条款实施完整的管理评审	8.9 管理评审（方式 A）

（续）

CNAS-CL01:2018《检测和校准实验室能力认可准则》（ISO/IEC 17025:2017）	CNAS-CL01:2006《检测和校准实验室能力认可准则》（ISO/IEC 17025:2005）	CNAS-CL01-G001:2018《CNAS-CL01〈检测和校准实验室能力认可准则〉应用要求》	CNAS-CL01-A025:2018《检测和校准实验室能力认可准则在校准领域的应用说明》
8.9.2　实验室应记录管理评审的输入，并包括以下相关信息： a）与实验室相关的内外部因素的变化 b）目标实现 c）政策和程序的适宜性 d）以往管理评审所采取措施的情况 e）近期内部审核的结果 f）纠正措施 g）由外部机构进行的评审 h）工作量和工作类型的变化或实验室活动范围的变化 i）客户和人员的反馈 j）投诉 k）实施改进的有效性 l）资源的充分性 m）风险识别的结果 n）保证结果有效性的输出 o）其他相关因素，如监控活动和培训	4.15　管理评审 4.15.1　实验室的最高管理者应根据预定的日程表和程序，定期地对实验室的管理体系和检测和/或校准活动进行评审，以确保其持续适用和有效，并进行必要的变更或改进。评审应考虑到： ——政策和程序的适用性 ——管理和监督人员的报告 ——近期内部审核的结果 ——纠正措施和预防措施 ——由外部机构进行的评审 ——实验室间比对或能力验证的结果 ——工作量和工作类型的变化 ——客户反馈 ——投诉 ——改进的建议 ——其他相关因素，如质量控制活动、资源以及员工培训 注1：管理评审的典型周期为12个月 注2：评审结果应当输入实验室策划系统，并包括下年度的目的、目标和活动计划 注3：管理评审包括对日常管理会议中有关议题的研究	—	—
8.9.3　管理评审的输出至少应记录与下列事项相关的决定和措施： a）管理体系及其过程的有效性 b）履行本准则要求相关的实验室活动的改进 c）提供所需的资源 d）所需的变更	—	—	—

CNAS-CL01:2018《检测和校准实验室能力认可准则》（ISO/IEC 17025:2017）附录A（资料性附录）计量溯源性
A.1　总则
计量溯源性是确保测量结果在国内和国际上可比性的重要概念，本附录给出了计量溯源性更详细的信息。
A.2　建立计量溯源性
A.2.1　建立计量溯源性需考虑并确保以下内容：
a）规定被测量（被测量的量）
b）一个形成文件的不间断的校准链，可以溯源到声明的适当参考对象（适当参考对象包括国家标准或国际标准以及自然基准）
c）按照约定的方法评定溯源链中每次校准的测量不确定度
d）溯源链中每次校准均按照适当的方法进行，并有测量结果及相关的已记录的测量不确定度
e）在溯源链中实施一次或多次校准的实验室应提供其技术能力的证据

（续）

A.2.2　当使用被校准的设备将计量溯源性传递至实验室的测量结果时，需考虑该设备的系统测量误差（有时称为偏倚）。有几种方法来考虑测量计量溯源性传递中的系统测量误差

A.2.3　具备能力的实验室报告测量标准的信息中，如果只有与规范的符合性声明（省略了测量结果和相关不确定度），该测量标准有时也可用于传递计量溯源性，其规范限是不确定度的来源，但此方法取决于：——使用适当的判定规则确定符合性

——在后续的不确定度评估中，以技术上适当的方式来处理规范限

此方法的技术基础在于与规范符合性声明确定了测量值的范围，预计真值以规定的置信度在该范围内，该范围考虑了真值的偏倚以及测量不确定度

例：使用国际法制计量组织（OIML）R111 各种等级砝码校准天平

A.3　证明计量溯源性

A.3.1　实验室负责按本准则建立计量溯源性。符合本准则的实验室提供的校准结果具有计量溯源性。符合 ISO 17034 的标准物质生产者提供的有证标准物质的标准值具有计量溯源性。有不同的方式来证明与本准则的符合性，即第三方承认（如认可机构）、客户进行的外部评审或自我评审。国际上承认的途径包括但不限于：

a)　已通过适当同行评审的国家计量院及其指定机构提供的校准和测量能力。该同行评审是在国际计量委员会相互承认协议（CIPM MRA）下实施的。CIPM MRA 所覆盖的服务可以在国际计量局的关键比对数据库（BIPM KCDB）附录 C 中查询，其给出了每项服务的范围和测量不确定度

b)　签署国际实验室认可合作组织（ILAC）协议或 ILAC 承认的区域协议的认可机构认可的校准和测量能力能够证明具有计量溯源性。获认可的实验室的能力范围可从相关认可机构公开获得

A.3.2　当需要证明计量溯源链在国际上被承认的情况时，BIPM、OIML（国际法制计量组织）、ILAC 和 ISO 关于计量溯源性的联合声明提供了专门指南

CNAS-CL01：2018《检测和校准实验室能力认可准则》（ISO/IEC 17025：2017）附录 B（资料性附录）管理体系方式

B.1　随着管理体系的广泛应用，日益需要实验室运行的管理体系既符 GB/T 19001，又符合本准则。因此，本准则提供了实施管理体系相关要求的两种方式

B.2　方式 A（见 8.1.2）给出了实施实验室管理体系的最低要求，其已纳入 GB/T 19001 中与实验室活动范围相关的管理体系所有要求。因此，符合本准则第 4 章至第 7 章，并实施第 8 章方式 A 的实验室，通常也是按照 GB/T 19001 的原则运作的

B.3　方式 B（见 8.1.3）允许实验室按照 GB/T 19001 的要求建立和保持管理体系，并能支持和证明持续符合第 4 章至第 7 章的要求。因此实验室实施第 8 章的方式 B，也是按照 GB/T 19001 运作的。实验室管理体系符合 GB/T 19001 的要求，并不证明实验室在技术上具备出具有效的数据和结果的能力。实验室还应符合第 4 章至第 7 章

B.4　两种方式的目的都是为了在管理体系的运行，以及符合第 4 章至第 7 章的要求方面达到同样的结果

注：如同 GB/T 19001 和其他管理体系标准，文件、数据和记录是成文信息的组成部分。8.3 规定文件控制。8.4 和 7.5 规定了记录控制。7.11 规定了有关实验室活动的数据控制

B.5　图 B.1 给出了一种可能展示第 7 章所描述的实验室运作过程的示意图

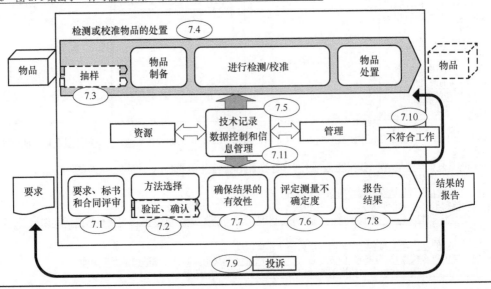

参 考 文 献

[1] 陆渭林. 实验室认可与管理工作指南 [M]. 北京：机械工业出版社，2016.

[2] 陆渭林. 计量技术与管理工作指南 [M]. 北京：机械工业出版社，2018.

[3] 虞惠霞. 实验室认可380问 [M]. 北京：中国质检出版社，2013.

[4] 中国计量测试学会. 一级注册计量师基础知识及专业实务 [M]. 3版. 北京：中国质检出版社，2013.

[5] 全国法制计量管理计量技术委员会. JJF 1033—2016《计量标准考核规范》实施指南 [M]. 北京：中国质检出版社，2017.

[6] 国家质量监督检验检疫总局计量司，全国法制计量管理计量技术委员会. JJF 1069—2012《法定计量检定机构考核规范》实施指南 [M]. 北京：中国质检出版社，2012.

[7] 国家质量监督检验检疫总局计量司.《计量发展规划（2013—2020年）》学习问答 [M]. 北京：中国质检出版社，2013.

[8] 陆渭林. 实验室认可助推实验室能力和水平提升 [J]. 中国计量，2010（4）：50-52.

[9] 张明霞. FDIS ISO/IEC 17025:2017的主要变化 [J]. 中国计量，2017（10）：61-66.

[10] 张明霞，富巍，贺甬. 新版ISO/IEC 17025的修订过程 [J]. 质量与认证，2018（02）：46-48.

[11] 张丽华. 关于计量确认中常见问题的分析与探讨 [J]. 中国石油和化工标准与质量，2013（7）：237.

[12] 袁先富. 测量设备的计量确认及其管理——对ISO 10012:2003的理解 [J]. 中国计量，2005（11）：24-26.

[13] 杨静. 测量设备的计量确认间隔选择和调整方法 [J]. 工具技术，2014（1）：89-91.

[14] 尹宁. 浅谈测量设备的量值溯源结果确认与应用 [J]. 计量与测试技术，2018（3）：69-71.

[15] 葛元新，朱丽红. 测量值与规定限值的符合性声明判定规则 [J]. 计量与测试技术，2018（11）：104-105，108.

[16] 张玉存，郭启云. 气象仪器最大允许误差的检测和合格评定 [J]. 标准科学：气象增刊，2015（12）：169-175.

[17] 刘海洋. 计量标准建标过程中检定或校准结果验证实施过程的浅析 [J]. 计量与测试技术，2012（5）：64.

[18] 陈虹，赵炳南，文吉，等. ISO/IEC 17025:2017中要素"改进"的理解与实施 [J]. 中国检验检测，2019（2）：45-46，57.

[19] 陈业正. 测量结果的溯源性要求在校准和检测实验室的应用与思考 [J]. 现代测量与实验室管理，2014（5）：39，45.

[20] 中国国家标准化管理委员会. 质量管理体系 基础和术语：GB/T 19000—2016 [S]. 北京：中国标准出版社，2016.

[21] 中国国家标准化管理委员会. 质量管理体系 要求：GB/T 19001—2016/ISO 9001:2015 [S]. 北京：中国标准出版社，2016.

[22] 国家质量监督检验检疫总局. 测量管理体系 测量过程和测量设备的要求：GB/T 19022—2003 [S]. 北京：中国标准出版社，2003.

[23] 国家质量监督检验检疫总局. 合格评定 认可机构通用要求：GB/T 27011—2019 [S]. 北京：中国标准出版社，2019.

[24] 全国法制计量技术委员会. 测量仪器特性评定：JJF 1094—2002 [S]. 北京：中国计量出版社，2002.

[25] 全国法制计量管理计量技术委员会. 测量不确定度评定与表示：JJF 1059.1—2012 [S]. 北京：中国质检出版社，2012.

[26] 全国法制计量管理计量技术委员会. 用蒙特卡洛法评定测量不确定度：JJF 1059.2—2012 [S]. 北京：中国质检出版社，2012.

［27］全国法制计量管理计量技术委员会. 通用计量术语及定义：JJF 1001—2011［S］. 北京：中国质检出版社，2011.

［28］全国法制计量管理计量技术委员会. 计量标准考核规范：JJF 1033—2016［S］. 北京：中国质检出版社，2016.

［29］中国人民解放军总装备部. 装备计量保障通用要求 检测和校准：GJB 5109—2004［S］. 北京：总装备部军标出版发行部，2004.

［30］全国法制计量管理计量技术委员会. 法定计量检定机构考核规范：JJF 1069—2012［S］. 北京：中国质检出版社，2012.

［31］全国法制计量管理计量技术委员会. 计量器具检定周期确定原则和方法：JJF 1139—2005［S］. 北京：中国质检出版社，2005.

［32］全国法制计量管理计量技术委员会. 国家计量校准规范编写规则：JJF 1071—2010［S］. 北京：中国质检出版社，2010.

［33］中国合格评定国家认可委员会. 认可标识使用和认可状态声明管理规则：CNAS-R01：2020.

［34］中国合格评定国家认可委员会. 实验室认可规则：CNAS-RL01：2019.

［35］中国合格评定国家认可委员会. 能力验证规则：CNAS-RL02：2018.

［36］中国合格评定国家认可委员会. 检测和校准实验室能力认可准则：CNAS-CL01：2018.

［37］中国合格评定国家认可委员会. CNAS-CL01《检测和校准实验室能力认可准则》应用要求：CNAS-CL01-G001：2018.

［38］中国合格评定国家认可委员会. 测量结果的计量溯源性要求：CNAS-CL01-G002：2021.

［39］中国合格评定国家认可委员会. 测量不确定度的要求：CNAS-CL01-G003：2021.

［40］中国合格评定国家认可委员会. 内部校准要求：CNAS-CL01-G004：2018.

［41］中国合格评定国家认可委员会. 检测和校准实验室能力认可准则在非固定场所外检测活动中的应用说明：CNAS-CL01-G005：2018.

［42］中国合格评定国家认可委员会. 检测和校准实验室能力认可准则在微生物检测领域的应用说明：CNAS-CL01-A001：2018.

［43］中国合格评定国家认可委员会. 检测和校准实验室能力认可准则在化学检测领域的应用说明：CNAS-CL01-A002：2020.

［44］中国合格评定国家认可委员会. 检测和校准实验室能力认可准则在无损检测领域的应用说明：CNAS-CL01-A006：2018.

［45］中国合格评定国家认可委员会. 检测和校准实验室能力认可准则在纺织检测领域的应用说明：CNAS-CL01-A010：2018.

［46］中国合格评定国家认可委员会. 检测和校准实验室能力认可准则在校准领域的应用说明：CNAS-CL01-A025：2018.

［47］中国合格评定国家认可委员会. 实验室认可指南：CNAS-GL001：2018.

［48］中国合格评定国家认可委员会. 能力验证结果的统计处理和能力评价指南：CNAS-GL002：2018.

［49］中国合格评定国家认可委员会. 标准物质/标准样品的使用指南：CNAS-GL004：2018.

［50］中国合格评定国家认可委员会. 实验室认可评审不符合项分级指南：CNAS-GL008：2018.

［51］中国合格评定国家认可委员会. 实验室和检验机构内部审核指南：CNAS-GL011：2018.

［52］中国合格评定国家认可委员会. 实验室和检验机构管理评审指南：CNAS-GL012：2018.

［53］中国合格评定国家认可委员会. 声明检测或校准结果及规范符合性的指南：CNAS-GL015：2018.

［54］中国合格评定国家认可委员会. 检测和校准实验室认可能力范围表述说明：CNAS-EL-03：2016.

［55］中国合格评定国家认可委员会. 测量不确定度在符合性判定中的应用：CNAS-TRL-010：2019.

［56］中国合格评定国家认可委员会. 实验室认可评审工作指导书：CNAS-WI14-01D0：2020.